青年学者文丛

非线性算子的迭代算法及其应用

屈静国　张焕成　张秋娜　崔玉环　◎著

知识产权出版社
全国百佳图书出版单位

图书在版编目（CIP）数据

非线性算子的迭代算法及其应用/屈静国等著.
—北京：知识产权出版社，2016.9
（青年学者文丛）
ISBN 978-7-5130-3232-2

Ⅰ.①非… Ⅱ.①屈… Ⅲ.①非线性算子—迭代法

Ⅳ.①O177.6

中国版本图书馆 CIP 数据核字（2014）第 291851 号

内容提要

本书基于 Hibert 空间和 Banach 空间的集合理论和非线性算子理论，对满足不同条件的非线性迭代算子进行研究，得到了一些有效算法和收敛定理，并在此基础上将非线性算子理论应用到分数阶微分方程及分数阶发展方程。此外，还研究了分数阶微分方程的分解法与预估-校正法，并对低反应扩散方程的紧有限差分方法、广义的空间-时间分数阶对流-扩散方程进行了深入一步研究。

本书可作为泛函数分析及相关专业学生的教材或参考书，也可作为该领域科研工作者的参考书。

责任编辑：祝元志		**责任校对**：潘凤越	
封面设计：刘　伟		**责任出版**：卢运霞	

非线性算子的迭代算法及其应用

屈静国　张焕成　张秋娜　崔玉环　著

出版发行：知识产权出版社有限责任公司　　　网　　址：http：//www.ipph.cn
社　　址：北京市海淀区西外太平庄 55 号　　　邮　　编：100081
责编电话：010 – 82000860 转 8513　　　　　　责编邮箱：13381270293@163.com
发行电话：010 – 82000860 转 8101/8102　　　发行传真：010 – 82005070/82000893
印　　刷：北京中献拓方科技发展有限公司　　　经　　销：各大网上书店、新华书店及相关专业书店
开　　本：720mm×960mm　1/16　　　　　　印　　张：17.5
版　　次：2016 年 9 月第 1 版　　　　　　　　印　　次：2016 年 9 月第 1 次印刷
字　　数：340 千字　　　　　　　　　　　　　定　　价：68.00 元

ISBN 978-7-5130-3232-2

前　　言

泛函分析作为一种抽象的数学理论，具有高度的抽象性、系统性和普适性，因此成为人们研究各学科的重要工具。非线性算子不动点理论是目前正在迅速发展的非线性泛函分析理论的重要组成部分，它与近代数学的许多分支有着紧密的联系，特别是在各类微分方程、积分方程、算子方程和代数中起着重要作用。随着人们对自然界认识的不断深入，非线性科学在数学、物理学、化学、医学、经济学、控制论等领域中的重要性日益凸显。目前，非线性分析中的非线性算子理论作为非线性科学的基础理论和基本工具，已成为现代数学的一个重要分支。

本书是作者近年来科研工作的整理和总结，内容涉及不动点理论、非线性算子的迭代算法、变分不等式、均衡问题、分数阶微分方程等领域的理论及其应用。首先，介绍了非线性算子理论及迭代算法的背景、简史及迭代算法的发展情况，接着研究了多种关于非扩张映象迭代序列的收敛性方面若干性质及其强收敛结论；其次，研究了多种压缩映象不动点的迭代逼近问题；再次，对非扩张映象的变分不等式问题和广义均衡问题进行深入研究，建立了更有效的迭代格式；然后，在 Banach 空间下对有限族增生算子公共零点和多值映象公共不动点的迭代逼近构造了多种迭代格式并得到相应强收敛定理；最后，将非线性算子理论应用到分数阶微分方程及分数阶发展方程。很多成果是屈静国等学者在华北理工大学（特别是在轻工学院）多年教学和科研的心血结晶。撰写时，补充了部分基础知识，以方便读者阅读。每一个方向的成果都为非线性算子迭代算法领域做出了一些贡献，同时也反映出作者紧跟时代步伐，力争在学科前沿取得成绩的愿望。

由于时间仓促，加之作者水平所限，本书难免会有不妥之处，敬请专家、读者批评指正，我们将不胜感激。

目　　录

第1章 不动点理论简述

非线性算子的迭代算法是非线性泛函分析理论的重要组成部分，它与近代数学的许多分支有着紧密性联系，特别是在解决各类方程（其中包括各类线性或非线性的、确定或非确定性的微分方程、积分方程及各类算子方程）解的存在唯一问题中起着重要的作用。20 世纪 60 年代，洛萨·科拉茨（L. Collatz）在他写的《应用于数值分析的泛函分析》一书的引言中写道："由于两件事使数值分析发生了革命性的变化，这两件事就是应用了电子计算机和应用了泛函分析"。20 世纪，计算机科学开始建立和发展并引起了科学技术翻天覆地的变化，它在各个部门学科及其分支中的巨大影响是毋容置疑的。让人惊讶的是，鲜为人知的泛函分析对一门学科的影响竟然有着与计算机科学比肩的地位。其实让人惊讶的还远不止这些。随着对大自然认识的不断深入，人们已经逐渐认识到非线性科学在数学、物理学、化学、医学、经济学、工程学等科学领域中的重要性。

1.1 非线性算子的不动点理论

非线性分析中的非线性算子理论作为非线性科学的基础理论和基本工具，已经成为现代数学的一个重要分支，并在其他分支中发挥重要的作用，尤其在处理实际问题中出现的大量微分方程时发挥着不可替代的作用。由于大量的非线性问题都与非线性算子方程有着密切的联系，而非线性算子方程的解往往可以转化为某个非线性算子的不动点，所以研究巴拿赫（Banach）空间中非线性算子方程解的迭代算法无疑具有重要的理论意义和实际意义，比如用它解微分方程的初值问题。

$$\begin{cases} \dfrac{\mathrm{d}x}{\mathrm{d}t} = f(x,t) \\ x\,|_{\,t=t_0} = x_0 \end{cases} \tag{1.01}$$

等价于求解积分方程

$$x(t) = x_0 + \int_{t_0}^{t} f[x(\tau),\tau]\mathrm{d}\tau \tag{1.02}$$

如令

$$Tx(t) = x_0 + \int_{t_0}^{t} f[x(\tau), \tau] d\tau \tag{1.03}$$

我们可以把 T 看成是某个距离空间上的映射，于是解上述积分方程（从而解微分方程）的问题，就等价于求解空间中的满足 $Tx = x$ 的元 x，即求映射 T 的不动点问题。研究映射的不动点是一个很重要的问题。

不动点理论起源于求解方程的代数问题，后转化为几何理论中研究不动点的存在、个数、性质与求法的理论，成为拓扑学和泛函分析中的重要内容。较早的不动点定理是压缩映射原理，由法国数学家皮卡（Picard）于 1890 年提出，后来被波兰数学家巴拿赫（1922 年）发展，成为许多方程的解存在性、唯一性及迭代解法的理论基础。1910 年，荷兰数学家布劳威尔（Brouwer）证明了多面体的不动点定理：设 C 是欧氏空间 R^n 中的非空有界闭凸集，则 C 到自身的每个连续映射都至少有一个不动点。这个定理被称为 Brouwer 不动点定理。1926 年，美国数学家英夫谢茨（S. Lefschetz）发展了 Brouwer 定理，得到不动点指数中的 Lefschetz 不动点定理。1913 年，伯克霍夫（G. D. Birkhoff）证明了前一年法国数学家亨利·庞加莱（Henri Poincaré）关于三体问题的一个猜想，得到 Poincaré-Birkhoff 不动点定理。G. D. Birkhoff 还与另一美国数学家凯洛格（O. D. Kellogg）于 1922 年共同把不动点定理推广到无穷维函数空间，并应用于证明微分方程的存在性。1930 年，乌克兰数学家尚德尔（Schauder）将 Brouwer 不动点定理推广到线性赋泛函空间中的紧凸集、Banach 空间中的紧凸集等到自身的映射上，得到 Schauder 不动点定理。1935 年，苏联数学家吉洪诺夫（A. Tychonoff）就将 Brouwer 的结果推广到局部凸拓扑线性空间中紧凸集到自身的映射上，得到 Tychonoff 不动点定理。1941 年，日本数学家角谷静夫（Kakutani）又将 Brouwer 的结果推广到极值映射上去。20 世纪五六十年代，Brouwer、凯凡（KyFan）、撒多互斯基（Sadovskii）等数学家将上述定理做了各种形式的推广。

以上所有不动点定理的研究都是对其存在性的研究。半个多世纪来，特别是最近三十多年，由于实际需要的推动和数学工作者的努力，对不动点定理的依据研究已经出现了多元化的局面，不再局限于对存在性的研究。众所周知，Bancah 压缩映象原理实际上是经典的 Picard 迭代法的抽象表述。学者们研究发现，根据这一定理，不仅可以判定不动点的存在性和唯一性，而且还可以构成一个迭代程序，逼近压缩映象的不动点到任意精确程度。由此非线性算子不动点迭代逼近这门学科也应运而生。目前，这门学科的理论及应用的研究也已取得重大的进展，并且日趋完善。为了逼近非线性算子不动点，历史上曾出现过多种迭代格式，如

Picard 迭代格式、正规曼（Mann）迭代格式、石川（Ishikawa）迭代格式、哈尔彭（Halpern)迭代格式、黏滞迭代法、最快下降迭代法、正规化迭代法、混杂迭代法（CQ 算法）等多种形式，迭代格式的收敛性成为非线性算子不动点理论研究中的重要课题。有关非线性算子不动点迭代逼近的研究近年来非常活跃。从具体空间（如 L^p 空间）到抽象空间〔如希尔伯特（Hilbert）空间、Banach 空间、赋范线性空间〕；从单值映象到集值映象；从一般意义的映象（非扩张映象、相对非扩张映象、伪压缩映象、强伪压缩映象等）到渐近意义的映象（如渐近非扩张映象、相对渐近非扩张映象、渐近伪压缩映象、渐近 k -强伪压缩映象等）；从迭代序列的构造〔如 Mann 与 Ishikawa 迭代序列、具误差（或混合误差）的 Mann 与 Ishikawa 迭代序列、修正的 Mann 与 Ishikawa 迭代序列〕到迭代序列的强（弱）收敛性、稳定性及非线性算子方程解的存在唯一性，可以说成果十分丰硕。关于非线性算子不动点迭代逼近问题，学者们主要是从两方面来进行进一步的研究：一方面是非线性算子的性质，包括各种算子不动点的存在性条件等；另一方面是用各种更好更有效的迭代格式逼近算子的不动点。

目前，非线性分析中的非线性算子理论作为非线性科学的理论基础和基本工具，已成为现代数学的一个基本分支，并在其分支中发挥着重要作用，尤其是在处理实际问题中出现的大量微分方程时发挥着不可替代的作用。由于大量的非线性问题都与非线性算子方程有着密切联系，而非线性算子方程的解往往可以转化为某个非线性算子的不动点问题。一个典型的例子就是凸可行问题，对 Hilbert 空间中的有限个闭凸子集 $K_1, K_2, \cdots, K_N$ 且$(\bigcap\limits_{i=1}^{N} K_i \neq \varnothing)$，寻找某个点 $x \in \bigcap\limits_{i=1}^{N} K_i$。由于实 Hilbert 空间 H 中任意非空闭凸子集 K_i 均可被看作 H 到 K 度量投影的不动点集，因此，凸可行问题也就转化为找一个点属于非扩张映射有限族的不动点集的交集，即寻找非扩张映射有限族的公共不动点问题。

自 20 世纪初劳威尔（Trouwer）和 Banach 提出以他们姓氏命名的 Trouwer 定理和 Banach 压缩映象原理之后，在最近的 20 世纪特别是最近 30 年，由于实际需要的推动和数学工作者的努力，这门学科已经出现了多样化的局面，Banach 压缩映象原理实际上是经典的 Picard 迭代法的抽象表述。根据这一定理，不仅可以判定不动点的存在性和唯一性，而且还可以构成一个迭代程序，逼近压缩映象的不动点到任意精确程度。因此，Banach 映象原理在近代数学的许多分支，特别是在应用数学的几乎各个分支都有广泛应用。Banach 在 20 世纪 20 年代提出这一原理后，大半个世纪来，特别是最近二十多年来，压缩映象的概念和 Banach 压缩映象原理已经从各个方面和各个不同的角度有了重要的发展。许多人提出了一系列新型的压缩映象概念和一系列新型的压缩映象的不动点定理，而且其中的某些结果已经被成功地运用于 Banach 空间中非线性沃尔泰拉（Volterra）

3

积分方程、非线性积分-微分方程和非线性泛函微分方程解的存在性和唯一性问题，另外，压缩型映象的某些不动点定理还被成功地应用于随机算子理论和随机逼近理论。

1.2　迭代算法

1.2.1　预备知识

设 X 是一个具有范数 $\|\cdot\|$ 的 Banach 的空间，映象 $J: X \to 2^{X^*}$ 是被下式定义的正规对偶映象

$$J(x) = \{f \in X^*, (x, f) = \|x\| \|f\|, \|x\| = \|f\|\}, \forall x \in X \quad (1.04)$$

其中，X^* 是 X 的对偶空间，和 $(\cdot, \cdot)$ 是广义对偶对。我们也将记 J 为单值正规对偶映象，记映象 T 的不动点集为 $F(T) = \{x \in X: Tx = x\}$。

设 $\{x_n\}$ 是 X 的中的一个序列，则 $\{x_n\}$ 强收敛（或范数收敛）到 x（简记为 $x_n \to x$）是指 $\lim\limits_{n \to \infty} \|x_n - x\| = 0$。

$\{x_n\}$ 弱收敛到 x（简记为 $x_n \rightharpoonup x$）是指 $\forall f \in X^*, \lim\limits_{n \to \infty} f(x_n) = f(x)$。

设 $\{x_n\}$ 是 X^* 中的一个序列，则 $\{f_n\}$ 弱收敛到 f（简记为 $f_n \overset{*}{\rightharpoonup} f$）是指 $\forall x \in X, \lim\limits_{n \to \infty} f_n(x) = f(x)$。

称映象 $T: X \to X$ 是非扩张的，如果对任意的 $x, y \in D(T)$，$D(T)$ 是 T 的定义域，使得

$$\|Tx - Ty\| \leqslant \|x - y\| \quad (1.05)$$

称映象 $T: X \to X$ 是压缩的，如果对任意的 $x, y \in D(T)$，存在常数 $\beta \in (0, 1)$ 使得

$$\|Tx - Ty\| \leqslant \beta \|x - y\| \quad (1.06)$$

称映象 T 是增生的，如果对任意的 $x, y \in D(T)$，$j \in J(x - y)$，满足 $[Tx - Ty, j(x - y)] \geqslant 0$。

一个增生算子是 m-增生的，如果有 $R(I + \lambda T) = X$，对所有的 $\lambda \in (0, 1)$。

引理 1.1（次微分不等式）　在 Banach 空间 X 中，对 $\forall x, y \in X, \forall j(x) \in J(x), j(x + y) \in J(x + y)$，有下列不等式成立

$$\|x\|^2 + 2[y, j(x)] \leqslant \|x + y\|^2 \leqslant \|x\|^2 + 2[y, j(x + y)] \quad (1.07)$$

Banach 空间 X 的范数被称为加托（Gâteaux）可微的，如果对 $x, y \in S(X)$，$S(X) = \{y \in X: \|y\| = 1\}$ 是 X 的单位球面，极限存在，即

$$\lim_{t \to 0} \frac{\|x + ty\| - \|x\|}{t} \quad (1.08)$$

Banach 空间 X 的范数被称为一致 Gâteaux 可微的，如果每个 $y \in S(X)$，则极限 $\lim\limits_{t \to 0} \dfrac{\|x+ty\| - \|x\|}{t}$ 对 $x \in S(X)$ 一致地达到。

Banach 空间 X 的范数被称为弗雷歇（Fréchet）可微的，如果每个 $x \in S(X)$，则极限 $\lim\limits_{t \to 0} \dfrac{\|x+ty\| - \|x\|}{t}$ 对 $y \in S(X)$ 一致地达到。

Banach 空间 X 的范数被称为一致 Fréchet 可微的，如果对极限 $\lim\limits_{t \to 0} \dfrac{\|x+ty\| - \|x\|}{t}$ 对 $(x,y) \in S(X) \times S(X)$ 一致地达到。

Banach 空间 X 被称为严格凸的，如果对 $\|x\| = \|y\| = 1$，$x \neq y$ 有 $\left\| \dfrac{x+y}{2} \right\| < 1$。

Banach 空间 X 被称为一致凸的，如果对任意的 $\varepsilon > 0$，有 $\delta_X(\varepsilon) > 0$，其中 $\delta_X(\varepsilon)$ 为 X 的凸性模，被下式定义

$$\delta_X(\varepsilon) = \inf\left\{ 1 - \frac{\|x+y\|}{2} : \|x\| \leqslant 1, \|y\| \leqslant 1, \|x-y\| \geqslant \varepsilon \right\}, \varepsilon \in [0,2]$$

$$(1.09)$$

众所周知下列结论是成立的。

结论 1 Banach 空间 X 的范数是 Gâteaux 可微的等价于 X 是光滑的。此时，正规对偶映象 J 是单值的并且是范数-弱* 连续的。

结论 2 如果 Banach 空间 X 的范数是一致 Gâteaux 可微的，则其正规对偶映象 J 是单值的且在 X 的任意有界子集上是范数-弱* 一致连续的。

结论 3 Banach 空间 X 是一致光滑的等价于 Banach 空间 X 的范数一致 Fréchet 可微的。

结论 4 如果 Banach 空间 X 是一致光滑的，则有如下结论。

（1） X 一定是自反的。

（2） X 具有一致 Gâteaux 可微范数。

（3） X 上的正规对偶映象 J 是单值的。

（4） X 上的正规对偶映象 J 在 X 的任意有界子集上是范数一致连续的。

结论 5 ①每一个一致凸的 Banach 空间 E 一定是自反的与严格凸的；②严格凸 Banach 空间 X 的非空闭凸子集 C 上的非扩张自映象 T 的不动点集 $F(T)$ 是 C 的一个闭凸子集。

1.2.2 算法的发展

假设 E 是 Banach 空间，其范数表示为 $\|\cdot\|$，E^* 为 E 的对偶空间，$(\cdot, \cdot)$ 是 E 与 E 之间广义内积，C 为 E 的非空子集，$T: C \to E$ 为非线性算子，$F(T) =$

$\{p \in C, Tp = p\}$ 表示不动点集，→表示强收敛，-表示弱收敛。

设 C 是距离空间或者线性赋范空间 X 中的闭集，T 是一映象，称

$$(PIP) \quad \begin{cases} x_1 \in C \\ x_{n+1} = Tx_n, (n \geqslant 1) \end{cases} \quad (1.10)$$

为 Picard 迭代程序，(PIP) 的另一等价形式为

$$(PIP') \quad \begin{cases} x_1 \in C \\ x_{n+1} = T^n x_1, (n \geqslant 1) \end{cases} \quad (1.11)$$

1975 和 1976 年，希拉姆（Hillam）对 (PIP') 分别给出了如下结论。

定理 1.1 设 $f: [a,b] \to [a,b]$ 为利普希茨（Lipschitz）连续函数 $(|f(x) - f(y)|) \leqslant L|x-y|, \forall x,y \in [a,b], L > 0$。

令 $\lambda = \dfrac{1}{1+L}$，定义 $F_\lambda: [a,b] \to [a,b], F_\lambda x = (1-\lambda)x + \lambda f(x), \{x_n\}$ 由

$$\begin{cases} x_1 \in [a,b] \\ x_{n+1} = F_\lambda x_n = F_\lambda^n x_n, (n \geqslant 1) \end{cases} \quad (1.12)$$

所产生，则 $\{x_n\}$ 单调地收敛到 f 的一个不动点。

定理 1.2 设 $f:[0,1] \to [0,1]$ 为连续函数，则由 (PIP') 所产生的数列 $\{x_n\}$ 收敛到 f 的一个不动点当且仅当 $\lim\limits_{n \to \infty}|x_{n+1} - x_n| = \lim\limits_{n \to \infty}|f^{n+1}x_1 - f^n x_1| = 0$。

Banach 在 1992 年利用 (PIP) 得到了压缩映象的收敛定理，具体给出了如下定理。

定理 1.3 设 (X, d) 是完备度量空间，$T: X \to X$ 是压缩映象。则 T 在 X 中有唯一不动点。

1965 年，Browder 和柯克（Kirk）独立地证明了一致凸 Banach 空间中有界闭凸子集上非扩张映象具有不动点，且 $F(T)$ 闭凸。但 Banach 所用的 Picard 迭代对于非扩张映象却未必是一致收敛的，其中，$T: C \to C$ 为非扩张映象，即对任意的 $x,y \in C$，$\|Tx - Ty\| \leqslant \|x-y\|$。

例 1.1 令 $C = [0,1]$，$Tx = 1-x$，则 $\|Tx - Ty\| = \|x-y\|$，且 $x^* = \dfrac{1}{2} \in F(T)$。取 $x_0 = 0$，$x_1 = Tx_0 = 1$，$x_2 = Tx_1 = 0$，$x_3 = Tx_2 = 0$，…，则 $\{x_n\}$ 不收敛于 $x^* = \dfrac{1}{2}$。这表明对于非扩张映象，Picard 迭代程序失败。

Mann 受到了 Banach 压缩映象原理的启发，1953 年，Mann 引进了下列迭代算法

$$(GMIP)\begin{cases} x_1 \in C \\ v_n = \sum_{j=1}^{n} a_{nj} x_j \\ x_{n+1} = T v_n, (n \geqslant 1) \end{cases} \tag{1.13}$$

其中，X 是 Banach 空间，C 是 X 的凸闭子集，$T: C \to C$ 是一连续映象，$A = [a_{nj}]$ 是一无穷实矩阵满足

$$\begin{aligned} &(A_1) a_{nj} \geqslant 0, (\forall n \geqslant 1, j \geqslant 1) \\ &(A_2) a_{nj} = 0, (\forall j \geqslant n) \\ &(A_3) \sum_{j=1}^{n} a_{nj} = 1, (\forall n \geqslant 1) \\ &(A_4) \lim_{n \to \infty} a_{nj} = 0, (\forall j \geqslant 0) \end{aligned} \tag{1.14}$$

Mann 给出了如下定理。

定理 1.4 设 X 是一 Banach 空间，C 是 X 的凸闭子集，$T: C \to C$ 是一连续映象，设序列 $\{x_n\}$ 是由 $(GMIP)$ 所产生，则 $\{x_n\}$ 或者 $\{v_n\}$ 之一收敛到 $y \in C$，可推出另一序列也收敛到 y 且 $Ty = y$。

定理 1.5 设 X 是一局部凸的豪斯多夫（Hausdorff）线性拓扑空间，C 是 X 的凸闭子集，$T: C \to C$ 是一连续映象，设序列 $\{x_n\}$ 是由 $(GMIP)$ 所产生，则 $\{x_n\}$ 或者 $\{v_n\}$ 之一收敛到 $y \in C$，可推出另一序列也收敛到 y 且 $Ty = y$。

而近年来，大家普遍关注和研究的则是如下形式的迭代程序

$$(NMIP)\begin{cases} x_0 \in C \\ x_{n+1} = (1 - \alpha_n) x_n + \alpha_n T x_n, (n \geqslant 0) \end{cases} \tag{1.15}$$

其中，C 是 X 的凸闭子集 $\{\alpha_n\} \subset [0,1]$，$T$ 是一连续映象，被称之为正规 Mann 迭代。

1955 年，德罗维奇（Krasnoselskii）首次证明了如下定理。

定理 1.6 设 X 是一 Banach 空间，C 为 T 中的凸闭子集，$T: C \to C$ 是非扩张映象，且 $\overline{T(C)}$ 紧，则

$$\begin{cases} x_1 \in C \\ x_{n+1} = \dfrac{1}{2} x_n + \dfrac{1}{2} T x_n, (n \geqslant 1) \end{cases} \tag{1.16}$$

所产生的序列 $\{x_n\}$ 强收敛到 T 的一个不动点。

Krasnoselskii 给出上述定理之后，受到大家的普遍关注，1975 年谢弗（Schaefer）在一定程度上改进了定理 1.6，把其固定的 "1/2" 推广为 $\lambda \in (0,1)$。之后，埃德尔斯坦（Edelstein）把空间框架从一致凸推广到严格凸，在 1971 年佩特里（Petryshy）把映象又进一步推广到了凝聚映象。直到 1976 年，Ishikawa 给出了如下非常令人感兴趣的结果。

定理 1.7　设 X 是 Banach 空间，C 是 X 的凸闭子集，$\{x_n\}$ 是由（GMIP）所产生，其中控制序列 $\{\alpha_n\}$ 满足 $0 \leqslant \alpha_n \leqslant c < 1$，$\sum_{n=1}^{\infty} \alpha_n = \infty$。若 $\{x_n\}$ 有界，则 $\lim\limits_{n \to \infty} \| x_n - Tx_n \| = 0$。

利用 Mann 迭代对于常见的非扩张映象我们可以得到弱收敛定理，其较为典型的是 1979 年由赖希（Reich）给出的定理。

定理 1.8　设 X 是一致凸的 Banach 空间，范数是 Frechet 可微，C 是 X 的凸闭子集，$T: C \to C$ 是具有非空不动点集的非扩张映象，序列 $\{x_n\}$ 由（NMIP）产生，其中控制序列 $\{\alpha_n\}$ 满足 $0 \leqslant \alpha_n < 1$，$\sum_{n=1}^{\infty}(1-\alpha_n)$，则 $\{x_n\}$ 弱收敛到 T 的一个不动点。

Mann 迭代程序对于非扩张映象要想得到强收敛定理得加上一定的紧性条件，并对连续的伪压缩映象，Mann 迭代程序也并非是收敛的。Ishikawa 于 1976 年提出了一种新的迭代程序，即 Ishikawa 迭代程序

$$(IIP) \begin{cases} x_0 = C \\ y_n = (1-\beta_n)x_n + \beta_n Tx_n \\ x_{n+1} = (1-\alpha_n)x_n + \alpha_n Ty_n, (n \geqslant 0) \end{cases} \tag{1.17}$$

其中，C 是 X 的凸闭子集，$\{\alpha_n\}$ 和 $\{\beta_n\} \subset [0,1]$。同时，Ishikawa 给出了如下定理。

定理 1.9　设 C 是 Hilbert 空间 H 的紧凸子集，$T: C \to C$ 是 Ishikawa 伪压缩映象，序列 $\{x_n\}$ 由（NMIP）产生，则 $\{x_n\}$ 强收敛于 T 的某个不动点，其中 $\{\alpha_n\}, \{\beta_n\} \subset [0,1]$ 满足下列条件的实序列

$$\begin{aligned} &(\text{I}) 0 \leqslant \alpha_n \leqslant \beta_n \leqslant 1 \\ &(\text{II}) \lim_{n \to \infty} \beta_n = 0 \\ &(\text{III}) \sum_{n=1}^{\infty} \alpha_n \beta_n = 0 \end{aligned} \tag{1.18}$$

相比于 Mann 迭代程序和 Ishikawa 迭代程序，一方面 Ishikawa 程序更为一般化且包含了 Mann 迭代程序，同时在一定的条件下 Ishikawa 迭代程序可以用来逼近 Lipschitz 伪压缩映象不动点，而 Mann 迭代程序却无法收敛到它的不动点；另一方面，Mann 迭代程序比 Ishikawa 迭代程序简单，便于计算，并且一般情况下用 Mann 迭代程序收敛性可导致 Ishikawa 迭代程序的收敛性，只要参数 $\{\beta_n\}$ 满足一定条件。但在一般情况下，不论是 Mann 迭代程序还是 Ishikawa 迭代程序仅有弱收敛。雷哈（Reicha）、Tan 和 Xu 分别给出弱收敛定理。

因此，近年来很多专家学者致力于修正 Mann 和 Ishikawa 迭代程序，而没有对算子外加其他的限制条件，以期获得对于非扩张和任何其他更为广泛的压缩型映象的强收敛定理。中岛（Nakajo）和高桥（Takahashi）在 Hibert 空间的框架下采用度量投影法，修正了 Mann 迭代程序从而获得了强收敛定理，并给出如下定理。

定理 1.10　设集合 C 是 Hilbert 空间中的一闭凸子集，T 是具有非空不动点集的从 C 到自身的非扩张映象。设 $\{\alpha_n\}_{n=0}^{\infty}$ 是属于 $[0,1]$ 的实序列，使得对于某个 x_0，$\{x_n\}$。若由如下算法产生

$$
\begin{cases}
x_0 \in C \\
y_n = \alpha_n x_n + (1-\alpha_n) T x_n \\
C_n = \{z \in C: \| y_n - z \| \leqslant \| x_n - z \| \} \\
Q_n = \{z \in C: [x_0 - x_n, x_n - z] \geqslant 0\} \\
x_{n+1} = P_{C_n \cap Q_n} x_0
\end{cases} \tag{1.19}
$$

那么，$\{x_n\}$ 强收敛于 $P_{F(T)} x_0$，其中 P 是从 Hilbert 空间到其子集的度量投影。

受到了 Nakajo 和 Takahashi 所做工作的启发和激励，近来金姆（Kim）和 Xu 采取同样的方法，在 Hilbert 空间的框架下修正了 Mann 迭代程序，把映象扩展到了渐近非扩张映象，并得到如下收敛定理。

定理 1.11　设集合 C 是 Hilbert 空间中的一有界闭凸子集，T 是具有系数 $\{k_n\}$ 的从 C 到自身的渐近非扩张映象，其中渐近非扩张系数 $\{k_n\} \subset [1, \infty)$，使得 $\lim\limits_{n \to \infty} k_n = 1$。设 $\{\alpha_n\}_{n=0}^{\infty}$ 是属于 $[0,1]$ 的实序列，使得 $\limsup\limits_{n \to \infty} \alpha_n < 1$。若 $\{x_n\}$ 由如下算法产生

$$
\begin{cases}
x_0 \in C \\
y_n = \alpha_n x_n + (1-\alpha_n) T^n z_n \\
C_n = \{z \in C: | y_n - z |^2 \leqslant | x_n - z |^2 + \theta_n \} \\
Q_n = \{z \in C: [x_0 - x_n, x_n - z] \geqslant 0\} \\
x_{n+1} = P_{C_n \cap Q_n} x_0
\end{cases} \tag{1.20}
$$

其中，$\theta_n = (1-\alpha_n)(k_n^2 - 1)(\text{diam} C)^2 \to 0$。那么 $\{x_n\}$ 就强收敛于 $P_{F(T)} x_0$。

最近马里诺（Marino）和 Xu 在 Hilbert 框架也借助于度量投影修正 Mann 迭代程序对于严格伪压缩映象也得到如下定理。

定理 1.12　设集合是 Hilbert 空间中的一非闭凸子集，是具有常数 k 的从 C 到自身的严格伪压缩映象，其中常数 $k \in [0,1)$。若映象 T 的不动点集非空 $\{x_n\}$ 由如下算法产生

$$
\begin{cases}
x_0 \in C \\
y_n = \alpha_n x_n + (1-\alpha_n) T x_n \\
C_n = \{z \in C: \| y_n - z \|^2 \leqslant \| x_n - z \|^2 - (k-\alpha_n)(1-\alpha_n) \| x_n - T x_n \|^2 \} \\
Q_n = \{z \in C: [x_0 - x_n, x_n - z] \geqslant 0\} \\
x_{n+1} = P_{C_n \cap Q_n} x_0
\end{cases}
$$

$$
\tag{1.21}
$$

假设控制序列 $\{\alpha_n\}_{n=0}^{\infty}$ 满足条件 $0 \leqslant \alpha_n < 1$，那么，$\{x_n\}$ 强收敛于 $P_{F(T)}x_0$。

进一步，松下（Matsushita）和 Takahashi 借助于广义投影算子针对相对非扩张映象，修正了 Mann 迭代格式把空间架框从 Hilbert 空间推广到了 Banach 空间并证明如下定理。

定理 1.13 设集合 E 是一个一致光滑且一致凸的 Banach 空间，集合 C 是 E 的非空闭凸子集，映象 T 是一个从集合 C 到自身的相对非扩张映象。若控制序列 $\{\alpha_n\}$ 满足条件 $0 \leqslant \alpha_n < 1$ 且 $\limsup\limits_{n \to \infty} \alpha_n < 1$。$\{x_n\}$ 由如下算法产生

$$
\begin{cases}
x_0 = x \in C \\
y_n = J^{-1}[\alpha_n J x_n + (1-\alpha_n) J T x_n] \\
C_n = \{z \in C : \varphi(z, y_n) \leqslant \varphi(z, x_n)\} \\
Q_n = \{z \in C : [x_n - z, J x - J x_n] \geqslant 0\} \\
x_{n+1} = \prod_{C_n \cap Q_n} x_0
\end{cases}
\tag{1.22}
$$

其中，J 是 E 上的对偶映象。假设映象 T 的不动点集是非空的，则 $\{x_n\}$ 强收敛于 $\prod_{F(T)} x_0$。

最近 Kim 和 Xu 舍去了大多数人所采用的度量投影的方法，从另一个角度采用了一种较为简单的方法修正 Mann 迭代格式的强收敛定理，这种方法使得计算具体化、简单化。具体定理如下。

定理 1.14 设集合 C 是一致光滑 Banach 空间的闭凸子集，T 是一具有非空不动点集的从 C 到自身的非扩张映象。点和序列 $\{\alpha_n\}$、$\{\beta_n\}$ 属于（0，1）是给定的，如果满足

$$
\begin{aligned}
&（\mathrm{I}）\alpha_n \to 0, \beta_n \to 0 \\
&（\mathrm{II}）\sum_{n=0}^{\infty} \alpha_n = \infty, \sum_{n=0}^{\infty} \beta_n = \infty \\
&（\mathrm{III}）\sum_{n=0}^{\infty} |\alpha_{n+1} - \alpha_n| < \infty, \sum_{n=0}^{\infty} |\beta_{n+1} - \beta_n| < \infty
\end{aligned}
\tag{1.23}
$$

序列 $\{x_n\}$ 由如下迭代格式产生

$$
\begin{cases}
x_0 = x \in C \\
y_n = \alpha_n x_n + (1-\alpha_n) T x_n \\
x_{n+1} = \beta_n u + (1-\beta_n) y_n
\end{cases}
\tag{1.24}
$$

那么，$\{x_n\}$ 强收敛于算子 T 的不动点。

渐近半相对非扩张映象（也被称为拟 φ 渐近非扩张映象）和半相对非扩张映象（也被称为拟 φ 非扩张映象）是非扩张映象的推广，那么，有一个很自然的问题就是，正规、修正 Mann 迭代格式，以及正规、修正 Ishikawa 迭代格式，对于半相对扩张映象和渐近半相对非扩张映象是否成立。

2009 年，Zhou、Gao 和 Tan 在一致凸一致光滑的 Banach 空间框架下对于渐近半相对扩张映象，采用新的混杂算法修正 Mann 迭代程序，并得到强收敛定理。

定理 1.15 设 E 是一致光滑且一致凸的 Banach 空间，集合 C 是 E 的非空有界闭凸子集，映象 $\{T_i\}_{i \in I}: C \to C$ 是一族闭拟 φ 渐近非扩张映象满足 $F = \bigcap_{i \in I} F(T_i) \neq \varnothing$。假设每一个 T_i $(i \in I)$ 在 C 上渐近正则。若控制序列 $\{\alpha_n\} \subset [0,1)$ 满足条件 $\limsup_{n \to \infty} \alpha_n < 1$。序列 $\{x_n\}$ 由如下算法产生

$$\begin{cases} x_0 \in C \\ y_{n,i} = J^{-1}[\alpha_n J x_n + (1-\alpha_n) J T_i^n x_n] \\ C_{n,i} = \{z \in C : \varphi(z, y_{n,i}) \leqslant \varphi(z, x_n) + \zeta_{n,i}\} \\ C_n = \bigcap_{i \in I} C_{n,i} \\ Q_0 = C \\ Q_n = \{z \in Q_{n-1} : [x_n - z, J x_0 - J x_n] \geqslant 0\} \\ x_{n+1} = \prod_{C_n \cap Q_n} x_n \end{cases} \quad (1.25)$$

其中，$\zeta_{n,i} = (1-\alpha_n)(k_{n,i}-1)M$，对任意的 $z \in F, x_n \in C, M \geqslant \varphi(z, x_n)$ 和 $\prod F$ 是从 C 到 F 上的广义度量投影，则 $\{x_n\}$ 强收敛于 $\prod F x_0$。

与此同时，很多数学工作者也致力于 Ishikawa 迭代程序的研究。受到了 Nakajo 和 Takahashi 所做工作的启发，近来马丁内斯严（Martinez-Yanes）和 Xu 在 Hilbert 框架下借助于度量投影，针对非扩张应当向修正 Ishikawa 迭代程序获得了如下结果。

定理 1.16 设集合 C 是 Hilbert 空间 H 中的一非空闭凸子集，T 是具有非空不动点集的从 C 到自身的非扩张映象。设 $\{\alpha_n\}$ 和 $\{\beta_n\}$ 是属于 $[0,1]$ 的实序列，使得 $\lim_{n \to \infty} \alpha_n \leqslant 1-\delta$ 对于某个 $\delta \in (0,1]$ 并且 $\lim_{n \to \infty} \beta_n = 1$。

若 $\{x_n\}$ 由如下算法产生

$$\begin{cases} x_0 \in C \\ z_n = \beta_n x_n + (1-\beta_n) T x_n \\ y_n = \alpha_n x_n + (1-\alpha_n) T z_n \\ C_n = \{z \in C : \| y_n - v \|^2 \leqslant \| x_n - v \|^2 + (1-\alpha_n)[\| z_n \|^2 - \| x_n \|^2 + 2(x_n - z_n, v)]\} \\ Q_n = \{z \in C : [x_0 - x_n, x_n - z] \geqslant 0\} \\ x_{n+1} = P_{C_n \cap Q_n} x_0 \end{cases}$$

$$(1.26)$$

那么，$\{x_n\}$ 就强收敛于 $P_{F(T)} x_0$。

2008 年年初，Takahashi 等人引进了另一种修正方法，即新的混杂迭代方法。

定理 1.17 设 C 是实 Hilbert 空间 H 的非空闭凸子集，$\{T_n\}$ 与 τ 为 C 到 C 上的非扩张映象，使得 $\bigcap_{n=1}^{\infty} F(T_n) = F(\tau) \neq \varnothing$。令 $x_0 \in H, C_1 = C, u_1 = P_{C_1} x_0$。

假设 $\{T_n\}$ 关于 τ 满足 NST-条件，序列 u_n 由下列算法产生

$$\begin{cases} y_n = \partial_n u_n + (1-\partial_n)T_n u_n \\ C_{n+1} = \{z \in C_n : \| y_n - z \| \leqslant \| u_n - z \| \} \\ u_{n+1} = P_{C_{n+1}} x_0 \end{cases} \tag{1.27}$$

若控制序列 $\{\partial_n\}_{n=0}^{\infty}$ 的选取满足 $0 \leqslant \partial_n \leqslant a < 1$，则 $\{u_n\}$ 强收敛到 $z_0 = P_{F(T)} x_0$。

伪压缩映象是非扩张映象的推广，很自然的一个问题就是，Mann 迭代格式及修正的 Mann 迭代格式对于伪压缩映象是否成立。2001 年，希杜姆（Chidume）和鲁修（Mutangadura）构造出一个反例证明，对于 Lipschitz 的伪压缩映象，Mann 迭代格式是不可用的。

例 1.2　令 $X = R^2, B = \{x \in R^2 : \| x \| \leqslant 1\}, B_1 = \left\{ x \in B : \| x \| \leqslant \dfrac{1}{2} \right\}, B_2 = \left\{ x \in B : \dfrac{1}{2} \leqslant \| x \| \leqslant 1 \right\}$，如果 $x = (a,b) \in X$，我们定义 $x^{\perp} = (a,-b) \in X$，定义 $B \to B$ 如下

$$T_x = \begin{cases} x + x^{\perp} & x \in B_1 \\ \dfrac{x}{\| x \|} - x + x^{\perp} & x \in B_2 \end{cases} \tag{1.28}$$

强伪压缩映象和严格伪压缩映象都是伪压缩映象中的特殊情况。早在 1974 年戴姆林（Deimling）对于强伪压缩映象就证明了下面的定理。

定理 1.18　令 E 是实 Banach 空间，K 是 E 的非空闭凸子集，$T: K \to K$ 是连续的强伪压缩，则 T 在 K 中有唯一的不动点。

2005 年，Marino 和 Xu 在 Hilbert 框架下也采用混杂算法，修正 Mann 迭代程序对于严格伪压缩映象也得到了强收敛定理。

定理 1.19　设 K 是 Hilbert 空间中的非空闭凸子集，$T: K \to K$ 是具有常数 $0 \leqslant k < 1$ 的 k-严格伪压缩映象。假设 T 的不动点集非空，迭代序列 $\{x_n\}$ 由下式产生

$$\begin{cases} x_0 \in K \\ y_n = \partial_n x_n + (1-\partial_n)T x_n \\ C_n = \{z \in C : \| y_n - z \|^2 \leqslant \| x_n - z \|^2 - (k-\partial_n)\| x_n - T x_n \|^2 \} \\ Q_n = \{z \in C : (x_0 - x_n, x_n - z) \geqslant 0\} \\ x_{n+1} = P_{C_n \cap Q_n} x_0 \end{cases} \tag{1.29}$$

若控制序列 $\{\partial_n\}_{n=0}^{\infty}$ 的选取满足 $0 \leqslant \alpha_n < 1$，则 $\{x_n\}$ 强收敛到 $P_{F(T)} x_0$。

2007 年，周海云在 2-一致光滑的 Banach 空间框架下对严格伪压缩映象研究了正规 Mann 迭代算法，并且给出了一个新的修正的 Mann 迭代算法。

定理 1.20　设 E 是具有最佳光滑常数 K 的 2-一致光滑的 Banach 空间，C

为 E 的非空闭凸子集，$T:T \to C$ 是 λ-严格伪压缩映象。假设 E 满足一致凸或者 Opial 条件之一，序列 $\{x_n\}$ 由正规的 Mann 迭代算法产生 $x_{n+1} = \partial_n x_n + (1-\partial_n) T x_n$，$n>1$。如果控制序列 $\{\partial_n\}_{n=0}^{\infty}$ 的选取满足 $\partial_n \in \left[0, \dfrac{\lambda}{K^2}\right]$，$n>0$ 且 $\sum\limits_{n=0}^{\infty}(\lambda - K^2 \partial_n) = \infty$，则下列结论相互等价：①$F(T) \neq \varnothing$；②序列 $\{x_n\}$ 有界；③序列 $\{x_n\}$ 弱收敛到 T 的一个不动点。

定理 1.21 设 E 是 2-一致光滑的 Banach 空间，C 为 E 的非空闭凸子集，$T:C \to C$ 是 λ-严格伪压缩且 $F(T) \neq \varnothing$。令 $u, x_0 \in C$，$\{\partial_n\}$、$\{\beta_n\}$、$\{\gamma_n\}$ 和 $\{\sigma_n\}$ 属于 $(0,1)$ 满足适当的条件，序列 $\{x_n\}_{n \geqslant 0}$ 通过下列方式产生

$$\begin{cases} y_n = (1-\alpha_n) x_n + \alpha_n T x_n \\ x_{n+1} = \beta_n u + \gamma_n x_n + \delta_n y_n \end{cases} \tag{1.30}$$

则，$\{x_n\}$ 强收敛到的一个不动点 $z = Q_{F(T)} u$。

在另一方面，Halpern 迭代程序也是大家普遍关注的经典迭代程序之一。在 1967 年，Halpern 首先引进如下迭代格式，称之为 Halpern 迭代程序

$$\begin{cases} x_0 = x \in C \\ x_{n+1} = \alpha_n u + (1-\alpha_n) T x_n \end{cases} \tag{1.31}$$

并且 Halpern 指出如果迭代格式要想收敛到任意非扩张映象 T 的不动点，那么必须满足其中两个条件 $(C_1): \lim\limits_{n \to \infty} \alpha_n = 0$ 和 $(C_2): \sum_{n=1}^{\infty} \alpha_n = \infty$。1977 年，莱昂（Lions）仍然在 Hilbert 空间的框架下改进了 Halpern 的结果，当 $\{\alpha_n\}$ 满足下列条件时

$$C_1: \lim \alpha_n = 0; C_2: \sum \alpha_n = \infty; C_3: \lim \frac{\alpha_n - \alpha_{n-1}}{\alpha_n^2} = 0 \tag{1.32}$$

证明了 $\{x_n\}$ 强收敛到 T 的不动点。1980 年，Reich 证明了当 X 是一致光滑 Banach 空间时，Halpern 的结果仍然成立的。

我们观察到 Halpern 和 Lion 对序列 $\{\alpha_n\}$ 的限制排除了常规的选择 $\alpha_n = \dfrac{1}{n+1}$。这在 1992 被 Wittmarn 克服，即若 $\{\alpha_n\}$ 满足有下列条件

$$C_1: \lim \alpha_n = 0; C_2: \sum \alpha_n = \infty; C_3: \lim \sum |\alpha_{n+1} - \alpha_n| < \infty \tag{1.33}$$

那么，$\{x_n\}$ 强收敛到 T 的不动点。Reich 把维特曼（Wittmann）的结果推广到了一致光滑且具有弱序列连续对偶映象的 Banach 空间（比如 l_p，$1<p<\infty$）。近来，诗织（Shioji）和 Takahashi 把 Wittmann 的结果推广到了一致 Gâteaurx 可微范数且每个有界闭凸子集对非扩张映象都有不动点性质的 Banach [比如 L_p，$(1<p<\infty)$]。他们具体的给出如下定理。

定理 1.22 设 K 是具有一致 Gâteaurx 微分范数的 Banach 空间 E 的闭凸子集，T 是具有非空不动点集的从 C 到自身的非扩张映象。若序列 $\{x_n\}$ 满足下列条件

$$(\text{I})\ 0 \leqslant \alpha_n \leqslant 1, \lim_{n \to \infty} \alpha_n = 0$$

$$(\text{II})\ \sum_{n=0}^{\infty} \alpha_n = \infty$$

$$(\text{III})\ \sum_{n=0}^{\infty} |\alpha_{n+1} - \alpha_n| < \infty \tag{1.34}$$

$\{x_n\}$ 由如下算法产生

$$\begin{cases} x_0 \in K \\ x_{n+1} = \alpha_n u + (1 - \alpha_n) T x_n, (n \geqslant 0) \end{cases} \tag{1.35}$$

若 $\{z_t\}$ 强收敛到 $z \in F(T)$，其中 $0 < t < 1$，z_t 是算子方程 $z_t = t_u + (1-t) T z_t$ 的唯一解，那么 $\{x_n\}$ 强收敛于 z。

2002 年，Xu 从两方面推广了 Lion 的结果：一方面，他减弱了 Lion 结果中的条件（C_3），把分母中的 α_n^2 替换成了 α_n；另一方面，他在一致光滑 Banach 空间架框下利用 Halpeern 迭代程序得到了非扩张映象的强收敛定理。然而条件（C_1）和条件（C_2）是否能保证 Halpern 迭代程序的收敛性目前还是一个未公开问题。众所周知，非线性算子在凸组合之后，它的性质一般都会得到改良，Halpern 迭代程序相比 Mann 迭代程序而言，能收敛到非扩张映象，由压缩映象原理保证其强收敛。但是另一方面 Halpern 迭代程序依靠的是平均迭代，在逆问题中应用是比较多的。Halpern 迭代程序对于非扩张映象可以得到较为缓慢的收敛速度。现在也有很多学者正在致力于如何提高 Halpern 迭代程序的收敛速度。比如马丁内斯-亚内斯（Martines - Yanes）和 Xu 修正了 Halpern 迭代格式，仅在（C_1）的条件下得到强收敛定理，加快了 Halpern 迭代的收敛速度，他们给出了如下具体的定理。

定理 1.23 设 H 是 Hilbert 空间，C 是 H 的闭凸子集，T 是具有非空不动点集的从 C 到自身的非扩张映象。假设控制序列满足 $\alpha_n \subset (0,1)$，那么有如下算法产生的序列 $\{x_n\}_{n=0}^{\infty}$。

$$\begin{cases} x_0 \in C \\ y_n = \alpha_n x_0 + (1 - \alpha_n) T x_n \\ C_n = \{z \in C : \|y_n - z\|^2 \leqslant \|x_n - z\|^2 + \alpha_n [\|x_0\|^2 + 2(x_n - z_n, v)]\} \\ Q_n = \{z \in C : [x_0 - x_n, x_n - z] \geqslant 0\} \\ x_{n+1} = P_{C_n \cap Q_n} x_0 \end{cases} \tag{1.36}$$

强收敛于 $P_{F(T)} x_0$。

另一方面，近些年来黏滞方法是大家非常关注并普遍研究的，很多学者采用黏滞方法来研究非线性算子不动点和变分不等式的解的问题，其中有一些具有代表性的结果。

莫达非（Moudafi）在 Hilbert 空间的框架下证明了如下结果。

定理 1.24 若序列 $\{x_n\}$ 是由如下算法产生

$$x_n = \frac{1}{1+\varepsilon_n} T x_n + \frac{\varepsilon_n}{1+\varepsilon_n} f(x_n) \tag{1.37}$$

假定 $\lim\limits_{n\to\infty}\varepsilon_n = 0$，$\sum_{n=1}^{\infty}\varepsilon_n = \infty$ 且 $\lim\limits_{n\to\infty}\left|\dfrac{1}{\varepsilon_{n+1}} - \dfrac{1}{\varepsilon_n}\right| = 0$，则序列 $\{z_n\}$ 强收敛于变分不等式：$\overline{x}\in F(T)$，使得 $[(I-f)\overline{x}, \overline{x}-x]\leqslant 0$，$\forall x\in F(T)$ 是唯一解。

定理 1.25 选取迭代初值 $z_0\in C$，序列 $\{z_n\}$ 由如下格式产生

$$z_{n+1} = \frac{1}{1+\varepsilon_n} T z_n + \frac{\varepsilon_n}{1+\varepsilon_n} f(z_n) \tag{1.38}$$

假定 $\lim\limits_{n\to\infty}\varepsilon_n = 0$，$\sum_{n=1}^{\infty}\varepsilon_n = \infty$ 且 $\lim\limits_{n\to\infty}\left|\dfrac{1}{\varepsilon_{n+1}} - \dfrac{1}{\varepsilon_n}\right| = 0$，则序列 $\{z_n\}$ 强收敛于变分不等式 $\overline{x}\in F(T)$，使得 $[(I-f)\overline{x}, \overline{x}-x]\leqslant 0$，$\forall x\in F(T)$ 是唯一解。

最近，Xu 改进了 Moudafi 的结果，在一致光滑的 Banach 空间的框架下给出了如下定理。

定理 1.26 设 E 是一致光滑的 Banach 空间，C 是 E 的闭凸子集，映象 $T:C\to C$ 是一具有非空不动点集的非扩张映象，$f\in\prod_C$ 是收缩映象，$\{x_t\}$ 是由如下方程定义：$x_t = t f(x_t) + (1-t) T x_t, t\in(0,1)$，则序列 $\{x_t\}$ 强收敛到非扩张映象的不动点。

如果我们定义如下映象 $Q:\prod_C\to F(T)$，其中 $Q(f) = \lim\limits_{t\to 0} x_t$，那么 $Q(f)$ 就是变分不等式

$$[(I-f)Q(f), j(Q(f)-x)]\leqslant 0, f\in\prod_C, x\in F(T)$$的唯一解。

定理 1.27 设 E 是一致光滑的 Banach 空间，C 是 E 的闭凸子集，映象 $T:C\to C$ 是一具有非空不动点集的非扩张映象，$f\in\prod_C$ 是收缩映象，假定序列 $\{\alpha_n\}\in(0,1)$ 满足下列条件限制

$$\begin{aligned}&(\text{I})\lim_{n\to\infty}\alpha_n = 0\\&(\text{II})\sum_{n=0}^{\infty}\alpha_n = \infty\\&(\text{III})\lim_{n\to\infty}\frac{\alpha_{n+1}}{\alpha_n} = 1 \text{ 或者} \sum_{n=0}^{\infty}|\alpha_{n+1}-\alpha_n|\leqslant\infty\end{aligned} \tag{1.39}$$

那么由 $x_0\in C, x_{n+1} = \alpha_n f(x_n) + (1-\alpha_n) T x_n, n=0,1,2\cdots$ 产生的序列 $\{x_n\}$ 就强收敛于算子 T 的不动点。

2006 年，Marino 和 Xu 在 Hilbert 空间中，结合最小值问题和黏滞迭代方法，引进强正线性有界算子，构造了一种新的迭代格式

$$x_{n+1} = (I-\alpha_n A) T x_n + \alpha_n\gamma f(x_n), (n\geqslant 0) \tag{1.40}$$

他们证明该序列强收敛到非扩张映象 T 的不动点，该点还是变分不等式 $[(A-\gamma f)x^*, x-x^*]\geqslant 0$ 的解，而且该变分不等式是最小值问题 $\min\limits_{x\in C}\dfrac{1}{2}(Ax,x)-h$

（x）的最优条件，其中 $h'(x) = \gamma f(x)$。

2007 年，对于非扩张半群，Chen 和 Song 研究了显格式和隐格式的黏滞迭代情形

$$x_n = \alpha_n f(x_n) + (1-\alpha) \frac{1}{S_n} \int_0^{S_n} T(s) x_n \mathrm{d}s$$

$$x_{n+1} = \alpha_n f(x_n) + (1-\alpha) \frac{1}{S_n} \int_0^{S_n} T(s) x_n \mathrm{d}s$$ (1.41)

2008 年，对于非扩张半群 $S = \{T(s): 0 \leqslant s < \infty\}$，S. Plubtieng 和 R. Punpaeng 研究了连续序列 $\{x_t\}$ 的收敛性

$$x_t = t f(x) + (1-t) \frac{1}{\lambda_t} \int_0^{\lambda_t} T(s) x_t \mathrm{d}s$$ (1.42)

其中，$t \in (0,1)$ 且 $\{\lambda_t\}$ 是正实发散网。新的迭代格式如下

$$x_{n+1} = \alpha_n f(x_n) + \beta_n x_n + (1-\alpha-\beta_n) \frac{1}{S_n} \int_0^{S_n} T(s) x_n \mathrm{d}s, (n \geqslant 0)$$ (1.43)

并且证明了上述格式产生的序列 $\{x_n\}$ 有强收敛结果。

1.3 变 分 不 等 式

众所周知，变分不等式理论是当今非线性分析理论领域的重要组成部分，同时，它还是当代数学方法中非常有效的工具。变分不等式理论和方法不仅是非线性最优化的一个重要部分，而且在微分方程、力学、控制论、对策论、经济平衡理论、交通运输、社会和经济模型等许多方面都有着重要的应用。数学规划中的许多基本问题也可以归结为一个变分不等式问题来研究。因此，关于变分不等式问题的研究和应用是数学规划和运筹学等领域中的一个重要课题。对变分不等式问题的研究大致可分为理论和算法两大研究方向。理论方面的研究焦点集中于变分不等式问题解的存在性、唯一性和灵敏性等，而算法方面主要是研究如何引进和借助于各种技术、概念和思想等，以建立各种类型的变分不等式问题的具体求解方法。从推广看，对变分不等式问题的研究又将标准变分不等式推广到广义变分不等式和拟变分不等式，再到广义拟变分不等式，所有这些同时推动了一般点到集映射的发展及其在数学规划中的作用，还有学者从更基本的拓扑和泛函的观点出发研究了无限维赋范空间的变分不等式问题。

人们对变分不等式的兴趣始于一些力学问题的研究。1933 年，西尼奥里尼（Signorini）在研究一个线性弹性体与刚性体的无摩擦接触时导出了一个变分不等式，这也被称为 Signorini 问题。然而，变分不等式作为一门数学学科则始于 20 世纪 60 年代。关于 Signoritri 问题的变分不等式的第一个严格的分析是在菲

凯拉（Fichera）中给出的。几乎同时，斯坦帕基亚（Stampacchia）做出了变分不等式这一数学学科的奠基性贡献。1964 年，Stampaeehia 把拉克-米尔格朗（Lax - Milgram）定理由 Hilbert 空间推广到其非空闭凸子集的情形，得到了变分不等式的第一个解的存在唯一性定理。

Lions 和 Stampacchia 给出了变分不等式的一些数学理论。迪沃（Duvaut）和 Lions 在变分不等式的框架下研究了许多力学和物理学问题。Lions、莱维（Lewy）、布勒齐（Brezis）等人发表了一系列文章，为变分不等式理论奠定了初步的基础。20 世纪 70 年代，变分不等式在最优控制问题、弹性问题、弹塑性问题及渗流问题领域中得到了成功应用。20 世纪 80 年代以来，作为现代偏微分方程理论重要部分的变分不等式理论得到了深入发展，至今已较为成熟。20 世纪 60 年代中期，在非线性规划的研究中出现了线性和非线性互补问题，它们进一步发展成为有限维空间中的变分不等式。20 世纪 80 年代，变分不等式问题受到越来越多的关注。学者们利用投影法、辅助原理法、维纳霍普夫（Wiener-Hopf）方程技术、线性逼近法、牛顿法、罚函数法等方法从理论、算法和应用三方面同时研究这一问题，其中包括解的存在性、逼近解的全局误差界、求解算法及它们在控制与最优化、非线性规划、经济、金融、运输等领域中的应用。20 世纪 90 年代，Math. Programming 杂志出版了非线性互补问题与变分不等式的专辑，标志着变分不等式已成为非线性规划的一个重要研究领域。

目前，经典的变分不等式理论已被大量地用于研究产生于应用数学、优化控制理论、物理学（力学）、非线性规划、经济学（金融）、交通、弹性学等各个领域中的有效的问一般处理框架。变分不等式理论是当前数学技术的一个强大工具。

设 K 是 Banach 空间 X 中的一个非空闭凸集，$F: K \to V^*$ 为一个连续映象，则称下面的问题为变分不等式问题：寻找 $x^* \in K$，使得

$$[F(x^*), x - x^*] \geq 0, (\forall x \in K) \tag{1.44}$$

其中，V^* 表示 V 的对偶空间，$[\cdot, \cdot]$ 表示 V^* 与 V 之间的配对。

我们通常所说的变分不等式理论的基本内容就是研究各种类型的变分不等式的解的存在性和唯一性条件、解（或解集）的性状、解的各种迭代逼近算法，以及对各种问题的应用等。因此，变分不等式的基本问题之一就是解的存在性问题。关于变分不等式解的存在性，已经有许多理论性的结果。

关于 R^n 中变分不等式解的存在性，1966 年哈特曼-斯坦帕基亚（Hartman - Stampacchia）给出了一个最基础的结果。

定理 1.28 设 K 是 R^n 的一个非空有界闭凸集，$F: K \to R^n$ 连续，则存在 $x^* \in K$ 满足变分不等式 $[F(x^*), x - x^*] \geq 0$，$\forall x \in K$。

当 K 是无界的，或者空间为无限维空间，$[F(x^*), x - x^*] \geq 0$ 解的存在

性要求 F 具有某种单调性。

变分不等式理论领域重要、有趣的问题之一是构造有效的迭代算法以求得变分不等式的近似解及算法的收敛性。关于这个问题，已经有大量的学者做过研究，产生了大量的迭代算法，如投影算法、Wienner-Hopf 方程技巧、线性近似法、下降法、牛顿法等。投影算法及其变形，包括 Wienner-Hopf 方程技巧都是求解变分不等式的重要方法，其来源可追溯到 Lion 和 Stampacchia。这种方法的主要思想是：利用投影的概念建立变分不等式问题与不动点问题的等价性。然而，投影方法需要计算投影，这是很困难的。投影方法需要算子的强单调性及 Lipschitz 连续性，这样的条件在许多实际应用中并不具备。于是，额外梯度（Extragradient）法得以提出，这种方法最显著的特点是在每次迭代中采用了两次投影。这种方法可被视作预校正算法，其收敛性仅需要解的存在性及单调算子的 Lipschitz 连续性，如斯伟特尔（Svaiter）和索洛多夫（Solodov）及 He 提出的算法。当算子不是 Lipschitz 连续的，或者 Lipschitz 连续常数未知时，Extra-gradient 方法及其变形在每次投影迭代时需要计算迭代步长，这就大大增加了计算量。

算法的局限性激发了很多学者思考更好的计算法。1981 年，戈尔德斯基（Glowinski）和 Lions 建立了另外一种技巧，即辅助原理技巧。这种技巧不依赖于投影。辅助原理技巧方法是：建立一个辅助变分不等式问题，利用不动点的方法，可证明该辅助变分不等式的解就是所求原始问题的解。这种方法可以用来建立可微优化问题的等价性。

近 30 年，随着计算能力的快速提高和数值方法的深入发展，变分不等式的数值求解不仅成为可能，而且可以模拟解决很多实际的问题。因此，变分不等式的解的迭代算法的研究不仅是理论的需要，也是社会发展的实际要求，变分不等式问题的研究具有非常重要的意义。

1988 年，努尔（Noor）介绍并研究了一类包含两个算子的变分不等式，我们称之为广义变分不等式。

1997 年，韦尔马（Verma）在 Hilbert 空间中研究了一类带有松弛单调映射的变分不等式，并给出了一些解的存在性定理。

1991 年，支（Shi）介绍了 Wiener-Hopf 方程（也称法映射），并讨论了该方程与变分不等式之间的等价关系。事实证明 Wiener-Hopf 方程比投影算法更灵活，更具有广泛性。此后这一方程被广泛地用来研究变分不等式问题解的存在性、解的算法和参数解的灵敏性。

1993 年，Noor 证明了广义变分不等式问题等价于解 Wiener-Hopf 方程，并利用这种相互等价性，提出并分析了一系列解广义变分不等式的迭代算法，得到强收敛定理。

1999 年，Noor 利用 Wiener-Hopf 方程技术，提出并分析了一种解广义拟单调变分不等式的迭代方法。

最近，Noor 和 Huang 介绍并考虑了一类新的包含非线性算子和非扩张算子的 Wiener-Hopf 方程，他们应用投影技术，建立了变分不等式和 Wiener-Hopf 方程的等价关系，提出并分析了一种迭代方法，应用此迭代方法可以找到非扩张映象不动点集和松弛强制映象变分不等式解集的公共元。

数学规划中的许多基本问题也可以归结为一个变分不等式问题来研究。例如，极小值问题在一定条件下可以转化为变分不等式问题。

例 1.3 设 $f \in C^1[(A,B),R]$，求 $x_0 \in [a,b]$ 使得

$$f(x_0) = \min_{a \leqslant x \leqslant b} f(x) \tag{1.45}$$

由维尔斯特拉斯（Weierstrass）定理得这样的 $x_0 \in [a,b]$ 是存在的，而且

(1) 当 $x_0 \in (a,b)$，有 $f'(x_0) = 0$

(2) 当 $x_0 = a$，有 $f'(x_0) \geqslant 0$

(3) 当 $x_0 = b$，有 $f'(x_0) \leqslant 0$

因而，x_0 无论是哪种情况，都会得到 $f'(x_0)(x-x_0) \geqslant 0, \forall x \in [a,b]$。于是按 R 中的内积即得一变分不等式

$$[f'(x_0), x-x_0] \geqslant 0, (\forall x \in [a,b]) \tag{1.46}$$

对 K 是 R^n 中的闭凸集，$f \in C^1(K,R)$。设 $x_0 \in K$，使得 $f(x_0) = \min_{x \in K} f(x)$，也等价于类似的变分不等式

$$[\text{grad} f(x_0), x-x_0] \geqslant 0, (\forall x \in K) \tag{1.47}$$

因此，研究和应用非线性变分不等式理论的是数学规划和运筹学等领域中的一个重要课题。

不动点理论与变分不等式理论密切相关。事实上，某些广义混合变分不等式问题，实质上就是不动点问题，如 Takahashi 不动点理论是非线性泛函分析的重要组成部分，它与近代数学的许多分支有着紧密的联系，特别是在建立各类方程（其中包括各类线性或非线性的、确定的或非确定性的微分方程和积分方程及各类算子方程）解的存在唯一性问题中起着重要的作用。

自 20 世纪初 Brouwer 和 Banach 提出了以他俩姓氏命名的 Brouwer 不动点定理和 Banach 压缩映象原理以来，不动点理论得到了深入研究。目前，不动点理论已经渗透到数学的多个领域，并被广泛应用于各种问题的研究中。

不动点理论有两个重要的研究方面：不动点的存在唯一性和不动点的计算方

法。关于映象不动点的存在性，很多学者都研究过，得到了大量好的结果。相对来说，对不动点的计算方法的研究要少些。可以认为，不动点的计算是计算方法中的一个重大发现，它对某类映象的不动点，第一次给出了数值逼近的算法。Banach 压缩映象原理实际上就是经典的 Picard 迭代法的抽象表述。根据这一定理，不仅可以判断不动点的存在性与唯一性，还可以构造一个迭代程序，逼近不动点到任何精确程度。Picard 时代之后，迭代方法被广泛地应用，迭代方法的抽象化被很多学者研究。

第一个方法是 Scarf 在 1967 年提出的，之后根据 Brouwer 定理的不同，证明提出了许多不同的方法。如今，关于不动点的计算方法的研究已成为不动点理论的一个热点问题。

Banach 压缩映象原理是最为人熟知的不动点定理之一，自诞生以来得到了许多学者的关注，提出了大量的新型的压缩映象的不动点定理。然而，很多映象并非压缩型的，非扩张映象就是比压缩型映象更为广泛的一类映象。设 (X, d) 是一完备度量空间，$T: X \rightarrow X$ 为一映象，称 T 为非扩张映象，如果

$$d(Tx, Ty) \leqslant d(x, y), (\forall x, y \in X) \tag{1.48}$$

非扩张映象是 Banach 压缩映象的一种自然推广，这种映象在许多数学分支，特别是在非线性半群、遍历理论和单调算子理论方面有许多重要的应用。

基于变分不等式和不动点问题间紧密的联系，如何寻找变分不等式解集和非线性算子不动点集公共元的问题被广泛关注。

2003 年，Takahashi 和户谷田（Toyada）在 Hilbert 空间中为了寻找非扩张映象不动点集和逆强单调映象的变分不等式解集的公共元，提出了一种迭代算法

$$x_1 \in C, x_{n+1} = \alpha_n x_n + (1 - \alpha_n) S P_C(x_n - \lambda_n A x_n), (n \geqslant 1) \tag{1.49}$$

并且获得了弱收敛定理。

2005 年，饭冢（Iiduka）和 Takahashi 推广了 Takahashi 和 Toyada 的结论，构造了新的迭代序列

$$x_1 = x \in C, x_{n+1} = \alpha_n x_n + (1 - \alpha_n) S P_C(x_n - \lambda_n x_n), (n \geqslant 1) \tag{1.50}$$

在 Hilbert 空间中获得了强收敛定理。

2006 年，Marino 和 Xu 在 Hilbert 空间中，结合最小值问题和黏滞迭代方法，引进强正线性有界算子，构造了一种新的迭代格式

$$x_{n+1} = \alpha_n \gamma f(x_n) + (I - \alpha_n A) T x_n, (n \geqslant 0) \tag{1.51}$$

他们证明该序列强收敛到非扩张映象 T 的不动点，该点还是变分不等式 $[(A - \gamma f) x^*, x - x^*] \geqslant 0$ 的解，而且该变分不等式是最小值问题 $\min_{x \in C} \frac{1}{2}(Ax, x) - h(x)$

的最优条件，其中 $h'(x)=\gamma f(x)$。

2006 年，Chen、Zhang 和 Fan 对上述迭代格式加入了黏滞方法，建立了如下迭代序列

$$x_0 \in C, x_{n+1}=\alpha_n f(x_n)+(1-\alpha_n)SP_C(x_n-\lambda_n Ax_n),(n \geqslant 0) \qquad (1.52)$$

在 Hilbert 空间中获得了强收敛定理。

2007 年，Noor 考虑了一些三步迭代算法，寻找变分不等式解集和非扩张映象不动点集公共元。

随着对变分不等式问题研究的深入，学者们将单值变分不等式推广到集值变分不等式，由一般变分不等式推广到混合变分不等式，再进一步推广到广义混合变分不等式，同时，将单个变分不等式推广到变分不等式系统，进一步由一元变分不等式系统推广到多元变分不等式系统。

2001 年，Verma 研究了一种包含强单调映象的非线性变分不等式系统的逼近可解性。

2003 年，Verma 研究了一种包含偏松弛伪单调映象的非线性隐变分不等式系统的逼近可解性。

2007 年，Chang、李约瑟（Joseph Lee）和 Chan 研究了如下一种双元松弛强制非线性变分不等式广义系统的逼近可解性。寻找 x^*，$y^* \in K$，使得

$$[\rho T(y^*,x^*)+x^*-y^*,x-x^*] \geqslant 0,(\forall x \in K,\rho>0)$$
$$[\eta T(x^*,y^*)+y^*-x^*,x-y^*] \geqslant 0,(\forall x \in K,\eta>0) \qquad (1.53)$$

最近，学者 Huang 和 Noor 介绍和考虑了如下一个包含两个不同算子的双元变分不等式系统，采用投影技术，提出并分析了一个新的隐迭代算法。寻找 x^*，$y^* \in K$，使得

$$[\rho T_1(y^*,x^*)+x^*-y^*,x-x^*] \geqslant 0,(\forall x \in K,\rho>0)$$
$$[\eta T_2(x^*,y^*)+y^*-x^*,x-y^*] \geqslant 0,(\forall x \in K,\eta>0) \qquad (1.54)$$

以上研究结果均是在 Hilbert 空间框架下完成的。为了在 Banach 空间中获得同样的收敛结果，即为了逼近相对弱非扩张映象的不动点集和变分问题的解集的公共元，2008 年，泽盖耶（H. Zegeye）和沙赫扎德（N. Shahza）构造了下面的迭代序列

$$\begin{cases} y_n=\prod_C[J^{-1}(Jx_n-\alpha_n Ax_n)] \\ z_n=Ty_n \\ H_0=\{v \in C:\varphi(v,z_0) \leqslant \varphi(v,y_0) \leqslant \varphi(v,x_0)\} \\ H_n=\{v \in H_{n-1} \bigcap W_{n-1}:\varphi(v,z_n) \leqslant \varphi(v,y_n) \leqslant \varphi(v,x_n)\} \\ W_0=C \\ W_n=\{v \in W_{n-1} \bigcap H_{n-1}:[x_n-v,Jx_0-Jx_n] \geqslant 0\} \\ x_{n+1}=\prod_{H_n \bigcap W_n}(x_0),(n \geqslant 1) \end{cases} \qquad (1.55)$$

其中，J 是 E 上的正规对偶映象，并且在 2 ——致凸和一致光滑的实 Banach 空间获得了强收敛定理。

1.4　均　衡　问　题

1994 年，希鲁姆（Blum）、奥特利（Oettli）提出了非线性算子的均衡问题，对纯粹和应用科学的几个分支的发展产生了重要影响，一直是很多学者广泛研究的热点问题。在最优化、投资决策、经济模型、最优控制和工程技术等领域中人们对许多实际问题的描述都可归结为均衡问题，由于它所包含问题的广泛性和解决问题的深刻性使得各种类型的均衡优化问题受到极大关注。近年来关于均衡优化问题得到广泛和深入研究，许多结果已在经济均衡理论、对策论和经济管理等诸多方面得到广泛应用并逐渐显示其重要性，成为多目标规划理论研究的核心内容。众所周知，数值均衡问题（EP）具有非常广阔的应用前景，它和经济、金融、优化与控制、博弈论、算子研究及工程和力学中的一些非线性分析问题有着很密切的联系。近年来，许多学者对数值均衡问题（EP）作了深入研究，将非扩张映象的不动点问题与变分不等式问题和均衡问题相互结合。

均衡问题描述如下：设 H 是实 Hilbert 空间，C 是 H 的非空闭凸子集，G 是 $C\times C$ 到 R（实数集）的二元函数，对于 G 的均衡问题就是找到一个 $x\in C$ 使得

$$G(x,y)\geqslant 0,\forall\, y\in C \tag{1.56}$$

如果二元均衡函数取 $G(x,y)=[\gamma Tx,y-x]$，对任意的 $\gamma>0$ 和 $y\in C$。那么均衡问题立即转化为变分不等式问题，再根据变分不等式问题和极值问题之间的转化关系，均衡问题也可转化为极值问题。

为求解二元函数 $G: C\times C\to R$ 的均衡问题，假设 G 满足满足下列条件

$$\begin{cases}(A1)\,\forall\, x\in C,G(x,x)=0\\(A2)G\text{ 单调，即 }G(x,y)+G(y,x)\leqslant 0,\ \forall\, x,y\in C\\(A3)\,\forall\, x,y,z\in C,\lim_{t\to 0}G[tz+(1-t)x,y]\leqslant G(x,y)\\(A4)\,\forall\, x\in C,y\to G(x,y)\text{（是凸下半连续函数）}\end{cases} \tag{1.57}$$

2007 年，S. Takahashi 和 W. Takahashi 采用黏滞逼近方法，为寻找均衡问题解集和非扩张映象不动点集的公共元，建立了一个新的迭代格式，并获得了强收敛定理。

定理 1.29　设 C 是 Hilbert 空间 H 的一个非空闭凸子集。设 $F: C\times C\to R$ 是一个双函数，满足条件（A1）～（A4），设 $S: C\to H$ 是一非扩张映象且 $F(S)\bigcap EP(F)\neq\varnothing$，$f: H\to H$ 是一个收缩。序列 $\{x_n\}$ 和 $\{u_n\}$ 由如下迭代格式产生（$x_1\in H$）

$$
\begin{cases}
F(u_n,y)+\dfrac{1}{r_n}(y-u_n,u_n-x_n)\geqslant 0,(\forall y\in C)\\
x_{n+1}=\alpha_n f(x_n)+(1-\alpha_n)Su_n,(n\geqslant 1)
\end{cases} \tag{1.58}
$$

其中，$\{\alpha_n\}\subset[0,1),\{r_n\}\subset(0,\infty)$ 满足如下条件

$$
\lim_{n\to\infty}\alpha_n=0,\sum_{n=1}^{\infty}\alpha_n=\infty,\sum_{n=1}^{\infty}|\alpha_{n+1}-\alpha_n|<\infty,\liminf_{n\to\infty}r_n>0,\sum_{n=1}^{\infty}|r_{n+1}-r_n|<\infty \tag{1.59}
$$

则 $\{x_n\}$ 和 $\{u_n\}$ 强收敛到 $z\in F(S)\bigcap VI(C,A)\bigcap EP(F)$，其中 $z=P_{F(S)\cap EP(F)}f(z)$。

2008 年，在 Banach 空间中逼近均衡问题的解集和相对非扩张映象的不动点集的公共元，即 $EP(F)\bigcap F(T)$ 的公共元，W. Takahashi 和梅林（K. Zembayashi）介绍了下面的迭代序列（$x_0\in C$）

$$
\begin{cases}
y_n=J^{-1}[\alpha_n Jx_n+(1-\alpha_n)JTx_n]\\
u_n\in C,s.t.\ F(u_n,y)+\dfrac{1}{r_n}[y-u_n,Ju_n-Jy_n]\geqslant 0,(\forall y\in C)\\
H_n=\{v\in C:\varphi(v,u_n)\leqslant\varphi(v,x_n)\}\\
W_n=\{v\in C:[x_n-v,Jx_0-Jx_n]\geqslant 0\}\\
x_{n+1}=\prod_{H_n\cap W_n}(x_0),(n>1)
\end{cases} \tag{1.60}
$$

其中，$\{\alpha_n\}\subset[0,1]$，$\{r_n\}\subset[a,\infty)$ 满足适当的条件。并且证明了在一致凸和一致光滑的实 Banach 空间上述序列有强收敛定理。

与此同时广义均衡问题也深受大家的关注，它不仅包含均衡问题而且包含最优化问题、变分不等式、极小化问题等。同时一些学者很自然地将广义均衡问题与不动点问题联系起来。2008 年，S. Takahashi 和 W. Takahashi 为了寻找广义均衡问题解集和非扩张映象不动点集的公共元，建立一个新的迭代格式，并获得了强收敛定理。

定理 1.30 设 C 是 Hilbert 空间 H 的一个非空间凸子集。设 $F:C\times C\to R$ 是一个双函数，满足条件（A1）~（A4）。设 $A:C\to H$ 是一个 α 反强单调映象和 $S:C\to H$ 是一非扩张映象且 $F(S)\bigcap EP\neq\varnothing$。设 $u\in C$ 和 $x_1\in C$。序列 $\{x_n\}$ 和 $\{z_n\}\subset C$ 由如下迭代格式产生

$$
\begin{cases}
F(z_n,y)+[Ax_n,y-z_n]+\dfrac{1}{\lambda_n}[y-z_n,z_n-x_n]\geqslant 0,(\forall y\in C)\\
x_{n+1}=\beta_n x_n+(1-\beta_n)S[\alpha_n u+(1-\alpha_n)z_n],(n\in N)
\end{cases} \tag{1.61}
$$

其中，$\{\alpha_n\}\subset[0,1)$、$\{\beta_n\}\subset[0,1]$ 和 $\{\lambda_n\}\subset(0,2\alpha)$ 满足如下条件

$$
\lim_{n\to\infty}\alpha_n=0,\sum_{n=1}^{\infty}\alpha_n=\infty \tag{1.62}
$$

则 $\{x_n\}$ 强收敛到 $z=P_{F(S)\cap EP}u$。

第 2 章　非扩张映射的不动点迭代逼近

　　由于大量的非线性问题都与非线性算子方程有着密切的联系，而非线性算子方程的解往往可以转化为某个非线性算子的不动点。所以研究 Banach 空间中非线性算子方程解的迭代算法无疑具有重要的理论意义和实际意义，比如微分方程的初值问题。

　　学术界有关这方面的研究也取得了显著的成绩。在不动点问题研究的众多方向中，关于构造渐近不动点序列的迭代收敛问题以及其在控制、非线性算子和微分方程等方面的理论结合及应用成为研究的主流，对这方面的研究会在实际运用中起到至关重要的作用。对非扩张映象的研究一直受到数学工作者的关注，特别是近年来对公共不动点强收敛性的逼近算法及黏性迭代的算法研究都已成为热门和前沿课题。

2.1　一致$(L-\alpha)$-Lipschitz 渐近非扩张映象的不动点迭代问题

2.1.1　预备知识

定义 2.1

　　(1) 设 C 是 Banach 空间 E 中的非空子集，则 $T: C \to C$ 称为渐近非扩张的，若存在一列正数列 $\{L_n\}$ 满足 $\lim_{n\to\infty} L_n = 1$，且使得

$$\| T^n x - T^n y \| \leqslant L_n \| x - y \|, (\forall x, y \in C, n = 1, 2, \cdots) \qquad (2.001)$$

其等价形式为

$$\| T^n x - T^n y \| \leqslant \| 1 + k_n \| \| x - y \|, \forall x, y \in C, k_n \in [0, +\infty], \lim_{n\to\infty} k_n = 0$$

　　(2) 设 C 是 Banach 空间 E 中的非空子集，则 $T: C \to C$ 称为渐近准非扩张的，若存在一列正数列 $\{L_n\}$ 满足 $\lim_{n\to\infty} L_n = 1$，且使得

$$\| T^n x - p \| \leqslant L_n \| x - p \|, (\forall x \in C, \forall p \in F(T), n = 1, 2, \cdots) \qquad (2.002)$$

其等价形式为

$$\| T^n x - p \| \leqslant \| 1 + k_n \| \| x - p \|, \forall x \in C, \forall p \in F(T)[注: F(T) \text{ 为 } T \text{ 的}$$
不动点的全体]，其中 $k_n \in [0, +\infty], \lim_{n\to\infty} k_n = 0$。

定义 2.2 设 C 是 Banach 空间 E 的非空闭凸子集。T：$C \rightarrow C$ 是一映象。$\{a_n\}$ 和 $\{b_n\}$ 满足：$0 < a \leqslant a_n \leqslant b < 1$，$0 < a \leqslant b_n \leqslant b < 1$；$\{u_n\}$ 和 $\{v_n\}$ 是 C 中两个有界序列 $\sum\limits_{n=1}^{\infty} \| u_n \| < +\infty$，$\sum\limits_{n=1}^{\infty} \| v_n \| < +\infty$ 由下式定义的序列 $\{x_n\}$ 称为 T 的具双误差的 Ishikawa 迭代序列。

$$\begin{cases} x_0 \in C \\ x_{n+1} = (1-a_n)x_n + a_n T^n y_n + u_n \\ y_n = (1-b_n)x_n + b_n T^n x_n + v_n \end{cases} \tag{2.003}$$

定义 2.3 设 C 是 Banach 空间 E 的闭子集，称映象 T：$C \rightarrow C$ 是半紧的，如果 C 中满足 $\| x_n - Tx_n \| \rightarrow 0$（$n \rightarrow \infty$）的任何有界列 $\{x_n\}$ 都有收敛子列。

定义 2.4 设 E 是 Banach 空间，S_E 表示 E 的单位球面，如果 $\forall \varepsilon > 0$，存在 $\delta(\varepsilon) > 0$，使得下式成立

$$\| x-y \| \geqslant \varepsilon, x, y, \in S_E \Rightarrow \left\| \frac{x+y}{2} \right\| \leqslant 1-\delta \tag{2.004}$$

则称 E 是一致凸 Banach 空间。

定义 2.5 映射 T：$D \rightarrow D$ 称为一致（L-α）-Lipschitz 渐近非扩张映象，如果存在常数 $\alpha > 0$ 即 $L > 0$，使得 $\| T^n x - T^n y \| \leqslant L \| x-y \|^\alpha$，$\forall x, y \in D$，$\forall n \in N$。

引理 2.1 设非负序列 $\{a_n\}$、$\{b_n\}$、$\{u_n\}$ 满足

$$a_{n+1} \leqslant (1+b_n)a_n + v_n, \forall n \in \mathbf{N}, \sum_{n=1}^{\infty} b_n < \infty, \sum_{n=1}^{\infty} v_n < \infty \tag{2.005}$$

则 $\lim\limits_{n \rightarrow \infty} a_n$ 存在。

引理 2.2 设 T 是一致凸的 Banach 空间，$\{a_n\}$ 是（0，1）中偏离 0 与 1 的有界实数列且 $\{x_n\}$ 和 $\{y_n\}$ 是 T 中的序列，使得对某个 $a \geqslant 0$，$\limsup\limits_{n \rightarrow \infty} \| x_n \| \leqslant a$，$\limsup\limits_{n \rightarrow \infty} \| y_n \| \leqslant a$，$\lim\limits_{n \rightarrow \infty} \| a_n x_n + (1-a_n)y_n \| = a$，则 $\lim\limits_{n \rightarrow \infty} \| x_n - y_n \| = 0$。

引理 2.3 设 E 是一实 Banach 空间，C 是 E 中非空闭凸子集。T：$C \rightarrow C$ 是渐近非扩张映象。设 $\{x_n\}$ 是由式（2.003）定义的具双误差的 Ishikawa 迭代序列，则

$$\| x_n - Tx_n \| \leqslant \| x_n - T^n x_n \| + L_1(1+L_{n-1}) \| x_{n-1} - T^{n-1} y_{n-1} \|$$
$$+ L_1 \| x_{n-1} - T^{n-1} x_{n-1} \| + L_1(1+L_{n-1}) \| u_{n-1} \| \tag{2.006}$$

证明 由 T 是渐近非扩张的，则有

$$\| x_n - Tx_n \| \leqslant \| x_n - T^n x_n \| + \| T^n x_n - Tx_n \|$$
$$\leqslant \| x_n - T^n x_n \| + L_1 \| T^{n-1} x_n - x_n \|$$

及

$$\| x_n - T^{n-1}x_n \| \leqslant \| x_n - x_{n-1} \| + \| x_{n-1} - T^{n-1}x_n \|$$

由式（2.003）可知

$$\| x_n - x_{n-1} \| = \| (1-a_{n-1})x_{n-1} + a_{n-1}T^{n-1}y_{n-1} + u_{n-1} - x_{n-1} \|$$
$$\leqslant \| x_{n-1} - T^{n-1}y_{n-1} \| + \| u_{n-1} \|$$

且

$$\| x_{n-1} - T^{n-1}x_n \| \leqslant \| x_{n-1} - T^{n-1}x_{n-1} \| + L_{n-1} \| x_{n-1} - x_n \|$$

综上可知

$$\| x_n - Tx_n \| \leqslant \| x_n - T^n x_n \| + L_1(1+L_{n-1}) \| x_{n-1} - T^{n-1}y_{n-1} \|$$
$$+ L_1 \| x_{n-1} - T^{n-1}x_{n-1} \| + L_1(1+L_{n-1}) \| u_{n-1} \| \tag{2.007}$$

证毕。

引理 2.4　设 C 是 Banach 空间 E 的非空闭凸子集。$T: C \to C$ 是渐近准非扩张映象，且 $F(T)$ 非空，$k_n \geqslant 0$，$\sum_{n=1}^{\infty} k_n < +\infty$，$\forall x_0 \in D$，对由下式定义的具误差的三步迭代序列

$$\begin{cases} x_{n+1} = (1-a_n)x_n + a_n T^n y_n + u_n \\ y_{n+1} = (1-b_n)x_n + b_n T^n z_n + v_n \\ z_{n+1} = (1-c_n)x_n + c_n T^n x_n + w_n \end{cases} \tag{2.008}$$

$\forall x_0 \in D, a_n, b_n, c_n$ 是 $[0,1]$ 中的序列，

则 $\| x_{n+1} - p \| \leqslant (1+k_n)^2 \| x_n - p \| + a_n b_n (1+k_n)^2 \| w_n \| + a_n(1+k_n) \| v_n \| + \| u_n \|$，并有

$$\forall p \in F(T), (\forall n \in N)$$

证明　由 x_{n+1} 的定义及 T 的渐近准非扩张性有

$$\| x_{n+1} - p \| = \| (1-a_n)x_n + a_n T^n y_n + u_n - p \|$$
$$= \| (1-a_n)(x_n - p) + a_n(T^n y_n - p) + u_n \|$$
$$\leqslant (1-a_n) \| (x_n - p) \| + a_n \| T^n y_n - p \| + \| u_n \|$$
$$\leqslant (1-a_n) \| (x_n - p) \| + a_n(1+k_n) \| y_n - p \| + \| u_n \|$$

同理

$$\| y_n - p \| = \| (1-b_n)x_n + b_n T^n z_n + v_n - p \|$$
$$= \| (1-b_n)(x_n - p) + b_n(T^n z_n - p) + v_n \|$$
$$\leqslant (1-b_n) \| (x_n - p) \| + b_n \| T^n z_n - p \| + \| v_n \|$$
$$\leqslant (1-b_n) \| (x_n - p) \| + b_n(1+k_n) \| z_n - p \| + \| v_n \|$$

同理

$$\| z_n - p \| = \| (1-c_n)x_n + c_n T^n x_n + w_n - p \|$$
$$= \| (1-c_n)(x_n - p) + c_n(T^n x_n - p) + w_n \|$$

$$\leqslant (1-c_n)\parallel (x_n-p)\parallel + c_n\parallel T^n x_n-p\parallel + \parallel w_n\parallel$$
$$\leqslant (1-c_n)\parallel (x_n-p)\parallel + c_n(1+k_n)\parallel x_n-p\parallel + \parallel v_n\parallel$$
$$\leqslant (1+c_n k_n)x_n\parallel x_n-p\parallel + \parallel w_n\parallel$$

将此式代入上式得

$$\parallel x_{n+1}-p\parallel \leqslant (1-a_n)\parallel (x_n-p)\parallel + a_n(1+k_n)\parallel y_n-p\parallel + \parallel u_n\parallel$$
$$\leqslant (1-a_n)\parallel (x_n-p)\parallel + a_n(1+k_n)((1-b_n)\parallel (x_n-p)\parallel +$$
$$b_n(1+k_n)\parallel z_n-p\parallel + \parallel v_n\parallel) + \parallel u_n\parallel$$
$$\leqslant (1+k_n)^2\parallel x_n-p\parallel + a_n b_n(1+k_n)^2\parallel w_n\parallel + a_n(1+k_n)\parallel v_n\parallel + \parallel u_n\parallel$$

$$(2.009)$$

引理 2.5 设 C 是 Banach 空间 E 的非空闭凸子集。$T: C \to C$ 是渐近非扩张映象且 $k_n \geqslant 0$，$\sum_{n=1}^{\infty} k_n < +\infty$，$\forall x_0 \in D$，对由下式定义的具误差的三步迭代序列 $\{x_n\}$、$\{y_n\}$ 和 $\{z_n\}$

$$\begin{cases} x_{n+1} = (1-a_n)x_n + a_n T^n y_n + u_n \\ y_{n+1} = (1-b_n)x_n + b_n T^n z_n + v_n \\ z_{n+1} = (1-c_n)x_n + c_n T^n x_n + w_n \end{cases} \qquad (2.010)$$

$\forall x_0 \in D, a_n、b_n、c_n$ 是 $[0, 1]$ 中的序列：

(1) 若 $0 < \liminf\limits_{n\to\infty} a_n \leqslant \limsup\limits_{n\to\infty} a_n < 1$，则 $\lim\limits_{n\to\infty}\parallel T^n y_n - x_n\parallel = 0$；

(2) 若 $0 < \liminf\limits_{n\to\infty} b_n \leqslant \limsup\limits_{n\to\infty} b_n < 1$，且 $\liminf\limits_{n\to\infty} a_n > 0$，则 $\lim\limits_{n\to\infty}\parallel T^n z_n - x_n\parallel = 0$。

2.1.2 主要结果

定理 2.1 设 E 是一致凸 Banach 空间，C 是 E 中非空闭凸子集，T 是 $C \to C$ 的具有不动点的半紧的一致 $(L-\alpha)$ - Lipschitz 渐近非扩张映象，$\lim\limits_{n\to\infty} L_n = 1$，$L_n \geqslant 1$ 且 $\sum_{n=1}^{\infty}(L_n-1)$ 收敛，则由式 (2.003) 所定义的 Ishikawa 迭代序列 $\{x_n\}$ 有界，$\lim\limits_{n\to\infty}\parallel x_n - Tx_n\parallel = 0$ 且 $\{x_n\}$ 收敛于 T 的不动点。

证明 设 T 的不动点为 q，则 $Tq=q$ 且 $T^n q = q$，由式 (2.003) 有

$$\parallel x_{n+1}-q\parallel = \parallel (1-a_n)x_n + a_n T^n y_n + u_n\parallel$$
$$\leqslant a_n\parallel T^n y_n-q\parallel + (1-a_n)\parallel x_n-q\parallel + \parallel u_n\parallel$$
$$\leqslant a_n L_n\parallel y_n-q\parallel + (1-a_n)\parallel x_n-q\parallel + \parallel u_n\parallel$$
$$\leqslant a_n L_n[(1-b_n)\parallel x_n-q\parallel + b_n L_n\parallel x_n-q\parallel + \parallel v_n\parallel] + (1-a_n)\parallel x_n-q\parallel + \parallel u_n\parallel$$
$$= [1-a_n + a_n L_n(1-b_n+b_n L_n)]\parallel x_n-q\parallel + a_n L_n\parallel v_n\parallel + \parallel u_n\parallel$$

再由 $\sum_{n=1}^{\infty}(L_n-1)$ 收敛及引理 2.1 可知 $\lim\limits_{n\to\infty}\parallel x_n-q\parallel$ 存在，令 $c=\lim\limits_{n\to\infty}\parallel x_n-q\parallel$，因为

$$\| T_n y_n - q + u_n \| \leqslant L_n \| y_n - q \| + \| u_n \|$$
$$\leqslant L_n (1 - b_n + b_n L_n) \| x_n - q \| + L_n \| v_n \| + \| u_n \|$$

此时有

$$\limsup_{n \to \infty} \| T^n y_n - q + u_n \| \leqslant \limsup_{n \to \infty} (L_n \| y_n - q \| + u_n) = \limsup_{n \to \infty} \| y_n - q \| \leqslant c \tag{2.011}$$

及

$$\limsup_{n \to \infty} \| x_n - q + u_n \| \leqslant \limsup_{n \to \infty} (\| x_n - q \| + \| u_n \|) = c \tag{2.012}$$

而

$$\lim_{n \to \infty} \| a_n (T^n y_n - q + u_n) + (1 - a_n)(x_n - q + u_n) \| = \lim_{n \to \infty} \| x_{n+1} - q \| = c$$

由式（2.011）和式（2.012）及引理 2.2 可知

$$\lim_{n \to \infty} \| T^n y_n - x_n \| = 0 \tag{2.013}$$

由式（2.003）知

$$\| y_n - q \| = \| (1 - b_n) x_n + b_n T^n x_n + v_n - q \|$$
$$\leqslant (1 - b_n) \| x_n - q \| + \| T^n x_n - q + v_n \| \tag{2.014}$$
$$\leqslant (1 - b_n) \| x_n - q \| + b_n L_n \| x_n - q \| + \| v_n \|$$

由式（2.014）得

$$\limsup_{n \to \infty} \| y_n - q \| \leqslant \limsup_{n \to \infty} [(1 - b_n + b_n L_n) \| x_n - q \| + v_n] = c \tag{2.015}$$

再由式（2.003）得

$$\| x_n - q \| = \| (1 - a_n) x_n + a_n T^n y_n + u_n - q \|$$
$$\leqslant a_n \| T^n y_n - q \| + (1 - a_n) \| x_n - q \| + \| u_n \| \tag{2.016}$$
$$\leqslant a_n L_n \| y_n - q \| + (1 - a_n) \| x_n - q \| + \| u_n \|$$

由式（2.016）得

$$\frac{\| x_{n+1} - q \| - \| x_n - q \|}{b} \leqslant \frac{\| x_{n+1} - q \| - \| x_n - q \|}{a_n}$$

$$\leqslant L_n \| y_n - q \| - \| x_n - q \| + \frac{\| u_n \|}{a}$$

所以

$$c \leqslant \liminf_{n \to \infty} \| y_n - q \|$$

再由式（2.011）可得

$$\lim_{n \to \infty} \| y_n - q \| = c$$

即

$$\lim_{n \to \infty} \| (1 - b_n)(x_n - q + v_n) + b_n (T^n x_n + v_n - q) \| = c \tag{2.017}$$

又因为

$$\| T^n x_n + v_n - q) \| \leqslant \| T^n x_n - q \| + \| v_n \| \leqslant L_n \| x_n - q \| + \| v_n \|$$

所以
$$\limsup_{n \to \infty} \| T^n x_n - q + v_n \| \leqslant c \qquad (2.018)$$

由式（2.012）、式（2.017）、式（2.018）及引理2.2有
$$\lim_{n \to \infty} \| x_n - T^n x_n \| = 0 \qquad (2.019)$$

由于
$$\| x_n - T^n x_n \| \leqslant \| x_n - T^n y_n \| + \| T^n y_n - T^n x_n \|$$
$$\leqslant \| x_n - T^n y_n \| + L_n \| y_n - x_n \|$$
$$\leqslant \| x_n - T^n y_n \| + L_n b_n \| x_n - T^n x_n \| + L_n \| v_n \|$$

由式（2.013）和式（2.019）可知
$$\lim_{n \to \infty} \| x_n - T^n x_n \| = 0 \qquad (2.020)$$

由式（2.013）和式（2.020）及引理2.3知
$$\lim_{n \to \infty} \| x_n - T x_n \| = 0$$

因为 T 是半紧的，所以 $\{x_n\}$ 在 C 中有收敛的子列 $\{x_{n_k}\}$
设
$$\lim_{k \to \infty} x_{n_k} = q, (q \in C) \qquad (2.021)$$

由式（2.003）可知
$$\lim_{k \to \infty} \| T^{n_k} y_{n_k} - x_{n_k} \| = 0 \qquad (2.022)$$

因此
$$\| x_{n_{k+1}} - x_{n_k} \| = \| a_{n_k} T^{n_k} y_{n_k} + (1 - a_{n_k}) x_{n_k} + u_{n_k} - x_{n_k} \|$$
$$= a_{nk} \| T^{n_k} y_{nk} - x_{nk} \| + \| u_{nk} \| \xrightarrow{k \to \infty} = 0 \qquad (2.023)$$

由式（2.021）和式（2.022）可得
$$\| T^{n_k} y_{n_k} - p \| = \| T^{n_k} y_{n_k} - x_{n_k} + x_{n_k} - p \|$$
$$\leqslant \| T^{n_k} y_{n_k} - x_{n_k} \| + \| x_{n_k} - p \| \to 0, (k \to \infty)$$
即
$$\lim_{k \to \infty} \| T^{n_k} y_{n_k} - p \| = 0$$

又由式（2.021）式（2.023）可得
$$\| x_{n_{k+1}} - p \| \leqslant \| x_{n_{k+1}} - x_{n_k} + x_{n_k} - p \|$$
$$\leqslant \| x_{n_{k+1}} - x_{n_k} \| + \| x_{n_k} - p \| \to 0, (k \to \infty)$$

即 $\lim\limits_{k \to \infty} x_{n_{k+1}} = p$

类似，可得 $\lim\limits_{k \to \infty} x_{n_{k+2}} = p$

因此有
$$a_{n_{k+1}} \| T^{n_{k+1}} y_{n_{k+1}} - x_{n_{k+1}} \|$$
$$= \| (1 - a_{n_{k+1}}) x_{n_{k+1}} + a_{n_{k+1}} T^{n_{k+1}} y_{n_{k+1}} + u_{n_{k+1}} - u_{n_{k+1}} - x_{n_{k+1}} \|$$
$$\leqslant \| x_{n_{k+2}} - x_{n_{k+1}} \| + \| u_{n_{k+1}} \| \to 0, (k \to \infty) \qquad (2.024)$$

于是得：$\| T^{n_{k+1}} y_{n_{k+1}} - x_{n_{k+1}} \| \to 0,(k \to \infty)$

由式（2.021）、式（2.023）和式（2.024）有

$$\| T^{n_{k+1}} y_{n_{k+1}} - p \| = \| T^{n_{k+1}} y_{n_{k+1}} - x_{n_{k+1}} + x_{n_{k+1}} - x_{n_k} + x_{n_k} - p \|$$

$$\leqslant \| T^{n_{k+1}} y_{n_{k+1}} - x_{n_{k+1}} \| + \| x_{n_{k+1}} - x_{n_k} \| + \| x_{n_k} - p \| \to 0,(k \to \infty)$$

于是由以上各式有

$$0 \leqslant \| p - Tp \| = \| p - T^{n_{k+1}} y_{n_{k+1}} + T^{n_{k+1}} y_{n_{k+1}} - T^{n_{k+1}} x_{n_{k+1}} + T^{n_{k+1}} x_{n_{k+1}} - T^{n_{k+1}} y_{n_k}$$

$$+ T^{n_{k+1}} y_{n_k} - T^{n_{k+1}} x_{n_k} + T^{n_{k+1}} x_{n_k} - Tp \|$$

$$\leqslant \| p - T^{n_{k+1}} y_{n_{k+1}} \| + \| T^{n_{k+1}} y_{n_{k+1}} - T^{n_{k+1}} x_{n_{k+1}} \|$$

$$+ \| T^{n_{k+1}} x_{n_{k+1}} - T^{n_{k+1}} x_{n_k} \|$$

$$+ \| T^{n_{k+1}} x_{n_k} - T^{n_{k+1}} y_{n_k} \| + \| T^{n_{k+1}} y_{n_k} - Tp \|$$

$$\leqslant \| p - T^{n_{k+1}} y_{n_{k+1}} \| + L \| y_{n_{k+1}} - x_{n_{k+1}} \|^{\alpha} + L \| x_{n_{k+1}} - x_{n_k} \|^{\alpha}$$

$$+ L \| y_{n_k} - x_{n_k} \|^{\alpha} + L \| T^{n_k} y_{n_k} - p \|^{\alpha} \to 0,(k \to \infty)$$

因此，p 是 T 的不动点，也就是说子列 $\{ x_{n_k} \}$ 收敛于 T 的不动点 p，即 $\lim\limits_{k \to \infty} \| x_{n_k} - p \| = 0$。由于 T 是渐近非扩张映射，而且 $F(T)$ 非空，因此 T 是渐近准非扩张映射，由引理 2.4 可知

$$\| x_{n+1} - p \| \leqslant (1+k_n)^2 \| x_n - p \| + a_n(1+k_n) \| v_n \| + \| u_n \|$$

而且 $\sum\limits_{n=1}^{\infty} k_n < +\infty, \sum\limits_{n=1}^{\infty} u_n < +\infty, \sum\limits_{n=1}^{\infty} v_n < +\infty$

故由引理 2.1 可知 $\lim\limits_{n \to \infty} \| x_n - p \|$ 存在，因此 $\lim\limits_{n \to \infty} \| x_n - p \| = 0$，即 $\lim\limits_{n \to \infty} x_n = p$。所以序列 $\{ x_n \}$ 强收敛于 T 的不动点。

推论 2.1　设 E 是一致凸 Banach 空间，C 是 E 中非空闭凸子集，T 是 $C \to C$ 的具有不动点的半紧的渐近非扩张映象，$\lim L_n = 1, L_n \geqslant 1$ 且 $\sum\limits_{n=1}^{\infty} (L_n - 1)$ 收敛，则由式（2.003）所定义的 Ishikawa 迭代序列 $\{ x_n \}$ 有界，$\lim\limits_{n \to \infty} \| x_n - Tx_n \| = 0$ 且 $\{ x_n \}$ 收敛于 T 的不动点。

证明　因为 $F(T)$ 非空，所以 T 为渐近准非扩张映射，且是 $(L-1)$ 一致 Lipschitz 的，由定理 2.1 的证明可知该结论成立。

注：若在定理 2.1 中，令 $b_n = 0$，我们就可以得到 Mann 类型迭代序列的收敛结论。

定理 2.2　设 E 是一致凸 Banach 空间。$T: C \to C$ 是一致 $(L-\alpha)$ - Lipschitz 渐近非扩张映象，C 是 E 的紧子集，$k_n \geqslant 0, \sum\limits_{n=1}^{\infty} k_n < +\infty, \forall x_0 \in C$，对由下式定义的具误差的三步迭代序列 $\{ x_n \}$、$\{ y_n \}$ 和 $\{ z_n \}$

$$\begin{cases} x_{n+1}=(1-a_n)x_n+a_nT^ny_n+u_n \\ y_{n+1}=(1-b_n)x_n+b_nT^nz_n+v_n \\ z_{n+1}=(1-c_n)x_n+c_nT^nx_n+w_n \end{cases}$$

$\forall x_0 \in C$，a_n，b_n，c_n 是 $[0,1]$ 中的序列且满足下列条件

(1) 若 $0 < \liminf\limits_{n \to \infty} a_n \leqslant \limsup\limits_{n \to \infty} a_n < 1$

(2) 若 $0 < \liminf\limits_{n \to \infty} b_n \leqslant \limsup\limits_{n \to \infty} b_n < 1$，且 $\liminf\limits_{n \to \infty} a_n > 0$

则 $\{x_n\}$、$\{y_n\}$ 和 $\{z_n\}$ 强收敛于 T 的不动点。

证明 因为 C 为紧集，故 C 中序列 $\{x_n\}$ 必有收敛子列 $\{x_{n_k}\}$，设

$$\lim_{k \to \infty} x_{n_k} = p \tag{2.025}$$

由引理 2.5 可知，$\lim\limits_{k \to \infty} \| T^n y_n - x_n \| = 0$，于是有

$$\lim_{k \to \infty} \| T^{n_k} y_{n_k} - x_{n_k} \| = 0 \tag{2.026}$$

因此

$$\| x_{n_{k+1}} - x_{n_k} \| = \| a_{n_k} T^{n_k} y_{n_k} + (1-a_{n_k})x_{n_k} + u_{n_k} - x_{n_k} \|$$
$$= a_{n_k} \| T^{n_k} y_{n_k} \| + \| u_{n_k} \| \xrightarrow{k \to \infty} 0 \tag{2.027}$$

又由引理 2.5 可知

$$\| y_n - x_n \| = \| b_n T^n z_n - (1-b_n)x_n + v_n - x_n \|$$
$$= b_n \| T^n z_n - x_n \| + \| v_n \| \xrightarrow{k \to \infty} 0 \tag{2.028}$$

再由式（2.025）和式（2.026）可得：$k \to \infty$

$$\| T^{n_k} y_{n_k} - p \| = \| T^{n_k} y_{n_k} - x_{n_k} + x_{n_k} - p \|$$
$$\leqslant \| T^{n_k} y_{n_k} - x_{n_k} \| + \| x_{n_k} - p \|，(k \to \infty)$$

即

$$\lim_{k \to \infty} \| T^{n_k} y_{n_k} - p \| = 0 \tag{2.029}$$

又由式（2.025）和式（2.027）可得

$$\| x_{n_{k+1}} - p \| \leqslant \| x_{n_{k+1}} - x_{n_k} + x_{n_k} - p \|$$
$$\leqslant \| x_{n_{k+1}} - x_{n_k} \| + \| x_{n_k} - p \| \to 0，(k \to \infty)$$

即 $\lim\limits_{k \to \infty} x_{n_{k+1}} = p$

类似，可得：$\lim\limits_{k \to \infty} x_{n_{k+2}} = p$

因此有

$$a_{n_{k+1}} \| T^{n_{k+1}} y_{n_{k+1}} - x_{n_{k+1}} \| = \| (1-a_{n_{k+1}})x_{n_{k+1}} + a_{n_{k+1}} T^{n_{k+1}} y_{n_{k+1}}$$
$$+ u_{n_{k+1}} - u_{n_{k+1}} - x_{n_{k+1}} \|$$
$$\leqslant \| x_{n_{k+2}} - x_{n_{k+1}} \| + \| u_{n_{k+1}} \| \to 0，(k \to \infty) \tag{2.030}$$

于是得：$\| T^{n_{k+1}} y_{n_{k+1}} - x_{n_{k+1}} \| \to 0，(k \to \infty)$

由式（2.025）、式（2.027）、式（2.030）有

$$\| T^{n_{k+1}} y_{n_{k+1}} - p \| = \| T^{n_{k+1}} y_{n_{k+1}} - x_{n_{k+1}} + x_{n_{k+1}} - x_{n_k} + x_{n_k} - p \|$$

$$\leqslant \| T^{n_{k+1}} y_{n_{k+1}} - x_{n_{k+1}} \| + \| x_{n_{k+1}} - x_{n_k} \| + \| x_{n_k} - p \| \to 0, (k \to \infty)$$

于是由以上各式有

$$0 \leqslant \| p - Tp \| = \| p - T^{n_{k+1}} y_{n_{k+1}} + T^{n_{k+1}} y_{n_{k+1}} - T^{n_{k+1}} x_{n_{k+1}} + T^{n_{k+1}} x_{n_{k+1}} - T^{n_{k+1}} y_{n_k}$$

$$+ T^{n_{k+1}} y_{n_k} - T^{n_{k+1}} x_{n_k} + T^{n_{k+1}} x_{n_k} - Tp \|$$

$$\leqslant \| p - T^{n_{k+1}} y_{n_{k+1}} \| + \| T^{n_{k+1}} y_{n_{k+1}} - T^{n_{k+1}} x_{n_{k+1}} \| + \| T^{n_{k+1}} x_{n_{k+1}} - T^{n_{k+1}} x_{n_k} \|$$

$$+ \| T^{n_{k+1}} x_{n_k} - T^{n_{k+1}} y_{n_k} \| + \| T^{n_{k+1}} y_{n_k} - Tp \|$$

$$\leqslant \| p - T^{n_{k+1}} y_{n_{k+1}} \| + L \| y_{n_{k+1}} - x_{n_{k+1}} \|^{\alpha} + L \| x_{n_{k+1}} - x_{n_k} \|^{\alpha}$$

$$+ L \| y_{n_k} - x_{n_k} \|^{\alpha} + L \| T^{n_k} y_{n_k} - p \|^{\alpha} \to 0, (k \to \infty)$$

因此，p 是 T 的不动点，也就是说子列 $\{x_{n_k}\}$ 收敛于 T 的不动点 p，即 $\lim\limits_{k \to \infty} \| x_{n_k} - p \| = 0$。由于 T 是渐近非扩张映射，而且 $F(T)$ 非空，因此 T 是渐近准非扩张映射。由引理 2.4 可知

$$\| x_{n+1} - p \| \leqslant (1+k_n)^2 \| x_n - p \| + a_n b_n (1+k_n)^2 \| w_n \|$$

$$+ a_n (1+k_n) \| v_n \| + \| u_n \|$$

且 $\sum\limits_{n=1}^{\infty} k_n < +\infty, \sum\limits_{n=1}^{\infty} u_n < +\infty, \sum\limits_{n=1}^{\infty} v_n < +\infty$

故由引理 2.1 可知 $\lim\limits_{n \to \infty} \| x_n - p \|$ 存在，因此 $\lim\limits_{n \to \infty} \| x_n - p \| = 0$，即 $\lim\limits_{n \to \infty} x_n = p$。

再根据 $\lim\limits_{n \to \infty} \| T^n y_n - x_n \| = 0$，以及式（2.028），可以得到

$$\| T^n x_n - x_n \| = \| T^n x_n - T^n y_n + T^n y_n - x_n \|$$

$$\leqslant \| T^n x_n - T^n y_n \| + \| T^n y_n - x_n \|$$

$$\leqslant (1+k_n) \| x_n - y_n \| + \| T^n y_n - x_n \| \xrightarrow{n \to \infty} 0 \qquad (2.031)$$

因此可得

$$\| z_n - x_n \| = \| c_n T^n x_n - c_n x_n + w_n \|$$

$$\leqslant c_n \| T^n x_n - x_n \| + \| w_n \| \xrightarrow{n \to \infty} 0 \qquad (2.032)$$

再根据 $\lim\limits_{n \to \infty} \| T^n z_n - x_n \| = 0$，可得

$$\| y_n - x_n \| = \| b_n T^n z_n - b_n x_n + v_n \|$$

$$\leqslant b_n \| T^n z_n - x_n \| + \| v_n \| \xrightarrow{n \to \infty} 0 \qquad (2.033)$$

那么，由 $\lim\limits_{n \to \infty} x_n = p$，可得

$$\lim\limits_{n \to \infty} y_n = p, \lim\limits_{n \to \infty} z_n = p \qquad (2.034)$$

所以序列 $\{x_n\}$、$\{y_n\}$、$\{z_n\}$ 强收敛于 T 的不动点。

推论 2.2　设 E 是一致凸 Banach 空间。$T: C \to C$ 为渐近非扩张映象，C 是 E 的紧子集，$k_n \geqslant 0$，$\sum\limits_{n=1}^{\infty} k_n < +\infty$，$\forall x_0 \in C$，对由下式定义的具误差的三步迭代

序列$\{x_n\}$、$\{y_n\}$、$\{z_n\}$

$$\begin{cases} x_{n+1}=(1-a_n)x_n+a_nT^ny_n+u_n \\ y_{n+1}=(1-b_n)x_n+b_nT^nz_n+v_n \\ z_{n+1}=(1-c_n)x_n+c_nT^nx_n+w_n \end{cases} \tag{2.035}$$

$\forall x_0\in C$，a_n，b_n，c_n 是 $[0,1]$ 中的序列且满足下列条件

(1) 若 $0<\liminf\limits_{n\to\infty}a_n\leqslant\limsup\limits_{n\to\infty}a_n<1$

(2) 若 $0<\liminf\limits_{n\to\infty}b_n\leqslant\limsup\limits_{n\to\infty}b_n<1$，且 $\liminf\limits_{n\to\infty}a_n>0$

则$\{x_n\}$、$\{y_n\}$、$\{z_n\}$ 强收敛于 T 的不动点。

证明 从 Schauder 不动点定理即赋范线性空间非空有界毕凸子集上的紧算子有不动点，可知 $F(T)$ 非空，所以 T 为渐近准非扩张映射，且是 $(L-1)$ 一致 Lipschitz 的，由定理 2.2 的证明可知该结论成立。

注：若在定理 2.2 中，令 $c_n=0$，我们就可以得到 Ishikawa 类型迭代序列的收敛结论。令 $c_n=0$、$b_n=0$，我们就可以得到 Mann 类型迭代序列的收敛结论。

2.1.3 小结

本节主要在一种新的映射——一致 $(L-\alpha)$-Lipschitz 渐近非扩张映射条件下，在一致凸 Banach 空间的某非空紧子集上构造关于一致 $(L-\alpha)$-Lipschitz 渐近非扩张映射的具误差的 Ishikawa 迭代序列、Mann 迭代序列和三步迭代序列，进而讨论它们的收敛性。

2.2 渐近非扩张型映象具误差的三步迭代序列的收敛性

2.2.1 预备知识

设 X 是 Banach 空间，X^* 是其对偶空间，正规对偶映象 J：$X\to 2^{X^*}$ 定义为

$$J(x)=\{f\in X^*:[x,f]=\|f\|^2=\|x\|^2\}$$

其中，X 到 X^* 之间的广义对偶记为 $(\cdot,\cdot)$，$D(T)$ 和 $F(T)$ 分别表示 T 的定义域和 T 的不动点集。如果 X^* 是严格凸的，则 J 是单值的，用 $j(\cdot)$ 表示单值的正规对偶映象。

定义 2.6 设 T：$D\to D$ 是一映象，若 $\forall y\in D$ 有

$$\limsup_{n\to\infty}\{\sup[\|T^nx-T^ny\|-\|x-y\|]\}\leqslant 0 \tag{2.036}$$

则称 T 为渐近非扩张型映象。

定义 2.7 若存在常数 $L>0$，有

$$\|T^nx-T^ny\|\leqslant L\|x-y\|,\forall x,y\in D,\forall n\in N \tag{2.037}$$

33

则 T 称为一致 L-Lipschitz。

定义 2.8　设 D 是 E 的非空闭凸子集，T：$D \to D$ 是一映象，$\forall x_0 \in D$，α_n，β_n，γ_n 是 $[0,1]$ 中的三个序列，$\{u_n\}$、$\{v_n\}$ 和 $\{w_n\}$ 是 D 中三个有界序列，由下式定义的序列 $\{x_n\}$ 被称为 T 的具误差的三步迭代序列

$$\begin{cases} x_{n+1} = (1-\alpha_n)x_n + \alpha_n T^n y_n + u_n \\ y_{n+1} = (1-\beta_n)x_n + \beta_n T^n z_n + v_n \\ z_{n+1} = (1-\gamma_n)x_n + \gamma_n T^n x_n + w_n \end{cases} \tag{2.038}$$

定义 2.9

（1）映象 T：$D \to D$ 称为在点 $x \in D$ 渐近正则，如果 $\lim\limits_{n \to \infty} \| T^{n+1}x - T^n x \| = 0$；若 T 在 D 上每点渐近正则，则称 T 在 D 上渐近正则。

（2）T 被称为在 D 上是一致渐近正则的，如果 $\forall \varepsilon > 0$，存在正整数 n_0，当 $n > n_0$ 时，对一切 $x \in D$ 有 $\| T^n x - T^{n+1} x \| \leqslant \varepsilon$。

定义 2.10　D 是 E 的闭子集，称映象 T：$D \to D$ 是半紧的，如果 D 中满足 $\| x_n - Tx_n \| \to 0 (n \to \infty)$ 的任何有界列 $\{x_n\}$ 都有收敛子列。

定义 2.11　设 E 是 Banach 空间，S_E 表示 E 的单位球面，如果 $\forall \varepsilon > 0$，存在 $\delta(\varepsilon) > 0$，使得下式成立

$$\| x - y \| \geqslant \varepsilon, \ x, y \in S_E \Rightarrow \| \frac{x+y}{2} \| \leqslant 1 - \delta \tag{2.039}$$

则称 E 是一致凸 Banach 空间。

引理 2.6　设 E 是一致凸 Banach 空间，则有

$\| x + y \|^2 \leqslant \| x \|^2 + 2[y, j(x+y)]$，$\forall x, y \in E$，$j(x+y) \in J(x+y)$ 其中 J：$E \to 2^{E^*}$ 的正规对偶映象。

引理 2.7　设 $p > 1$ 及 $r > 0$ 是两个固定实数，则 Banach 空间是一致凸的充要条件是存在一个严格增的连续凸函数 φ：$[0 \to +\infty] \to [0 \to +\infty]$，$\varphi(0) = 0$。使得 $\| \lambda x + (1-\lambda)y \| \leqslant \lambda \| x \|^p + (1-\lambda) \| y \|^p - \omega_p(\lambda) \varphi(\| x - y \|)$，$\forall x, y \in B(0,r)$ 和 $\lambda \in [0,1]$ 成立，其中 $B(0, r)$ 是 E 中球心在原点、半径为 r 的闭球，$\omega_p(\lambda) = \lambda^p(1-\lambda) + \lambda(1-\lambda)^p$。

2.2.2　主要结果

定理 2.3　设 E 是一实的一致凸 Banach 空间。D 是 E 的非空凸子集，T：$D \to D$ 是一连续半紧的一致 L-Lipschitz 渐近非扩张型映象，且在 D 上一致渐近正则，设 α_n、β_n 和 γ_n 是 $[0,1]$ 中的三个序列，$\{u_n\}$、$\{v_n\}$ 和 $\{w_n\}$ 是 D 中三个有界序列，满足下列条件

（1）$\lim\limits_{n \to \infty} \alpha_n = \lim\limits_{n \to \infty} \beta_n = \lim\limits_{n \to \infty} \gamma_n = +\infty$

（2）　$\| u_n \| = o(\alpha_n)$，$\| v_n \| \to 0$，$(n \to \infty)$

（3）　$\sum\limits_{n=1}^{\infty} \alpha_n = + \infty$，且存在 $s > 0$，使得 $s < 1 - \alpha_n$，$n = 1$，2，3，$\cdots$

　　若 $F(T) \neq \varnothing$ 则当 $\{ x_n \}$ 有界且 $\| T^n x_n - x_n \| \to 0 (n \to \infty)$ 时，$\forall x_0 \in D$ 由上面定义的三步迭代序列强收敛于 T 在 D 中的一个不动点。

　　证明　由 $\{ x_n \}$ 有界且 $\| T^n x_n - x_n \| \to 0 (n \to \infty)$ 可证 $\{ T^n x_n \} \{ y_n \} \{ T^n y_n \}$ $\{ T^n z_n \} \{ z_n \}$ 均有界。

　　又因为 $\| T^n x_n \| \leqslant \| T^n x_n - x_n \| + \| x_n \|$，所以 $\{ T^n x_n \}$ 有界。

　　因为 $\| z_n \| = \| (1 - \gamma_n) x_n + \gamma_n T^n x_n + w_n \| \leqslant (1 - \gamma_n) \| x_n \| + \gamma_n \| T^n x_n \| + \| w_n \|$，所以 $\{ z_n \}$ 有界。

　　由于 T 是渐近非扩张型映象，$F(T) \neq \varnothing$，设 $q \in F(T)$ 则

$$\| T^n z_n - q \| = \| T^n z_n - q \| - \| z_n - q \| + \| z_n - q \|$$
$$\leqslant \sup \{ \| T^n z_n - q \| - \| z_n - q \| \} + \| z_n - x_n \| + \| x_n - q \|$$
$$\leqslant \| z_n - x_n \| + \| x_n - q \| \qquad (2.040)$$

因为

$$\| T^n z_n \| \leqslant \| T^n z_n - q \| + \| q \| \leqslant \| z_n - x_n \| + \| x_n - q \| + \| q \|$$

所以 $\{ T^n z_n \}$ 有界。

同理可证 $\{ T^n y_n \}$ 有界。

$$\| y_n \| = \| (1 - \beta_n) x_n + \beta_n T^n z_n + v_n \| \leqslant (1 - \beta_n) \| x_n \| + \beta_n \| T^n z_n \| + \| v_n \|$$

所以 $\{ y_n \}$ 有界。

　　设 $M = \max \{ \sup \| x_n - q - u_n \|, \sup \| x_n - q - v_n \|, \sup \| T^n y_n - q - u_n \|,$
$$\sup \| T^n x_n - q - v_n \| \}$$
$$\| x_{n+1} - q \|^2 = \| (1 - \alpha_n)(x_n - q - u_n) + \alpha_n (T^n y_n - q - u_n) \|^2$$
$$\leqslant (1 - \alpha_n) \| x_n - q - u_n \|^2 + \alpha_n \| T^n y_n - q - u_n \|^2 - \alpha_n (1 - \alpha_n) \varphi(\| T^n y_n - x_n \|)$$

由引理 2.6 可得

$$\| x_n - q - u_n \|^2 \leqslant \| x_n - q \|^2 + 2[u_n, J(x_n - q - u_n)]$$
$$\leqslant \| x_n - q \|^2 + 2M \| u_n \|$$
$$\| T^n y_n - q - u_n \|^2 \leqslant \| T^n y_n - q \|^2 + 2[u_n, J(T^n y_n - q - u_n)]$$
$$\leqslant \| T^n y_n - q \|^2 + 2M \| u_n \| \qquad (2.041)$$

所以

$$\| x_{n+1} - q \|^2 \leqslant (1 - \alpha_n) \| x_n - q \|^2 + \alpha_n \| T^n y_n - q - u_n \|^2$$
$$+ 2M \| u_n \| - \alpha_n (1 - \alpha_n) \varphi(\| T^n y_n - x_n \|)$$
$$= \| x_n - q \|^2 + \alpha_n (\| T^n y_n - q \|^2 - \| y_n - q \|^2)$$
$$+ \alpha_n (\| y_n - q \|^2 - \| x_n - q \|^2) + 2M \| u_n \|$$
$$- \alpha_n (1 - \alpha_n) \varphi(\| T^n y_n - x_n \|)$$

而

$$\| y_n - q \|^2 = \| (1-\beta_n)x_n + \beta_n T^n z_n + v_n - q \|^2$$
$$= \| (1-\beta_n)x_n + \beta_n T^n z_n + v_n - (1-\beta_n)q - \beta_n q \|^2$$
$$\leqslant \| x_n - q \|^2 + 2\beta_n [T^n z_n - q, j(y_n - q)] + 2\| v_n \| \| y_n - q \|$$

将此式代入上式得

$$\| x_{n+1} - q \|^2 \leqslant \| x_n - q \|^2 + \alpha_n (\| T^n y_n - q \|^2 - \| y_n - q \|^2)$$
$$+ \alpha_n (2\beta_n [T^n z_n - q, j(y_n - q)] + 2\| v_n \| \| y_n - q \|)$$
$$+ 2M\| u_n \| - \alpha_n(1-\alpha_n)\varphi(\| T^n y_n - x_n \|) \tag{2.042}$$

T 是渐近非扩张型映象，由定义可知

$$\forall y \in D, \limsup_{n \to \infty} \sup_{x \in \infty} \{ \| T^n x - T^n y \|^2 - \| x - y \|^2 \} \leqslant 0。$$

于是对给定 $q \in F(T)$，$\forall \eta > 0$，$\exists n_0 > 0$，当 $n > n_0$ 时 $\sup_{x \in D} \{ \| T^n x - q \|^2 - \| x - q \|^2 \} \leqslant \eta$。

令 $\rho = \max\{\eta, 2\beta_n [T^n z_n - q, j(y_n - q)]\}$

于是当 $n > n_0$ 时

$$\| x_{n+1} - q \|^2 \leqslant \| x_n - q \|^2 + 2\alpha_n\rho + 2M(\alpha_n\| v_n \| + \| u_n \|)$$
$$- \alpha_n(1-\alpha_n)\varphi(\| T^n y_n - x_n \|) \tag{2.043}$$

由于 $\| u_n \| = o(\alpha_n)$，令 $\| u_n \| = e_n\alpha_n$ 则 $e_n \to 0(n \to \infty)$ 又 $0 < s < 1-\alpha_n$，

故上式变成

$$\alpha_n s\varphi(\| T^n y_n - x_n \|) \leqslant \| x_n - q \|^2 - \| x_{n+1} - q \|^2 + 2\alpha_n\rho + 2M\alpha_n(\| v_n \| + e_n) \tag{2.044}$$

令 $\sigma = \liminf_{n \to \infty} \| T^n y_n - x_n \|$，则 $\sigma = 0$。

若 $\sigma > 0$，$\exists n_1 > n_0$，当 $n > n_1$ 时

$$\| T^n y_n - x_n \| > \frac{\sigma}{2} > 0 \tag{2.045}$$

又 φ 是严格增的且 $\varphi(0) = 0$，则当 $n > n_1$ 时

$$\varphi(\| T^n y_n - x_n \|) > \varphi\left(\frac{\sigma}{2}\right) > 0 \tag{2.046}$$

令 $\rho = \frac{s}{8}\varphi\left(\frac{\sigma}{2}\right)$，因 $\| v_n \| + e_n \to 0(n \to \infty)$ 故存在 $n_2 > n_1$，当 $n > n_2$ 时

$$\| v_n \| + e_n \leqslant \frac{s}{4M}\varphi\left(\frac{\sigma}{2}\right) \tag{2.047}$$

于是

$$\frac{1}{2}\alpha_n s\varphi\left(\frac{\sigma}{2}\right) \leqslant \| x_n - q \|^2 - \| x_{n+1} - q \|^2 + \alpha_n\left[2M(\| v_n \| + e_n)\frac{s}{4}\varphi\left(\frac{\sigma}{2}\right)\right]$$
$$\leqslant \| x_n - q \|^2 - \| x_{n+1} - q \|^2 \tag{2.048}$$

从而对 $m > n_2$，有

$$\frac{s}{2} \sum_{n=n_2}^{m} \alpha_n \varphi\left(\frac{\sigma}{2}\right) \leqslant \| x_{n_2} - q \|^2 \qquad (2.049)$$

与 $\sum_{n=1}^{\infty} \alpha_n = \infty$ 矛盾。

由 $\sigma = \liminf_{n \to \infty} \| T^n y_n - x_n \| = 0$。存在 $\{n\}$ 的子列 $\{n_j\}$，使得 $\lim_{j \to \infty} \| T^{n_j} y_{n_j} - x_{n_j} \| = 0$

因 $\| y_n - x_n \| \to 0 (n \to \infty)$ 及 T 是一致 L-Lipschitz 的，所以

$$\| T^{n_j} x_{n_j} - x_{n_j} \| = \| T^{n_j} x_{n_j} - T^{n_j} y_{n_j} \| + \| T^{n_j} y_{n_j} - x_{n_j} \|$$
$$\leqslant L \| x_{n_j} - y_{n_j} \| + \| T^{n_j} y_{n_j} - x_{n_j} \| \qquad (2.050)$$

所以

$$\lim_{j \to \infty} \| T^{n_j} y_{n_j} - x_{n_j} \| = 0 \qquad (2.051)$$

由于 T 是一致渐近正则的，有 $\lim_{j \to \infty} \| T^{n_j+1} x_{n_j} - T^{n_j} x_{n_j} \| = 0$ 得

$$\| T x_{n_j} - x_{n_j} \| \leqslant \| T x_{n_j} - T^{n_j+1} x_{n_j} \| + \| T^{n_j+1} x_{n_j} - T^{n_j} x_{n_j} \| + \| T^{n_j} x_{n_j} - x_{n_j} \|$$
$$\leqslant L \| x_{n_j} + T^{n_j} x_{n_j} \| + \| T^{n_j+1} x_{n_j} - T^{n_j} x_{n_j} \| + \| T^{n_j} x_{n_j} - x_{n_j} \| \qquad (2.052)$$

故 $\| T x_{n_j} - x_{n_j} \| (n_j \to +\infty)$。

因为 T 是半紧的，所以 $\{x_{n_j}\}$ 在 D 中有收敛的子列 $\{x_{n_i}\}$。

设 $\lim_{n \to \infty} x_{n_i} = q, q \in D$。由 T 的连续性 $\| Tq - q \| = \lim_{n \to \infty} \| T x_{n_i} - x_{n_i} \| = 0$，所以 $q \in F(T)$。

以下证明 $\{x_n\}$ 收敛于 q，只需证明 $\forall m \in N$，序列 $\{x_{n_{i+m}}\}$ 收敛于 $q (n_i \to \infty)$。

利用数学归纳法：已知 $x_{n_i} \to q (n_i \to \infty)$，假设 $x_{n_{i+k}} \to q (n_i \to \infty)$，下证 $\{x_{n_{i+(k+1)}}\}$ 也收敛于 $q (n_i \to \infty)$。

由于

$$\| y_n - x_n \| = \| (1 - b_n) x_n + b_n T^n x_n + v_n - x_n \|$$
$$\leqslant b_n \| T^n x_n - x_n \| + \| v_n \| \to 0, (n \to \infty)$$

得 $\| y_{n_{i+k}} - x_{n_{i+k}} \| \to 0 (n_i \to \infty)$

从而 $\| y_{n_{i+k}} - q \| \leqslant \| y_{n_{i+k}} - x_{n_{i+k}} \| + \| x_{n_{i+k}} - q \| \to 0 (n_i \to \infty)$。

由于 T 是渐近非扩张型映象，且 $\{y_n\}$ 是 D 中序列，所以有

$$\limsup_{n_j \to \infty} \{ \| T^{n_{i+k}} y_{n_{i+k}} - q \| - \| y_{n_{i+k}} - q \| \}$$
$$\leqslant \limsup_{n_j \to \infty} \{ \sup \{ \| T^{n_{i+k}} x - q \| - \| x - q \| \} \}$$
$$\leqslant \limsup_{n \to \infty} \{ \sup \{ \| T^n x - q \| - \| x - q \| \} \} \leqslant 0$$

所以

$$\limsup_{n_j\to\infty}\parallel T^{n_{i+k}}y_{n_{i+k}}-q\parallel\leqslant\limsup_{n_j\to\infty}\parallel y_{n_{i+k}}-q\parallel=0$$

$$\parallel x_{n_{i+(k+1)}}-q\parallel=\parallel(1-a_{n_{i+k}})x_{n_{i+k}}-a_{n_{i+k}}T^{n_{i+k}}y_{n_{i+k}}+u_{n_{i+k}}-q\parallel$$

$$\parallel x_{n_{i+k}}-q\parallel+a_{n_{i+k}}\{\parallel T^{n_{i+k}}y_{n_{i+k}}-q\parallel+\parallel x_{n_{i+k}}-q\parallel\}+\parallel u_{n_{i+k}}\parallel$$

因为 $x_{n_{i+k}}\to q$, $T^{n_{i+k}}y_{n_{i+k}}\to q$, $\parallel u_{n_{i+k}}\parallel\to 0(n_i\to\infty)$ 知 $x_{n_{i+(k+1)}}\to q$,
故 $\forall m\in N$, $\{x_{n_{i+m}}\}$ 收敛于 $q(n_i\to\infty)$。

2.2.3　小结

本节主要研究用三步迭代序列逼近一致 L-Lipschitz 渐近非扩张型映象的不动点问题，给出了具误差的三步迭代序列逼近渐近非扩张型映象不动点的强收敛定理。

2.3　Banach 空间中非扩张映象不动点的迭代逼近

2.3.1　在一致光滑的 Banach 空间中非扩张自映象迭代逼近

定理 2.4　设 K 是一致光滑 Banach 空间 E 的一个非空闭凸子集，T 是 K 的一个非扩张自映象，设 $F(T)\neq\varnothing$。设 $\{\alpha_n\}\subset(0,1)$ 满足

(C1) $\lim\limits_{n\to\infty}\alpha_n=0$

(C2) $\sum_{n=1}^{\infty}\alpha_n=\infty$

对于任意给定的 $u,x_0\in K$，序列 $\{x_n\}$ 由下式产生

$$x_{n+1}=\alpha_n(\lambda u+(1-\lambda)x_n)+(1-\alpha_n)Tx_n,(n\geqslant0) \tag{2.053}$$

其中 $\lambda\in(0,1)$ 是一个常数，则 $\{x_n\}$ 强收敛于 T 的一个不动点 $Q(u)$。$Q(u)$ 是从 K 到 $F(T)$ 的一个向阳的非扩张收缩。

通过对 Halpen 迭代进行了修正，解决了关于保证 Halpen 迭代

$$x_{n+1}=\alpha_n u+(1-\alpha_n)Tx_n \tag{2.054}$$

强收敛时，条件 (C1)、(C2) 只是式 (2.054) 强收敛的必要条件，但不是充分条件的问题。

受定理 2.4 的启发，本节提出了新的迭代格式，并在一致光滑的 Banach 空间里证明了它的强收敛性。

定理 2.5　设 K 是一致光滑 Banach 空间 E 的一个闭凸子集，T 是一个非扩张自映象且 $F(T)\neq\varnothing$。设 $\{\alpha_n\}\subset[0,1]$ 满足

(C1) $\lim\limits_{n\to\infty}\alpha_n=0$

$$(C2) \quad \sum_{n=1}^{\infty} \alpha_n = \infty$$

对任意给定的 u，$x_0 \in K$，序列 $\{x_n\}$ 由下面的迭代产生

$$x_{n+1} = \lambda(\alpha_n u + (1-\alpha_n)x_n) + (1-\lambda)Tx_n, (n \geq 0) \quad (2.055)$$

其中，$\lambda \in (0, 1)$ 是一个常数，则 $\{x_n\}$ 强收敛于 T 的一个不动点。

证明 我们首先证明 $\{x_n\}$ 是有界的。取 $p \in \text{Fix}(T)$，利用 T 的非扩张性

$$\|x_{n+1} - p\| \leq \lambda\alpha_n \|u-p\| + \lambda(1-\alpha_n)\|x_n-p\| + (1-\lambda)\|Tx_n-p\|$$

$$\leq \lambda\alpha_n \|u-p\| + \lambda(1-\alpha_n)\|x_n-p\| + (1-\lambda)\|Tx_n-p\|$$

$$= \lambda\alpha_n \|u-p\| + (1-\alpha_n\lambda)\|x_n-p\|$$

利用数学归纳法，对任意的 $n \geq 0$，有

$$\|x_n-p\| \leq \max\{\|x_0-p\|, \|u-p\|\} \quad (2.056)$$

我们可得 $\{x_n\}$ 和 $\{Tx_n\}$ 都是有界的。令 $M = \sup\limits_{n \in N}\{\|u\|, \|x_n\|, \|Tx_n\|\}$，其中 N 表示所有非负整数。

令 $y_n = \dfrac{\lambda\alpha_n}{1-\lambda}(u-x_n) + Tx_n$ 则

$$\lim_{n \to \infty} \|y_n - Tx_n\| = \lim_{n \to \infty} \frac{\lambda\alpha_n}{1-\lambda}(u-x_n) = 0 \quad (2.057)$$

由序列 $\{x_n\}$ 的定义，我们也可得

$$x_{n+1} = (1-\lambda)y_n + \lambda x_n \quad (2.058)$$

此外

$$\|y_{n+1} - y_n\| = \left\| \frac{\lambda\alpha_{n+1}}{1-\lambda}(u-x_{n+1}) + Tx_{n+1} - \frac{\lambda\alpha_n}{1-\lambda}(u-x_n) - Tx_n \right\|$$

$$\leq \frac{\lambda}{1-\lambda}(|\alpha_{n+1}-\alpha_n|\|u\| + \alpha_{n+1}\|x_{n+1}\| + \alpha_n\|x_n\|) + \|Tx_{n+1}-Tx_n\|$$

$$\leq \frac{\lambda M}{1-\lambda}(|\alpha_{n+1}-\alpha_n| + \alpha_{n+1} + \alpha_n) + \|x_{n+1}-x_n\|$$

由条件（C1）

$$\|y_{n+1}-y_n\| - \|x_{n+1}-x_n\| \leq \frac{\lambda M}{1-\lambda}(|\alpha_{n+1}-\alpha_n| + \alpha_{n+1} + \alpha_n) \to 0, (n \to \infty)$$

所以

$$\limsup_{n \to \infty}(\|y_{n+1}-y_n\| - \|x_{n+1}-x_n\|) \leq 0$$

得到

$$\lim_{n \to \infty} \|y_n-x_n\| = 0 \quad (2.059)$$

综合式（2.057）和式（2.058），得到

$$\lim_{n \to \infty} \|x_n-Tx_n\| = 0 \quad (2.060)$$

下面证

$$\limsup_{n\to\infty}[u-p,J(x_n-p)]\leqslant 0$$

设 $z_t=tu+(1-t)Tz_t$，则 z_t 是一个压缩，所以有唯一不动点。

$$z_t-x_n=(1-t)(Tz_t-x_n)+t(u-x_n)$$

$$\|z_t-x_n\|^2\leqslant(1-t)^2\|Tz_t-x_n\|^2+2t[u-x_n,J(z_t-x_n)]$$

$$=(1-t)^2\|Tz_t-Tx_n\|^2+\|Tx_n-x_n\|^2+2t[u-x_n,J(z_t-x_n)]$$

$$+2t\|z_t-x_n\|^2$$

$$\leqslant(1-t)^2\|z_t-x_n\|^2+[\|Tx_n-x_n\|(2\|z_t-x_n\|+\|Tx_n-x_n\|)]$$

$$+2t[u-z_t,J(z_t-x_n)]+2t\|z_t-x_n\|^2 \tag{2.061}$$

因为 $\{z_t\}$ 和 $\{x_n\}$ 是有界的，所以存在一个常数 $M_1>0$，对所有的 $t\in(0,1)$，有

$$[u-z_t,J(x_n-z_t)]\leqslant\left(t+\frac{\|x_n-Tx_n\|}{t}\right)M_1 \tag{2.062}$$

即

$$\limsup_{n\to\infty}[u-z_t,J(x_n-z_t)]\leqslant tM_1,t\in(0,1) \tag{2.063}$$

令 $q=Q(u)=s-\lim\limits_{n\to0}z_t$，其中 $Q=Q_{\text{Fix}(T)}$ 是一个从 K 到 $\text{Fix}(T)$ 的一个向阳的非扩张收缩。

由于 J 在 X 的有界子集上是一致连续的，所以有

$$\|J(x_n-z_t)-J(x_n-q)\|\leqslant\varepsilon_t \tag{2.064}$$

$\varepsilon_t>0,\lim\limits_{t\to0}\varepsilon_t=0$。令 $\beta>0$，满足 $\|u-z_t\|\leqslant\beta,\|z_t-q\|\leqslant\beta$ 对所有的 $t\in(0,1)$ 和 n。我们可得

$$[u-q,J(x_n-q)]=[u-z_t,J(x_n-z_t)]+[u-z_t,J(x_n-q)-J(x_n-z_t)]$$

$$+[z_t-q,J(x_n-q)]$$

$$\leqslant[u-z_t,J(x_n-z_t)]+\beta(\varepsilon_t+\|z_t-q\|)$$

由式（2.063）可得

$$\limsup_{n\to\infty}[u-q,J(x_n-q)]\leqslant tM_1+\beta(\varepsilon_t+\|z_t-q\|)$$

让 $t\to0$ 则有

$$\limsup_{n\to\infty}[u-q,J(x_n-q)]\leqslant 0 \tag{2.065}$$

最后，我们证 $x_n\to q$。我们可得到

$$\| x_{n+1}-q \|^2 = \| \lambda\alpha_n(u-q)+\lambda(1-\alpha_n)(x_n-q)+(1-\lambda)(Tx_n-q) \|^2$$
$$\leqslant \| \lambda(1-\alpha_n)x_n-q+(1-\lambda)Tx_n-q \|^2+2\lambda\alpha_n[u-p,J(x_{n+1}-q)]$$
$$\leqslant \lambda(1-\alpha_n)\| x_n-q \|+(1-\lambda)\| x_n-q \|^2+2\lambda\alpha_n[u-p,J(x_{n+1}-q)]$$
$$\leqslant (1-\alpha_n\lambda)\| x_n-q \|^2+2\lambda\alpha_n[u-p,J(x_{n+1}-q)]$$
$$\leqslant (1-\alpha_n\lambda)\| x_n-q \|^2+2\lambda\alpha_n[u-p,J(x_{n+1}-q)]$$

我们得到

$$\| x_n-q \|^2 \to 0$$

即 $x_n \to q$，定理证毕。

2.3.2　增生算子族的复合式迭代逼近

2007 年，Habtu Zegeyea 和 Naseer Shahzad，在严格凸的 Banach 空间中证明了下面的定理。

定理 2.6　设 X 是严格凸，自反的且具有一致 Gâteaux 可微的 Banach 空间，C 是 X 的一个闭凸子集，$A_i:C \to X, i=1,2,\cdots,r$，是一族 m-增生映象。设 $\bigcap_{i=1}^{r} N(A_i) \neq \varnothing$，给定的 $u,x_0 \in C$，且序列由下式产生

$$x_{n+1}:=\alpha_n u+(1-\alpha_n)S_r x_n, (n \geqslant 0)$$

其中，$S_r:=\alpha_0 I+\alpha_1 J_{A_1}+\alpha_2 J_{A_2}+\cdots+\alpha_r J_{A_r}, J_{A_i}:=(I+A_i)^{-1}, a_0, a_1, \cdots, a_r$ 是（0，1）中的实数，且 $\sum_{i=0}^{r} a_i=1$，则序列 $\{x_n\}$ 强收敛于方程 $A_i x=0$ 的公共解。

定理 2.7　设 X 是严格凸的 Banach 空间，C 是 X 的一个非空闭凸子集。$A_i:C \to X, i=1,2,\cdots,r$，是一族 m-增生映象。设 $\bigcap_{i=1}^{r} N(A_i) \neq \varnothing$，令 $S_r:=\alpha_0 I+\alpha_1 J_{A_1}+\alpha_2 J_{A_2}+\cdots+\alpha_r J_{A_r}, a_0, a_1, \cdots, a_r$ 是（0，1）中的实数，$\sum_{i=0}^{r} a_i=1, J_{A_i}:=(I+A_i)^{-1}$，则 S_r 是非扩张的，且 $F(S_r)=\bigcap_{i=1}^{N}(A_i)$。受他们的启发，作者提出下面的复合迭代

$$\begin{cases} y_n=\alpha_n x_n+(1-\alpha_n)S_r x_n, (n \geqslant 0) \\ x_{n+1}=\beta_n u+(1-\beta_n)y_n, (n \geqslant 0) \end{cases} \tag{2.066}$$

并证明其强收敛性。为了证明我们的定理，我们需要下面的引理。

定理 2.8　设 X 是严格凸、自反的且具有一致的 Gâteaux 微分范数的 Banach 空间，C 是 X 的一个闭凸子集，$T:C \to X$ 是一个非扩张映象，设 $F(T) \neq \varnothing$。假设对每一个非空闭凸子集 K 上的非扩张映象有不动点条件，则存在唯一的连续的通道 $t \to z_t$，$0<t<1$，满足 $z_t=tu+(1-t)Tz_t$，对任意固定的 $u \in K$，则强收敛于 T 的一个不动点。

定理 2.9　设 X 是严格凸自反的且具有一致 Gâteaux 微分范数的 Banach 空间，C 是 X 的一个闭凸子集。$A_i:C \to X, i=1,2,\cdots,r$，是一族 m-增生映象。设 $\bigcap_{i=1}^{r} N(A_i) \neq \varnothing$，令 $S_r:=\alpha_0 I+\alpha_1 J_{A_1}+\alpha_2 J_{A_2}+\cdots+\alpha_r J_{A_r}, a_0, a_1, \cdots, a_r$ 是（0，

1）中的实数，$\sum_{i=0}^{r} a_i = 1$，$\{\beta_n\}$，$\{\alpha_n\} \subset (0,1)$，满足

$$（\text{I}）\lim_{n \to \infty} \alpha_n = 0 \text{ 和 } \lim_{n \to \infty} \beta_n = 0$$

$$（\text{II}）\sum_{n=0}^{\infty} \alpha_n = \infty, \quad \sum_{n=0}^{\infty} \beta_n = \infty$$

$$（\text{III}）\sum_{n=1}^{\infty} |\alpha_n - \alpha_{n-1}| < \infty$$

则序列强收敛于方程 $A_i x = 0$ 的公共解。

证明　由于 $A_i : C \to X$ 是一族 m-增生映象，且 $F(J_{A_i}) = N(A_i)$，可得 S_r 是非扩张的。

我们先证 $\{x_n\}$ 是有界的。我们取 $p \in F(S_r)$，有

$$\|y_n - p\| = \|\alpha_n x_n + (1-\alpha_n) S_r x_n - p\|$$

$$= \|\alpha_n(x_n - p) + \alpha_n p + (1-\alpha_n) S_r x_n - p\|$$

$$= \|\alpha_n(x_n - p) + (1-\alpha_n)(S_r x_n - p)\|$$

$$\leqslant \alpha_n \|x_n - p\| + (1-\alpha_n)\|x_n - p\| = \|x_n - p\|$$

我们得到

$$\|x_{n+1} - p\| = \|\beta_n u + (1-\beta_n) y_n - p\|$$

$$\leqslant (1-\beta_n)\|y_n - p\| + \beta_n \|u - p\|$$

$$\leqslant (1-\beta_n)\|x_n - p\| + \beta_n \|u - p\|$$

$$\leqslant \max\{\|u - p\|, \|x_n - p\|\}$$

由数学归纳法，我们得到

$$\|x_n - p\| \leqslant \max\{\|u - p\|, \|x_0 - p\|\}, (n \geqslant 0) \tag{2.067}$$

这可以保证 $\{x_n\}$、$\{y_n\}$、$\{S_r x_n\}$ 是有界的。

另外，由 $\{x_{n+1}\}$ 的定义，我们可得

$$\|x_{n+1} - y_n\| = \|\beta_n u + (1-\beta_n) y_n - y_n\|$$

$$= \beta_n \|u - y_n\| \to 0$$

为了证明

$$\|x_n - S_r x_n\| \to 0 \tag{2.068}$$

我们首先证明

$$\|x_{n+1} - x_n\| \to 0 \tag{2.069}$$

由式（2.066）可得

$$y_n - y_{n-1} = (1-\alpha_n)(S_r x_n - S_r x_{n-1}) + (\alpha_n - \alpha_{n-1})(x_{n-1} - S_r x_{n-1})$$

$$+ \alpha_n(x_n - x_{n-1}) \tag{2.070}$$

即

$$\| y_n - y_{n-1} \| = \| 1 - \alpha_n \| \, \| S_r x_n - S_r x_{n-1} \| + \| \alpha_n - \alpha_{n-1} \| \, \| x_{n-1} - S_r x_{n-1} \|$$
$$+ \alpha_n (x_n - x_{n-1})$$
$$\leqslant \| x_n - x_{n-1} \| + | \alpha_n - \alpha_{n-1} | \, \| x_{n-1} - S_r x_{n-1} \|$$
$$\leqslant \| x_n - x_{n-1} \| + M_1 | \alpha_n - \alpha_{n-1} |$$

设 M_1 是一个常数即

$$M_1 > \max \{ \| x_{n-1} - S_r x_{n-1} \| \}$$

另一方面由式（2.066）我们可得

$$x_{n+1} - x_n = (1 - \beta_n)(y_n - y_{n-1}) + (\beta_n - \beta_{n-1})(u - y_{n-1}) \tag{2.071}$$

即

$$\| x_{n+1} - x_n \| = (1 - \beta_n) \| y_n - y_{n-1} \| + | \beta_n - \beta_{n-1} | \, \| u - y_{n-1} \| \tag{2.072}$$

把式（2.065）代入式（2.072）里面得

$$\| x_{n+1} - x_n \|$$
$$\leqslant (1 - \beta_n) \| x_n - x_{n-1} \| + M_1 | \alpha_n - \alpha_{n-1} | + | \beta_n - \beta_{n-1} | \, \| u - y_{n-1} \|$$
$$\leqslant (1 - \beta_n) \| x_n - x_{n-1} \| + M_1 | \alpha_n - \alpha_{n-1} | + | \beta_n - \beta_{n-1} | \, \| u - y_{n-1} \|$$
$$\leqslant (1 - \beta_n) \| x_n - x_{n-1} \| + M_2 (| \alpha_n - \alpha_{n-1} | + | \beta_n - \beta_{n-1} |) \tag{2.073}$$

其中，M_2 是一个常数，$M_2 > \max \{ M_1, \| u - y_n \| \}$

由条件（Ⅰ）（Ⅱ）（Ⅲ），得到

$$\sum_{n=1}^{\infty} (| \alpha_n - \alpha_{n-1} | + | \beta_n - \beta_{n-1} |) < \infty$$

因此，在式（2.073）中应用引理 2.8，我们得到

$$\| x_{n+1} - x_n \| \to 0 \tag{2.074}$$

下面我们证 $\| x_n - S_r x_n \| \to 0$

由式（2.066）可得

$$\| S_r x_n - y_n \| = \| \alpha_n S_r x_n - \alpha_n x_n \| = \alpha_n \| S_r x_n - x_n \|$$

因此可得

$$\| S_r x_n - x_n \| \leqslant \| S_r x_n - y_n \| + \| x_{n+1} - x_n \| + \| y_n - x_{n+1} \|$$
$$= \alpha_n \| S_r x_n - x_n \| + \| x_{n+1} - x_n \| + \| y_n - x_{n+1} \|$$

即

$$(1 - \alpha_n) \| S_r x_n - x_n \| \leqslant \| x_{n+1} - x_n \| + \| y_n - x_{n+1} \|$$

综合式（2.067）和式（2.074）有

$$\| x_n - S_r x_n \| \to 0 \tag{2.075}$$

因为 $\forall t \in (0, 1)$，让 $z_t \in E$ 是按下面定义的压缩映象 H_t 唯一不动点

$$H_t x = tu + (1-t)S_r x, x \in E \tag{2.076}$$

得 $z_t = tu + (1-t)S_r z_t \rightarrow z \in F(S_r) = \bigcap_{i=1}^{N}(A_i),\ t \rightarrow 0$

$$\parallel z_t - x_n \parallel^2 \leqslant (1-t)^2 \parallel S_r z_t - x_n \parallel^2 + 2t \leqslant [u - x_n, J(z_t - x_n)]$$

$$\leqslant (1-t)^2 (\parallel S_r z_t - S_r x_n \parallel + \parallel S_r x_n - x_n \parallel)^2$$

$$+ 2t[u - z_t, J(z_t - x_n)] + 2t \parallel z_t - x_n \parallel^2 \tag{2.077}$$

$$\leqslant (1-t)^2 \parallel z_t - x_n \parallel^2 + f_n(t) 2t [u - z_t, J(z_t - x_n)]$$

$$+ 2t \parallel z_t - x_n \parallel^2$$

其中

$$f_n(t) = [2 \parallel z_t - x_n \parallel (\parallel S_r z_t - S_r x_n \parallel + \parallel S_r x_n - x_n \parallel)^2] \rightarrow 0, (n \rightarrow \infty) \tag{2.078}$$

即

$$[z_t - u, J(z_t - x_n)] \leqslant \frac{t}{2} \parallel z_t - x_n \parallel^2 + \frac{1}{2t} f_n(t) \tag{2.079}$$

让式 (2.079) 中 $n \rightarrow \infty$，结合式 (2.078)，我们可得

$$\limsup_{n \rightarrow \infty} [z_t - u, J(z_t - x_n)] \leqslant \frac{t}{2} M \tag{2.080}$$

其中，$M > 0$ 是一个常数，且 $M \geqslant \parallel z_t - x_n \parallel^2$ 对任意的 $t \in (0, 1)$ 和 $n \geqslant 1$。$z_t \rightarrow z$，对偶映象 J 是在 E 的有界子集上范-弱*一致连续。

让式 (2.080) 中 $t \rightarrow 0$，得到

$$\limsup_{n \rightarrow \infty} [z_t - u, J(z_t - x_n)] \leqslant 0 \tag{2.081}$$

最后我们证 $x_n \rightarrow z$。

事实上 $\parallel y_n - p \parallel \leqslant \parallel x_n - p \parallel$，我们得到

$$\parallel x_{n+1} - z \parallel = \parallel (1-\beta_n)(y_n - z) + \beta_n - z \parallel^2$$

$$\leqslant (1-\beta_n)^2 \parallel y_n - z \parallel^2 + 2\beta_n [u - z, J(x_{n+1} - z)]$$

$$\leqslant (1-\beta_n)^2 \parallel x_n - z \parallel^2 + 2\beta_n [u - z, J(x_{n+1} - z)] \tag{2.082}$$

我们得到 $\parallel x_n - z \parallel \rightarrow 0$，因此，我们得到 $\{x_n\}$ 强收敛到 z 方程 $A_i x = 0$ 的一个公共解，对任意的 $i = 1, \cdots, r$。

2.3.3 增生算子的黏性迭代逼近

2000 年，A. Moudafi 首先在 Hilbert 空间对固定的非扩张映象定义了收敛于不动点的黏性迭代逼近。2004 年，Hongkun Xu 把黏性迭代推广到了一致光滑的 Banach 空间，后来学者对黏性迭代进行了研究。1967 年，Browder 指出：如果存在一个度规函数 φ 使得其对偶映象 J_{φ} 是单值的和弱-弱*序列连续的，则 Banach 空间 X 有弱连续对偶映象。

一个连续的严格增函数 $\varphi:\|[0,+\infty)\to[0,+\infty)\|$ 称为度规函数，如果 $\varphi(0)=0$ 和 $\varphi(t)\to\infty$。与度规函数 φ 相关的对偶函数 $J_\varphi:X\to X^*$ 定义为

$$J_\varphi(x)=\{f\in X^*:(x,f)=\|x\|\varphi(\|x\|),x\in X\}$$

用 J_r 表示算子 A 的预解式：$J_r=(I+rA)^{-1},\forall r>0$，则当 $C:=D(\overline{A})$ 是凸集时，$J_r:X\to C$ 是非扩张映象。令 $\varphi(t)=\int_0^t\varphi(\tau)\mathrm{d}\tau,t\geqslant0$，则 $J_\varphi(x)=\partial(\|x\|)$，$x\in X$，其中 ∂ 是在凸分析意义下的次微分。

2006 年，Chen 和 Zhu 在具有弱连续对偶映象 J_φ 的自反 Banach 空间里，研究了下面的迭代序列

$$x_{n+1}=\alpha_n f(x_n)+(1-\alpha_n)J_m x_n,(n\geqslant0) \tag{2.083}$$

并证明了下面的定理。

定理 2.9　设 X 是有度规函数 φ 的弱连续对偶映象 J_φ 的自反的 Banach 空间，C 是 X 的一个闭凸子集，$T:C\to C$ 是非扩张映象，$f:C\to C$ 是一个固定的压缩映象，则映象 T 有不动点等价于当 $t\to0^+$ 时通过迭代 $\{x_t\}$ 有界，此时 $\{x_t\}$ 强收敛到 T 的一个不动点。

注：在满足定理 2.9 的条件下，Chen 和 Zhu 还证明了

$$[f(p)-p,J_\varphi(x^*-p\leqslant0)] \tag{2.084}$$

其中，$p\in F,\{x_{n_k}\}\subset\{x_n\},x_{n_k}\to x^*,x^*\in F$。

后来 Qin 和 Su 引入下面的迭代

$$\begin{cases}x_0\in C\\y_n=\alpha_n x_n+(1-\alpha_n)J_m x_n,(n\geqslant0)\\x_{n+1}=\beta_n u+(1-\beta_n)y_n,(n\geqslant0)\end{cases}$$

并在一致光滑的 Banach 空间里证明了它的强收敛性。

受到上面迭代方法的启示，我们对增生算子引入了黏性迭代，并构造了如下的 m-增生算子的黏性迭代

$$\begin{cases}x_0\in C\\y_n=\alpha_n x_n+(1-\alpha_n)J_m x_n,(n\geqslant0)\\x_{n+1}=\beta_n u+(1-\beta_n)y_n,(n\geqslant0)\end{cases} \tag{2.085}$$

如果在式（2.085）中令 $\alpha_n=0$，则我们可得式（2.083）。

定理 2.10　设 X 是有度规函数 φ 的弱连续对偶映象 J_φ 的自反的 Banach 空间，A 是定义在 X 中的一个 m-增生算子使得 $C:=D(\overline{A})$ 是凸集且 $F(A):=\{x\in D(A):0\in Ax\}=A^{-1}(0)\neq\varnothing,f:C\to C$ 是个固定的压缩映象，$\{\alpha_n\}_{n=0}^\infty\subset(0,1)$ 和 $\{\beta_n\}_{n=0}^\infty\subset[0,1]$ 设

（Ⅰ）$\sum_{n=0}^{\infty}\beta_n=\infty$，$\beta_n\to 0$，当 $n\to\infty$

（Ⅱ）$\beta_n\in[0,a)$，$a\in(0,1)$ 和对任意的 n 有 $\gamma_n\geqslant\gamma_{n-1}\geqslant\varepsilon>0$

（Ⅲ）$\sum_{n=1}^{\infty}|\alpha_{n+1}-\alpha_n|<\infty$，$\sum_{n=1}^{\infty}|\beta_{n+1}-\beta_n|<\infty$，$\sum_{n=1}^{\infty}|\gamma_{n+1}-\gamma_n|<\infty$

序列 $\{x_n\}_{n=1}^{\infty}$ 由式（2.085）产生，则 $\{x_n\}_{n=1}^{\infty}$ 强收敛于 A 的一个零点。

证明　我们首先证 $\{x_n\}$ 是有界的，任取 $p\in F=A^{-1}(0)$，有

$$\|y_n-p\|=\|\alpha_n x_n+(1-\alpha_n)J_m x_n-p\|$$
$$=\|\alpha_n(x_n-p)+\alpha_n p+(1-\alpha_n)J_m x_n-p\|$$
$$=\|\alpha_n(x_n-p)+(1-\alpha_n)(J_m x_n-p)\|$$
$$\leqslant\alpha_n\|x_n-p\|+(1-\alpha_n)\|x_n-p\|$$
$$=\|x_n-p\|\quad\|x_{n+1}-p\|$$
$$=\|\beta_n f(x_n)+(1-\beta_n)y_n-p\|$$
$$=\|(1-\beta_n)(y_n-p)+\beta_n(f(x_n)-f(p)+\beta_n(f(p)-p))\|$$
$$\leqslant(1-\beta_n)\|y_n-p\|+\alpha\beta_n\|x_n-p\|+\beta_n\|f(p)-p\|$$
$$\leqslant(1-\beta_n)\|y_n-p\|+\alpha\beta_n\|x_n-p\|+\beta_n\|f(p)-p\|$$
$$\leqslant(1-\beta_n+\alpha\beta_n)\|x_n-p\|+\beta_n\|f(p)-p\|$$
$$=(1-(1-\alpha)\beta_n)\|x_n-p\|+\beta_n\|f(p)-p\|$$
$$\leqslant\max\left\{\frac{1}{1-\alpha}\|f(p)-p\|,\|x_n-p\|\right\}$$

其中，$\alpha\in(0,1)$。

由数学归纳法，我们得到

$$\|x_n-p\|\leqslant\max\left\{\frac{1}{1-\alpha}\|f(p)-p\|,\|x_0-p\|\right\},n\geqslant 0$$

这可以保证 $\{x_n\}\{f(x_n)\}\{y_n\}$ 是有界的。

另外，由 $\{x_n\}$ 的定义和条件（Ⅰ）得

$$\|x_{n+1}-y_n\|=\|\beta_n f(x_n)+(1-\beta_n)y_n-y_n\|$$
$$=\beta_n\|f(x_n)-y_n\|\to 0$$

下面我们证

$$\|x_{n+1}-x_n\|\to 0 \tag{2.086}$$

因为

$$y_n-y_{n-1}=(1-\alpha_n)(J_m x_n-J_m x_{n-1})+(\alpha_n-\alpha_{n-1})(x_{n-1}-J_{m-1}x_{n-1})$$
$$+\alpha_n(x_n-x_{n-1}) \tag{2.087}$$

所以

$$\|y_n-y_{n-1}\|=(1-\alpha_n)\|J_m x_n-J_m x_{n-1}\|+|\alpha_n-\alpha_{n-1}|\|x_{n-1}-J_{m-1}x_{n-1}\|$$
$$+\alpha_n\|x_n-x_{n-1}\| \tag{2.088}$$

可得

$$J_m x_n = J_{m-1}\left(\frac{r_{n-1}}{r_n} + \left(1 - \frac{r_{n-1}}{r_n}\right)J_m x_n\right)$$

由假设 $r_{n-1} \leqslant r_n$，则

$$\left\| J_m x_n - J_{m-1}x_{n-1} \right\| \leqslant \left\| \frac{r_{n-1}}{r_n}x_n + \left(1 - \frac{r_{n-1}}{r_n}\right)J_m x_n - x_{n-1} \right\|$$

$$\leqslant \left\| \frac{r_{n-1}}{r_n}(x_n - x_{n-1}) + \left(1 - \frac{r_{n-1}}{r_n}\right)(J_m x_n - x_{n-1}) \right\|$$

$$\leqslant \| x_n - x_{n-1} \| + \left(\frac{r_n - r_{n-1}}{r_n}\right)\| J_m x_n - x_{n-1} \| \tag{2.089}$$

将式（2.089）带入到式（2.088）得到

$$\| y_n - y_{n-1} \| \leqslant (1-\alpha_n)\left[\| x_n - x_{n-1} \| + \left(\frac{r_n - r_{n-1}}{\varepsilon}\right)\| J_m x_n - x_{n-1} \| \right]$$

$$+ |\alpha_n - \alpha_{n-1}| \| x_{n-1} - J_{m-1}x_{n-1} \| + \alpha_n \| x_n - x_{n-1} \|$$

$$\leqslant \| x_n - x_{n-1} \| + (1-\alpha_n)\left(\frac{r_n - r_{n-1}}{\varepsilon}\right)\| J_m x_n - x_{n-1} \|$$

$$+ |\alpha_n - \alpha_{n-1}| \| x_{n-1} - J_{m-1}x_{n-1} \|$$

$$\leqslant \| x_n - x_{n-1} \| + |\alpha_n - \alpha_{n-1}| \| x_{n-1} - J_{m-1}x_{n-1} \|$$

$$+ \left(\frac{r_n - r_{n-1}}{\varepsilon}\right)\| J_m x_n - x_{n-1} \|$$

$$\leqslant \| x_n - x_{n-1} \| + M_1(|\alpha_n - \alpha_{n-1}| + |r_n - r_{n-1}|)。 \tag{2.090}$$

其中，$M_1 > \max\left\{ \| x_{n-1} - J_{m-1}x_{n-1} \|, \frac{\| J_m x_n - x_{n-1} \|}{\varepsilon} \right\}$

又因为

$$x_{n+1} - x_n = (1-\beta_n)(y_n - y_{n-1}) + (\beta_n - \beta_{n-1})[f(x_{n-1}) - y_{n-1}]$$

$$+ \beta_n[f(x_n) - f(x_{n-1})]$$

即有

$$\| x_{n+1} - x_n \| = (1-\beta_n)\| y_n - y_{n-1} \| + (\beta_n - \beta_{n-1})[f(x_{n-1}) - y_{n-1}]$$

$$+ |\beta_n - \beta_{n-1}| \| f(x_{n-1}) - y_{n-1} \| \tag{2.091}$$

把式（2.090）代入到式（2.091）

$$\| x_{n+1} - x_n \| \leqslant (1-\beta_n)[\| x_n - x_{n-1} \| + M_1(|\alpha_n - \alpha_{n-1}| + |r_n - r_{n-1}|)]$$

$$+ \alpha\beta_n \| x_n - x_{n-1} \| + |\beta_n - \beta_{n-1}| \| f(x_{n-1}) - y_{n-1} \|$$

$$= (1-(1-\alpha)\beta_n)\| x_n - x_{n-1} \| + (1-\beta_n)M_1(|\alpha_n - \alpha_{n-1}| + |r_n - r_{n-1}|)$$

$$+ \| f(x_{n-1}) - y_{n-1} \| |\beta_n - \beta_{n-1}|$$

$$\leqslant (1-(1-\alpha)\beta_n)\| x_n - x_{n-1} \| + M_1(|\alpha_n - \alpha_{n-1}| + |r_n - r_{n-1}|)$$

$$+ \| f(x_{n-1}) - y_{n-1} \| |\beta_n - \beta_{n-1}|$$

$$\leqslant (1-(1-\alpha)\beta_n)\| x_n - x_{n-1} \| + M_2(|\alpha_n - \alpha_{n-1}| + |\beta_n - \beta_{n-1}| + |r_n - r_{n-1}|)$$

$$\tag{2.092}$$

其中，$M_2 > 0$ 是一个常数，且满足

$$M_2 > \max\{M_1, \| f(x_{n-1}) - y_{n-1} \|\}$$

因为

$$\sum_{n=0}^{\infty} \beta_n = \infty, \beta_n \to 0, \text{当 } n \to \infty$$

$$\sum_{n=1}^{\infty} (|\alpha_n - \alpha_{n-1}| + |\beta_n - \beta_{n-1}| + |r_n - r_{n-1}|) < \infty$$

得到

$$\| x_{n+1} - x_n \| \to 0 \qquad (2.093)$$

下面我们证明 $\| x_n - J_m x_n \| \to 0$

由以上论证，我们得

$$\| J_{r_n} x_n - x_n \| \leqslant \| J_{r_n} x_n - y_n \| + \| x_{n+1} - x_n \| + \| y_n - x_{n+1} \|$$

$$= \alpha_n \| J_{r_n} x_n - x_n \| + \| x_{n+1} - x_n \| + \| y_n - x_{n+1} \|$$

即有

$$(1 - \alpha_n) \| J_{r_n} x_n - x_n \| \leqslant \| x_{n+1} - x_n \| + \| x_{n+1} - y_n \|$$

由式（2.086）和式（2.093）可以保证

$$\| J_{r_n} x_n - x_n \| \to 0 \qquad (2.094)$$

又因为

$$\| x_{n+1} - J_{r_n} x_n \| \leqslant \| x_{n+1} - y_n \| + \| y_n - J_{r_n} x_n \|$$

$$\leqslant \beta_n \| f(x_n - y_n) \| + \alpha_n \| x_n - J_{r_n} x_n \|$$

所以

$$x_{n+1} - J_{r_n} x_n \to 0$$

我们取 $\{x_{n_k}\} \subset \{x_n\}$，由于 X 是自反的，所以我们可设 $x_{n_k} \to x^*$，由于 $x_{n+1} - J_{r_n} x_n \to 0$，所以有

$$J_{r_{n_k} - 1} x_{r_{n_k} - 1} \to x^*$$

关系式

$$[J_{r_{n_k} - 1} x_{r_{n_k} - 1}, A_{r_{n_k} - 1} x_{r_{n_k} - 1}] \in A$$

取极限当 $k \to \infty$，我们得 $[x^*] \in A$，即 $x^* \in F$，所以由式（2.084）和式（2.085）我们可得

$$\limsup_{n \to \infty} [f(p) - p, J_\varphi(x_n - p)] = \lim [f(p) - p, J_\varphi(x_{n_k} - p)]$$

$$= [f(p) - p, J_\varphi(x^* - p)] \leqslant 0 \qquad (2.095)$$

最后我们证 $x_n \to p$

$$\varphi(\| y_n - p \|) = \varphi[\| \alpha_n(x_n - p) + (1 - \alpha_n)(J_{r_n} x_n - p) \|]$$

$$\leqslant \varphi(\alpha_n + (1 - \alpha_n) \| J_{r_n} x_n - p \|)$$

$$\leqslant \varphi(\| x_n - p \|)$$

即

$$\varphi(\parallel y_n - p \parallel) \leqslant \varphi(\parallel x_n - p \parallel)$$

所以我们得到

$$
\begin{aligned}
\varphi(\parallel x_{n+1} - p \parallel) &= \varphi(\parallel \beta_n [f(x_n) - p] + (1 - \beta_n)(y_n - p) \parallel] \\
&= \varphi\{\parallel \beta_n [f(x_n) - f(p) + f(p) - p] + (1 - \beta_n)(y_n - p) \parallel \} \\
&\leqslant \varphi\{\parallel (1 - \beta_n)(y_n - p) + \beta_n [f(x_n) - f(p)] \parallel\} + \beta_n [f(p) - p, J_\varphi(x_{n+1} - p)] \\
&\leqslant \varphi[(1 - \beta_n) \parallel y_n - p \parallel + \beta_n] f(x_n) - f(p) + \beta_n [f(p) - p, J_\varphi(x_{n+1} - p)] \\
&\leqslant \varphi[(1 - \beta_n) \parallel y_n - p \parallel + \alpha \beta_n \parallel x_n - p \parallel] + \beta_n [f(p) - p, J_\varphi(x_{n+1} - p)] \\
&\leqslant [1 - (1 - \alpha) \beta_n] \varphi(\parallel x_n - p \parallel) + \beta_n [f(p) - p, J_\varphi(x_{n+1} - p)]
\end{aligned}
$$

我们得 $\varphi(\parallel x_{n+1} - p \parallel) \rightarrow 0$，即 $\parallel x_{n+1} - p \parallel \rightarrow 0$。

2.4　非扩张自映象的黏性迭代逼近

2.4.1　预备知识

2000 年，A. Moudafi 首先在 Hilbert 空间对固定的非扩张映象定义了对不动点的黏性迭代逼近，并且证明了下面的定理。

定理 2.11　设 H 是 Hilbert 空间，$C \subset H$ 是一个非空间有界闭凸子集，$T: C \rightarrow C$ 是一个非扩张自映象，$f: C \rightarrow C$ 是一个固定的压缩，给定初值 $x_0 \in C$，且序列 $\{x_n\}$ 由下式定义

$$x_{n+1} = \frac{1}{1 + \varepsilon_n} T x_n + \frac{\varepsilon_n}{1 + \varepsilon_n} f(x_n)$$

如果 $\lim\limits_{n \to \infty} \varepsilon_n = 0$，$\sum\limits_{n=1}^{\infty} \varepsilon_n = +\infty$ 和 $\lim\limits_{n \to \infty} \left| \dfrac{1}{\varepsilon_{n+1}} - \dfrac{1}{\varepsilon_n} \right| = 0$，则序列 $\{x_n\}$ 强收敛到 T 的不动点 $q \in F(T)$，且 q 是下面变分不等式的唯一解

$$[(I - f)q, q - x] \leqslant 0, \forall x \in F(T)$$

2004 年，Hong-kun Xu 将上述定理推广到了更一般的一直光滑的 Banach 空间，如果 Π_c 表示定义在集合 C 上的所有压缩构成的集合，可证明下面的定理。

定理 2.12　设 X 是一致光滑的 Banach 空间，C 是 X 的一个闭凸子集，$T: C \rightarrow C$ 是一个非扩张映象，且不动点集 $F(T) \neq \varnothing$，$f \in \Pi$，则由下式定义的序列 $\{x_t\}$

$$x_t = t f(x_t) + (1 - t) T x_t, x \in C$$

强收敛到 $F(T)$ 中的一点。如果我们定义 $Q: \Pi_c \rightarrow F(T)$ 为

$$Q(f) := \lim_{t \to 0} x_t, f \in \Pi_c$$

则 $Q(f)$ 是下面变分不等式的解

$$[(I - f)Q(f), J(Q(f) - p)] \leqslant 0, f \in \Pi_c, p \in F(T)$$

定理 2. 13 设 X 是一致光滑的 Banach 空间，C 是 X 的一个闭凸子集，T：$C \to C$是一个非扩张映象，且不动点集 $F(T) \neq \varnothing$，$f \in \Pi_C$，如果 $\{\alpha_n\} \subset (0,1)$ 且满足下面的条件

（I）$\lim\limits_{n \to \infty} \alpha_n = 0$

（II）$\sum_{n=0}^{\infty} \alpha_n = \infty$

（III）$\lim\limits_{n \to \infty} \dfrac{\alpha_{n+1}}{\alpha_n} = 1$，或者 $\sum_{n=0}^{\infty} |\alpha_{n+1} - \alpha_n| < \infty$

则初值 $x_0 \in C$，由下式定义的序列 $\{x_n\}$

$$x_{n+1} = \alpha_n f(x_n) + (1 - \alpha_n) T x_n$$

强收敛到 $Q(f)$

$$x_{n+1} = \alpha_n f(x_n) + (1 - \alpha_n) T x_n \tag{2.096}$$

本节在具一致 Gâteaux 可微的一致凸 Banach 空间构造了新的黏性迭代格式如下

$$\begin{cases} x_0 \in C \\ x_{n+1} = \alpha_n f(x_n) + (1 - \alpha_n) \dfrac{1}{n+1} \sum\limits_{i=0}^{n} T^i(x_n), (n \geqslant 0) \end{cases} \tag{2.097}$$

其中，$\{\alpha_n\} \subset (0,1)$ 并满足

$$\text{(H1)} \ \alpha_n \to 0$$

$$\text{(H2)} \sum_{n=0}^{\infty} \alpha_n = \infty$$

为了证明下列迭代程序对不动点的迭代逼近，我们需要用到下面的引理：1979 年和 1981 年，R. E. Bruck 证明了下面的结论。

引理 2. 8 设 C 是一致 Banach 空间 X 的一个非空有界闭凸子集，T：$C \to C$ 是非扩张映象，对于任意一个固定的压缩映射 f：$C \to C$，方程

$$x_t = t f(x_t) + (1 - t) T x_t, \forall t \in (0,1)$$

有唯一不动点 x_t。如果 $\forall u \in C$ 是 T 的一个不动点，则

（I）$[x_t - f(x_t), j(x_t - u)] \leqslant 0$

（II）$\{x_t\}$ 有界

证明 （I）由于 u 是 T 的一个不动点，则

$$(1-t)Tu + t f(x_t) = (1-t)u + t f(x_t)$$

$$\| x_t - [(1-t)u + t f(x_t)] \| = \| (1-t)Tx_t + t f(x_t) - (1-t)u - t f(x_t) \|$$

$$= (1-t) \| Tx_t - u \|$$

$$\leqslant (1-t) \| x_t - u \|$$

由次微分不等式得

$$\| x_t - [(1-t)u + t f(x_t)] \|^2 = \| (1-t)(x_t - u) + t(x_t - f(x_t)) \|^2$$

$$\geqslant (1-t)^2 \parallel x_t - u \parallel^2 + 2t[x_t - f(x_t), j(x_t - u)]$$

即

$$[x_t - f(x_t), j(x_t - u)] \leqslant 0$$

（Ⅱ） 由于对 $\beta \in (0,1)$

$$[x_t - f(x_t), j(x_t - u)] = \parallel x_t - u \parallel^2 + [u - f(u), j(x_t - u)]$$
$$+ [f(u) - f(x_t), j(x_t - u)]$$
$$\geqslant (1-\beta) \parallel x_t - u \parallel^2 + [u - f(u), j(x_t - u)]$$

由（Ⅰ）得

$$(1-\beta) \parallel x_t - u \parallel^2 + [u - f(u), j(x_t - u)] \leqslant 0$$

因此

$$\parallel x_t - u \parallel^2 \leqslant \frac{1}{1-\beta}[f(u) - u, j(x_t - u)] \leqslant \parallel f(u) - u \parallel \cdot \parallel x_t - u \parallel$$

$$(2.098)$$

则

$$\parallel x_t - u \parallel^2 \leqslant \frac{1}{1-\beta} \parallel f(u) - u \parallel$$

所以，序列 $\{x_t\}$ 有界。

2.4.2 主要结果

定理 2.14 设 X 是具一致 Gâteaux 可微范数的一致凸 Banach 空间，如果 $C \subset X$ 非空闭凸且 $T: C \rightarrow C$ 是一个非扩张映射，$f: C \rightarrow C$ 是一个固定的压缩映射，序列 $\{x_t\}$，$\forall t \in (0, 1)$ 由下列定义

$$x_t = tf(x_t) + (1-t)Tx_t$$

则当 $t \rightarrow 0$，$\{x_t\}$ 强收敛到 T 的不动点 p，且 p 是满足下面变分式

$$[(I-f)p, j(p-u)] \leqslant 0, \forall u \in F(T)$$

的唯一解。

证明 由 $\{x_t: 0 < t < 1\}$ 有界，T 是非扩张的和 f 是固定压缩的，则合集 $\{Tx_t: t \in (0,1)\}$ 和 $\{f(x_t): t \in (0,1)\}$ 都有界。所以得

$$\lim_{t \rightarrow 0} \parallel x_t - Tx_t \parallel = \lim_{t \rightarrow 0} t \parallel Tx_t - f(x_t) \parallel = 0$$

令 $\{t_n\} \in (0,1)$ 且 $t_n \rightarrow 0(n \rightarrow \infty)$，记 $x_n : x_{t_n}$

$$g(x) = \mu_n \parallel x_n - x \parallel^2, (\forall x \in C)$$

其中，μ_n 是一个 Banach 极限。定义集合

$$K = \{x \in C: g(x) = \inf_{y \in C} g(y)\}$$

由于 X 是一致凸 Banach 空间，所以 K 是 X 的一个非空有界闭凸子集。因为 $\lim_{n \rightarrow \infty}$

$\parallel x_n - Tx_n \parallel = 0$，则对 $\forall x \in K$，可得

$$g(Tx) = \mu_n \parallel x_n - Tx \parallel^2 = \mu_n \parallel Tx_n - Tx \parallel^2 \leqslant \mu_n \parallel x_n - x \parallel = g(x)$$

因此，$Tx \in K$ 即 K 在 T 作用下不变。因为非扩张映象在一致凸 Banach 空间的每一个非空间有界闭凸子集上都有不动点，设 p 是 T 的一个不动点，可得

$$\mu_n [x - p, j(x_n - p)] \leqslant 0, (\forall x \in K)$$

在上式中令 $x = f(p)$ 且由式 (2.098)，则

$$\mu_n \parallel x_n - p \parallel^2 \leqslant \frac{1}{1-\beta} \mu_n [f(p) - p, j(x_n - p)] \leqslant 0$$

即

$$\mu_n \parallel x_n - p \parallel^2 = 0$$

我们已经证明了对任意一个子列 $\{x_{t_n}\} \subset \{x_t : t \in (0,1)\}$，都存在一个子列仍然记为 $\{x_{t_n}\}$ 收敛到 T 的某个不动点 p。为了证明整个网 $\{x_t\}$ 收敛到 p，假定存在另外一个子列 $\{x_{s_k}\} \subset \{x_t : t \in (0,1)\}$，使得当 $s_k \to 0$ 时，有 $x_{s_k} \to q$，则同样可得 $q \in F(T)$。下面我们证明 $p = q$ 且 $p \in F(T)$ 是下面变分不等式的唯一解

$$[(I - f)p, j(p - u)] \leqslant 0, \forall u \in F(T)$$

因为集合 $\{x_t - u\}$ 和 $\{x_t - f(x_t)\}$ 有界且对偶映射 J 在具一致 Gâteaux 可微范数的 Banach 空间的有界子集上是单值的和范-弱* 一致连续的，对任意一个 $u \in F(T)$，由 $s_k \to 0$ 时，$x_{s_k} \to q$ 可得

$$\parallel (I - f)x_{s_k} - (I - f)q \parallel \to 0, (s_k \to 0)$$

$$\left| [x_{s_k} - f(x_{s_k}), j(x_{s_k} - u)] - (I - f)q, j(q - u)] \right|$$

$$= \left| [(I - f)x_{s_k} - (I - f)q, j(x_{s_k} - u)] + [(I - f)q, j(x_{s_k} - u) - j(q - u)] \right|$$

$$\leqslant \parallel (I - f)x_{s_k} - (i - f)q \parallel \parallel x_{s_k} - u \parallel + \left| [(I - f)q, j(x_{s_k} - u) - j(q - u)] \right|$$

$$\to 0, (s_k \to 0)$$

因此，对任意一个 $u \in F(T)$，有

$$[(I - f)q, j(q - u)] = \lim_{x_{s_k} \to \infty} [x_{s_k} - f(x_{s_k}), j(x_{s_k} - u)] \leqslant 0$$

同理可得

$$[(I - f)q, j(q - u)] = \lim_{n \to \infty} [x_{t_n} - f(x_{t_n}), j(x_{t_n} - u)] \leqslant 0$$

交换 p 和 u 得到

$$[(I - f)q, j(q - p)] \leqslant 0$$

交换 q 和 u 得到

$$[(I - f)p, j(p - q)] \leqslant 0$$

由上面两式可得

$$\{(q - p) - [f(q) - f(p), j(q - p)]\} \leqslant 0$$

即

$$\| q-p \|^{2} \leqslant \beta \| q-p \|^{2}$$

由于 $\beta \in (0,1)$，则上式矛盾。

所以有 $p=q$。

定理 2.15 设 X 是具一致 Gâteaux 可微范数的一致凸 Banach 空间，如果 $C \subset X$ 非空闭凸且 $T: C \rightarrow C$ 是一个使得 $F(T) \neq \varphi$ 的非扩张映象，$f: C \rightarrow C$ 是一个固定的压缩映象，有式（2.097）定义的序列 $\{x_n\}$ 强收敛到 T 的一个不动点 p。

证明 首先我们证明 $\{x_t\}$ 有界，由

$$x_{n+1}-p = \alpha_n(f(x_n)-p)+(1-\alpha_n)\frac{1}{n+1}\sum_{i=0}^{n}(T^i x_n - T^i p) \quad (2.099)$$

则

$$\| x_{n+1}-p \| \leqslant \alpha_n \| f(x_n)-p \| +(1-\alpha_n)\frac{1}{n+1}\sum_{i=0}^{n}\| T^i x_n - T^i p \|$$

$$\leqslant \alpha_n[\| f(x_n)-f(p) \| + \| f(p)-p \|]+(1-\alpha_n)\| x_n-p \|$$

$$\leqslant \alpha_n[\beta\| x_n-p \| + \| f(p)-p \|]+(1-\alpha_n)\| x_n-p \|$$

$$= [1-(1-\beta)\alpha_n]\| x_n-p \| +\alpha_n\| f(p)-p \|$$

$$\leqslant \max\left\{ \| x_n-p \|,\frac{1}{1-\beta}\| f(p)-p \| \right\}$$

由数学归纳法可得

$$\| x_n-p \| \leqslant \max\left\{ \| x_0-p \|,\frac{1}{1-\beta}\| f(p)-p \| \right\}, (n\geqslant0)$$

所以，$\{x_n\}$ 有界，则 $\{Tx_n\}$ 和 $\{f(x_n)\}$ 也有界。

现在取 $p \in F(T)$ 且定义一个集合 $K \in C$ 如下

$$K=\{x \in C: \| x-p \| \leqslant r\}$$

其中，$r=\max\left\{ \| x_0-p \|,\frac{1}{1-\beta}\| f(p)-p \| \right\}$，则 K 是非空、有界和闭凸的。明显 K 在 T 作用下不变，即 $T(K) \subset K$。令 $T_n x = \frac{1}{n+1}\sum_{i=0}^{n}T^i x$，则 $\forall y_1,y_2 \in K$ 使得

$$\| T_n y_1 - T_n y_2 \| = \left\| \frac{1}{n+1}\sum_{i=0}^{n}(T^i y_1 - T^i y_2) \right\|$$

$$\leqslant \frac{1}{n+1}\sum_{i=0}^{n}\| T^i y_1 - T^i y_2 \| \leqslant \| y_1-y_2 \|$$

因此 T_n 是非扩张的。因为 $\{x_n\}$ 有界，所以 $\{f(x_n)\}$ 和 $\{T_n x_n\}$ 也有界，则

$$\| x_n - T_n x_n \| = \| \alpha_n f(x_n)+(1-\alpha_n)T_n x_n - T_n x_n \|$$

$$= \alpha_n\| f(x_n)-T_n x_n \| \rightarrow 0, (n\rightarrow\infty)$$

得

$$\limsup_{n \to \infty} | T_n x_n - T(T_n x_n) | \leqslant \limsup_{x \in K} | T_n x - T(T_n x_n) | = 0$$

即

$$\limsup_{n \to \infty} \| T_n x_n - T(T_n x_n) \| = 0$$

则

$$\begin{aligned}
\lim_{n \to \infty} \| x_{n+1} - T_{x_{x+1}} \| &\leqslant \lim_{n \to \infty} [\| x_{n+1} - T_n x_n \| + \| T_n x_n - T(T_n x_n) \| \\
&\quad + \| T(T_n x_n) - T_{x_{n+1}} \|] \\
&\leqslant 2 \lim_{n \to \infty} \| x_{n+1} - T_n x_n \| + \lim_{n \to \infty} \| T_n x_n - T(T_n x_n) \| \\
&= 0
\end{aligned}$$

所以得到

$$\lim_{n \to \infty} \| x_n - T x_n \| = 0$$

下面证明

$$\limsup_{n \to \infty} [f(p) - p, j(x_n - p)] \leqslant 0 \tag{2.100}$$

令 $x_t = t f(x_t) + (1-t) T x_t, \forall t \in (0,1)$，则

$$x_t - x_n = t(f(x_t) - x_n) + (1-t)(T x_t - x_n)$$

所以 $\{ x_t - x_n \}$ 也有界，则

$$a_n(t) = \| T x_n - x_n \| (2 \| x_t - x_n \| + \| T x_n - x_n \|) \to 0, (n \to \infty)$$

由次微分不等式引理，得

$$\begin{aligned}
\| x_t - x_n \|^2 &\leqslant (1-t)^2 \| T x_t - x_n \|^2 + 2t[f(x_t) - x_n, j(x_t - x_n)] \\
&\leqslant (1-t)^2 (\| T x_t - T x_n \| + \| T x_n - x_n \|)^2 \\
&\quad + 2t[f(x_t) - x_t, j(x_t - x_n)] + 2t \| x_t - x_n \|^2 \\
&\leqslant (1-t)^2 \| x_t - x_n \|^2 + a_n(t) + 2t[f(x_t) - x_t, j(x_t - x_n)] \\
&\quad + 2t \| x_t - x_n \|^2
\end{aligned}$$

即

$$[f(x_t) - x_t, j(x_n - x_t)] \leqslant \frac{t}{2} \| x_t - x_n \|^2 + \frac{1}{2t} a_n(t)$$

由 $n \to \infty$ 有 $a_n(t) \to 0$，并可得

$$\limsup_{n \to \infty} [f(x_t) - x_t, j(x_n - x_t)] \leqslant M \frac{t}{2} \tag{2.101}$$

其中，$M > 0$ 是一个常数，且对 $\forall n \geqslant 0$ 和 $t \in (0, 1)$ 都使得 $M \geqslant \| x_t - x_n \|^2$。

令式 (2.101) 中 $t \to 0$，可得

$$\lim_{t \to 0} \limsup_{n \to \infty} [f(x_t) - x_t, j(x_n - x_t)] \leqslant 0$$

则一方面，$\forall \varepsilon > 0, \exists \delta_1 > 0$ 使得 $t \in (0, \delta_1)$ 有

$$\limsup_{n \to \infty} [f(x_t) - x_t, j(x_n - x_t)] \leqslant \frac{\varepsilon}{2} \tag{2.102}$$

另一方面，当 $t \to 0$ 时，$x_t \to 0$，集合 $\{x_t - x_n\}$ 有界，且对偶映射 J 在具一致 Gâteaux 可微范数的一致 Banach 空间有界子集上是单值的和范-弱* 一致连续的，所以对上述的 $\varepsilon > 0$，$\exists \delta_2 > 0$ 使得 $\forall t \in (0, \delta_2)$，$\forall n \geqslant 0$ 有

$$\left| [f(p) - p, j(x_n - p)] - [f(x_t) - x_t, j(x_n - x_t)] \right| \leqslant \frac{\varepsilon}{2}$$

由式（2.102）可得

$$[f(p) - p, j(x_n - p)] \leqslant [f(x_t) - x_t, j(x_n - x_t)] + \frac{\varepsilon}{2}$$

令 $\delta = \min\{\delta_1, \delta_2\}$，$\forall t \in (0, \delta)$，可得

$$\limsup_{n \to \infty} [f(p) - p, j(x_n - p)] \leqslant \limsup_{n \to \infty} \left\{ [f(x_t) - x_t, j(x_n - x_t)] + \frac{\varepsilon}{2} \right\}$$

$$\leqslant \frac{\varepsilon}{2} + \frac{\varepsilon}{2} = \varepsilon$$

由于 ε 是任意的，所以得

$$\limsup_{n \to \infty} [f(p) - p, j(x_n - p)] \leqslant 0$$

最后我们证明 $x_n \to p$。

由式（2.099），得

$$\|x_{n+1} - p\|^2 \leqslant (1 - \alpha_n)^2 \left\| \frac{1}{n+1} \sum_{i=0}^{n} (T^i x_n - T^i p) \right\|^2$$

$$+ 2\alpha_n [f(x_n) - p, j(x_{n+1} - p)]$$

$$\leqslant (1 - \alpha_n)^2 \|x_n - p\|^2 + 2\alpha_n [f(x_n) - f(p), j(x_{n+1} - p)]$$

$$+ 2\alpha_n [f(p) - p, j(x_{n+1} - p)]$$

$$\leqslant (1 - \alpha_n)^2 \|x_n - p\|^2 + \beta\alpha_n (\|x_n - p\|^2 + \|x_{n+1} - p\|^2)$$

$$+ 2\alpha_n [f(p) - p, j(x_{n+1} - p)]$$

所以得

$$\|x_{n+1} - p^2\| \leqslant \frac{1 - (2 - \beta)\alpha_n + \alpha_n^2}{1 - \beta\alpha_n} \|x_n - p\|^2$$

$$+ \frac{2\alpha_n}{1 - \beta\alpha_n} [f(p) - p, j(x_{n+1} - p)]$$

$$\leqslant \frac{1 - (2 - \beta)\alpha_n}{1 - \beta\alpha_n} \|x_n - p\|^2 + \frac{2\alpha_n}{1 - \beta\alpha_n} [f(p) - p, j(x_{n+1} - p)]$$

$$+ \frac{1}{1 - \beta} M\alpha_n^2$$

即

$$\|x_{n+1} - p\|^2 \leqslant (1 - \tilde{\alpha}_n) \|x_n - p\|^2 + \tilde{\alpha}_n \tilde{\beta}_n \qquad (2.103)$$

其中

$$\widetilde{\alpha}_n = \frac{2(1-\beta)\alpha_n}{1-\beta\alpha_n}$$

$$\widetilde{\beta}_n = \frac{M(1-\beta\alpha_n)\alpha_n}{2(1-\beta)} + \frac{1}{1-\beta}[f(p)-p, j(x_{n+1}-p)]$$

由式（2.097）中的条件式（H1）、式（H2）和式（2.100）可得

$$\widetilde{\alpha}_n \to 0, \sum_{n=0}^{\infty}\widetilde{\alpha}_n = \infty, \limsup_{n\to\infty}\widetilde{\beta}_n \leqslant 0$$

可得

$$x_n \to p$$

2.4.3　在自反的 Banach 空间的推广

1967 年，Browder 在 Hilbert 空间考虑了下列的迭代：给定一点 $u\in C$，有
$$T_t x = tu + (1-t)T_t x, (x\in C) \tag{2.104}$$
其中，$t\in(0, 1)$，$T_t: C\to C$ 是压缩映射，则由 Banach 压缩原理可得 T_t 在 C 中有唯一的不动点 x_t。

2006 年，Hong-kun Xu 在具度规函数 φ 的弱连续对偶映射 J_φ 的自反 Banach 空间中证明了由式（2.104）定义的迭代序列 $\{x_t\}$ 的强收敛性。

算子 A 被称为是增生的，设其定义域和值域分别为 $D(A)$ 和 $R(A)$，如果 $\forall x_i\in D(A)$，$y_i\in R(A)$，$(i=1, 2)$ 都有
$$[y_2-y_1, J(x_2-x_1)]\geqslant 0$$
成立，其中 J 是从 X 到 X^* 的对偶映射。

一个连续严格增函数 $\varphi:[0,+\infty)\to[0,+\infty)$ 称为度规函数，如果 $\varphi(0)=0$ 且 $\varphi(t)\to\infty$，与度规函数相关的对偶映射 $J_\varphi: X\to X^*$ 定义为
$$J_\varphi(x) = \{f\in X^*: [x,f] = \|x\|\varphi(\|x\|), \|f\| = \varphi(\|x\|)\}, x\in X$$

1967 年，Browde 指出：如果存在一个度规函数 φ 使得其对偶映射 J_φ 是单值的和弱-弱*序列连续的，则 Banach 空间 X 有弱连续对偶映射。

一个算子 A 成为 m-增生的，如果对任意的 $\lambda>0$ 都有 $R(I+\lambda A)=X$，用 J_r 表示算子 A 的预解式：$J_r = (I+rA)^{-1}, \forall r>0$，则当 $C:=D\overline{(A)}$ 是凸集时，$J_r: X\to C$ 是非扩张映射。

在文献中，Hong-kun Xu 同样考虑了显格式迭代
$$x_{n+1} = \alpha_n u + (1-\alpha_n)J_{r_n}x_n, (r>0) \tag{2.105}$$

受到上面迭代方法的启示，我们将增生算子引入到了黏性迭代，并构造了如下的隐格式迭代和 m-增生算子的黏性迭代
$$T_t x = tf(x) + (1-t)T_t x, (x\in C) \tag{2.106}$$
$$x_{n+1} = \alpha_n f(x_n) + (1-\alpha_n)J_{r_n}x_n, (n\geqslant 0) \tag{2.107}$$

利用增生算子的非扩张性可得下面的主要结果。

定理 2.16 设 X 是具度规函数 φ 的弱连续对偶映射 J_r 的自反 Banach 空间，C 是 X 的一个闭凸子集，$T: C \to C$ 是非扩张映象，$f: C \to C$ 是一个固定的压缩映射，则映象 T 有不动点等价于当 $t \to 0^+$ 时由式（2.106）定义的迭代 $\{x_t\}$ 有界，此时 $\{x_t\}$ 强收敛到 T 的一个不动点。

定理 2.17 设 X 是具度规函数 φ 的弱连续对偶映射 J_r 的自反 Banach 空间，A 是定义在 X 中的一个 m -增生算子，使得 $C := D\overline{(A)}$ 是凸集且

$$F(A) := \{x \in D(A); 0 \in Ax\} = A^{-1}(0) \neq \varnothing$$

$f: C \to C$ 是一个固定的压缩映射，设

（Ⅰ）$\alpha_n \to 0$ 且 $\sum_{n=0}^{\infty} \alpha_n = \infty$

（Ⅱ）$r_n \to \infty$

则由式（2.107）定义的序列 $\{x_n\}$ 强收敛到 $F(A)$ 中的一个点。

定理 2.18 设 X 是具度规函数 φ 的弱连续对偶映射 J_r 的自反 Banach 空间，A 是定义在 X 中的一个 m -增生算子使得 $C := D\overline{(A)}$ 是凸集且 $F(A) := \{x \in D(A); 0 \in Ax\} = A^{-1}(0) \neq \varnothing$，$f: C \to C$ 是一个固定的压缩映射，设

（Ⅰ）$\alpha_n \to 0$ 且 $\displaystyle\sum_{n=0}^{\infty} \alpha_n = \infty, \sum_{n=1}^{\infty} |\alpha_{n+1} - \alpha_n| < \infty$

（Ⅱ）$\gamma_n \geqslant \varepsilon \, \forall \, n \geqslant 0$ 和 $\displaystyle\sum_{n=1}^{\infty} |\gamma_{n+1} - \gamma_n| < \infty$

则由式（2.75）定义的序列 $\{x_n\}$ 强收敛到 $F(A)$ 中的一个点。

2.5 非扩张自映象不动点的迭代逼近

2.5.1 预备知识

2004 年，Hong-kun Xu 对非扩张映象定义了下面两个黏性迭代格式

$$x_t = t f(x_t) + (1-t) T x_t, x \in C \tag{2.108}$$

和

$$x_{n+1} = \alpha_n f(x_n) + (1-\alpha_n) T x_n, x \in C \tag{2.109}$$

其中，$\alpha_n \in (0, 1)$。Xu 证明了在 Hilbert 空间和 Banach 空间迭代格式，式（2.076）和式（2.077）的强收敛性。

2006 年，Yi-sheng Song 和 Ru-dong Chen 证明了在具弱序列连续对偶映射的自反的 Banach 空间 X 中，C 是 X 的一个非空闭子集，$T: C \to X$ 是满足弱内向条件的非扩张自映象，不动点集 $F(A)$ 非空，$f: C \to C$ 是一个固定的压缩且 $P: X \to C$ 是一个向阳的非扩张收缩，则由

$$x_t = P[tf(x_t)+(1-t)Tx_t] \qquad (2.110)$$

和

$$x_{n+1} = P[\alpha_n f(x_n)+(1-\alpha_n)Tx_n] \qquad (2.111)$$

分别定义的序列 $\{x_t\}$ 和 $\{x_n\}$ 均强收敛到 T 的一个不动点。

在本节中，我们在一致光滑的 Banach 空间中对非扩张自映象 T 分别证明由式（2.110）定义的序列 $\{x_t\}$ 和式（2.111）定义的序列 $\{x_n\}$ 的强收敛性。我们的结果推广和改进了相应结果。

如果 C、D 都是 Banach 空间 X 的非空闭凸子集且 $D \subset C$，则映射 $P:C \rightarrow D$ 被称为从 C 到 D 的一个压缩，并且如果 $P^2=P$ 成立，从而容易得到这样一个结果，即如果 $P:C \rightarrow D$ 是一个压缩，则对任意的 $x \in D$ 都有 $Px=x$ 成立。一个映射 $P:C \rightarrow D$ 被称为向阳的，如果对任意的 $x \in C$ 都有

$$P[Px+t(x-Px)]=Px$$

成立，其中 $Px+t(x-Px) \in C$ 且 $t>0$。C 的子集 D 被称为 C 的一个向阳的非扩张收缩，如果存在一个从集合 C 到 D 的一个向阳的非扩张收缩。

引理 2.09 设 C 是光滑 Banach 空间 X 的一个非空闭子集，$T:C \rightarrow X$ 是满足弱内向条件的非扩张自映象，$P:X \rightarrow C$ 是一个向阳的非扩张收缩，则 $F(T)=F(PT)$。

引理 2.10 设 X 是一实 Banach 空间，$C \subset X$ 是非空闭凸子集，$T:C \rightarrow X$ 是非扩张映象且 $f:C \rightarrow C$ 是一个固定的收缩，$P:X \rightarrow C$ 是一个向阳的非扩张收缩，对任意的 $t \in (0,1)$ 迭代序列 $\{x_t\}$ 由式（2.110）定义。如果对 $\forall u \in C$ 是 T 的一个不动点，则

（Ⅰ）$\{x_t\}$ 有界

（Ⅱ）$[x_t-f(x_t),j(x_t-u)] \leqslant 0$

2.5.2 Banach 空间不动点的迭代逼近

定理 2.19 设 X 是一致光滑 Banach 空间，$C \subset X$ 是非空闭凸子集，且 $T:C \rightarrow E$ 是一个满足弱内向条件的非扩张非自映象，$F(T) \neq \varnothing$ 且 $f:C \rightarrow C$ 是一个固定的压缩映射，序列 $\{x_t\}$ 由式（2.110）定义，其中 $P:X \rightarrow C$ 是一个向阳的非扩张收缩。则当 $t \rightarrow 0$ 时，序列 $\{x_t\}$ 强收敛到 T 的某个不动点 q，且 q 是满足下面变分不等式的唯一解

$$[(I-f)q,j(q-u)] \leqslant 0, \forall u \in F(T)$$

证明 对任意的 $u \in F(T)$，则由引理 2.11 中式（Ⅰ）得序列 $\{x_t\}$ 有界，从而集合 $\{Tx_t:t \in (0,1)\}$ 和 $\{f(x_t):t \in (0.1)\}$ 也有界。由 $x_t=P[tf(x_t)+(1-t)Tx_t]$ 得

$$\| x_t - PTx_t \| = \| P(tf(x_t) + (1-t)Tx_t) - PTx_t \|$$
$$\leqslant \| tf(x_t) + (1-t)Tx_t - Tx_t \|$$
$$= t \| Tx_t - f(x_t) \| \to 0, (t \to 0)$$

即

$$\lim_{t \to 0} | x_t - P \| Tx_t \| | = 0$$

假设 $t_n \to 0$，令 $x_n =: x_t$ 且定义函数 $\mu \in R$ 如下

$$\mu(x) = \mu_n \| x_n - x \|^2, x \in C$$

其中，μ_n 是一个定义的在 l^∞ 上的 Banach 极限，令

$$K = \{x \in C: g(x) = \min_{y \in C} \mu_n \| x_n - y \|^2\}$$

容易看到集合是一个非空有界闭凸子集，事实上注意到 $\| x_n - Tx_n \| \to 0$ 且

$$g(Tx) = \mu_n \| x_n - Tx \|^2 = \mu_n \| Tx_n - Tx \|^2 \leqslant \mu_n \| x_n - x \|^2 = g(x)$$

所以 $T(K) \subset K$，即集合 K 在 T 的作用下不变。因为一致光滑 Banach 空间对非扩张映象有不动点的性质，则 T 有一个不动点 $q \in K$，可得

$$\mu_n [x - q, j(x_n - q)] \leqslant 0, x \in C \tag{2.112}$$

由对任意的 $q \in F(T)$，得 $tf(x_t) + (1-t)q = P[tf(x_t) + (1-t)q]$，则

$$\| x_t - [tf(x_t) + (1-tq)] \| = \| P[tf(x_t) + (1-t)Tx_t] - P[tf(x_t) + (1-t)q] \|$$
$$\leqslant \| (1-t)(Tx_t - q) \|$$
$$\leqslant (1-t) \| x_t - q \|$$

因此由引理 2.10 和上面的不等式可得

$$\| x_t - [tf(x_t) + (1-t)q] \|^2$$
$$= \| (1-t)(x_t - q) + t(x_t - f(x_t)) \|^2$$
$$\geqslant (1-t)^2 \| x_t - q \|^2 + 2t(1-t)[x_t - f(x_t), j(x_t - q)]$$

从而可得

$$[x_t - f(x_t), j(x_t - q)] \leqslant 0$$

则由

$$0 \geqslant [x_t - f(x_t), j(x_t - q)]$$
$$= \| x_t - q \|^2 + [q - f(q), j(x_t - q)] + [f(q) - f(x_t), j(x_t - q)]$$
$$\geqslant (1-\beta) \| x_t - q \|^2 + [q - f(q), j(x_t - q)]$$

可得

$$\| x_t - q \|^2 \leqslant \frac{1}{1-\beta}[f(q) - q, j(x_t - q)]$$

现在对上面的不等式应用 Banach 极限可得

$$\mu_n \| x_t - q \| \leqslant \mu_n \left\{ \frac{1}{1-\beta}[f(q) - q, j(x_t - q)] \right\} \tag{2.113}$$

则在式（2.112）中令 $x=f(q)$ 且由式（2.81）可得

$$\mu_n\|x_t-q\|^2\leqslant 0$$

即

$$\mu_n\|x_n-q\|^2=0$$

我们已经证明了对任意一个子列 $\{x_{t_n}\}\in\{x_t:t\in(0,1)\}$，都存在一个子列仍然记为 $\{x_{t_n}\}$ 收敛到 T 的某个不动点 p。为了证明整个序列 $\{x_t\}$ 收敛到 q，假定存在另一个子列 $\{x_{s_k}\}\in\{x_t:t\in(0,1)\}$ 使得当 $s_k\to 0$ 时，有 $x_{s_k}\to p$，则同样可得 $p\in F(T)$。以下我们证明 $p=q$ 且 $q\in F(T)$ 是下面变分不等式的唯一解

$$[(I-f)p,j(q-u)]\leqslant 0,\forall u\in F(T)$$

因为集合 $\{x_t-u\}$ 和 $\{x_t-f(x_t)\}$ 有界且对偶映射 J 在具一致光滑的 Banach 空间的有界子集上是单值的和范-范一致连续的，对任意一个 $u\in F(T)$，由 $x_{s_k}\to p(s_k\to 0)$ 可得

$$\|(I-f)x_{s_k}-(I-f)p\|\to 0,(s_k\to 0)$$

$$\left|[x_{s_k}-f(x_{s_k}),j(x_{s_k}-u)]-[(I-f)p,j(p-u)]\right|$$

$$=\left|[(I-f)x_{s_k}-(I-f)p,j(x_{s_k}-u)]+[(I-f)p,j(x_{s_k}-u)-j(p-u)]\right|$$

$$\leqslant\|(I-f)x_{s_k}-(I-f)p\|\;\|x_{s_k}-u\|+\left|[(I-f)p,j(x_{s_k}-u)-j(p-u)]\right|\to 0$$

因此，由引理 2.11 中式（Ⅰ）得，对任意一个 $u\in F(T)$，有

$$[(I-f)p,j(p-u)]=\lim_{x_{s_k}\to\infty}[x_{s_k}-f(x_{s_k}),j(x_{s_k}-p)]\leqslant 0$$

同理可得

$$[(I-f)q,j(q-u)]=\lim_{n\to\infty}[x_{t_n}-f(x_{t_n}),j(x_{t_n}-u)]\leqslant 0$$

交换 q 和 u 得到

$$[(I-f)p,j(p-q)]\leqslant 0$$

交换 p 和 u 得到

$$[(I-f)q,j(q-p)]\leqslant 0$$

由上面两式可得

$$\{(p-q)-[f(p)-f(q)],j(p-q)\}\leqslant 0$$

即

$$\|p-q\|^2\leqslant\beta\|p-q\|^2$$

由于 $\beta\in(0,1)$，则上式矛盾。

所以有 $q=p$。

从定理 2.20 我们可以直接得到下面的推论。

推论 2.3　设 X 是一直光滑的 Banach 空间，C 是 X 的一个非空闭凸子集，$T:C\to X$ 是一个满足弱内向条件的非扩张自映象且不动点集 $F(T)\neq\varnothing$。令 $f:C\to C$ 是一个固定的压缩映射，序列 $\{x_t\}$ 由下式定义

$$x_t = tf(x_t) + (1-t)PTx_t$$

其中，$P:X \rightarrow C$ 是一个向阳的非扩张收缩，则当 $t \rightarrow 0$ 时，序列 $\{x_t\}$ 强收敛到 T 的某个不动点 q 且 $q \in F(T)$ 是满足下面变分不等式的唯一解

$$[(I-f)q, j(q-u)] \leqslant 0, \forall u \in F(T)$$

定理 2.20 设 X 是一致光滑 Banach 空间，$C \subset X$ 是非空闭凸子集，且 $T:C \rightarrow E$ 是一个满足内向条件的非扩张非自映象，$F(T) \neq \varnothing$ 且 $f:C \rightarrow C$ 是一个固定的压缩映射，序列 $\{x_n\}$ 由式（2.079）定义，其中 $P:X \rightarrow C$ 是一个向阳的非扩张收缩且 $\alpha_n \in (0,1)$ 满足下列条件

（Ⅰ） $\alpha_n \rightarrow 0, (n \rightarrow \infty)$

（Ⅱ） $\sum_{n=0}^{\infty} \alpha_n = \infty$

（Ⅲ） $\sum_{n=0}^{\infty} |\alpha_{n+1} - \alpha_n| < \infty$ 或者 $\lim_{n \rightarrow \infty} \frac{\alpha_{n+1}}{\alpha_n} = 1$

则序列强收敛到的某个不动点，且 $q \in F(T)$ 是满足下面变分不等式的唯一解

$$[(I-f)q, j(q-u)] \leqslant 0, \forall u \in F(T)$$

证明 我们首先证明序列 $\{x_n\}$ 有界。

对任意的 $u \in F(T)$，则

$$\begin{aligned}
\| x_{n+1} - u \| &= \| P[(1-\alpha_n)Tx_n + \alpha_n f(x_n)] - Pu \| \\
&\leqslant \| (1-\alpha_n)Tx_n + \alpha_n f(x_n) - u \| \\
&\leqslant (1-\alpha_n) \| Tx_n - u \| + \alpha_n (\| f(x_n) - f(u) \| + \| f(u) - u \|) \\
&\leqslant (1-\alpha_n) \| x_n - u \| + \alpha_n (\beta \| x_n - u \| + \| f(u) - u \|) \\
&= (1-(1-\beta)\alpha_n) \| x_n - u \| + \alpha_n \| f(u) - u \| \\
&\leqslant \max \left\{ \| x_n - u \|, \frac{1}{1-\beta} \| f(u) - u \| \right\}
\end{aligned}$$

由数学归纳法可得

$$\| x_n - u \| \leqslant \max \left\{ \| x_0 - u \|, \frac{1}{1-\beta} \| f(u) - u \| \right\}, (n \geqslant 0)$$

则序列 $\{x_n\}$ 有界，从而 $\{Tx_n\}$ 和 $\{f(x_n)\}$ 也有界，我们断言

$$x_{n+1} - x_n \rightarrow 0, (n \rightarrow \infty) \tag{2.114}$$

事实上对某个适当的常数 $M > 0$，有

$$\begin{aligned}
& \| x_{n+1} - x_n \| \\
&= \| P[\alpha_n f(x_n) + (1-\alpha_n)Tx_n] - P[\alpha_{n-1} f(x_{n-1}) + (1-\alpha_{n-1})Tx_{n-1}] \| \\
&\leqslant \| \alpha_n f(x_n) + (1-\alpha_n)Tx_n - \alpha_{n-1} f(x_{n-1}) - (1-\alpha_{n-1})Tx_{n-1} \| \\
&\leqslant \| (1-\alpha_n)(Tx_n - Tx_{n-1}) + (\alpha_n - \alpha_{n-1})(f(x_{n-1}) - Tx_{n-1}) \| \\
&\quad + \alpha_n \| f(x_n) - f(x_{n-1}) \| \\
&\leqslant (1-\alpha_n) \| x_n - x_{n-1} \| + M | \alpha_n - \alpha_{n-1} | + \beta \alpha_n \| x_n - x_{n-1} \|
\end{aligned}$$

$$= (1-(1-\beta)\alpha_n) \parallel x_n - x_{n-1} \parallel + M \mid \alpha_n - \alpha_{n-1} \mid$$

当 $n \to \infty$ 时，$\parallel x_{n+1} - x_n \parallel \to 0$。下面我们证明

$$\parallel x_n - PTx_n \parallel \to 0 \tag{2.115}$$

事实上

$$\parallel x_{n+1} - PTx_n \parallel = \parallel P(\alpha_n f(x_n) + (1-\alpha_n)Tx_n) - PTx_n \parallel$$
$$\leqslant \alpha_n \parallel f(x_n) - Tx_n \parallel$$

由式 (2.114) 可得

$$\parallel x_n - PTx_n \parallel \leqslant \parallel x_n - x_{n+1} \parallel + \parallel x_{n+1} - PTx_n \parallel$$
$$\leqslant \parallel x_n - x_{n+1} \parallel + \alpha_n \parallel f(x_n) - Tx_n \parallel \to 0, (n \to \infty)$$

令 $q = \lim_{t \to 0} x_t$，其中序列 $\{x_t\}$，我们可得 $q \in F(T)$ 是满足下面变分不等式的唯一解

$$[(I-f)q, j(q-u)] \leqslant 0, \forall u \in F(T)$$

下面我们要证明

$$\limsup_{n \to \infty} [f(q) - q, j(x_n - q)] \leqslant 0 \tag{2.116}$$

令 $x_t = tf(x_t) + (1-t)PTx_t$，则有

$$x_t - x_n = t[f(x_t) - x_n] + (1-t)(PTx_t - x_n)$$

注意到式 (2.115)，令

$$a_n(t) = \parallel x_n - PTx_n \parallel (\parallel x_n - PTx_n \parallel + 2 \parallel x_n - x_t \parallel) \to 0, (n \to \infty)$$

可得

$$\parallel x_t - x_n \parallel^2 \leqslant (1-t)^2 \parallel PTx_t - x_n \parallel^2 + 2t[f(x_t) - x_n, j(x_t - x_n)]$$
$$\leqslant (1-t)^2 \parallel PYx_t - PTx_n + PTx_n - x_n \parallel^2 + 2t[f(x_t) - x_t, j(x_t - x_n)]$$
$$+ 2t \parallel x_t - x_n \parallel^2$$
$$\leqslant (1-t)^2 \parallel x_t - x_n \parallel^2 + (1-t)^2 \parallel x_n - PTx_n \parallel^2 + 2t \parallel x_t - x_n \parallel^2$$
$$+ 2(1-t)^2 \parallel PTx_n - x_n \parallel \parallel x_t - x_n \parallel + 2t[f(x_t) - x_t, j(x_t - x_n)]$$
$$\leqslant (1+t^2) \parallel x_t - x_n \parallel^2 + a_n(t) + 2t[f(x_t) - x_t, j(x_t - x_n)]$$

由最后一个不等式可得

$$[f(x_t) - x_t, j(x_n - x_t)] \leqslant \frac{t}{2} \parallel x_t - x_n \parallel^2 + \frac{1}{2t} a_n(t)$$

由当 $n \to \infty$ 时，$a_n(t) \to 0$ 可得

$$\limsup_{n \to \infty} [f(x_t) - x_t, j(x_n - x_t)] \leqslant M \cdot \frac{t}{2} \tag{2.117}$$

其中，$M > 0$ 是一个常数且对任意的 $n \geqslant 0$ 和 $t \in (0, 1)$ 都有 $M \geqslant \parallel x_t - x_n \parallel^2$，在式 (2.117) 中令 $t \to 0$ 可得

$$\lim_{t \to 0} \limsup_{n \to \infty} [f(x_t) - x_t, j(x_n - x_t)] \leqslant 0 \tag{2.118}$$

一方面，对 $\forall \varepsilon > 0$，$\exists \delta_1 > 0$ 使得 $t \in (0, \delta_1)$，即

$$\limsup_{n \to \infty} [f(x_t) - x_t, j(x_n - x_t)] \leqslant \frac{\varepsilon}{2} \tag{2.119}$$

另一方面，当 $t \to 0$ 时，$\{x_t\}$ 强收敛到 q，且集合 $\{x_t - x_n\}$ 有界，对偶映射 J 在具一致光滑的 Banach 空间的有界子集上是单值的范-范一致连续的，由 $x_t \to q$，$(t \to 0)$ 我们可得

$\| [f(q) - q, j(x_n - q)] - [f(x_t) - x_t, j(x_n - x_t)] \|$

$= \| [f(q) - q, j(x_n - q) - j(x_n - x_t)] + [f(q) - q - (f(x_t) - x_t), j(x_n - x_t)] \|$

$\leqslant \| f(q) - q \| \, \| j(x_n - q) - j(x_n - x_t) \| + \| f(q) - q - [f(x_t) - x_t] \| \, \| x_n - x_t \| \to 0, (t \to 0)$

因此，对上述的 $\varepsilon > 0$，$\exists \delta_2 > 0$，使得 $\forall t \in (0, \delta_2)$，对任意的 n，可得

$$\| [f(q) - q, j(x_n - q)] - [f(x_t) - x_t, j(x_n - x_t)] \| \leqslant \frac{\varepsilon}{2}$$

由式（2.119），令 $\delta = \min\{\delta_1, \delta_2\}$，$\forall t \in (0, \delta)$，我们可得

$$\limsup_{n \to \infty} [f(q) - q, j(x_n - q)] \leqslant \limsup_{n \to \infty} \left\{ [f(x_t) - x_t, j(x_n - x_t)] + \frac{\varepsilon}{2} \right\}$$

$$\leqslant \frac{\varepsilon}{2} + \frac{\varepsilon}{2} = \varepsilon$$

由 ε 的任意性，可得

$$\limsup_{n \to \infty} [f(q) - q, j(x_n - q)] \leqslant 0$$

最后证明 $x_n \to q$。由于

$$x_{n+1} - [\alpha_n f(x_n) + (1 - \alpha_n) q] = (x_{n+1} - q) - \alpha_n [f(x_n) - q]$$

可得

$\| x_{n+1} - q \| = \| x_{n+1} - [\alpha_n f(x_n) + (1 - \alpha_n) q] + \alpha_n (f(x_n) - q) \|^2$

$\leqslant \| x_{n+1} - P(\alpha_n f(x_n) + (1 - \alpha_n) q) \|^2 + 2\alpha_n [f(x_n) - q, j(x_{n+1} - q)]$

$\leqslant \| P[\alpha_n f(x_n) + (1 - \alpha_n) T x_n] - P(\alpha_n f(x_n) + (1 - \alpha_n) q) \|^2$

$\quad + 2\alpha_n [f(x_n) - q, j(x_{n+1} - q)]$

$\leqslant (1 - \alpha_n)^2 \| T x_n - q \|^2 + 2\alpha_n [f(x_n) - f(q), j(x_{n+1} - q)]$

$\quad + 2\alpha_n [f(q) - q, j(x_{n+1} - q)]$

$\leqslant (1 - \alpha_n)^2 \| x_n - q \|^2 + 2\alpha_n \| f(q) - f(x_n) \| \, \| x_{n+1} - q \|$

$\quad + 2\alpha_n [f(q) - q, j(x_{n+1} - q)]$

$\leqslant (1 - \alpha_n)^2 \| x_n - q \|^2 + \alpha_n (\| f(q) - f(x_n) \|^2 + \| x_{n+1} - q \|^2)$

$\quad + 2\alpha_n [f(q) - q, j(x_{n+1} - q)]$

因此

$(1 - \alpha_n) \| x_n - q \|^2$

$\leqslant (1 - \alpha_n)^2 \| x_{n+1} - q \|^2 + \alpha_n \beta^2 \| x_n - q \|^2 + 2\alpha_n [f(q) - q, j(x_{n+1} - q)]$

即

$$\| x_{n+1}-q \|^2 \leqslant \left(1-\frac{1-\beta^2}{1-\alpha_n}\alpha_n\right) \| x_n-q \| +\frac{\alpha_n^2}{1-\alpha_n} \| x_n-q \|^2$$

$$+\frac{2\alpha_n}{1-\alpha_n}[f(q)-q,j(x_{n+1}-q)]$$

$$\leqslant (1-\gamma_n) \| x_n-q \|^2 +\lambda\gamma_n\alpha_n+\frac{2}{1-\beta^2}\gamma_n[f(q)-q,j(x_{n+1}-q)]$$

其中，$\gamma_n=\frac{1-\beta^2}{1-\alpha_n}\alpha_n$ 和 λ 是一个常数且使得 $\lambda>\frac{1}{1-\beta^2} \| x_n-q \|^2$。

因此

$$\| x_{n+1}-q \|^2 \leqslant (1-\gamma_n) \| x_n-q \|^2 +\gamma_n\left\{\lambda\alpha_n+\frac{2}{1-\beta^2}[f(q)-q,j(x_{n+1}-q)]\right\}$$

$$(2.120)$$

由 $\gamma_n\to 0$，$\sum_{n=1}^{\infty}\gamma_n=\infty$，可得

$$\limsup_{n\to\infty}\left\{\lambda\alpha_n+\frac{2}{1-\beta^2}[f(q)-q,j(x_{n+1}-q)]\right\}\leqslant 0$$

可得 $x_n\to q$。

2.5.3　Hilbert 空间不动点的迭代逼近

本节在较弱的条件 $Tx_{n+1}-Tx_n\to 0$，$(n\to\infty)$ 下，证明非扩张非自映象迭代序列

$$x_{n+1}=P[\alpha_n f(x_n)+(1-\alpha_n)Tx_n] \qquad (2.121)$$

强收敛的 T 的不动点 p，推广与改进相应结果。

设 H 是一具有内积 $(\cdot,\cdot)$ 和范数 $\| \cdot \|$ 的 Hilbert 空间，1992 年，G. Marino 和 G. Trombetta 考虑了如下迭代格式

$$S_t(x)=tPTx+(1-t)u,(x\in C)$$

和

$$U_t(x)=P(tTx+(1-t)u),(x\in C)$$

对每一个 $t\in[0,1)$，每一个固定的 $u\in C$，其中 $P:H\to C$ 是一个投影算子，则 S_t 和 U_t 有唯一不动点。由 Banach 压缩映象原理，存在唯一的 $x_t\in F(S_t)$ 及 $y_t\in F(U_t)$ 使得

$$x_t=tPTx_t+(1-t)u$$

$$y_t=P[tTy_t+(1-t)u] \qquad (2.122)$$

引理 2.11　对给定的 $a\in R$，任意的 $\{a_n\}\in l^{\infty}$ 且满足 $\mu_n(a_n)\leqslant a$，如果 $\limsup_{n\to\infty}(a_{n+1}-a_n)\leqslant 0$，则 $\limsup_{n\to\infty}a_n\leqslant a$。

我们现在定义

$$U_t x = P(tf(x) + (1-t)Tx), (\forall x \in C)$$

其中，$P:H \to C$ 是一个投影算子且对固定的 $\beta \in (0,1)$，$f:C \to C$ 是一个固定的压缩映射，即 $\forall x,y \in C$ 使得 $\|f(x) - f(y)\| \leqslant \beta \|x-y\|$。由 Banach 压缩映象原理得，存在唯一的 $x_t \in C$ 使得

$$x_t = P[tf(x_t) + (1-t)Tx_t] \tag{2.123}$$

我们同样能定义下面的显格式迭代

$$x_{n+1} = P[\alpha_n f(x_n) + (1-\alpha_n)Tx_n], (n=1,2,3,\cdots) \tag{2.124}$$

其中，$\alpha_n \in (0,1)$。

为了更适合证明我们的主要结果，对 Song 和 Chen 的一个主要结果进行了如下修改。

引理 2.12　设 H 是一个 Hilbert 空间，C 是 H 的一个非空凸子集，$T:C \to H$ 是满足弱内向条件的非扩张自映象且 $F(T) \neq \varnothing$，$f:C \to C$ 是一个固定的压缩映射，序列 $\{x_t\}$ 由式（2.091）定义，其中 $P:H \to C$ 是一个向阳的非扩张收缩。当 $t \to 0^+$ 时，则序列 $\{x_t\}$ 强收敛到 T 的不动点 u，且 $u \in F(T)$ 是下面变分不等式的唯一解

$$[(I-f)u, j(u-p)] \leqslant 0, \forall p \in F(T)$$

从引理 2.12 直接可得下面的结论

（Ⅰ）$Tx_t \to u$，$t \to 0^+$

（Ⅱ）$tf(x_t) + (1-t)Tx_t - x_t \to 0, t \to 0^+$

定理 2.23　设 H 是一个 Hilbert 空间，$C \subset H$ 是闭凸子集，且 $T:C \to H$ 是一个满足弱内向条件的非扩张映射，$F(T) \neq \varnothing$ 且 $f:C \to C$ 是一个固定的压缩映射，序列 $\{x_n\}$ 由式（2.125）定义，其中 $P:H \to C$ 是一个投影算子且 $\alpha_n \in (0,1)$ 满足

$$\lim_{n \to \infty} \alpha_n = 0, \sum_{n=0}^{\infty} \alpha_n = \infty$$

如果 $Tx_{n+1} - Tx_n \to 0, n \to \infty$，则 $\{x_n\}$ 强收敛到 $u = \lim\limits_{t \to 0} x_t \in F(T)$，其中 $\{x_t\}$ 由式（2.123）定义，可有以下推论。

证明　首先我们证 $\{x_n\}$ 有界，取 $q \in F(T)$，则

$$\begin{aligned}
\|x_{n+1} - q\| &= \|P[\alpha_n f(x_n) + (1-\alpha_n)Tx_n] - Pq\| \\
&\leqslant \|\alpha_n(f(x_n) - q) + (1-\alpha_n)(Tx_n - q)\| \\
&\leqslant \alpha_n(\|f(x_n) - f(q)\| + \|f(q) - q\|) + (1-\alpha_n)\|x_n - q\| \\
&\leqslant [1-(1-\beta)\alpha_n]\|x_n - q\| + \alpha_n\|f(q) - q\| \\
&\leqslant \max\left\{\|x_n - q\|, \frac{1}{1-\beta}\|f(q) - q\|\right\}
\end{aligned}$$

由数学归纳法可得：$\| x_n - q \| \leqslant \max \left\{ \| x_0 - q \|, \dfrac{1}{1-\beta} \| f(q) - q \| \right\}, (n \geqslant 0)$，则 $\{x_n\}$ 有界，从而 $\{f(x_n)\}$ 和 $\{Tx_n\}$ 也有界。

（1）下面证 $\mu_n [f(u) - u, Tx_n - u] \leqslant 0$。

由

$$\begin{aligned}
\| x_{n+1} - PTx_n \| &= \| P[\alpha_n f(x_n) + (1-\alpha_n) Tx_n] - PTx_n \| \\
&\leqslant \| \alpha_n f(x_n) + (1-\alpha_n) Tx_n - Tx_n \| \\
&\leqslant \alpha_n \| f(x_n) - Tx_n \|
\end{aligned}$$

因为 $\lim\limits_{n \to \infty} \alpha_n = 0$，所以当 $n \to \infty$ 可得 $\| x_{n+1} - PTx_n \| \to 0$。由在 Hilbert 空间 H 中，有下面的次微分不等式成立，即对任意的 $x, y \in H$ 有 $\| x+y \|^2 \leqslant \| x \|^2 + 2[y, x+y]$，则

$$\begin{aligned}
&\| x_t - x_{n+1} \|^2 \\
={}& \| x_t - PTx_n + PTx_n - x_{n+1} \|^2 \\
\leqslant{}& \| x_t - PTx_n \|^2 + 2[PTx_n - x_{n+1}, x_t - x_{n+1}] \\
\leqslant{}& \| P[tf(x_t) + (1-t) Tx_t] - PTx_n \|^2 + 2 \| PTx_n - x_{n+1} \| \| x_t - x_{n+1} \| \\
\leqslant{}& \| tf(x_t) + (1-t) Tx_t - Tx_n \|^2 + 2 \| PTx_n - x_{n+1} \| \| x_t - x_{n+1} \| \quad (2.125)
\end{aligned}$$

在上面的不等式中令 $y_t = tf(x_t) + (1-t) Tx_t$

$$\begin{aligned}
&\| tf(x_t) + (1-t) Tx_t - Tx_n \|^2 \\
={}& \| t(f(x_t) - Tx_n) + (1-t)(Tx_t - Tx_n) \|^2 \\
\leqslant{}& (1-t)^2 \| Tx_t - Tx_n \|^2 + 2t[f(x_t) - Tx_n, y_t - Tx_n] \\
={}& (1-t)^2 \| Tx_t - Tx_n \|^2 + 2t[f(x_t) - Tx_n, y_t - Tx_t + Tx_t - Tx_n] \\
={}& (1-t)^2 \| Tx_t - Tx_n \|^2 + 2t[f(x_t) - Tx_n, y_t - Tx_n] \\
&+ 2t[f(x_t) - Tx_t, Tx_t - Tx_n] + 2t[Tx_t - Tx_n, Tx_t - Tx_n] \\
\leqslant{}& (1+t^2) \| x_t - x_n \|^2 + 2t[f(x_t) - Tx_n, y_t - Tx_t] \\
&+ 2[f(x_t) - Tx_t, Tx_t - Tx_n] \quad (2.126)
\end{aligned}$$

由式（2.125）和式（2.126）我们可以得到

$$\begin{aligned}
&2t[f(x_t) - Tx_t, Tx_n - Tx_t] \\
&\leqslant (1+t^2) \| x_t - x_n \|^2 + 2 \| PTx_n - x_{n+1} \| \| x_t - x_{n+1} \| - \| x_t - x_{n+1} \|^2 \\
&\quad + 2t[f(x_t) - Tx_n, y_t - Tx_t]
\end{aligned}$$

对上面的不等式应用 Banach 极限可得

$$\begin{aligned}
&2t\mu_n [f(x_t) - Tx_t, Tx_n - Tx_t] \\
&\leqslant (1+t^2) \mu_n(\| x_t - x_n \|^2) + 2t\mu_n [f(x_t) - Tx_n, y_t - Tx_t] - \mu_n(\| x_t - x_{n+1} \|^2) \\
&= t^2 \mu_n(\| x_t - x_n \|^2) + 2t\mu_n [f(x_t) - Tx_n, y_t - Tx_t]
\end{aligned}$$

即

$$\mu_n[f(x_t)-Tx_t,Tx_n-Tx_t]\leqslant\frac{t}{2}\mu_n(\parallel x_t-x_n\parallel^2)+\mu_n[f(x_t)-Tx_n,y_t-Tx_t]$$

因此可得，$\limsup\limits_{t\to0}\mu_n[f(x_t)-Tx_t,Tx_n-Tx_t]\leqslant0$，即

$$\mu_n[f(u)-u,Tx_n-u]\leqslant0$$

（2）下面我们证明 $\limsup\limits_{n\to\infty}[f(u)-u,Tx_n-u]\leqslant0$。

令 $a_n=[f(u)-u,Tx_n-u]$，对任意的 Banach 极限，因为 $\mu_n(a_n)\leqslant0$ 和 $\{Tx_n\}$ 有界，则取 $\{Tx_n\}$ 的一个子列 $\{Tx_{n_j}\}$，使得

$$\limsup\limits_{n\to0}(a_{n+1}-a_n)=\lim\limits_{j\to\infty}(a_{n_j+1}-a_{n_j})$$

由 $Tx_{n_j+1}-Tx_{n_j}\to0,(j\to0)$，则

$$\limsup\limits_{n\to\infty}(a_{n+1}-a_n)=\lim\limits_{j\to\infty}(a_{n_j+1}-a_{n_j})$$
$$=\lim\limits_{j\to\infty}[f(u)-u,Tx_{n_j+1}-Tx_{n_j}]=0$$

由引理 2.13 可以得

$$\limsup\limits_{n\to\infty}a_n\leqslant0$$

即

$$\limsup\limits_{n\to\infty}[f(u)-u,Tx_n-u]\leqslant0$$

令 $\theta_n=\max\{[f(u)-u,Tx_n-u],0\}$，则当 $n\to\infty$时，得 $\theta_n\to0$。

（3）最后证当 $n\to\infty$时，$x_n\to u$。

$$\parallel x_{n+1}-u\parallel^2=\parallel P[\alpha_nf(x_n)+(1-\alpha_n)Tx_n]-u\parallel^2$$
$$\leqslant\parallel\alpha_n[f(x_n)-u]+(1-\alpha_n)(Tx_n-u)\parallel^2$$
$$=\alpha_n^2\parallel f(x_n)-u\parallel^2+2\alpha_n(1-\alpha_n)[f(x_n)-u,Tx_n-u]$$
$$+(1-\alpha_n)^2\parallel Tx_n-u\parallel^2$$
$$\leqslant(1-\alpha_n)^2\parallel x_n-u\parallel^2+\alpha_n^2\parallel f(x_n)-u\parallel^2$$
$$+2\alpha_n(1-\alpha_n)([f(x_n)-f(u),Tx_n-u]+[f(u)-u,Tx_n-u]$$
$$\leqslant[1-2\alpha_n+\alpha_n^2+2\alpha_n(1-\alpha_n)\beta]\parallel x_n-u\parallel^2+\alpha_n(\parallel f(x_n)-u\parallel^2$$
$$+2(1-\alpha_n)[f(u)-u,Tx_n-u])$$
$$=(1-\alpha_n^*)\parallel x_n-u\parallel^2+\alpha_n^*\beta_n^*$$

其中

$$\alpha_n^*=\alpha_n[2-\alpha_n-2\beta(1-\alpha_n)]$$
$$\beta_n^*=\frac{2(1-\alpha_n)[f(u)-u,Tx_n-u]+\alpha_n\parallel f(x_n)-u\parallel^2}{2-2\beta(1-2\alpha_n)}$$

注意到 $\lim\limits_{n\to\infty}\alpha_n^*=0$，$\sum_{n=0}^{\infty}\alpha_n^*=\infty$和 $\limsup\limits_{n\to\infty}\beta_n^*\leqslant0$。

可得：当 $n\to\infty$时，$x_n\to u$。

2.6　小　结

首先，在已有结论的基础上，将前人得到的结论推广至 Banach 空间中的不同映射情形下，改进了一些现有的有关不动点迭代收敛的结论，例如，得到了一致凸 Banach 空间中，带误差的 Ishikawa 迭代序列、Mann 迭代序列和三步迭代序列在一致 $(L-\alpha)$-Lipschitz 渐近非扩张映象下强收敛到唯一的不动点的结果。此外，还给出了在严格伪压缩映象下带误差的 Mann 迭代序列的收敛性与带误差的 Ishikawa 迭代序列的收敛性条件和证明。

其次，还讨论了具误差的三步迭代序列在一致 L-Lipschitz 的渐近非扩型映象下的强收敛情况，给出了其判别准则和结论描述。有关这方面的结论均可直接应用于修改了的 Ishikawa 迭代序列的收敛性情形。

然后，在具有一致 Gâteaux 可微范数的一致凸 Banach 空间 X 中，我们对非扩张自映象构造了一种新的黏性迭代格式 $\{x_n\}$，运用 Banach 极限技巧，证明了迭代序列 $\{x_n\}$ 强收敛到非扩张映象 T 的不动点。由于 m-增生算子具有非扩张性，我们将非扩张自映象的黏性迭代进行推广并构造了增生算子黏性迭代序列，同时证明了其在自反的 Banach 空间中的强收敛性。

最后，对非扩张非自映象，我们首先在一致光滑的 Banach 空间构造了新的黏性迭代，利用向阳的非扩张收缩的概念，证明了序列 $\{x_t\}$ 和 $\{x_n\}$ 均强收敛到 T 的不动点。然后，我们在 Hilbert 空间借助 Banach 极限的性质，在较弱的条件 $n \to \infty$，$T_{x_{n+1}} - T_{x_n} \to 0$ 下，证明了迭代序列 $\{x_n\}$ 强收敛到非扩张非自映象 T 的不动点。

第 3 章　压缩映象的不动点迭代逼近

不动点理论是正在迅猛发展的非线性泛函分析的重要组成部分，它与现代数学的很多分支是紧密相连的，特别是在建立方程的解得存在唯一问题中起着重要的作用。

1995 年，Lishan Liu 首次提出了带有误差项的迭代序列

$$
\begin{cases}
x_0 \in K \\
y_n = (1-\beta_n)x_n + \beta_n T x_n + v_n , (n \geqslant 0) \\
x_{n+1} = (1-\alpha_n)x_n + \alpha_n T y_n + u_n , (n \geqslant 0)
\end{cases}
$$

其中，K 是 Banach 空间 X 的一个非空子集。映象 T：$K \rightarrow X$，$\sum\limits_{n=0}^{\infty} \| u_n \| < \infty$，$\sum\limits_{n=0}^{\infty} \| v_n \| < \infty$，$\{\alpha_n\}$、$\{\beta_n\}$ 是 $[0,1]$ 中的两个序列并满足一定的条件。很多学者在 Banach 空间、Hilbert 空间中研究了带有误差项的压缩映象不动点的迭代逼近问题。2004 年，Liu Qihou 提出了在度量空间中带有误差项迭代序列的定义，并证明了序列的收敛性。接下来 Meng Liang、Liu Qihou 和 Yang Xiaoye 在度量空间中，对满足一定误差要求的压缩映象对的迭代序列进行了研究，并得出了一些结果。

1967 年，Halpen 首次提出了著名的 Halpen 迭代程序

$$
x_{n+1} = \alpha_n u + (1-\alpha_n) T x_n \tag{3.01}
$$

当 $\{\alpha_n\}$ 满足

$$
(C_1) \lim_{n \to \infty} \alpha_n = 0
$$

$$
(C_2) \sum_{n=0}^{\infty} \alpha_n = \infty
$$

且 $\{\alpha_n\}$ 满足下面的任一条件

$$
(C_3) \lim_{n \to \infty} \frac{|\alpha_{n+1} - \alpha_n|}{\alpha_{n+1}^2}
$$

$$
(C_4) \sum_{n=0}^{\infty} |\alpha_{n+1} - \alpha_n| < \infty
$$

$$
(C_5) \{\alpha_n\} \text{ 是递减的}
$$

$$
(C_6) \lim_{n \to \infty} \frac{|\alpha_{n+1} - \alpha_n|}{\alpha_{n+1}} = 0
$$

则 $\{x_n\}$ 强收敛到 T 的一个不动点。

上面的结论来自于不同作者的研究结果。对于在 Hilbert 空间的研究始于 Halpern。1977 年，Lions 改进了 Halpern 的控制条件并证明了迭代式（3.01）的强收敛性，其中 $\{\alpha_n\}$ 要满足条件（C_1）（C_2）（C_4）下迭代式（3.01）的强收敛性，并克服了上述问题。在 Banach 空间中的研究始于 Reich 证明了在（C_1）（C_2）和（C_5）的条件下的强收敛性，其中（C_5）和（C_4）的一个特殊条件。后来，Shioji 和 Takahashi 利用了 Wittmann 的条件（C_1）（C_2）（C_4），证明了序列的收敛性。2002 年，Hong-Kun Xu 用控制条件（C_6）代替了 Lions 的（C_3），并证明了 $\{\alpha_n\}$ 在满足（C_1）（C_2）（C_6）时迭代式（3.01）的强收敛性，其中（C_6）比（C_3）严格弱。Halpern 指出（C_1）（C_2）是式（3.01）序列收敛的必要条件，但不是充分条件。所以有一个公开的问题——（C_1）（C_2）能否充分保证由式（3.01）产生的序列的强收敛性？在 2006 年 Chidume-chidume 和 2007 年 Suzuki 给出来了部分答案，不过他们的迭代格式里面的非扩张映象 T 均换成了均值的映象。

$$T=(1-\lambda)I+\lambda S$$

其中，$\lambda\in(0,1)$，I 是恒等映象，$S:C\to C$ 是另外的一个非扩张映象。

2004 年，Hong-Kun Xu 将迭代式（3.01）推广到了如下的黏性迭代

$$x_{n+1}=\alpha_n f(x_n)+(1+\alpha_n)Tx_n$$

其中，$\{\alpha_n\}$ 满足条件（C_1）（C_2）（C_4），并在一致光滑的 Banach 空间中证明了其强收敛性。2007 年，Tae-Hwa 和 Hongkun Xu 证明了下面的迭代序列的收敛性

$$x_{n+1}=\alpha_n x_n+(1-\alpha_n)T^n x_n$$

其中，$x_0\in C$，$\{\alpha_n\}\in(0,1)$，$k+\delta\leqslant\alpha_n\leqslant1-\delta$，对某一个 $\delta\in(0,1)$，T 是 λ-严格渐近伪压缩映象，则序列 (x_n) 弱收敛于 T 的一个不动点。

近期，赫纳罗·洛佩斯·阿塞多（Genaro Lopez Acedo）和 Hong-Kun Xu 在 Hilbert 空间中分析了下面的迭代序列的收敛性

$$x_{n+1}=\alpha_n x_n+(1-\alpha_n)T_{[n]}x_n \tag{3.02}$$

其中，$x_0\in C,C\subset H,\{\alpha_n\}_{n=0}^{\infty}\subset(0,1),\{T_i\}_{i=0}^{N-1}$ 是 N 个 λ-严格渐近伪压缩映象，设 $F=\bigcap_{i=0}^{N-1}F(T_i)\neq\varnothing$，则序列 $\{x_n\}$ 弱收敛于 $\{T_i\}_{i=0}^{N-1}$ 的一个公共不动点。

3.1　严格伪压缩映象的不动点迭代序列的收敛性

3.1.1　预备知识

设 X 是 Banach 空间，X^* 是其对偶空间，正规对偶映象 $J:X\to 2^{X^*}$ 定义为

$$J(x)=\{f\in X^*:(x,f)=\parallel f\parallel^2=\parallel x\parallel^2\}$$

其中，X 到 X^* 之间的广义对偶记为（・，・），$D(T)$ 和 $F(T)$ 分别表示 T 的定义域和 T 的不动点集。如果 X^* 是严格凸的，则 J 是单值的，用 j（・）表示单值的正规对偶映象。

定义 3.1 $T:D(T)\subset X\to X$ 被称为严格伪压缩映象：如果存在 $\lambda>0$，满足 $\forall x,y\in D(T),j(x-y)\in J(x-y)$ 使得

$$[Tx-Ty,j(x-y)]\leqslant\parallel x-y\parallel^2-\lambda\parallel x-y-(Tx-Ty)\parallel^2 \quad (3.03)$$

为不失一般性，总假定 $\lambda\in(0,1)$，严格伪压缩映象是 Lipschitz 的。设 I 是恒等算子，则式（3.03）等价于

$$[(I-T)x-(I-T)y,j(x-y)]\geqslant\lambda\parallel(I-T)x-(I-T)y\parallel^2$$

在 Hilbert 空间 X 中，T 严格伪压缩映象，则式（3.03）等价于

$$\parallel Tx-Ty\parallel^2\leqslant\parallel x-y\parallel^2+k\parallel(I-T)x-(I-T)y\parallel^2,k=1-2\lambda<1$$

定义 3.2 设 X 是一赋范线性空间，C 是 X 的一非空凸子集，$\{u_n\}$ 和 $\{v_n\}$ 是 C 中两个序列且 $T:C\to C$ 是一映象，则对任意 $x_0\in C$，修正的具误差的 Ishikawa 迭代序列 $\{x_n\}$ 定义为

$$\begin{cases} x_{n+1}=(1-\alpha_n-\gamma_n)x_n+\alpha_n Ty_n+\gamma_n u_n \\ y_n=(1-\beta_n-\delta_n)x_n+\beta_n Tx_n+\delta_n v_n,(n=0,1,2,\cdots) \end{cases} \quad (Ⅰ)$$

其中，$\{\alpha_n\}\{\beta_n\}\{\gamma_n\}\{\delta_n\}$ 是 $[0,1]$ 中序列。满足 $\alpha_n+\gamma_n\leqslant 1,\beta_n+\delta_n\leqslant 1$。

定义 3.3 设 X 是一赋范线性空间，C 是 X 的一非空凸子集，$\{u_n\}$ 是 C 中一个序列且 $T:C\to C$ 是一映象，则对任意 $x_0\in C$，修正的具误差的 Mann 迭代序列 $\{x_n\}$ 定义为

$$x_{n+1}=(1-\alpha_n-\gamma_n)x_n+\alpha_n Tx_n+\gamma_n u_n,(n=0,1,2\cdots) \quad (Ⅱ)$$

其中，$\{\alpha_n\}$ 和 $\{\gamma_n\}$ 是 $[0,1]$ 中序列。满足 $\alpha_n+\gamma_n\leqslant 1$。

定义 3.4 T 称为在点 p 半闭的：如果 $\{x_n\}\in D(T)$ 满足 $x_n\xrightarrow{弱}x\in D(T)$ 且 $Tx_n\to p$，则 $Tx=p$。

3.1.2 主要结果

定理 3.1 设 X 是 Hilbert 空间，C 是 X 中一非空闭凸子集，$T:C\to C$ 是 Lipschiz 严格伪压缩映象，$\{\alpha_n\}\{\beta_n\}\{\gamma_n\}\{\delta_n\}$ 是 $[0,1]$ 中的实数列，满足下列条件

(1)$\alpha_n+\gamma_n\leqslant 1,\beta_n+\delta_n\leqslant 1$;(2)$\sum\limits_{n=0}^{\infty}\alpha_n<\infty$;(3)$\gamma_n=o(\alpha_n)$

对 $\forall x_0\in C$，设 $\{x_n\}$ 是由定义 3.3 中公式（Ⅰ）定义的修正的具误差的 Ishikawa 迭代序列，其中 $\{u_n\}$ 和 $\{v_n\}$ 是 C 中两个有界序列，则 T 在 C 中存在不

动点，且 $\{x_n\}$ 强收敛于严格伪压缩映象 T 在 C 中的不动点当且仅当 $\liminf\limits_{n\to\infty}d$ $[x_n,F(T)]=0$。其中 $d[x_n,F(T)]$ 表示 x_n 到 $F(T)$ 的距离，即 $d[x_n,F(T)]=\inf d(x_n,x)[\forall x\in F(T)]$。

为证明此定理，首先引入下列引理。

引理 3.1　设 C 是 Banach 空间的非空有界闭凸子集，$T:C\to C$ 是严格伪压缩映象，则 $\exists\{x_n\}\subset C$，使得 $x_n-Tx_n\to 0,(n\to\infty)$。

证明　记 $\lambda_n=1-\dfrac{1}{n}$，$n\geqslant 2$ 且 $n\in N$，任取 $x_0\in C$，定义算子 $T_nx=(1-\lambda_nx_0)+\lambda_nTx$，因为 C 是凸集，故 $T_n:C\to C$。由于 T 是严格伪压缩映象，故 $\forall x,y\in C$ 有

$$[T_nx-T_ny,j(x-y)]=\lambda_n[Tx-Ty,j(x-y)]\leqslant\lambda_n\|x-y\|^2$$

于是

$$[(I-T_n)x-(I-T_n)y,j(x-y)]\geqslant(1-\lambda_n)\|x-y\|^2$$

所以，$\forall n\in \mathbf{N}$，$n\geqslant 2$，T_n 是严格伪压缩映象。又因为严格伪压缩映象是 Lipschitz 的，故 $\forall n\in N$，$n\geqslant 2$，T_n 是 Lipschitz 的，故 T_n 有唯一不动点，于是 $\exists x_n\in C$ 满足 $x_n=T_nx_n$，所以 $\forall n\in N$，$n\geqslant 2$，有

$$\|x_n-Tx_n\|=\|(x_n-T_nx_n)+(T_nx_n-Tx_n)\|=\|(1-\lambda_n)(x_n-Tx_n)\|$$
$$\leqslant(1-\lambda_n)\mathrm{diam}C=\frac{\mathrm{diam}C}{n}\to 0$$

其中，$\mathrm{diam}C$ 表示 C 的直径，于是 $x_n-Tx_n\to 0$，$(n\to\infty)$。

引理 3.2　设 X 是一实的 Banach 空间，J 是一个正规对偶映象，则 $\forall x,y\in C$，$\|x+y\|^2\leqslant\|x\|^2+2[y,j(x+y)]$，$\forall j(x+y)\in J(x+y)$。

引理 3.3　设 $\{a_n\}\{b_n\}\{c_n\}$ 是非负实数序列，满足下列条件

$$\sum_{n=0}^{\infty}b_n<\infty,\sum_{n=0}^{\infty}c_n<\infty,a_{n+1}\leqslant(1+b_n)a_n+c_n,(\forall n\geqslant n_0)$$

其中，n_0 是某一非负整数，则极限 $\lim\limits_{n\to\infty}a_n$ 存在。

引理 3.4　假设定理 1 的条件满足，则存在常数 M_0，$M_1>0$ 使得

(1) $\|x_{n+1}-p\|^2\leqslant(1+\alpha_n)\|x_n-p\|^2+\alpha_nM_0$，$\forall p\in F(T)$

(2) $\|x_{n+m}-p\|^2\leqslant M_1\|x_n-p\|^2+M_1M_0\sum\limits_{k=n}^{n=m-1}\alpha_k$，$\forall p\in F(T)$

(3) $\lim\limits_{n\to\infty}d[x_n,F(T)]$ 存在

证明　$\forall p\in F(T)$，由引理 3.1 和 Lipschitz 映象的性质，有

$$\|x_{n+1}-p\|^2=\|(1-\alpha_n-\gamma_n)(x_n-p)+\alpha_n(Ty_n-p)+\gamma_n(u_n-p)\|^2$$
$$\leqslant(1-\alpha_n-\gamma_n)^2\|x_n-p\|^2+2\alpha_n[Ty_n-p,j(x_{n+1}-p)]$$
$$+2\gamma_n[u_n-p,j(x_{n+1}-p)]$$

$$
\begin{aligned}
&\leqslant (1-\alpha_n)^2 \parallel x_n - p \parallel^2 + 2\alpha_n [Ty_n - Tx_{n+1}, j(x_{n+1}-p)] \\
&\quad + 2\alpha_n [Tx_{n+1} - p, j(x_{n+1}-p)] + 2\gamma_n [u_n - p, j(x_{n+1}-p)] \\
&\leqslant (1-\alpha_n)^2 \parallel x_n - p \parallel^2 + 2\alpha_n L \parallel y_n - x_{n+1} \parallel \parallel x_{n+1} - p \parallel \\
&\quad + 2\alpha_n [Tx_{n+1} - p, j(x_{n+1}-p)] + 2\gamma_n [u_n - p, j(x_{n+1}-p)] \\
&\leqslant (1-\alpha_n)^2 \parallel x_n - p \parallel^2 + 2\alpha_n L \parallel y_n - x_{n+1} \parallel \parallel x_{n+1} - p \parallel \\
&\quad + 2\alpha_n \lambda \parallel x_{n+1} - p \parallel^2 + 2\gamma_n \parallel u_n - p \parallel \parallel x_{n+1} - p \parallel
\end{aligned}
$$

由 $\gamma_n \in o(\alpha_n)$，存在 $\{\varepsilon_n\} \subset (0,1)$，使得 $\gamma_n = \alpha_n \varepsilon_n$ 且 $\varepsilon_n \to 0, (n \to \infty)$，有

$$\parallel x_{n+1} - p \parallel^2 \leqslant (1-\alpha_n)^2 \parallel x_n - p \parallel^2 + \alpha_n M_0 \leqslant (1+\alpha_n) \parallel x_n - p \parallel^2 + \alpha_n M_0$$

其中，$M_0 = 2d^2(L + \lambda + \varepsilon_0) < +\infty$，由于 C 是有界的，且 λ 为某一正数，$\varepsilon_n \to 0$，所以 $\sup\limits_{x,y \in C}\{\parallel x - y \parallel\} \leqslant d, \sup\limits_{n \geqslant 0}\{\varepsilon_n\} \leqslant \varepsilon_0$，而 L 是 Lipschitz 常数，因此式 (3.03) 成立。

对于 $1 + x \leqslant \exp x (\forall x \geqslant 0), \forall m \geqslant 1$，有

$$
\begin{aligned}
\parallel x_{n+m} - p \parallel^2 &\leqslant (1 + \alpha_{n+m-1}) \parallel x_{n+m-1} - p \parallel^2 + \alpha_{n+m-1} M_0 \\
&\leqslant \exp(\alpha_{n+m-1}) \parallel x_{n+m-1} - p \parallel^2 + \alpha_{n+m-1} M_0 \\
&\leqslant \exp(\alpha_{n+m-1} + \alpha_{n+m-2}) \parallel x_{n+m-2} - p \parallel^2 + [\exp(\alpha_{n+m-1})\alpha_{n+m-2} \\
&\quad + \alpha_{n+m-1}] M_0 \\
&\leqslant \exp(\alpha_{n+m-1} + \alpha_{n+m-2}) \parallel x_{n+m-2} - p \parallel^2 + M_0 \exp[(\alpha_{n+m-1} \\
&\quad + \alpha_{n+m-2})\alpha_{n+m-1}] \\
&\cdots \\
&\leqslant \exp\Big(\sum_{k=n}^{n=m-1} \alpha_n\Big) \parallel x_n - p \parallel^2 + M_0 \exp\Big(\sum_{k=n}^{n=m-1} \alpha_n\Big) \sum_{k=n}^{n=m-1} \alpha_k \\
&\leqslant M_1 \parallel x_n - p \parallel^2 + M_1 M_0 \sum_{k=n}^{n+m-1} \alpha_k
\end{aligned}
$$

其中，$M_1 = \exp\Big(\sum_{n=0}^{\infty} \alpha_n\Big)$。

又由 (1) 易知

$$d^2[x_{n+1}, F(T)] \leqslant (1+\alpha_n) d^2[x_n, F(T)] + \alpha_n M_0$$

由定理 3.1 的条件有 $\sum\limits_{n=0}^{\infty} \alpha_n < \infty$，由引理 3.1 可知极限 $\lim\limits_{n \to \infty} d[x_n, F(T)]$ 存在。

引理 3.4 证毕。

引理 3.5 设 X 是一个 q——致光滑的 Banach 空间且又是一致凸的，C 是非空闭凸集合，$T: C \to C$ 是严格伪压缩的，则 $(I - T)$ 在原点是半闭的。

下面证明定理 3.1。

证明 (1) 首先证明 T 在 C 中存在不动点。

由引理 3.1 知，$\exists\{x_n\}\subset C$ 使得 $x_n-Tx_n\rightarrow0,(n\rightarrow\infty)$，由于 $\{x_n\}\subset C$ 是有界序列且 Hilbert 空间是自反空间，故 $\exists\{x_{n_k}\}\subset C, x_{n_k}\xrightarrow{\text{弱}}x\in C$；又由于 Hilbert 空间是 2 一致光滑 Banach 空间且一致凸，于是由引理 3.5 知 $(I-T)x=0$，即 $Tx=x$，所以 T 在 C 中存在不动点。

（2）下证 $\{x_n\}$ 强收敛于严格伪压缩映象 T 在 C 中的不动点当且仅当 $\liminf\limits_{n\rightarrow\infty}d[x_n,F(T)]=0$。

假设 $\liminf\limits_{n\rightarrow\infty}d[x_n,F(T)]=0$，则由引理 3.2，有 $\lim\limits_{n\rightarrow\infty}d[x_n,F(T)]=0$。首先证明 $\{x_n\}$ 是一 Cauchy 列。事实上，由条件（2）和 $\lim\limits_{n\rightarrow\infty}d[x_n,F(T)]=0$，对 $\forall\varepsilon>0$，存在正整数 $N_1>0$，当 $n>N_1$ 时，我们有 $d[x_n,F(T)]<\dfrac{\varepsilon}{\sqrt{M_1}}$，$\sum\limits_{n=N_1}^{\infty}\alpha_n<\dfrac{\varepsilon^2}{M_0M_1}$，由第一个不等式易知，存在 $p_0\in F(T)$，使得 $d(x_n,p_0)<\dfrac{2\varepsilon}{\sqrt{M_1}}$，$\forall n\geqslant N_1$。

由引理 3.4 对 $n\geqslant N_1\geqslant N_0$，有

$$\|x_{n+m}-x_n\|^2\leqslant2(\|x_{n+m}-p_0\|^2+\|x_n-p_0\|^2)$$
$$\leqslant2M_1\|x_{N_1}-p_0\|^2+2M_1M_0\sum_{k=N_1}^{n+m-1}\alpha_k+2M_1\|x_{N_1}-p_0\|^2$$
$$+2M_1M_0\sum_{k=N_1}^{n-1}\alpha_k$$
$$\leqslant16\varepsilon^2+4\varepsilon^2=20\varepsilon^2$$

所以，$\{x_n\}$ 是 X 中一 Cauchy 列。因 X 完备且 C 闭，所以 $\exists p^*\in C$ 使得 $x_n\rightarrow p^*$。

其次，证明 p^* 是 T 在 C 中的不动点。由于 $x_n\rightarrow p^*$，$d[x_n,F(T)]=0$，所以 $\forall\varepsilon>0$，存在一正整数 $N_2\geqslant N_1$，使得当 $n\geqslant N_2$ 时，有

$$\|x_n-p^*\|<\frac{\varepsilon}{\sqrt{M_1}},D(x,F(T))<\frac{\varepsilon}{\sqrt{M_1}}$$

由第二个不等式，存在 $p_1\in F(T)$，使得 $d(x_{N_2},p_1)<\dfrac{2\varepsilon}{\sqrt{M_1}}$ 有

$$\|Tp^*-p^*\|=\|Tp^*-p_1+p_1-p^*\|\leqslant(1+L)\|p_1-p^*\|$$
$$\leqslant(1+L)\{\|p^*-x_{N_2}\|+\|x_{N_2}-p_1\|\}<\frac{3(1+L)\varepsilon}{\sqrt{M_1}}$$

由 ε 的任意性，有 $Tp^*=p^*$，因此 p^* 是 T 的一个不动点。

反之易证。定理 3.1 证毕。

定理 3.2　设 X 是 Hilbert 空间，C 是 X 中一非空闭凸子集，$T:C\rightarrow C$ 是

Lipschiz 严格伪压缩映象，$\{\alpha_n\}$ 和 $\{\gamma_n\}$ 是 $[0,1]$ 中的实数列，满足下列条件

(1) $\alpha_n + \gamma_n \leqslant 1$；(2) $\sum\limits_{n=0}^{\infty} \alpha_n < \infty$；(3) $\gamma_n = o(\alpha_n)$

对 $\forall x_0 \in C$，设 $\{x_n\}$ 是由定义 3.3 中的公式（Ⅱ）定义的修正的具误差的 Mann 迭代序列，其中 $\{u_n\}$ 是 C 中有界序列，则 T 在 C 中存在不动点，且 $\{x_n\}$ 强收敛于严格伪压缩映象 T 在 C 中的不动点当且仅当 $\liminf\limits_{n\to\infty} d[x_n, F(T)] = 0$。其中 $d[x_n, F(T)]$ 表示 x_n 到 $F(T)$ 的距离，即 $d[x_n, F(T)] = \inf d(x_n, x)$，$[\forall x \in F(T)]$

由定理 3.1 可知定理 3.2 显然。

3.1.3　小结

本节主要讨论了在 Hilbert 空间中的非空有界闭凸集上 Lipschitz 严格伪压缩映象的具误差的 Ishikawa 和 Mann 迭代序列的强收敛性情况，给出了其判别准则和结论描述。

3.2　在 Hilbert 空间中严格渐近伪压缩映象不动点的迭代逼近

3.2.1　预备知识

2007 年，Tae-Hwa 和 Xu 证明了下面的迭代序列的收敛性

$$x_{n+1} = \alpha_n x_n + (1 - \alpha_n) T^n x_n$$

其中，$x_0 \in C$，$\{\alpha_n\} \subset (0,1)$，$\kappa + \delta \leqslant \alpha_n \leqslant 1 - \delta$，对某一个 $\delta \in (0,1)$，T 是 λ -严格渐近伪压缩映象，则序列 $\{x_n\}$ 弱收敛于 T 的一个不动点。

近期，Genaro Lopez Acedo、Hong-Kun Xu 在 Hilbert 空间中分析了下面的迭代序列的收敛性

$$x_{n+1} = \alpha_n x_n + (1 - \alpha_n) T_{[n]} x_n \tag{3.04}$$

其中，$x_0 \in C$，$C \subset H$，$\{\partial_n\}_{n=0}^{\infty} \subset (0,1)$，$\{T_i\}_{i=0}^{N-1}$ 是 N 个 λ -严格伪压缩映象，且 $F = \bigcap\limits_{i=0}^{N-1} F(T_i) \neq \varnothing$，则序列 $\{x_n\}$ 弱收敛于 $\{T_i\}_{i=0}^{N-1}$ 的一个公共不同点。

受他们的启发，本节提出了下面的迭代

$$x_1 = \alpha_0 x_0 + (1 - \alpha_0) T_{[0]_{x_0}}$$
$$x_2 = \alpha_1 x_1 + (1 - \alpha_1) T_{[1]_{x_2}}$$
$$\cdots$$
$$x_N = \alpha_{N-1} x_{N-1} + (1 - \alpha_N) T_{[N-1]_{x_{N-1}}}$$

$$x_{N+1} = \alpha_N x_N + (1-\alpha_N) T_{[0]}^2 x_N$$

$$\cdots$$

$$x_{2N} = \alpha_{2N} x_{2N-1} + (1-\alpha_{2N-1}) T_{[N-1]}^2 x_{2N-1}$$

$$x_{2N+1} = \alpha_{2N} x_{2N-1} + (1-\alpha_{2N}) T_{[0]}^3 x_{2N}$$

$$\cdots$$

即

$$x_{n+1} = \alpha_n x_n + (1-\alpha_n) T_{[n]}^k x_n \tag{3.05}$$

其中，$T_{[n]} = T_i, i = n(\text{mod}N), 0 \leqslant i \leqslant N-1, i \in N$。

称映象 $T: X \to X$ 是在 Browder-Petyshyn 意义下的伪压缩，如果对任意的 $x, y \in D(T)$，有

$$[T_x - T_y, j(x-y)] \leqslant \| x-y \|^2 - \lambda \| x - Tx - (y - Ty) \| \tag{3.06}$$

其中，$j(x-y) \in J(x-y)$。为不失一般性，我们可设 $\lambda \in (0,1)$，若 J 是恒等算子，则上式可写成

$$[(I-T)x - (I-T)y, j(x-y)] \geqslant \lambda \| (I-T)x - (I-T)y, j(x-y) \| \tag{3.07}$$

当空间为 Hillbert 空间时，$J = I$，式（3.07）和式（3.06）等价于

$$\| Tx - Ty \|^2 \geqslant \| x-y \|^2 + \kappa \| (I-T)x - (I-T)y \|^2, 0 \leqslant \kappa = 1 - 2\lambda < 1 \tag{3.08}$$

从式（3.07）中可以看出

$$\| x-y \| \geqslant \lambda \| x - Tx - (I - Ty) \| \geqslant \lambda \| Tx - Txy \| - \lambda \| x-y \|$$

所以，$\| Tx - Ty \| \leqslant L \| x-y \|, \forall x, y \in C$，其中 $L = \dfrac{1+\lambda}{\lambda}$，即严格伪压缩是 Lipschitz 映象。

称映射 $T: X \to X$ 是 λ-严格渐近伪压缩的，如果对任意的 $x, y \in D(T)$，存在 $u_n \geqslant 0$，$\lim\limits_{n \to \infty} u_n = 0$，使得

$$\| T^n x - T^n y \|^2 \leqslant (1 + u_n) \| x-y \|^2 + \lambda \| (I - T^n)x - (I - T^n)y \|^2 \tag{3.09}$$

其中，$j(x-y) \in J(x-y)$，为不失一般性我们可设 $\lambda \in (0, 1)$。

若 I 是恒等算子，则式（3.09）可以写成

$$[(I - T_n)x - (I - T^n)y, J(x-y)] \geqslant -u_n \| x-y \|^2 + \lambda \| (I - T^n)x - (I - T^n)y \| \tag{3.10}$$

当空间是 Hilbert 时，$J = I$，式（3.08）和式（3.09）等价于

$$\| T^n x - T^n y \|^2 \leqslant (1 + 2u_n) \| x-y \|^2 + (1 - 2\lambda) \| (I - T^n)x - (I - T^n)y \|^2$$

为不失一般性经常把上面的式子写成

$$\| T^n x - T^n y \|^2 \leqslant (1 + u_n) \| x-y \|^2 + \lambda \| (I - T^n)x - (I - T^n)y \|^2$$

其中
$$\lambda \in (0,1), u_n \geqslant 0, \lim_{n \to \infty} u_n = 0$$

设 X 是 Banach 空间，$K \in X$，是 X 的一个非空闭子集，称 $T: K \to X$ 是半紧的，若 $\{x_n\} \subset K$ 是有界序列，且 $\| x_n - Tx_n \| \to 0$，则存在子列 $\{x_{ni}\} \subset \{x_n\}$ 强收敛于 K 中某元。

若 X 是 Banach 空间，$T: D(T) \subset X \to R(T)$ 被称为是次闭的，若对 X 中的序列和 $Tx_n \to p$，有 $Tx = p$。

众所周知，当 T 是严格伪压缩映象时，则 $I - T$ 在任意点 $p \in D(T)$ 是次闭的。

称 T 是一致 Lipschitzian 的，如果存在 $L > 0$，$\| T^n x - T^n y \| \leqslant L \| x - y \|$，对任意的 $x, y \in D(T), n \in N$。

设 H 是实 Hilbert 空间，任意 $x, y \in H, t \in [0,1]$，有下式成立
$$\| tx + (1-t)y \|^2 = t \| x \|^2 + (1-t) \| y \|^2 - t(1-t) \| x - y \|^2$$

引理 3.6 设 $\{\alpha_n\}$ 和 $\{u_n\}$ 是两个非负数列，满足
$$\alpha_{n+1} \leqslant (1 + u_n)\alpha_n + b_n$$
且 $\sum_{i=0}^{\infty} u_n < +\infty$，$\sum_{i=0}^{\infty} b_n < +\infty$，则

（Ⅰ）$\lim_{n \to \infty} \alpha_n$ 存在

（Ⅱ）若有 $\{\alpha_n\}$ 的子列收敛于 0，则有 $\lim_{n \to \infty} \alpha_n = 0$

引理 3.7 设 X 是 Banach 空间，K 是 X 的一个非空子集，$T: K \to K$ 是 λ-严格渐近伪压缩映象，则 T 是一致 Lipschitzian 的。

3.2.2 主要结果

定理 3.3 设 H 是 Hilbert 空间，K 是 H 的一个闭凸子集，$T_i: K \to K$，T_i 是 N 个 λ-严格渐近伪压缩映象，对每一个 T_i 存在
$$u_{in} \geqslant 0, \sum_{n=0}^{\infty} u_{in} < \infty, 0 < \lambda_i < 1, i \in I = \{0, 1, \cdots, N-1\}$$
有
$$\| T_i^n x - T_i^n y \|^2 \leqslant (1 + u_{in}) \| x - y \|^2 + \lambda_i \| (I - T_i^n)x - (I - T_i^n)y \|^2$$

设 $F := \bigcap_{i=0}^{N-1} F(T_i) \neq \varnothing$，其中 $F(T_i)$ 是 T_i 的不动点集，假设存在 $T \in \{T_i\}$ 是半紧的。$x_0 \in K$，L 令 $\lambda = \max\{\lambda_i : 0 \leqslant i \leqslant N-1\}$，$\{x_n\}$ 是通过式 (3.05) 定义的，设 $\{\alpha_n\}$ 满足 $\lambda + \varepsilon \leqslant \alpha_n \leqslant 1 - \varepsilon$，对任意的 $n \in N$ 和某个 $\varepsilon \in (0,1)$，则 $\{x_n\}$ 强收敛于 $\{T_i\}$ 的一个公共不动点。

证明 我们任取一点 $p \in \bigcap_{i=0}^{N-1} F(T_i)$
$$\| x_{n+1} - p \|^2 = \| \alpha_n x_n + (1 - \alpha_n)T_{[n]}^k x_n - p \|^2$$

$$= \| \alpha_n(x_n - p) + \alpha_n p + (1-\alpha_n)T_{[n]}^k x_n - p \|^2$$
$$= \| \alpha_n(x_n - p) + (1-\alpha_n)(T_{[n]}^k x_n - p) \|^2$$
$$\leqslant \alpha_n \| x_n - p \|^2 + (1-\alpha_n) \| T_{[n]}^k x_n - p \|^2 - \alpha_n(1-\alpha_n)\| x_n - T_{[n]}^k x_n \|^2$$

又因为

$$\| T_i^n x - T_i^n y \|^2 \leqslant (1+u_{in})\| x-y \|^2 + \lambda_i \| x_n - T_i^n x + y - T_i^n y \|^2$$

取 $\lambda = \max\{\lambda_i, i=0,1,\cdots,N-1\}, \lambda \in (0,1)$

所以又

$$\| T_i^n x - T_i^n y \|^2 \leqslant (1+u_{in})\| x-y \|^2 + \lambda \| x_n - T_i^n x + y - T_i^n y \|^2$$

则

$$\| T_{[n]}^k x_n - p \|^2 \leqslant (1+u_{in})\| x_n - p \|^2 + \lambda \| x_n - T_{[n]}^k x_n + p - T_{[n]}^k p \|^2$$
$$= (1+u_{in})\| x_n - p \|^2 - \lambda \| x_n - T_{[n]}^k x_n \|^2$$

所以

$$\| x_{n+1} - p \|^2 \leqslant \alpha_n \| x_n - p \|^2 + (1-\alpha_n)\| T_{[n]}^k x_n - p \|^2 - \alpha_n(1-\alpha_n)\| x_n - T_{[n]}^k x_n \|^2$$
$$= \alpha_n \| x_n - p \|^2 + (1-\alpha_n)(1+u_{in})\| x_n - p \|^2$$
$$+ ((1-\alpha_n)\lambda - \alpha_n(1-\alpha_n))\| T_{[n]}^k x_n - x_n \|^2$$
$$\leqslant \alpha_n \| x_n - p \|^2 + (1-\alpha_n+u_{in})\| x_n - p \|^2$$
$$- (\alpha_n - \lambda)(1-\alpha_n)\| T_{[n]}^k x_n - x_n \|^2 \tag{3.11}$$

由于对所有的 n，$\lambda + \varepsilon \leqslant \alpha_n \leqslant 1-\varepsilon$ 结合式（3.11），我们得到

$$\| x_{n+1} - p \|^2 \leqslant (1+u_{in})\| x_n - p \|^2 - \varepsilon^2 \| x_n - T_{[n]}^k x_n \|^2 \tag{3.12}$$

即

$$\| x_{n+1} - p \|^2 \leqslant (1+u_{in})\| x_n - p \|^2 \tag{3.13}$$

由假设 $\sum\limits_{n=0}^{\infty} u_{in} < \infty$ 和引理 3.6，我们可得 $\| x_n - p \|$ 存在，即 $\{x_n\}$ 是有界的。

由式（3.12），我们可得

$$\| x_n - T_{[n]}^k x_n \|^2 \leqslant \frac{1}{\varepsilon^2}(\| x_n - p \|^2 - \| x_{n+1} - p \|^2) + \frac{u_{in}}{\varepsilon^2}\| x_n - p \|^2$$

$$\tag{3.14}$$

由于 $\{x_n\}$ 有界，和 $u_{in} \to 0$，所以有

$$\lim_{n\to\infty} \| x_n - T_{[n]}^k x_n \| = 0 \tag{3.15}$$

再由 $\{x_n\}$ 的定义，得到

$$\| x_{n+1} - x_n \| = (1-\alpha_n)\| x_n - T_{[n]}^k x_n \| \to 0$$

即 $\| x_n - x_{n+l} \| \to 0$，$n \in N$。

当 $n \geq N$，由于 T 是严格渐近伪压缩映象，所以由引理 3.7 得 T 是一致 Lipschtizian 的，设 Lipschtizian 常数是 $L > 0$，所以有

$$
\begin{aligned}
\| x_n - T_{[n]} x_n \| &\leq \| x_n - T_{[n]}^k x_n \| + \| T_{[n]}^k x_n - T_{[n]} x_n \| \\
&\leq \| x_n - T_{[n]}^k x_n \| + L \| T_{[n]}^{k-1} x_n - x_n \| \\
&\leq \| x_n - T_{[n]}^k x_n \| + L (\| T_{[n]}^{k-1} x_n - T_{[n-N]}^{k-1} x_{n-N} \| \\
&\quad + \| T_{[n-N]}^{k-1} x_{n-N} - x_{n-N} \| + \| x_{n-N} - x_n \|)
\end{aligned}
\tag{3.16}
$$

注意到 $n = n - N (\bmod N)$ 和 $T_n = T_{n-N}$，所以由式(3.16)我们得到下式

$$
\begin{aligned}
\| x_n - T_{[n]} x_n \| &\leq \| x_n - T_{[n]}^k x_n \| + L^2 \| x_n - x_{n-N} \| + L \| T_{[n-N]}^{k-1} x_{n-N} - x_{n-N} \| \\
&\quad + L \| x_{n-N} - x_n \|
\end{aligned}
\tag{3.17}
$$

再结合式（3.15），我们得到

$$
\lim_{n \to \infty} \| x_n - T_{[n]}^k x_n \| = \lim_{n \to \infty} \| T_{[n-N]}^{k-1} x_{n-N} - x_{n-N} \| = 0
$$

再有 $\lim\limits_{n \to \infty} \| x_{n-N} - x_n \| = 0$。所以

$$
\lim_{n \to \infty} \| x_n - T_{[n]}^k x_n \| = 0
$$

且对任意的 $l \in I$ 有

$$
\begin{aligned}
\| x_n - T_{[n+l]} x_n \| &\leq \| x_n - x_{n+l} \| + \| x_{n+l} - T_{[n+l]} x_{n+l} \| + \| T_{[n+l]} x_{n+l} - T_{[n+l]} x_n \| \\
&\leq \| x_n - x_{n+l} \| + L \| x_n - x_{n+l} \| + \| x_{n+l} - T_{[n+l]} x_{x+l} \| \to 0
\end{aligned}
$$

这说明 $\lim\limits_{n \to \infty} \| x_n - T_{[n+l]} x_n \| = 0, (l \in I)$，或者 $\lim\limits_{n \to \infty} \| x_n - T_{[l]} x_n \| = 0, (l \in I)$。

由假设存在 $T \in \{T_i\}_{i=0}^{N-1}$ 是半紧的，为不是一般性，我们可设 T_1 是半紧的，由上面证明可知 $\lim\limits_{n \to \infty} \| x_n - T_{[n+l]} x_n \| = 0, (l \in I)$。由于 $\{x_n\}$ 是有界的，可知存在 $\{x_{n_j}\} \subset \{x_n\}, x_{n_j} \to x^*$，即有

$$
\| x^* - T_{[l]} x^* \| = \lim_{n \to \infty} \| x_{n_j} - T_{[l]} x_{n_j} \| = 0, (l \in I)
$$

所以 $x^* \in F(T_i)$，由于 $p \in F$ 是任意选的，所以可设 $x^* = p$。再结合引理 3.6（Ⅱ），我可得 $\lim\limits_{n \to \infty} \| x_n - p \| = 0$，定理证毕。

3.3　Hilbert 空间中严格伪压缩映象不动点的迭代逼近

3.3.1　预备知识

设 E 是实 Banach 空间，E^* 是 E 的对偶空间，C 是 E 的一个非空闭凸子集，J_q 表示被下式定义的从 E 到 2^{E^*} 的广义对偶映象，即

$$
J_q(x) = \{ x^* \in E^* : (x, x^*) = \| x \|^q, \| x^* \| = \| x \|^{q-1} \}, \forall x \in E
$$

其中，q 为大于 1 的实数。当 $q = 2$ 时，如 $J_2 = J$ 被称为正规对偶映象，且当 $z \neq$

0，有 $J_q(x)=\|x\|^{q-2}J_2(x)$。在 Hilbert 空间中，则有 $J=I$，其中，I 表示单位映象。通常我们用 j 表示单值对偶映射，这里 $\{x_n\}$ 是 E 中的序列，则 $x_n\to x$（相应的 $x_n\rightharpoonup x$，$x_n\overset{*}{\rightharpoonup}x$）表示序列 $\{x_n\}$ 强（相应的弱、弱*）收敛于 x。对偶映象 $J:E\to E^*$ 弱序列连续，如果 $x_n\rightharpoonup x$ 蕴含着 $Jx_n\overset{*}{\rightharpoonup}Jx$。$F(T)$ 表示映象 T 的不动点集，即 $F(T)=\{x\in C:x=Tx\}$。众所周知，如果 C 有界，那么 $F(T)$ 非空。

定义 3.5　$T:C\to C$ 被称为伪压缩，如果 $j_q(x-y)\in J_q(x-y)$ 使得
$$[Tx-Ty,j_q(x-y)]\leqslant\|x-y\|^q,(\forall x,y\in C) \tag{3.18}$$

定义 3.6　$T:C\to C$ 被称为 λ -严格伪压缩，如果存在 $j_q(x-y)\in J_q(x-y)$ 和一个常数 $\lambda>0$，使得
$$[Tx-Ty,j_q(x-y)]\leqslant\|x-y\|^q-\lambda\|(I-T)x-(I-T)y\|^q,(\forall x,y\in C) \tag{3.19}$$

令 K 为 Hilbert 空间 H 的一非空闭凸子集，Browder 和 Petryshyn 在文献中也给了一个严格伪压缩定义。

定义 3.7　(Browder-Petryshyn) $T:K\to K$ 被称为 k -严格伪压缩，如果存在 $k\in[0,1)$，使得
$$\|Tx-Ty\|^2\leqslant\|x-y\|^2+k\|(I-T)x-(I-T)y\|^2,(\forall x,y\in K) \tag{3.20}$$

定义 3.8　$T:K\to K$ 被称为渐近 k -严格伪压缩，如果存在 $k\in[0,1)$，使得
$$\|T^nx-T^ny\|^2\leqslant(1+\gamma_n)\|x-y\|^2+k\|(I-T^n)x-(I-T^n)y\|^2,(\forall x,y\in K) \tag{3.21}$$

其中，$\gamma_n\geqslant0$，$n>1$。

定义 3.9　$T:C\to C$ 被称为非扩张，如果
$$\|Tx-Ty\|\leqslant\|x-y\|,(\forall x,y\in C) \tag{3.22}$$

定义 3.10　$T:C\to C$ 被称为 L-Lipschitzs，如果
$$\|Tx-Ty\|\leqslant L\|x-y\|,(\forall x,y\in C) \tag{3.23}$$

定义 3.11　$T:C\to C$ 称为强伪压缩，如果存在一个常数 $k\in(0,1)$，使得
$$[Tx-Ty,j_q(x-y)]\leqslant k\|x-y\|^q,(\forall x,y\in C) \tag{3.24}$$

注：伪压缩映象严格包含严格伪压缩映象和强伪压缩映象，而严格伪压缩映象又包含了非扩张映象，即严格伪压缩映象是介于伪压缩映象和非扩张映象的一类非线性映象，但是强伪压缩和严格伪压缩是互不包含，相互独立的。k -严格渐近伪压缩映象是渐近非扩张映象的推广，即 T 是渐近非扩张的当且仅当 T 是 0 -严格渐近伪压缩的。我们容易推出，严格伪压缩映象是 Lipschitz 连续的，并且 Lipschitz 常数 $L=\dfrac{1+\lambda}{\lambda}$。

虽然严格伪压缩映象已被许多学者研究过，但是对于严格伪压缩映象的研究远远没有非扩张映象那样受到大家的普遍关注。2006 年，Marino 和 Xu 在 Hilbert 空间的框架下给出了如下结论。

定理 3.4　设 K 是 H-ilbert 空间 H 中的非空闭凸子集，$T:K \to K$ 是具有常数 $0 \leqslant k < 1$ 的 k-严格伪压缩映象，假设 T 的不动点集非空，迭代序列 $\{x_n\}$ 由正规的 Mann 迭代算法

$$x_{n+1} = \alpha_n x_n + (1 - \alpha_n) T x_n, (n \geqslant 0) \tag{3.25}$$

所产生。若控制序列 $\{x_n\}$ 满足条件 $k < \alpha < 1$ 和 $\sum_{n=0}^{\infty} (\alpha_n - k)(1 - \alpha_n) = \infty$，则 $\{x_n\}$ 弱收敛到 T 的一个不动点。

众所周知，即使对于非扩张映象，正规的 Mann 迭代算法也只有弱收敛结果。为了获得强收敛的结果，我们必须修正 Mann 迭代。下面就是其中一种被称为混杂迭代方法的修正。

定理 3.5　设 K 是 Hilbert H 的非空闭凸子集，$T:K \to K$ 是具有常数 $0 \leqslant k < 1$ 的 k-严格伪压缩映象。假设 T 的不动点集非空，迭代序列 $\{x_n\}$ 由

$$
\begin{cases}
x_0 = K \\
y_n = \alpha_n x_n + (1 + \alpha_n) T x_n \\
C_n = \{z \in C: \| y_n - z \|^2 \leqslant \| x_n - z \|^2 - (k - \alpha_n) \| x_n - T x_n \|^2 \} \\
Q_n = \{z \in C: [x_0 - x_n, x_n - z] \geqslant 0\} \\
x_{n+1} = P_{C_n \cap Q_n} x_0
\end{cases}
$$

产生。若控制序列 $\{\alpha_n\}_{n=0}^{\infty}$ 的选取满足 $0 \leqslant \alpha_n < 1$，则 $\{x_n\}$ 强收敛到 $P_{F(T)} x_0$。

2007 年，Yongfu Su 和 Xiaolong Qin 在文献中介绍了下面的修正方法，此法被称为单调混杂迭代方法。

定理 3.6　设 K 是实 Hilbert 空间 H 的非空闭凸子集，$T:K \to K$ 是非扩张映象且 $F(T) \neq \varnothing$，序列 $\{x_n\}$ 由下列算法产生

$$
\begin{cases}
x_0 \in C \\
y_n = \alpha_n x_n + (1 - \alpha_n) T z_n \\
z_n = \beta_n x_n + (1 - \beta_n) T x_n \\
C_n = \{z \in C_{n-1} \cap Q_{n-1}: \| y_n - z \|^2 \leqslant \| x_n - z \|^2 + (1 - \alpha_n)[\| z_n \|^2 \\
\quad - \| x_n \|^2 + 2(x_n - z_n, z)]\} \\
C_0 = \{z \in C: \| y_0 - z \|^2 \leqslant \| x_0 - z \|^2 + (1 - \alpha_0)[\| z_0 \|^2 - \| x_0 \|^2 \\
\quad + 2(x_0 - z_0, z)] \\
Q_n = \{z \in C_{n-1} \cap Q_{n-1}: (x_n - z, x_0 - x_n) \geqslant 0\} \\
Q_0 = C \\
x_{n+1} = P_{C_n \cap Q_n} x_0
\end{cases}
$$

若控制序列 $\{\alpha_n\}_{n=0}^{\infty}$, $\{\beta_n\}_{n=0}^{\infty}$ 的选取满足 $0 \leqslant \alpha_n < 1$，$\lim\limits_{n \to \infty} \beta_n = 1$，则 $\{x_n\}$ 强收敛到 $P_{F(T)} x_0$。

2008 年年初，Takahashi 等人在文献中引进了另一种修正方法，即新的混杂迭代方法。

定理 3.7　设 K 是实 Hilbert 空间 H 的非空闭凸子集，$\{T_n\}$ 与 τ 为 K 到 K 上的非扩张映象，使得 $\bigcap_{n=1}^{\infty} F(T_n) = F(\tau) \neq \varnothing$。令 $x_0 \in H, C_1 = C, u_1 = P_{C_1} x_0$，假设 $\{T_n\}$ 关于 τ 满足 NST -条件，序列 $\{u_n\}$ 由下列算法产生

$$\begin{cases} y_n = \alpha_n u_n + (1 - \alpha_n) T_n u_n \\ C_{n+1} = \{z \in C_n : \|y_n - z\| \leqslant \|u_n - z\|\} \\ u_{n+1} = P_{C_{n+1}} x_0 \end{cases}$$

若控制序列 $\{\alpha_n\}_{n=0}^{\infty}$ 的选取满足 $0 \leqslant \alpha_n < 1$，则 $\{u_n\}$ 强收敛到 $z_0 = P_{F(T)} x_0$。

一方面，许多数学工作者在 Banach 空间的框架下研究正规的 Mann 迭代算法。早在 1979 年，Reich 通过使用正规的 Mann 迭代算法在 Banach 空间的框架。下证明了一个最基本的定理。

定理 3.8　设 C 是一致凸且具有范数 Fréchet 可微的 Banach 空间 E 的非空闭凸子集，$T: C \to C$ 是非扩张映象且 $F(T) \neq \varnothing$。若控制序列的 $\{\alpha_n\}_{n=0}^{\infty}$ 选取满足 $\sum_{n=1}^{\infty} \alpha_n (1 - \alpha_n) = \infty$，则由正规的 Mann 迭代算法产生的序列 $\{x_n\}$

$$x_{n+1} = \alpha_n x_n + (1 - \alpha_n) T x_n, (n \geqslant 1)$$

弱收敛到 T 的一个不动点。

2007 年，周海云在 2 一致光滑的 Banach 空间框架下研究了正规 Mann 迭代算法，并且给出了一个新的修正的 Mann 迭代算法。

定理 3.9　设 E 是具有最佳光滑常数 K 的 2 ——致光滑的 Banach 空间，C 为 E 的非空闭凸子集，$T: C \to C$ 是 λ -严格伪压缩映象。假设 E 满足一致凸或者 Opial 条件之一，序列 $\{x_n\}$ 由正规的 Mann 迭代算法产生

$$x_{n+1} = \alpha_n x_n + (1 - \alpha_n) T x_n, (n \geqslant 1)$$

如果控制序列 $\{\alpha_n\}_{n=0}^{\infty}$ 的选取满足 $\alpha_n \in \left[0, \dfrac{\lambda}{K^2}\right], (n \geqslant 0)$ 且 $\sum_{n=0}^{\infty} (\lambda - K^2 \alpha_n) \alpha_n = \infty$。则下列结论相互等价：（Ⅰ）$F(T) \neq \varnothing$；（Ⅱ）序列 $\{x_n\}$ 有界；（Ⅲ）序列 $\{x\}$ 弱收敛到 T 的一个不动点。

定理 3.10　设 E 是 2 ——致光滑的 Banach 空间，C 为 E 的非空闭凸子集，$T: C \to C$ 是严格伪压缩映象且 $F(T) \neq \varnothing$。令 $u, x_0 \in C, \{\alpha_n\}, \{\beta_n\}, \{\gamma_n\}, \{\sigma_n\}$，属于 $(0, 1)$ 满足适当的条件，序列 $\{x_n\}_{n \geqslant 0}$ 通过下列方式产生

$$\begin{cases} y_n = (1 - \alpha_n) x_n + \alpha_n T x_n \\ x_{n+1} = \beta_n u + \gamma_n x_n + \delta_n y_n \end{cases}$$

则 $\{x_n\}$ 强收敛到 T 的一个不动点 $z=Q_{F(T)}u$。

本节在 Hilbert 空间的框架下采用了混合迭代方法和单调 CQ 方法分别研究了严格伪压缩映象和渐近严格伪压缩映象的强收敛定理。在 q ——致光滑的 Banach 空间框架下研究了入——严格伪压缩映象的性质,弱收敛和强收敛定理。本节的结果在一定程度上推广和改进了前人的结果。为了证明本节的结果,我们需要如下定义和引理。

引理 3.8 H 是一 Hilbert 空间,对任意 x,$y \in H$ 和 $t \in [0,1]$,下列等式成立

(Ⅰ) $\| x-y \|^2 = \| x \|^2 - \| y \|^2 - 2(x-y,y)$

(Ⅱ) $\| tx+(1-t)y \|^2 = t\| x \|^2 + (1-t)\| y \|^2 - t(1-t)\| x-y \|^2$

引理 3.9 设 H 是一 Hilbert 空间,K 是 H 的非空闭凸子集,对给定的 x,$y,z \in H, a \in R$,集合

$D := \{v \in C: \| y-v \|^2 \leqslant \| x-v \|^2 + (z,v) + a\}$ 是闭且凸的。

引理 3.10 设 H 是一 Hilbert 空间,K 是 H 的非空闭凸子集,给定 $x \in H$,$z \in K$,则 $z = P_K x$ 当且仅当 $(x-z, y-z) \leqslant 0$,$\forall y \in K$。

引理 3.11 设 H 是一 Hilbert 空间,K 是 H 的非空闭凸子集,若 $T: K \to K$ 是渐近 k -严格伪压缩映象,则对任意 x,$y \in K$,T^n 满足 Lipschitz 性质

$$\| T^n x - T^n y \| \leqslant L_n \| x-y \|, L_n = \frac{k+\sqrt{1+\gamma_n(1-k)}}{1-k}$$

记 T_n 和 τ 的不动点集分别为 $F(T_n)$ 和 $F(\tau)$。假设 $\{T_n\}$ 和 τ 为从 K 到 K 的 k -严格伪压缩映象且 $\bigcap_{n=1}^{\infty} F(T_n) = F(\tau) \neq \varnothing$。

定义 3.12 $\{T_n\}$ 被称为关于 T 满足 NST -条件,对于 C 中任一有界序列 $\{z_n\}$,如果

$$\lim_{n \to \infty} \| z_n - T_n z_n \| = 0$$

则有 $\lim_{n \to \infty} \| z_n - T z_n \| = 0 (\forall T \in \tau)$。特别是,如果 $\tau = \{T\}$,即 τ 只包含一个映象 T,则 $\{T_n\}$ 被称为关于 T 满足 NST -条件。

引理 3.13 设 H 是一 Hilbert 空间,K 是 H 的非空闭凸子集,$T: K \to K$ 是一 k -严格伪压缩映象且 $F(T) \neq \varnothing$。令实数序列 $\{\beta_n\}$ 的选取满足 $0 < a \leqslant \beta_n \leqslant b < 1$。对于 $n \in N$,定义映象 $T_n: K \to K$

$$T_n x = (1-\beta_n)x + \beta_n T x, (\forall x \in C)$$

则 $\{T_n\}$ 关于 T 满足 NST -条件。

证明 对于任意的 $n \in N, F(F)$,则有 $F(T) = \bigcap_{n=1}^{\infty} F(T_n) \neq \varnothing$。事实上,由 T_n 的定义、$\{\beta_n\}$ 的限制条件和 $T_n x - x = (1-\beta_n)x + \beta_n T x - x = \beta_n(T x - x)$,就有 $p = T_n p$ 当且仅当 $p = T p$。假设 $\{z_n\}$ 是 C 中的有界序列,$\lim_{n \to \infty} \| z_n - T_n z_n \| =$

0。因为 $\|z_n-T_nz_n\|=\beta_n\|z_n-Tz_n\|$，我们就有 $\lim\limits_{n\to\infty}\|z_n-Tz_n\|=0$。

定义 3.13 Banach 空间 E 被称为严格凸的，如果对 $\|x\|=\|y\|=1$，$x\neq y$ 有 $\left\|\dfrac{x+y}{2}\right\|<1$。Banach 空间 E 被称为一致凸的，如果对任意的 $\varepsilon>0$，存在 $\delta>0$，使得当 $x,y\in E$，$\|x\|,\|y\|\leqslant 1$，$\|x-y\|\geqslant\varepsilon$，总有 $\|x+y\|\leqslant 2(1-\delta)$ 成立。E 的凸性模 $\delta_E:[0,2]\to[0,1]$ 由下式定义

$$\delta_E(\varepsilon)=\inf\left\{1-\left\|\frac{x+y}{2}\right\|:\|x\|=\|y\|=1;\varepsilon=\|x-y\|\right\}$$

E 是一致凸的，当且仅当 $\delta_E(0)=0,\delta_E(\varepsilon)>0,\forall\varepsilon\in(0,2]$，典型的一致凸空间例子是 Hilbert 空间，Lebesgue 可积空间 Lp，序列 l_p 及 Sobolev 空间 $W_p^m 1<p<\infty$，其中 Hilbert 空间是 2 ——致凸的，Lp 空间（$p>1$）是 $\max\{p,2\}$ 一致凸的。

定义 3.14 Banach 空间 E 的范数被称为 Gâteaux 可微的，如果对 $x,y\in S(E)$，$S(E)=\{y\in E:\|y\|=1\}$ 是 E 的单位球面，极限

$$\lim_{t\to 0}\frac{\|x+ty\|-\|x\|}{t}$$

存在。此时，E 被称为光滑的。E 的范数被称为一致 Gâteaux 可微的，如果每个 $y\in S(E)$，极限（＊）式对 $x\in S(E)$ 一致达到。E 的范数被称为 Fréchet 可微的，如果每个 $x\in S(E)$，极限（＊）式，$y\in S(E)$ 一致达到。E 的范数被称为一致 Fréchet 可微的，如果极限（＊）式对 $x,y\in S(E)$ 一致达到。众所周知，E 的范数是一致 Fréchet 可微的蕴含着 E 的范数是（一致）Gâteaux 可微的。E 的光滑模，$\rho_E:[0,\infty)\to[0,\infty)$ 由下式定义

$$\rho_E(t)=\sup\left\{\frac{1}{2}(\|x+y\|+\|x-y\|)-1:x\in S(E),\|y\|\leqslant t\right\}$$

E 是一致光滑的，当且仅当 $\dfrac{\rho_E(t)}{t}\to 0$，$t\to 0$，令 $q>l$，Banach 空间 E 称为 q 一致光滑的，如果存在一个固定的常数 $c>0$ 使得 $\rho_E(t)\leqslant ct^q$。另外，E 称为一致光滑的，当且仅当 E 的范数为一致 Fréchet 可微的。如果 E 为 q 一致光滑的，则 $q\leqslant 2$ 且 E 是一致光滑的，因此 E 的范数也为一致 Fréchet 可微的。典型的一致凸且一致光滑的 Banach 空间是 $L^p(p>1)$ 空间，其中 $L^p(p>1)$ 空间是 $\min\{p,2\}$ 一致光滑的。

定义 3.15 空间 E 满足 Opial 条件：如果对于每一个 E 中的序列 $\{x_n\}$ 弱收敛到 $x\in E$，都有如下不等式成立

$$\liminf_{n\to\infty}\|x_n-x\|<\liminf_{n\to\infty}\|x_n-y\|,(\forall y\in E,y\neq x)$$

引理 3.14 设 E 是 q 一致光滑的实 Banach 空间，对任意的 $x,y\in E$，存在

一个常数 Cq>0 使得
$$\| x+y \|^q \leqslant \| x \|^q + q<y, j_q x>C_q \| y \|^q$$

特别地，如果 E 是 2 一致光滑的实 Banach 空间，对任意的 x，$y \in E$，存在一个最佳光滑常数 K>0 使得
$$\| x+y \|^2 \leqslant \| x \|^2 + 2<y, jx>2 \| Ky \|^2$$

引理 3.15 设 E 是 q 一致光滑的实 Banach 空间，C 是 E 的非空闭凸子集，T：$C \to C$ 是一 λ - 严格伪压缩映象。对于 $\alpha \in$ （0，1），定义 $T_\alpha x = (1-\alpha)x + \alpha Tx$，当 $\alpha \in (0, \mu]$，$\mu = \min\{1, \{\frac{q\lambda}{C_q}\}^{\frac{1}{q-1}}\}$ 时，则 T_α：$C \to C$ 为非扩张映象且满足 $F(T_\alpha) = F(T)$。

证明 取任意的 x，$y \in C$，我们有
$$\| T_\alpha - T_\alpha y \|^q$$
$$= \| (1-\alpha)x + \alpha Tx - (1-\alpha)y - \alpha Ty \|^q$$
$$= \| x-y - \alpha[x-y-(Tx-Ty)] \|^q$$
$$\leqslant \| x-y \|^q - q\alpha[x-Tx-(y-Ty),$$
$$j_q(x-y)] + C_q\alpha^q \| x-y-(Tx-Ty) \|^q$$
$$\leqslant \| x-y \|^q - q\alpha\lambda \| x-y-(Tx-Ty) \|^q + C_q\alpha^q \| x-y-(Tx-Ty) \|^q$$
$$\leqslant \| x-y \|^q - \alpha(q\lambda - C_q\alpha^{q-1}) \| x-y-(Tx-Ty) \|^q$$
$$\leqslant \| x-y \|^q$$

这说明是非扩张映象。利用给定的定义，我们也很容易得到 $x = T_\alpha x \Leftrightarrow x = Tx$。

引理 3.16 设 E 是 q 一致光滑的实 Banach 空间，C 是 E 的非空闭凸子集，T：$C \to E$ 是一 λ - 严格伪压缩映象。假设对偶映象 J：$E \to E^*$ 在 0 点弱序列连续，对于任意的 $\{x_n\} \subset C$，如果 $x_n \rightarrow x, x_n - Tx_n \rightarrow y \in E$，则 $x - Tx = y$。

证明 由于 λ-严格伪压缩映象的定义，则有
$$\lambda \| x-Tx-(x_n-Tx_n) \|^2$$
$$\leqslant [(x-Tx)-(x_n-Tx_n), J(x-x_n)]$$
$$= [Tx_n-x_n, J(x-x_n)] + [Tx-x, J(x-x_n)]$$

对于上面的不等式，两边同时取极限，由于 J：$E \to E^*$ 在 0 点弱序列连续，则有 $\lambda \| x-Tx-y \|^2 \leqslant 0$，因此有 $x-Tx = y$。

引理 3.17 设 E 是一致凸的实 Banach 空间，C 是 E 的非空闭凸子集，T：$C \to E$ 是一连续伪压缩映象，则有 $I - T$ 在 0 点次闭。

引理 3.18 设 E 是一致凸且具有范数 Fréchet 可微的实 Banach 空间，C 是 E 的非空闭凸子集，$\{T_n\}_{n=1}^{\infty}$ 是从 C 到 C 的一族 Lipschitzian 自映象，使得 $\sum_{n=1}^{\infty}$ $(L_n-1)<\infty$ 且 $F = \bigcap_{n=1}^{\infty} F(T_n) \neq \emptyset$。任意给定的 $x_1 \in C$，定义 $x_{n+1} = T_n x_n, n \geqslant 1$，

则对于所有 $p,q\in F$，$\lim\limits_{n\to\infty}[x_n,j(p-q)]$ 的极限存在。特别地，对于任意的 $u,v\in\omega_\omega(x_n)$，$p,q\in F$，有 $[u-v,j(p-q)]=0$。

引理 3.19 设 E 是一致光滑的实 Banach 空间，C 足 E 的非空闭凸子集，T：$C\to E$ 是一非扩张映象且 $F(T)\neq\varnothing$，则存在唯一的太阳非扩张收缩 $Q_{F(T)}$：$C\to F(T)$，使得对于任意给定的 $u\in C$ 和逼近 T 的不动点的有界序列 $\{x_n\}\subset C$，有

$$\limsup_{n\to\infty}[u-Q_{F(t)}u,J(x_n-Q_{F(T)}u)]\leqslant 0$$

引理 3.20 设 $\{a_n\}$ 为非负实数序列使得

$$a_{n+1}\leqslant(1-t_n)a_n+b_n+o(t_n),(n\geqslant 1)$$

其中，$\{t_n\}$ 和 $\{b_n\}$ 满足下列条件

（Ⅰ）$t_n\to 0,(n\to\infty)$

（Ⅱ）$\sum_{n=1}^\infty b_n<\infty$

（Ⅲ）$\sum_{n=1}^\infty t_n=\infty$

则 $a_n\to 0,(n\to\infty)$

引理 3.21 设 $\{Z_n\}$ 和 $\{\omega_n\}$ 为实 Banach 空间 E 中两个有界序列，使得 $z_{n+1}=(1-\gamma_n)z_n+\gamma_n\omega_n,n\geqslant 1$，其中，$\{\gamma_n\}$ 满足条件：$0<\liminf\limits_{n\to\infty}\gamma_n\leqslant\limsup\limits_{n\to\infty}\gamma_n<1$。如果 $\limsup\limits_{n\to\infty}(\|\omega_{n+1}-\omega_n\|-\|z_{n+1}-z_n\|)\leqslant 0$，则有 $\omega_n-z_n\to 0,(n\to\infty)$。

引理 3.22 设 E 是光滑的实 Banach 空间，C 是 E 的非空闭凸子集。对于给定的 $N\geqslant 1$，对任一 $i\in A=\{1,2,\cdots,r\}$，$T_i:C\to C$ 是一 λ_i 严格伪压缩映象，其中 $0\leqslant\lambda_i<1$。假设 $\{\eta_i\}_{i=1}^N$ 是满足 $\sum_{i=1}^N\eta_i=1$ 的正实序列，则 $\sum_{i=1}^N\eta_iT_i:C\to C$ 也是一个 λ -严格伪压缩映象，其中 $\lambda=\min\{\lambda_i:1\leqslant i\leqslant N\}$。

引理 3.23 设 E 是光滑的实 Banach 空间，C 是 E 的非空闭凸子集。对于给定的 $N\geqslant 1$，假设 $\{T_i\}_{i=1}^N:C\to C$ 是一有限族的 λ_i -严格伪压缩映象，且 $F=\bigcap_{i=1}^N F(T_i)\neq\varnothing$，其中 $0\leqslant\lambda_i<1$。如果 $\{\eta_i\}$ 是满足 $\sum_{i=1}^N\eta_i=1$ 的正实序列，则 $F(\sum_{i=1}^N\eta_iT_i)=F$。

引理 3.24 设 E 是光滑的实 Banach 空间，C 是 E 的非空闭凸子集，取 $z\in C$，$T:C\to C$ 是非扩张映象且不动点集非空。对任意的 $t\in(0,1)$，设 z_t 是方程 $x=tz+(1-t)Tx$ 的唯一解，则 $\{z_t\}$ 强收敛到 T 的一个不动点，当 $t\to 0$，且 $Qz=\delta-\lim\limits_{t\to 0}z_t$ 定义了从 C 到 $F(T)$ 的唯一太阳非扩张收缩。

3.3.2 主要结果

定理 3.11 设 H 是一实 Hilbert 空间，C 是 H 中的非空闭凸子集，$\{T_n\}$ 与 T 为 C 到 C 上具有常数 $0\leqslant k<1$ 的 k -严格伪压缩映象且 $\bigcap_{n=1}^\infty F(T_n)=F(T)\neq\varnothing$。假设 $\{T_n\}$ 满足 NST -条件。给定迭代初值 $x_0\in H$，C 中的序列 $\{x_n\}$ 由下

列算法产生：$x_1 = P_{C_1} x_0, C_1 = C$

$$\begin{cases} y_n = a_n x_n + (1-a_n) T_n x_n \\ C_{n+1} = \{z \in C_n : \|y_n - z\|^2 \leqslant \|x_n - z\|^2 - (1-a_n)(a_n - k)\|x_n - T_n x_n\|^2\} \\ x_{n+1} = P_{C_{n+1}} x_0 \end{cases}$$

所产生。若对于所有的 $n \in N$，控制序列 $\{a_n\}$ 满足 $0 \leqslant a_n \leqslant a < 1$，则序列 $\{x_n\}$ 强收敛至 $z_0 = P_{F(T)} x_0$。

证明 首先，使用归纳法证明，对于任意的 $n \in N$，有 $F(T) \subset C_n$。当 $n = 1$ 时，$F(T) \subset C_1$ 很容易得到。对于 $m \in N$，假设有 $F(T) \subset C_m$。由于 $u \in F(T) \subset C_1$，则有

$$\begin{aligned} \|y_m - u\|^2 &= \|a_m x_m + (1-a_m) T_m x_m - u\|^2 \\ &= a_m \|x_m - u\|^2 + (1-a_m)\|T_m x_m - u\|^2 - a_m(1-a_m)\|x_m \\ &\quad - T_m x_m\|^2 \\ &\leqslant a_m \|x_m - u\|^2 + (1-a_m)(\|x_m - u\|^2 + k\|x_m - T_m x_m\|^2 \\ &\quad - a_m(1-a_m)\|x_m - T_m x_m\|^2 \\ &= \|x_m - u\|^2 - (1-a_m)(a_m - k)\|x_m - T_m x_m\|^2 \end{aligned}$$

因此，$u \in C_{m+1}$。这就蕴含着

$$F(T) \subset C_N \; \forall \, n \in N$$

下面，我们证明对于所有的 $n \in N$，C_n 是闭凸的。当 $n = 1$ 时，$C_1 = C$ 显然是闭凸的。假设对于 $m \in N$，C_m 是闭凸的。由于 $z \in C_m$，则

$$\|y_m - z\|^2 \leqslant \|x_m - z\|^2 - (1-a_m)(a_m - k)\|x_m - T_m x_m\|^2$$

等价于

$$\|y_m - x_m\|^2 + 2(y_m - x_m, x_m - z) + (1-a_m)(a_m - k)\|x_m - T_m x_m\|^2 \leqslant 0$$

因此，C_{m+1} 也是闭凸的。因此，对于任意的 $n \in N$，C_n 是闭凸的。这就蕴含着 $\{x_n\}$ 是有定义的。

由 $x_n = P_{C_n} x_0$，则有

$$[x_0 - x_n, x_n - y] \geqslant 0, (\forall \, y \in C_n)$$

因为 $F(T) \subset C_n$，也有

$$[x_0 - x_n, x_n - u] \geqslant 0, \forall \, u \in F(T), (n \in N)$$

因此，对于任意的 $u \in F(T)$，我们有

$$\begin{aligned} 0 &\leqslant [x_0 - x_n, x_n - u] \\ &\leqslant [x_0 - x_n, x_n - x_0 + x_0 - u] \\ &= -\|x_0 - x_n\|^2 + \|x_0 - x_n\| \|x_0 - u\| \end{aligned}$$

这就推出

$$\|x_0 - x_n\| \leqslant \|x_0 - u\|, \forall \, u \in F(T), (n \in N)$$

由 $x_n = P_{C_n} x_0$ 和 $x_{n+1} = P_{C_{n+1}} x_0 \in C_{n+1} \subset C_n$ 得到

$$\| x_0 - x_n \| \leqslant \| x_0 - x_{n+1} \| , (\forall u \in N)$$

因此，$\{\| x_0 - x_n \|\}$ 是有界的，得到 $\lim\limits_{n \to \infty} \| x_0 - x_n \|$ 的极限存在。

注意到 $x_n = P_{C_n} x_0$，则对于任意的 $m \in N$，我们有 $x_{n+m} \in C_{n+m} \subset C_n$，且有

$$[x_0 - x_n, x_n - x_{n+m}] \geqslant 0 \tag{3.26}$$

从式（3.26），则对于任意的 $m \in N$，有

$$
\begin{aligned}
\| x_n - x_{n+m} \|^2 &= \| (x_n - x_0) + (x_0 - x_{n+m}) \|^2 \\
&= \| x_n - x_0 \|^2 + \| x_0 - x_{n+m} \|^2 + 2[x_n - x_0, x_0 - x_{n+m}] \\
&= \| x_n - x_0 \|^2 + \| x_0 - x_{n+m} \|^2 + 2[x_n - x_0, x_0 - x_n + x_n - x_{n+m}] \\
&= - \| x_n - x_0 \|^2 + \| x_0 - x_{n+m} \|^2 + 2[x_n - x_0, x_n - x_{n+m}] \\
&\leqslant - \| x_n - x_0 \|^2 + \| x_0 - x_{n+m} \|^2
\end{aligned}
$$

因为 $\lim\limits_{n \to \infty} \| x_0 - x_n \|$ 存在，我们有 $\lim\limits_{n \to \infty} \| x_{n+m} - x_n \| = 0$。那就是说，$\{x_n\}$ 是 C 中的柯西列。因此，存在一点 $p \in C$ 使得 $\lim\limits_{n \to \infty} \| x_n - p \| = 0$。

下面，证明 $\lim\limits_{n \to \infty} \| x_n - T_n x_n \| = 0$。事实上，由 $x_{n+1} \in C_{n+1} \subset C_n$，我们有

$$\| y_n - x_{n+1} \|^2 \leqslant \| x_m - x_{n+1} \|^2 - (1 - a_n)(a_n - k) \| x_n - T_n x_n \|^2$$

由 $y_n = a_n x_n + (1 - a_n) T_n x_n$，则有

$$
\begin{aligned}
(1 - a_n)^2 \| x_n - T_n x_n \|^2 &= \| y_n - x_n \|^2 \\
&= \| y_n - x_{n+1} + x_{n+1} - x_n \|^2 \\
&\leqslant \| y_n - x_{n+1} \|^2 + \| x_{n+1} - x_n \|^2 + 2 \| y_n - x_{n+1} \| \| x_{n+1} - x_n \| \\
&\leqslant - (1 - a_n)(a_n - k) \| x_n - T_n x_n \|^2 + 2(\| x_{n+1} - x_n \| + \\
&\quad \| y_n - x_{n+1} \|) \| x_{n+1} - x_n \|
\end{aligned}
$$

由此可得

$$
\begin{aligned}
\| x_n - T_n x_n \|^2 &\leqslant \frac{2}{(1 - a_n)(1 - k)} (\| x_{n+1} - x_n \|^2 + \| y_n - x_{n+1} \| \| x_{n+1} - x_n \|) \\
&\leqslant \frac{2}{(1 - a)(1 - k)} (\| x_{n+1} - x_n \|^2 + \| y_n - x_{n+1} \| \| x_{n+1} - x_n \|)
\end{aligned}
$$

由于 $\{x_n\}$ 是 C 中的柯西列，$\lim\limits_{n \to \infty} \| x_{n+1} - x_n \| = 0$。则 $\lim\limits_{n \to \infty} \| x_n - T_n x_n \| = 0$

因为 $\{T_n\}$ 关于 T 满足 NST-条件，则对于任意的 $T \in \mathcal{T}$ 有

$$\lim_{n \to \infty} \| x_n - T x_n \| = 0 \tag{3.27}$$

由于我们已经证 $\{x_n\}$ 强收敛到 C 中一点 p，结合式（3.27），由此则 p 是 T 的一个不动点。

最后，我们证明 $p = z_0 = P_{F(T)} x_0$。假如结论不成立，则有 $\| x_0 - p \| > \| x_0 - z_0 \|$。

即存在一个正的整数 N，对任意的 $n > N$，如果 $\| x_0 - x_n \| > \| x_0 - z_0 \|$，则有

$$\| x_0 - z_0 \|^2 = \| x_0 - x_n + x_n - z_0 \|$$
$$= \| x_0 - x_n \|^2 + \| x_0 - z_0 \|^2 + 2[x_0 - x_n, x_n - z_0]$$

由此可得$[x_0 - x_n, x_n - z_0] < 0$，则推出 $z_0 \notin C_n$。因为 $F(T) \subset C_n$，$z_0 \notin F(T)$，出现矛盾，因此，$p = z_0 = P_{F(T)} x_0$。定理证毕。

定理 3.12 设 C 为实 Hilbert 空间 H 的一非空闭凸子集，T：$C \to C$ 为具有常数 $0 \leqslant k < 1$ 的渐近 k-严格伪压缩映象。假设 T 的不动点集 $F(T)$ 非空，$(0，1)$ 中的序列 $\{a_n\}_{n=0}^{\infty}$ 满足 $\limsup\limits_{n \to \infty} a_n < 1$。如果序列 $\{x_n\}$ 由下列算法产生

$$\begin{cases} x_0 \in C \\ y_n = a_n x_n + (1 - a_n) T^n x_n \\ C_n = \{z \in C_{n-1} \bigcap Q_{n-1} : \| y_n - z \|^2 \leqslant \| x_n - z \|^2 \\ \quad - (1 - a_n)(a_n - k) \| x_n - T^n x_n \|^2 + \theta_n \} \\ C_0 = \{z \in C : \| y_0 - z \|^2 \leqslant \| x_0 - z \|^2 \\ \quad - (1 - a_0)(a_0 - k) \| x_0 - T^n x_0 \|^2 + \theta_0 \} \\ Q_n = \{z \in C_{n-1} \bigcap Q_{n-1} : [x_n - z, x_0 - x_n] \geqslant 0\} \\ Q_0 = C \\ x_{n+1} = P_{C_n \cap Q_n} x_0 \end{cases}$$

其中

$$\theta_n = (1 - a_n) \gamma_n (\sup_{z \in A} \| x_n - z \|)^2 \to 0, (n \to \infty)$$
$$A = \{y \in F(T) : \| y - P_{F(T)} x_0 \| \leqslant 1\}$$

则，$\{x_n\}$ 强收敛到 $P_{F(T)} x_0$。

证明 对于任意的 $n \geqslant 0$，由引理，我们得到 C_n 是闭凸的。另外由于 $A = \{y \in F(T) : \| y - p_0 \| \leqslant 1\}$ 是 H 上的一有界闭凸子集，其中 $p_0 = P_{F(T)} x_0$。因此，有 $A \in F(T)$ 且 $p_0 = P_A x_0$。

下面，对于任意的 $n \geqslant 0$，证明 $A \subset C_n$。事实上，对任意的 $p \in A$，$n \geqslant 0$，有

$$\| y_n - p \|^2 = \| a_n (x_n - p) + (1 - a_n)(T^n x_n - p) \|^2$$
$$= a_n \| x_n - p \|^2 + (1 - a_n) \| T^n x_n - p \|^2 - a_n(1 - a_n) \| x_n - T^n x_n \|^2$$
$$\leqslant a_n \| x_n - p \|^2 + (1 - a_n)[(1 + \gamma_n) \| x_n - p \|^2 + k \| x_n - T^n x_n \|^2]$$
$$\quad - a_n(1 - a_n) \| x_n - T^n x_n \|^2$$
$$\leqslant \| x_n - p \|^2 - (1 - a_n)(a_n - k) \| x_n - T^n x_n \|^2 + \theta_n$$

因此，对于任意的 $n \geqslant 0$，有 $p \in C_n$，即对任意的 $n \geqslant 0$，有 $A \subset C_n$。

接下来，证明对于任意的 $n \geqslant 0$，$A \subset C_n \bigcap Q_n$。只需要证明 $A \subset Q_n$ 就足够了。使用归纳法证明。当 $n = 0$，$A \subset F(T) \subset C = Q_0$ 显然成立。假设 $A \subset Q_n$，因为 x_{n+1} 是 x_0 到 $A_n \bigcap Q_n$ 的投影，则有

$$(x_{n+1}-z, x_0-x_{n+1}) \geqslant 0, \forall z \in C_n \bigcap Q_n$$

则上面的不等式成立。特别是，对于所有的 $z \in A$，上面的不等式也成立。结合 Q_{n+1} 的定义则推出 $A \subset Q_{n+1}$。因此，对于所有的 $n \geqslant 0$，有 $A \subset C_n \bigcap Q_n$。

从 Q_n 的定义推出 $x_n = P_{Q_n} x_0$，又由于 $A \subset Q_n$，则

$$\| x_n-x_0 \| \leqslant \| p-x_0 \|, (p \in A)$$

特别地，$\{x_n\}$ 是有界的且

$$\| x_n-x_0 \| \leqslant \| p_0-x_0 \| \quad p_0 = P_A x_0 \tag{3.28}$$

更进一步，由 $x_n = P_{Q_n} x_0$ 与 $x_{n+1} \in C_n \bigcap Q_n$ 推得

$$\| x_n-x_0 \| \leqslant \| x_{n+1}-x_0 \| \tag{3.29}$$

这意味着序列 $\{ \| x_n-x_0 \| \}$ 是递减的。由于 $\{x_n\}$ 是有界的，因此 $\lim\limits_{n \to \infty} \| x_n-x_0 \|$ 存在。

又由于 $x_n = P_{Q_n} x_0$，因此对任意的正整数 m，如果有 $x_{n+m} \in Q_{n+m-1} \subset Q_n$，则 $(x_{n+m}-x_n, x_n-x_0) \geqslant 0$，得到

$$\begin{aligned} \| x_{n+m}-x_n \|^2 &= \| (x_{n+m}-x_0)-(x_n-x_0) \|^2 \\ &= \| (x_{n+m}-x_0) \|^2 - \| (x_n-x_0) \|^2 - 2(x_{n+m}-x_n, x_n-x_0) \\ &\leqslant \| (x_{n+m}-x_0) \|^2 - \| (x_n-x_0) \|^2 \end{aligned} \tag{3.30}$$

由式（3.30），则 $\{x_n\}$ 为 C 中的柯西列，因此 C 中存在一点 p 使得 $\lim\limits_{n \to \infty} x_n = p$。

下面，证明

$$\lim_{n \to \infty} \| x_n-T^n x_n \| = 0 \tag{3.31}$$

事实上，由 $x_{n+1} \in C_n$，我们有

$$\| x_{n+1}-y_n \|^2 \leqslant \| x_{n+1}-x_n \|^2 - (1-a_n)(a_n-k) \| x_n-T^n x_n \|^2 + \theta_n \tag{3.32}$$

又因为 $y_n = a_n x_n + (1-a_n) T^n x_n$，结合式（3.32）得到

$$\begin{aligned} (1-a_n)^2 \| x_n-T^n x_n \| &= \| y_n-x_n \|^2 \\ &\leqslant \| (y_n-x_{n+1}) \|^2 + \| (x_{n+1}-x_0) \|^2 + 2 \| y_n \\ &\quad -x_{n+1} \| \| x_{n+m}-x_n \| \\ &\leqslant (1-a_n)(k-a_n) \| x_n-T^n x_n \|^2 + \theta_n \\ &\quad + 2 \| (x_{n+1}-x_n) \|^2 + \| y_n-x_{n+1} \| \| x_{n+1}-x_n \| \end{aligned}$$

因此

$$\begin{aligned} (1-a_n)(1-k) \| x_n-T^n x_n \|^2 &\leqslant 2 \| (x_{n+1}-x_n) \|^2 \\ &\quad + \| y_n-x_{n+1} \| \| x_{n+1}-x_n \| + \theta_n \end{aligned} \tag{3.33}$$

由于 $a_n \leqslant 1-\varepsilon$，$\theta_n \to 0$ 且

$$\lim_{n \to \infty} \| x_{n+1} - x_n \| = 0 \tag{3.34}$$

则有，$\lim_{n \to \infty} \| x_n - T^n x_n \| = 0$。再使用式（3.32）和式（3.34），我们得到

$$\lim_{n \to \infty} \| y_n - x_{n+1} \| = 0 \tag{3.35}$$

下面，证明

$$\lim_{n \to \infty} \| x_n - T x_n \| = 0 \tag{3.36}$$

事实上

$$\| x_n - T x_n \| \leqslant \| x_n - T^n x_n \| + \| T^n x_n - T^{n+1} x_n \| + \| T^{n+1} x_n - T x_n \|$$
$$\leqslant (1 + L_1) \| x_n - T^n x_n \| + \| T^n x_n - T^{n+1} x_n \|$$

由 y_n 的定义，则

$$\| T^n x_n - T^{n+1} x_n \| \leqslant \| T^n x_n - y_n \| + \| y_n - x_{n+1} \|$$
$$+ \| x_{n+1} - T^{n+1} x_{n+1} \| + \| T^{n+1} x_{n+1} - T^{n+1} x_n \|$$
$$\leqslant a_n \| x_n - T x_n \| + \| y_n - x_{n+1} \|$$
$$+ \| x_{n+1} - T^{n+1} x_{n+1} \| + L_{n+1} \| x_{n+1} - x_n \| \tag{3.37}$$

结合式（3.36）和式（3.37），产生

$$\| x_n - T x_n \| \leqslant (1 + a_n + L_1) \| x_n - T^n x_n \| + \| y_n - x_{n+1} \|$$
$$+ \| x_{n+1} - T^{n+1} x_{n+1} \| + L_{n+1} \| x_{n+1} - x_n \|$$

因此，我们证明了 $\{x_n\}$ 强收敛到 $p \in C$，P 为 T 的一个不动点。

最后，我们证明 $p = p_0 = P_{F(T)} x_0$。假设不成立，则有 $\| x_0 - p \| > \| x_0 - p_0 \|$

即存在一个正整数 N，对于 $n > N$，如果 $\| x_0 - x_n \| > \| x_0 - p_0 \|$，那么

$$\| x_0 - p_0 \|^2 < \| x_0 - x_n + x_n - p_0 \|$$
$$= \| x_0 - x_n \|^2 + \| x_n - p_0 \|^2 + 2(x_n - p_0, x_0 - x_n)$$

则有 $(x_n - p_0, x_0 - x_n) < 0$，即 $p_0 \notin Q_n$，出现矛盾，因此 $p = p_0$。定理证毕。

3.4 Banach 空间中严格伪压缩映象不动点的迭代逼近

3.4.1 预备知识

命题 3.1 设 E 是一个实的 q——致光滑的 Banach 空间，C 为 E 中一非空闭凸子集，T：$C \to C$ 为 λ -严格伪压缩。设 $\{a_n\}$ 为 $[0, 1]$ 中的实序列且满足

（Ⅰ）$a_n \in [0, \mu], \mu = \min\{1, (\frac{q\lambda}{C_q})^{\frac{1}{q-1}}\}$

（Ⅱ）$\sum_{n=0}^{\infty} a_n(q\lambda - C_q a_n^{q-1}) = \infty$

如果序列 $\{x_n\}$ 由

$$x_{n+1} = (1-a_n)x_n + a_n T x_n, (n \geqslant 0)$$

产生，则

$$\lim_{n \to \infty} \| x_n - T^n x_n \| = d[0, \overline{R(A)}]$$

其中，$A = I - T$。

证明 对给定的 $\{a_n\} \subset [0, \mu]$，定义 $\beta_n = 1 - \dfrac{a_n}{\mu}$，则对所有的 $n \geqslant 0$，有 $0 \leqslant \beta_n \leqslant 1$，$a_n = \mu(1-\beta_n)$ 和 $1-a_n = 1-\mu(1-\beta_n)$。因此，我们推出 $x_0 \in C$，且有

$$\begin{aligned}
x_{n+1} &= (1-a_n)x_n + a_n T x_n \\
&= [1-\mu(1-\beta_n)]x_n + \mu(1-\beta_n)T x_n \\
&= \beta_n x_n (1-\mu)(1-\beta_n)x_n + \mu(1-\beta_n)T x_n \\
&= \beta_n x_n + (1-\beta_n)[(1-\mu)x_n + \mu T x_n] \\
&= \beta_n x_n + (1-\beta_n)T_\mu x_n
\end{aligned}$$

我们推出 $T_\mu : C \to C$ 是非扩张映象使得 $F(T_\mu) = F(T)$。对任意的 $x \in C$，注意到

$$\begin{aligned}
\| x_{n+1} &- T_\mu x_{n+1} \| \\
&\leqslant \beta_n \| x_{n+1} - T_\mu x_{n+1} \| + (1-\beta_n) \| T_\mu x_n - T_\mu x_{n+1} \| \\
&\leqslant \beta_n \| x_n - T_\mu x_n \| + \| T_\mu x_n - T_\mu x_{n+1} \| \\
&\leqslant \beta_n \| x_n - T_\mu x_n \| + \| x_{n+1} - x_n \| \\
&= \beta_n \| x_n - T_\mu x_n \| + (1-\beta_n) \| x_n - T_\mu x_n \| \\
&= \| x_n - T_\mu x_n \|
\end{aligned}$$

且 $\| x - T_\mu x_n \| = \mu \| x - Tx \|$，因此对所有的 $n \geqslant 0$，$\| x_{n+1} - T x_{n+1} \| \leqslant \| x_n - T x_n \|$。

所以，$\lim\limits_{n \to \infty} \| x_n - T x_n \| \geqslant d[0, \overline{R(A)}]$。

考虑另一个迭代序列 $\{y_n\}$

$$\forall y_0 \bigcup C, y_{n+1} = (1-a_n)y_n + a_n T y_n, (n \geqslant 0)$$

则有

$$\begin{aligned}
\| x_{n+1} - y_{n+1} \|^q &= \| x_n - y_n - a_n[(I-T)x_n - (I-T)y_n] \|^q \\
&\leqslant \| x_n - y_n \|^q - q a_n[(I-T)x_n - (I-T)y_n, j_q(x_n - y_n)] \\
&\quad + C_q a_n^q \| (I-T)x_n - (I-T)y_n \|^q \\
&\leqslant \| x_n - y_n \|^q - a_n(q\lambda - C_q a_n^q) \| (I-T)x_n - (I-T)y_n \|^q
\end{aligned}$$

从而推出

$$\sum_{n=0}^{\infty} a_n(q\lambda - C_q a_n^q) \| (I-T)x_n - (I-T)y_n \|^q \leqslant \infty$$

因为 $\sum_{n=0}^{\infty}a_n(q\lambda-C_qa_n^q)=\infty$，故有 $\varliminf_{n\to\infty}\|(I-T)x_n-(I-T)y_n\|^q=0$ 从而蕴含着对任意的 $y_0\in C$, $\lim_{n\to\infty}\|x_n-Tx_n\|=\lim_{n\to\infty}\|y_n-Ty_n\|\leqslant\|y_0-Ty_0\|$，因此 $\lim_{n\to\infty}\|x_n-Tx_n\|\leqslant d[0,\overline{R(A)}]$。从而，$\lim_{n\to\infty}\|x_n-Tx_n\|=d[0,\overline{R(A)}]$。

命题 3.2 设 E 为一实的 Banach 空间，C 为 E 的非空闭凸子集，T: $C\to C$ 为非扩张映象。若序列 $\{x_n\}$ 由

$$x_{n+1}=(1-a_n)x_n+a_nTx_n,(n\geqslant0)$$

产生，其中 $\{a_n\}$ 满足控制条件 $\sum_{n=0}^{\infty}a_n=\infty$，令 $a_n=\sum_{k=0}^{\infty}a_k$，$A=I-T$。则存在 $f\in S(E^*)$ 使得

$$\lim_{n\to\infty}f\left(\frac{x_{n+1}}{a_n}\right)=\lim_{n\to\infty}\frac{\|x_{n+1}\|}{a_n}==d[0,\overline{R(A)}] \tag{3.38}$$

3.4.2 主要结果

定理 3.13 设 E 是一个实的 q ——致光滑的 Banach 空间，C 为 E 中一非空闭凸子集，T: $C\to C$ 为具有常数 $0<\lambda<1$ 的 λ -严格伪压缩。假设 E 满足一致凸或者 Opial 条件之一。序列 $\{x_n\}_{n=0}^{\infty}$ 由正规的 Mann 迭代算法产生

$$x_{n+1}=(1-a_n)x_n+a_nTx_n,(n\geqslant0)$$

如果控制序列 $\{a_n\}_{n=0}^{\infty}$ 对于所有的 $n\geqslant0$ 满足 $a_n\in[0,\mu]$, $\mu=\min\{1,$ $(\frac{q\lambda}{C_q})^{\frac{1}{q-1}}\}$ 且

$$\sum_{n=0}^{\infty}a_n(q\lambda-C_qa_n^{q-1})=\infty \tag{3.39}$$

则下列结论是相互等价的

（Ⅰ）$F(T)\neq\varnothing$

（Ⅱ）$\{x_n\}$ 是有界的

（Ⅲ）$\{x_n\}$ 弱收敛到 T 的一个不动点

证明 对给定的 $\{a_n\}\subset[0,\mu]$，我们定义 $\beta_n=1-\frac{a_n}{\mu}$，则对于所有的 $n\geqslant0$，有 $0\leqslant\beta_n\leqslant1$, $a_n=\mu(1-\beta_n)$ 和 $1-a_n=1-\mu(1-\beta_n)$，可以推出 $x_0\in C$,

$$\begin{aligned}
x_{n+1}&=(1-a_n)x_n+a_nTx_n\\
&=[1-\mu(1-\beta_n)]x_n+\mu(1-\beta_n)Tx_n\\
&=\beta_nx_n-(1-\mu)(1-\beta_n)x_n+\mu(1-\beta_n)Tx_n\\
&=\beta_nx_n-(1-\beta_n)[(1-\mu)x_n+\mu Tx_n]\\
&=\beta_nx_n-(1-\beta_n)T_\mu x_n
\end{aligned} \tag{3.40}$$

我们得到 T_μ: $C\to C$ 是非扩张映象使得 $F(T_\mu)=F(T)$。

首先，证明（Ⅰ）$\Rightarrow$（Ⅱ）。

对于任意的 $p \in F(T)$，$n \geqslant 0$，由式（3.40），我们有

$$\| x_{n+1} - p \| \leqslant \beta_n \| x_n - p \| + (1 - \beta_n) \| T_\mu x_n - p \|$$
$$\leqslant \| x_n - p \|$$

这就意味着 $\lim\limits_{n \to \infty} \| x_n - p \|$ 存在，因此 $\{x_n\}$ 是有界的。

紧接着证明（Ⅱ）$\Rightarrow$（Ⅲ）。

因为 $\{x_n\}$ 是有界的，由命题 3.2，我们推得

$$d[0, \overline{R(B)}] = \lim_{n \to \infty} \frac{\| x_{n+1} \|}{a_n} = 0$$

其中，$B = I - T_\mu$ 且 $a_n = \sum_{k=0}^{\infty}(1-\beta_k) \to 0$ 当 $n \to \infty$，那是因为 $\infty = \sum_{n=0}^{\infty} \beta_n (1-\beta_n) \leqslant \sum_{n=0}^{\infty}(1-\beta_n)$。

令 $A = I - T$，则对任意的 $x \in C$，有 $(I - T_\mu)x = \mu(I-T)x$，从而 $d[0, \overline{R(B)}] = \mu d[0, \overline{R(A)}]$。因此，我们有 $d[0, \overline{R(A)}] = 0$，进而由命题 3.1，得到 $\| x_n - Tx_n \| \to 0$ 当 $n \to \infty$。

下面证明 E 是一致凸的情况，有 $\omega_\omega(x_n) \subset F(T)$。注意到 $x_{n+1} = T_n x_n = (1-a_n)x_n + a_n T_n x_n$，$\{T_n\}: C \to C$ 是一族从 C 到它本身的非扩张映象使得 $F(T) \subset \bigcap_{n=0}^{\infty} F(T_n)$，我们得到 $\omega_\omega(x_n)$ 是个单点集，从而 $\{x_n\}$ 弱收敛到 T 中的不动点 p。

E 满足 Opial 条件的情况。因为 E 是 q -一致光滑的的，则 E 的范数是一致 Fréchet 可微的，由 Gossez 和 Dozo，J_q 在零点是弱序列连续，得 $\omega_\omega(x_n) \subset F(T)$，Opial 条件保证了 $\{x_n\}$ 弱收敛到 T 中的不动点 p。

（Ⅱ）$\Rightarrow$（Ⅲ）是很显然的，定理证毕。

定理 3.14　设 E 是一个实的 q -一致光滑的 Banach 空间，C 为 E 中一非空闭凸子集，$\{T_i\}_{i=1}^{N}: C \to C$ 为一族 λ_i -严格伪压缩使得 $F = \bigcap_{i=1}^{N} F(T_i) \neq \varnothing$。假设 E 满足一致凸或者 Opial 条件之一，序列 $\{x_n\}_{n=0}^{\infty}$ 由下列迭代算法产生

$$x_0 \in C, x_{n+1} = (1-a_n)x_n + a_n \sum_{i=1}^{N} \eta_i T_i x_n, (n \geqslant 0) \tag{3.41}$$

其中，$\eta_i \in (0,1)$，且 $\sum_{i=1}^{N} \eta_i = 1$。如果控制序列 $\{a_n\}_{n=0}^{\infty}$ 对于所有 $n \geqslant 0$，满足 $a_n \in [0, \mu]$，$\mu = \min\{1, \{\frac{q\lambda}{C_q}\}^{\frac{1}{q-1}}\}$，$\sum_{n=0}^{\infty} a_n (q\lambda - C_q a_n^{q-1}) = \infty$。

则下列结论是相互等价的

（Ⅰ）$F \neq \varnothing$

（Ⅱ）$\{x_n\}$ 是有界的

（Ⅲ）$\{x_n\}$ 弱收敛到 $\{T\}_{i=1}^{N}$ 的一个不动点

证明　定义 $Tx = \sum_{i=1}^{N} \eta_i x$，我们推出 $T: C \to C$ 是 λ -严格伪压缩，其中 $\lambda = \min\{\lambda_i : 1 \leqslant i \leqslant N\}$，$F(T) = F(\sum_{i=1}^{N} \eta_i x) \bigcap_{i=1}^{N} F(T_i) = F$。使用定理 3.13，则得到

想要的结论。

定理 3.15 设 E 是一个实的 q 一致光滑的 Banach 空间，C 为 E 中一非空闭凸子集，$T:C \to C$ 为 λ 严格伪压缩映象且 $F(T) \neq \varnothing$。给定 $u, x_0 \in C$，控制序列 $\{a_n\}\{\beta_n\}\{\gamma_n\}\{\delta_n\}$ 属于（0，1）且满足下面的条件

（Ⅰ）$a \leqslant a_n \leqslant \mu, \mu = \min\left\{1, \left(\dfrac{q\lambda}{C_q}\right)^{\frac{1}{q-1}}\right\}, a \in (0,1), \forall\, n \geqslant 0$

（Ⅱ）$\beta_n + \gamma_n + \delta_n = 1, \forall\, n \geqslant 0$

（Ⅲ）$\beta_n \to 0$ 当 $n \to \infty, \sum_{n=0}^{\infty}\beta_n = \infty$

（Ⅳ）$a_{n+1} - a_n \to 0$ 当 $n \to \infty$

（Ⅴ）$0 < \liminf\limits_{n\to\infty}\gamma_n \leqslant \limsup\limits_{n\to\infty}\gamma_n < 1$

若序列 $\{x_n\}$ 由

$$\begin{cases} y_n = (1-a_n)x_n + a_n Tx_n \\ x_{n+1} = \beta_n u + \gamma_n x_n + \delta_n y_n \end{cases} \tag{3.42}$$

产生，则 $\{x_n\}$ 强收敛到 T 的不动点 $z = Q_{F(T)}u$，其中，$Q_{F(T)}$ 是 C 到 $F(T)$ 上的唯一的太阳非扩张收缩。

证明 这个定理的证明将分为以下五步。

第一步，证明 $\{x_n\}$ 和 $\{y_n\}$ 是有界的。

定义 $T_{a_n}x = (1-a_n)x + a_n Tx_n$，由引理 3.15，对于任意的 $n \geqslant 0$，则有 $T_{a_n}:C \to C$ 是非扩张映象且 $F(T_{a_n}) = F(T)$。因为 $y_n = T_{a_n}x_n$，则对于任意的 $n \geqslant 0$，$p \in F(T)$，我们有

$$\| y_n - p \| \leqslant \| x_n - p \| \tag{3.43}$$

因而

$$\begin{aligned}
\| x_{n+1} - p \| &\leqslant \beta_n \| u - p \| + \gamma_n \| x_n - p \| + \delta_n \| y_n - p \| \\
&\leqslant \beta_n \| u - p \| + (\gamma_n + \delta_n) \| x_n - p \| \\
&= \beta_n \| u - p \| + (1-\beta_n) \| x_n - p \| \\
&\leqslant \max\{ \| u - p \|, \| x_0 - p \| \}
\end{aligned}$$

第二步，证明 $x_{n+1} - x_n \to 0$，$x_n - Tx_n \to 0$ 当 $n \to \infty$。

令 $M_1 = \sup\{ \| x_n - Tx_n \| \}$，$M_2 = \| u \| + \sup\{ \| y_n \| \}$，则使用式（3.42）与 T_{a_n} 的非扩张性，有

$$\begin{aligned}
\| y_{n+1} - y_n \| &= \| T_{a_{n+1}}x_{n+1} - T_{a_n}x_n \| \\
&\leqslant \| T_{a_{n+1}}x_{n+1} - T_{a_{n+1}}x_n \| + \| T_{a_{n+1}}x_n - T_{a_n}x_n \| \\
&\leqslant \| x_{n+1} - x_n \| + M_1 | a_{n+1} - a_n | \tag{3.44}
\end{aligned}$$

令 $w_n = \dfrac{x_{n+1} - \gamma_n x_n}{1 - \gamma_n}$，再使用式（3.42），得到

$$\parallel w_{n+1} - w_n \parallel = \parallel \frac{\beta_{n+1} u + \delta_{n+1} y_{n+1}}{1 - \gamma_{n+1}} - \frac{\beta_n u + \delta_n y_n}{1 - \gamma_n} \parallel$$

$$\leqslant \left| \frac{\beta_{n+1}}{1 - \gamma_{n+1}} - \frac{\beta_n}{1 - \gamma_n} \right| (\parallel u \parallel + \parallel y_n \parallel) + \frac{\delta_{n+1}}{1 - \gamma_{n+1}} \parallel y_{n+1} - y_n \parallel$$

$$\leqslant M_2 \left| \frac{\beta_{n+1}}{1 - \gamma_{n+1}} - \frac{\beta_n}{1 - \gamma_n} \right| + \parallel y_{n+1} - y_n \parallel \qquad (3.45)$$

将式 (3.44) 代入式 (3.45)，得到

$$\parallel w_{n+1} - w_n \parallel \leqslant M_2 \left| \frac{\beta_{n+1}}{1 - \gamma_{n+1}} - \frac{\beta_n}{1 - \gamma_n} \right| + \parallel x_{n+1} - x_n \parallel + M_1 | a_{n+1} - a_n |$$

由于 $\{a_n\}$ 和 $\{\beta_n\}$ 的假设，我们有

$$\limsup_{n \to \infty}(| w_{n+1} - w_n | M_2 - | x_{n+1} - x_n |) \leqslant 0$$

有 $w_n - x_n \to 0$，当 $n \to \infty$，注意到 $x_{n+1} - x_n = (1 - \gamma_n)(w_n - x_n)$，则有 $x_{n+1} - x_n \to 0$，（$n \to \infty$），从而推出 $y_n - x_n \to 0$，当 $n \to \infty$，又因为 $a_n \geqslant a \geqslant 0$，则有 $x_n - T x_n \to 0$，（$n \to \infty$）。

第三步，证明存在一个连续的路径 $\{x_t\}$ 使得当 $t \to 0$，有 $x_t \to z$，其中 $z = Q_{F(T)} u$，$Q_{F(T)} : C \to F(T)$ 是从 C 到 $F(T)$ 上的唯一太阳非扩张收缩。

定义 $T_{a_n} : C \to C$ 通过

$$T_a x = (1 - a)x + aTx$$

其中，$a \in (0, \mu)$，则 T_a 是非扩张映象且 $F(T_a) = F(T)$。对 $t \in (0,1)$，我们定义一个压缩通过

$$T_a^t x = tu + (1 - t) T_a x$$

由 Banach 压缩映象原理保证存在唯一路径 $x_t \in C$ 使得对任意的 $t \in (0,1)$，有

$$x_t = tu + (1 - t) T_a x_t$$

我们有 $x_t \to z \in F(T_a)$ 当 $t \to 0$，而且，如果令 $Q_{F(T_a)} u = z$，则 $Q_{F(T_a)} : C \to F(T_a)$ 是从 C 到 $F(T_a)$ 上的唯一太阳非扩张收缩。注意到 $F(T_a) = F(T)$，则有 $Q_{F(T)} : C \to F(T)$ 从 C 到 $F(T)$ 上的唯一太阳非扩张收缩。

第四步，$\limsup_{n \to \infty} [u - z, J(x_n - z)] \leqslant 0$，其中 $z = Q_{F(T_a)} u$。

由第二步的 $x_n - T_a x_n = a(x_n - T x_n)$，$x_n - T x_n \to 0$，很容易得到 $x_n - T_a x_n \to 0$。因为 E 是 q 一一致光滑，则 $T : C \to C$ 是非扩张映象，我们得到

$$\limsup_{n \to \infty} [u - Q_{F(T_a)} u, J(x_n - Q_{F(T_a)} u)] \leqslant 0$$

又 $F(T_a) = F(T)$，则得到所要的结果。

第五步，$x_n \to z = Q_{F(T_a)} u$ 当 $n \to \infty$。

令 $\sigma_n = \max\{[u - z, J(x_{n+1} - z)], 0\}$，则 $\sigma_n \to 0$ 当 $n \to \infty$，因为

$$\| x_{n+1} - Q_{F(T)} u \|^2 \leqslant \beta_n [u - z, J(x_{n+1} - z)] + \gamma_n [x_n - z, J(x_{n+1} - z)]$$
$$+ \delta_n [y_n - z, J(x_{n+1} - z)]$$
$$\leqslant \beta_n \sigma_n + \gamma_n \| x_n - z \| \| x_{n+1} - z \| + \delta_n \| x_n - z \| \| x_{n+1} - z \|$$
$$\leqslant \beta_n \sigma_n + (1 - \beta_n) \| x_n - z \| \| x_{n+1} - z \|$$
$$\leqslant \frac{1}{2} (1 - \beta_n) \| x_n - z \|^2 + \frac{1}{2} \| x_{n+1} - z \|^2 + \beta_n \sigma_n$$

推出

$$\| x_{n+1} - z \|^2 \leqslant (1 - \beta_n) \| x_n - z \|^2 + o(\beta_n)$$

则有 $x_n \to z$（当 $n \to \infty$），定理证毕。

定理 3.16 设 E 是一个实的 q 一致光滑的 Banach 空间，C 为 E 中一非空闭凸子集，$\{T_i\}_{i=1}^N : C \to C$ 为一族 λ_i -严格伪压缩使得 $F = \bigcap_{i=1}^N F(T_i) \neq \varnothing$。假设 $\lambda = \min\{\lambda_i : 1 \leqslant i \leqslant N\}$，$\{\eta_i\}_{i=1}^N$ 是一有限族的正序列使得 $\sum_{i=1}^N \eta_i = 1$。给定 u，$x_0 \in C$，序列 $\{a_n\}$、$\{\beta_n\}$、$\{\gamma_n\}$ 和 $\{\delta_n\}$ 属于（0，1）且满足下列的条件。

（Ⅰ）$a \in (0,1)$，对任意的 $n \geqslant 0$，$a \leqslant a_n \leqslant \mu$，$\mu = \min\left\{1, \left(\frac{q\lambda}{C_q}\right)^{\frac{1}{q-1}}\right\}$

（Ⅱ）对任意的 $n \geqslant 0$，$\beta_n + \gamma_n + \delta_n = 1$

（Ⅲ）$\beta_n \to 0$ 当 $n \to \infty$，$\sum_{n=0}^{\infty} \beta_n = \infty$

（Ⅳ）$a_{n+1} - a_n \to 0$（当 $n \to \infty$）

（Ⅴ）$0 < \underset{n \to \infty}{\liminf} \gamma_n \leqslant \underset{n \to \infty}{\limsup} \gamma_n < 1$

如果序列 $\{x_n\}$ 由

$$\begin{cases} y_n = (1 - a_n) x_n + a_n \sum_{i=1}^N \eta_i T_i x_n \\ x_{n+1} = \beta_n u + \gamma_n x_n + \delta_n y_n \end{cases}$$

则 $\{x_n\}$ 强收敛到 $\{T_i\}_{i=1}^N$ 的一个不动点 z，其中 $z = Q_F u$，$Q_F : C \to F$ 是从 C 到 F 上的唯一太阳非扩张收缩。

证明 定义 $Tx = \sum_{i=1}^N \eta_i T_i x$，我们有 $T : C \to C$ 是 λ -严格伪压缩映象且 $\lambda = \min\{\lambda_i : 1 \leqslant i \leqslant N\}$，$F(T) = F(\sum_{i=1}^N \eta_i T_i x) \bigcap_{i=1}^N F(T_i) = F$，运用定理 3.15，我们就得到所需的结果。

定理 3.17 设 E 是一个实的 q 一致光滑的 Banach 空间，C 为 E 中一非空闭凸子集，$\{T_i\}_{i=1}^N : C \to C$ 为一族 λ_i -严格伪压缩映象使得 $F = \bigcap_{i=1}^N F(T_i) \neq \varnothing$。假设 $\lambda = \min\{\lambda_i : 1 \leqslant i \leqslant N\}$，对任意的 n，$\{\eta_i^{(n)}\}_{i=1}^N$ 是一有限族的正序列使得 $\sum_{i=1}^N \eta_i^{(n)} = 1$ 且对 $1 \leqslant i \leqslant N$，有 $\inf_{n \geqslant 1} \eta_i^{(n)} > 0$，给定 u，$x_0 \in C$，序列 $\{a_n\}$、$\{\beta_n\}$、$\{\gamma_n\}$ 和 $\{\delta_n\}$ 属于（0，1）且满足下列的条件

（Ⅰ）$a \in (0,1)$，对任意的 $n \geqslant 0$，$a \leqslant a_n \leqslant \mu$，$\mu = \min\left\{1, \left(\frac{q\lambda}{C_q}\right)^{\frac{1}{q-1}}\right\}$

（Ⅱ）对任意的 $n \geqslant 0$，$\beta_n + \gamma_n + \delta_n = 1$

（Ⅲ）$\beta_n \to 0$ 当 $n \to \infty$，$\sum_{n=0}^{\infty} \beta_n = \infty$

（Ⅳ）$a_{n+1} - a_n \to 0$ 当（$n \to \infty$）

（Ⅴ）$0 < \liminf_{n \to \infty} \gamma_n \leqslant \limsup_{n \to \infty} \gamma_n < 1$

（Ⅵ）$\sum_{n=0}^{\infty} \sum_{i=1}^{N} |\eta_i^{(n+1)} - \eta_i^{(n)}| < \infty$

若序列 $\{x_n\}$ 由

$$\begin{cases} y_n = (1-a_n)x_n + a_n \sum_{i=1}^{N} \eta_i^{(n)} T_i x_n \\ x_{n+1} = \beta_n u + \gamma_n x_n + \delta_n y_n \end{cases}$$

产生，则 $\{x_n\}$ 强收敛到 $\{T_i\}_{i=1}^{N}$ 的一个不动点 z，其中 $z = Q_F u$，$Q_F: C \to F$ 是从 C 到 F 上的唯一太阳非扩张收缩。

证明 对任意的 $n \geqslant 0$，定义

$$A_n = \sum_{i=1}^{N} \eta_i^{(n)} T_i$$

每一个 A_n 是 C 上的 λ-严格伪压缩映象，则 $F(A_n) = F$ 且上式可以重新写成

$$\begin{cases} y_n = (1-a_n)x_n + a_n A_n x_n \\ x_{n+1} = \beta_n u + \gamma_n x_n + \delta_n y_n \end{cases}$$

下面部分的证明也将分成五步骤。

第一步：证明 $\{x_n\}$ 和 $\{y_n\}$ 是有界的。

定义 $B_n^{a_n}: C \to C$ 如下

$$B_n^{a_n} = (1-a_n)I + a_n A_n$$

对于任意的 $n \geqslant 0$，则有 $B_n^{a_n}$ 是非扩张映象且 $F(B_n^{a_n}) = F(A_n)$。因为 $y_n = B_n^{a_n} x_n$，则对于任意的 $n \geqslant 0$，$p \in F$，则有

$$\|y_n - p\| \leqslant \|x_n - p\|$$

因而

$$\begin{aligned} \|x_{n+1} - p\| &\leqslant \beta_n \|u - p\| + \gamma_n \|x_n - p\| + \delta_n \|y_n - p\| \\ &\leqslant \beta_n \|u - p\| + (\gamma_n + \delta_n)\|x_n - p\| \\ &= \beta_n \|u - p\| + (1 - \beta_n)\|x_n - p\| \\ &\leqslant \max\{\|u - p\|, \|x_0 - p\|\} \\ &= M \end{aligned}$$

第二步：证明 $x_{n+1} - x_n \to 0$，$x_n - A_n x_n \to 0$（当 $n \to \infty$）。

令 $M_1 = \sup\{\|x_n - A_n x_n\|\}$，$M_2 = \|u\| + \sup\{\|y_n\|\}$，则 $B_n^{a_n}$ 的非扩张性，我们有

$$\|y_{n+1} - y_n\| = \|B_{n+1}^{a_{n+1}} x_{n+1} - B_n^{a_n} x_n\| \tag{3.46}$$

$$\leqslant \| B_{n+1}^{a_{n+1}} x_{n+1} - B_{n+1}^{a_{n+1}} x_n \| + \| B_{n+1}^{a_{n+1}} x_n - B_n^{a_n} x_n \|$$

$$\leqslant \| x_{n+1} - x_n \| + M_1 | a_{n+1} - a_n | + a_{n+1} \| A_{n+1} x_n - A_n x_n \|$$

$$\leqslant \| x_{n+1} - x_n \| + M_1 | a_{n+1} - a_n | + a_{n+1} \sum_{i=1}^{N} | \eta_i^{(n+1)} - \eta_i^{(n)} | \, \| T_i x_n \|$$

令

$$w_n = \frac{x_{n+1} - \gamma_n x_n}{1 - \gamma_n}$$

得到

$$\| w_{n+1} - w_n \| \leqslant \left\| \frac{\beta_{n+1} u + \delta_{n+1} y_{n+1}}{1 - \gamma_{n+1}} - \frac{\beta_n u + \delta_n y_n}{1 - \gamma_n} \right\|$$

$$\leqslant \left| \frac{\beta_{n+1}}{1 - \gamma_{n+1}} - \frac{\beta_n}{1 - \gamma_n} \right| (\| u \| + \| y_n \|) + \frac{\delta_{n+1}}{1 - \gamma_{n+1}} \| y_{n+1} - y_n \|$$

$$\leqslant M_2 \left| \frac{\beta_{n+1}}{1 - \gamma_{n+1}} - \frac{\beta_n}{1 - \gamma_n} \right| + \| y_{n+1} - y_n \| \tag{3.47}$$

将式（3.46）代入式（3.47），得到

$$\| w_{n+1} - w_n \| \leqslant M_2 \left| \frac{\beta_{n+1}}{1 - \gamma_{n+1}} - \frac{\beta_n}{1 - \gamma_n} \right| + \| x_{n+1} - x_n \| + M_1 | a_{n+1} - a_n |$$

$$+ a_{n+1} \sum_{i=1}^{N} | \eta_i^{(n+1)} - \eta_i^{(n)} | \, \| T_i x_n \|$$

由于 $\{a_n\} \{\beta_n\} \{\eta_i^{(n)}\}$ 的假设，我们有

$$\limsup_{n \to \infty} (\| w_{n+1} - w_n \| - \| x_{n+1} - x_n \|) \leqslant 0$$

有 $w_n - x_n \to 0$，当 $n \to \infty$。注意到 $x_{n+1} - x_n = (1 - \gamma_n)(w_n - x_n)$，则有 $x_{n+1} - x_n \to 0$，$(n \to \infty)$。从而推出 $y_n - x_n \to 0$，当 $n \to \infty$，又因为 $a_n \geqslant a \geqslant 0$，则有 $x_n - A_n x_n \to 0$，$(n \to \infty)$。

由于定理 3.17 中条件（Ⅵ），我们假设对任意的 $1 \leqslant i \leqslant N$，有 $\eta_i^{(n)} \to \eta_i > 0$（当 $n \to \infty$）。显然有 $\sum_{i=1}^{N} \eta_i = 1$。令 $A = \sum_{i=1}^{N} \eta_i T_i$，则 $A = \sum_{i=1}^{N} \eta_i T_i$ 为 λ-严格伪压缩映象使得 $F(A) = \bigcap_{i=1}^{N} F(T_i) = F$。进而对任意的 $x \in K$，有 $A_n x \to Ax$（当 $n \to \infty$）。因此由

$$\| x_n - A_n x_n \| \leqslant \| x_n - A_n x_n \| + \| A_n x_n - A x_n \|$$

$$\leqslant \| x_n - A_n x_n \| + \sum_{i=1}^{N} | \eta_i^{(n)} - \eta_i | \, \| T_i x_n \|$$

$$\leqslant \| x_n - A_n x_n \| + M_3 \sum_{i=1}^{N} | \eta_i^{(n)} - \eta_i |$$

推得 $x_n - A x_n \to 0$（当 $n \to \infty$）。

定义 $B^a : C \to C$ 通过

$$B^a x = (1 - a)x + a A x$$

其中，$a \in (0, \mu)$，剩下的证明过程，只需将 B^a 代替 T_a，F 代替 $F(T)$。这里不

重复介绍。

3.5 迭代逼近渐近伪压缩半群的公共不动点

3.5.1 预备知识

算子半群方面关于渐近伪压缩算子半群的结果非常少见，最近 C. E. Chidume 在文献中介绍了下面的结果。

定义 3.16 设 K 是实 Banach 空间 E 的非空闭凸有界子集，$\{T(t):t\in R_+\}$ 是 K 上的一致渐近正则，一致 L - Lipschitzian，渐近伪压缩半群，序列 $\{k_n\}\subseteq[1,\infty)$，对于 $u\in K, t_n>0, s_n\in(0,1)$ 存在序列 $\{x_n\}\in K$ 满足条件

$$x_n=\alpha_n u+(1-\alpha_n)[T(t_n)]^n x_n \tag{3.48}$$

$\alpha_n:=(1-\dfrac{s_n}{k_n})$ 进而，如果 $\lim\limits_{n\to\infty}t_n=\lim\limits_{n\to\infty}\dfrac{\alpha_n}{t_n}=0$，则当 $n\to\infty, t\in R_+$，$\parallel x_n-T(t)x_n\parallel\to 0$。

假设 E 为一致凸 Banach 空间，且其范数一致 Gâteaux 可微，$L<N(E)^{\frac{1}{2}}$

$$\frac{k_n-1}{k_n-s_n}\to 0, (n\to\infty)$$

且

$$\parallel x_n-[T(t)]^m x\parallel^2\leqslant\{x_n-[T(t)]^m x, j(x_n-x)\}, \forall m, n\geqslant 1, \forall x\in C, t\in R_+$$

其中，$C:=\{x\in K:\varphi(x)=\min\limits_{z\in k}\varphi(z)\}$ 对于 $\varphi(z):=LIM_n\parallel x_n-z\parallel^2 \forall z\in K$ 则 $\{x_n\}$ 强收敛到 $\{T(t):t\in R_+\}$ 的公共不动点。

本节研究的是式（3.48）的渐近伪压缩半群的迭代逼近问题，为了证明本节结果，需用以下定义和引理。

定义 3.17 映象 T 被称为渐近非扩张，如果存在一个序列 $\{k_n\}$，满足 $k_n\geqslant 1, \lim\limits_{x\to\infty}k_n=1$，使得 $\parallel T^n x-T^n y\parallel\leqslant k_n\parallel x-y\parallel, \forall x, y\in K$。

定义 3.18 T 映象 T 被称为渐近伪压缩，如果存在一个序列 $\{k_n\}$，满足 $k_n\geqslant 1, \lim\limits_{x\to\infty}k_n=1$，使得

$$[T^n x-T^n y, j(x-y)]\leqslant k_n\parallel x-y\parallel^2, (\forall x, y\in K)$$

注：渐近非扩张映象一定为渐近伪压缩映象。

定义 3.19 映象 T 被称为一致渐近正则，如果对于任意的 $x\in K$，当 $n\to\infty$ 时，$\parallel T^{n+1}x-T^n x\parallel\to 0$。

定义 3.20 映象 T 被称为一致 T-Lipschitzian，如果对于 $\forall x, y\in K$，存在 $L>0$ 使得 $\parallel T^n x-T^n y\parallel\leqslant L\parallel x-y\parallel$。

注：Schu 介绍了渐近伪压缩映象族，Goebe 和 Kirk 在 1972 年介绍了渐近伪压缩映象是渐近非扩张映象的推广。

定义 3.21 算子集合称为 Banach 空间 E 的闭凸子集 K 上的渐近伪压缩半群，如果

（1）$T(Q)x = x, (x \in K)$

（2）$T(s+t) = T(s) \cdot T(t), (\forall s, t \in R_+)$

（3）存在 $\{k_n\} \subseteq [1, \infty)$，$\lim\limits_{x \to \infty} k_n = 1$ 使得

$$[T(t_n)^n x - T(t_n)^n y, j(x-y)] \leqslant k_n \| x-y \|^2, (\forall t_n > 0, x, y \in K)$$

（4）$\forall x \in X$ 映象 $T(.) x$ 从 R_+ 到 K 连续

如果（3）下面条件代替，存在 $\{k_n\} \subseteq [1, \infty), \lim\limits_{x \to \infty} k_n = 1$ 使得

$[T(t_n)^n x - T(t_n)^n y, j(x-y)] \leqslant k_n \| x-y \|^2, (\forall t_n > 0, x, y \in K)$ 则 $\{T(t): t \in R_+\}$ 被称为渐近非扩张半群。

如果条件（3）变成 $\| T(t)x - T(t)y \| \leqslant \| x-y \|$ 对于 $t > 0 x, y \in K$，则 $\{T(t): t \in R_+\}$ 被称为非扩张半群。

$\{T(t): t \in R_+\}$ 被称为一致渐近正则半群，如 $n \to \infty$，$\| T(t)^{n+1} x - T(t)^n y \| \to 0$（对于 $t > 0$，$x \in K$）。

定义 3.22 映象 T 被称为一致 T-Lipschitzian 的，如果存在 $L > 0$ 使得 $\| T(t)^{n+1} x - T(t)^n y \| \leqslant L \| x-y \|, (\forall x, y \in K)$。

定义 3.23 E 的凸性模，$\delta_E(\varepsilon): (0, 2] \to [0, 1]$ 由下式定义

$$\delta_E(\varepsilon) = \inf \left\{ 1 - \left\| \frac{x+y}{2} \right\| : \| x \| = \| y \| = 1; \varepsilon = \| x-y \| \right\}$$

注：E 的一致凸当且仅当 $\delta_E(\varepsilon) > 0, \forall \varepsilon \in (0, 2]$，典型的一致凸空间例子是勒贝格（Lebesgue）可积空间 L_P，序列 l_p 及空间 $W_p^m l < p < \infty$。

$d(K) := \sup \{ \| x-y \|; x, y \in K \}$ 是 K 的直径。对于 $x \in K, r(x, K) := \sup \{ \| x-y \|; y \in K \}$ 则 $r(K) := \inf \{ r(x, k); x \in K \}$ 是 K 的切比雪夫（Chebyshev）半径。E 的正规系数是

$$N(E) := \inf \{ d(K)/r(K): K E \infty k, d(K) > 0 \}$$

空间 E 使得 $N(E) > 1$，则称 E 具有一致正规结构。

注：一致正规结构空间是自反的，一致凸的空间是具有一致正规结构的 Banach 极限 LIM 是 l^∞ 的有界线性泛函使得

$$\|LIM\| = \liminf t_n \leqslant LIM_n t_n \leqslant \limsup t_n \text{ 且 } LIMt_n = LIMt_{n+1}, \forall t_n \in l^\infty$$

引理 3.25 设 Banach 空间 E 具有一致正规结构，K 是 E 的非空闭凸子集，$T: K \rightarrow K$ 是一致 L - Lipschitzian 且 $L < N(E)^{\frac{1}{2}}$。假设 K 的非空闭凸子集 C 有性质

$$(P): x \in \omega_\omega(x) \qquad \omega_\omega(x) \subset C$$

其中，$\omega_\omega(x)$ 是 T 在 x 的弱极限点集，即集合 $\{y \in E: y = \text{weak} - \lim_j T^{nj} xu, nj \rightarrow \infty\}$。则 T 在 C 中有不动点。

3.5.2 渐近伪压缩半群的公共不动点的迭代逼近

定理 3.18 设 K 是实 Banach 空间 E 上的非空闭凸子集，T 是 K 上的一致渐近正则，一致 L - Lipschitzian，渐近伪压缩半群，序列 $\{k_n\} \subseteq [1, \infty)$，$f: K \rightarrow K$ 式固定的压缩映象使得 $F := \bigcap_{t \geqslant 0} \text{Fix}[T(t)] \neq \varnothing$。则对于 $t_n > 0$ 和 $s_n \in \left(0, \frac{(1-\alpha)k_n}{k_n - \alpha}\right)$，存在序列 $\{x_n\} \in K$ 满足

$$x_n = \alpha_n f(x_n) + (1-\alpha_n)[T(t_n)]^n x_n \tag{3.49}$$

其中，$\alpha_n := (1 - s_n/k_n)$。进而，如果 $\lim_{x \to \infty} t_n = \lim_{x \to \infty} \frac{\alpha_n}{t_n} = 0$，则对于 $t \in R_+$，当 $n \rightarrow \infty$ 时，$\|x_n - T(t)x_n\| \rightarrow 0$。

假设 E 是一致凸且范数一致 Gâteaux 可微，$L < N(E)^{\frac{1}{2}}$

$$\frac{k_n - 1}{k_n - s_n} \rightarrow 0, (n \rightarrow \infty)$$

且

$$\|x_n - T[(t)]^m x\|^2 \leqslant \{x_n - T[(t)]^m x, j(x_n - x)\} \tag{3.50}$$
$$\forall m, n \geqslant 1, \forall x \in C \quad t \in R_+$$

其中，$C := \{x \in K: \varphi(x) = \min_{z \in k} \varphi(z)\}$ 对于 $\varphi(z) := LIM_n \|x_n - z\|, \forall z \in K$，则 $\{x_n\}$ 强收敛到 $x^* \in \bigcap_{t \geqslant 0} \text{Fir}[T(t)]$，且 x^* 是 F 中满足变分不等式的唯一解。

$$[(I-f)x^*, j(x^* - z^*)] \leqslant 0, (\forall z^* \in F)$$

显然 $n \in N$，有 $\alpha_n := (1 - \frac{s_n}{k_n}) \in (0,1)$，$T_n(x) := \alpha_n f(x) + (1-\alpha_n)T(t_n)^n x$ 是连续的强伪压缩的。事实上

$$[T_n x - T_n y, j(x-y)]$$
$$= [(1-\alpha_n)(T(t_n)^n x - T(t_n)^n y) + \alpha_n f(x) - f(y)]$$
$$\leqslant (1-\alpha_n)k_n \|x-y\|^2 + \alpha_n \alpha \|x-y\|^2$$
$$= (1-\alpha_n)k_n + \alpha_n \alpha \|x-y\|^2$$

因此，T_n 存在唯一的不动点记作 $x_n \in K$，这就意味着

$$x_n = \alpha_n f(x_n) + (1-\alpha_n) T(t_n)^n x_n$$

进而，因为 K 有界，得 $\| x_n - T(t_n)^n x_n \| = \alpha_n \| f(x_n) - T(t_n)^n x_n \| \to 0, (n \to \infty)$。如果对于 $t>0$，则

$$\| x_n - T[(t)]^n x_n \| \leqslant \sum_{k=0}^{[\frac{t}{t_n}]-1} \| \{T[(k+1)t_n]\}^n x_n - \{T[(k)t_n]\}^n x_n - x_n \|$$

$$+ \| \{T[(\frac{t}{t_n})t_n]\}^n x_n - [T(t)]^n x_n \|$$

$$\leqslant [\frac{t}{t_n}]L \| [T(t)]^n x_n - f(x_n) \| + L \| \{T[(\frac{t}{t_n})t_n]\}^n x_n - x_n \|$$

$$= [\frac{t}{t_n}]\alpha_n L \| [T(t)]^n x_n - f(x_n) \| + L \| \{T[(\frac{t}{t_n})t_n]\}^n x_n - x_n \|$$

$$\leqslant t(\frac{\alpha_n}{t_n})L \| [T(t)]^n x_n - f(x_n) \|$$

$$+ L\max\{ \| [T(s)]^n x_n - x_n \| : 0 < s < t_n\}$$

于是得

$$\| x_n - T[(t)]^n x_n \| \to 0, (n \to \infty) \tag{3.51}$$

因此

$$\| x_n - T[(t)]^n x_n \| \leqslant \| x_n - T[(t)]^n x_n \| + \| T[(t)]^n x_n - T[(t)]^{n+1} x_n \|$$

$$+ L \| T[(t)]^n x_n - x_n \|$$

$$\leqslant (1+L) \| x_n - T(t)x_n \| + \| T[(t)]^n x_n - T[(t)]^{n+1} x_n \|$$

式（3.51）及 $T(t)$ 的一致渐近正则，我们有

$$\| x_n - T(t)x_n \| \to 0 \quad \text{as} \quad n \to \infty \tag{3.52}$$

进一步，既然 E 一致凸（自反）和 φ 是连续的、凸的，$\varphi(z) \to \infty (\| z \| \to \infty)$，$\varphi$ 在 K 上能取到下极限，因此 $C: = \{x \in K : \varphi(x) = \min_{z \in k}\varphi(z)\}$。则对于 y_1，$y_2 \in C$我们有

$$\| x_n - \frac{1}{2}(y_1+y_2) \|^2 \leqslant \frac{1}{2} \| x_n - y_1 \|^2 + \frac{1}{2} \| x_n - y_2 \|^2 - \frac{1}{4}g(\| y_1 - y_2 \|) < r$$

属于在 x^* 点 $T(t)$ 的弱极限点集 $\omega_\omega(x^*)$ 则从 φ 的弱下半连续不等式知

$$\varphi(x) \leqslant \liminf_{j \to \infty}\varphi\{[T(t)]^{m_j} x^*\} \leqslant \limsup_{m \to \infty}\varphi\{[T(t)]^{m_j} x^*\}$$

$$= \limsup_{m \to \infty}(LIM_n \| x_n - [T(t)]^{m_j} x^* \|^2)$$

$$\leqslant \limsup_{m \to \infty}(LIM_n\{[x_n - T(t)x_n] + [T(t)x_n - T(t)^2 x_n] + \cdots$$

$$+ [T(t)^m x_n - T(t)^m x^*], j(x_n - x^*))$$

因此，我们有 $x \in C$，即 $\omega_\omega(x^*) \subseteq C$，因此 C 具有性质（P）。

既然 E 是一致凸和一致正规结构的，且 $L < N(E)^{\frac{1}{2}}$，得 $T(t)x^* = x^*, t>0$，

所以 $x^* \in F$ 和 $F \neq \varnothing$。现在对于任意的 $y^* \in F$

$$\{x_n - [T(t_n)]^n x_n, j(x_n - x^*)\}$$
$$= [x_n - y^*, j(x_n - y^*)] + \{y^* - [T(t_n)^n x_n, j(x_n - y^*)]\}$$
$$\geq \| x_n - y^* \|^2 - k_n \| x_n - y^* \|^2$$
$$= -(k_n - 1) \| x_n - y^* \|^2 \geq -(k_n - 1) d^2$$

其中，d 是一个常数使得 $\| x_n - y^* \|^2 \leq d$

进而我们有

$$LIM_n[x_n - f(x_n), j(x_n - y^*)] \leq LIM_n S_n \left(\frac{k_n - 1}{k_n - s_n} \right) d^2 \to 0, (n \to \infty) \quad (3.53)$$

特别地

$$LIM_n[x_n - f(x_n), j(x_n - y^*)] \leq 0 \quad (3.54)$$

$s \in (0, 1]$，得

$$\| x_n - x^* - s[f(x_n) - x^*] \|^2$$
$$\leq \| x_n - x^* \|^2 + 2\{-s[f(x_n) - x^*], j(x_n - x^* - s[f(x_n) - x^*])\}$$
$$= \| x_n - x^* \| - 2s\{[f(x_n) - x^*], j(x_n - x^*)\}$$
$$- 2s\{[f(x_n) - x^*], j(x_n - x^* - s[f(x_n) - x^*]) - j(x_n - x^*)\}$$

$\forall \varepsilon > 0$ 由 j 在 E 的有界集上范-弱*一致连续，则存在 $\delta > 0$ 使得 $\forall s \in (0, \delta)$

$$LIM_n[f(x_n) - x^*, j(x_n - y^*)]$$
$$\leq \frac{1}{2s} \{LIM_n \| x_n - x^* \|^2 - LIM_n \| x_n - x^* - s[f(x_n) - x^*] \|^2\} + \varepsilon < \varepsilon$$

既然 $x^* \in C$，又是 φ 在 K 上的最小值，ε 是任意的，则有

$$LIM_n[f(x_n) - x^*, j(x_n - x^*)] \leq 0 \quad (3.55)$$

结合式 (3.54) 和式 (3.55)，我们有

$$LIM_n[f(x_n) - x^*, j(x_n - x^*)] = LIM_n \| x_n - x^* \|^2 \leq 0$$

现在假设 $\{x_n\}$ 的另外一个子列 $\{x_{n_k}\}$ 强收敛到 z^*。既然 $\lim \| x_n - T(t)x_n \| = 0$，我们有 z^* 是 $\{T(t): t \in R_+\}$ 的一个公共不动点。

同理，我们证明

$$[(I - f)z^*, j(z^* - y^*)] = \lim[x_{nj} - f(x_{nj}), j(x_{nj} - y^*)] \leq 0$$

用 z^* 代替 y^* 得

$$[(I - f)x^*, j(x^* - z^*)] \leq 0$$

用 x^* 代替 y^* 得

$$[(I - f)z^*, j(z^* - x^*)] \leq 0$$

上面两个不等式相加得

$$(1 - \alpha) \| z^* - x^* \|^2 \leq [(I - f)z^* - (I - f)x^*, j(z^* - x^*)] \leq 0$$

所以，$z^* = x^*$。所以 $\{x_n\}$ 强收敛到 x^*。

3.6　小　　结

本章采用几种不同的方法对于渐近伪压缩映象半群，有限族半压缩映象，伪压缩映象，非扩张映象进行研究，并得到若干强收敛定理。本章所得结果改进、推广和统一了许多作者的最新结果。首先，研究了 Hilbert 空间和 Banach 空间中渐近伪压缩映射不动点问题；接着，讨论了伪压缩映象半群公共不动点的迭代逼近问题；然后，讨论了有限族半压缩映象公共不动点的迭代逼近问题；最后，讨论了 Banach 空间中非扩张映象和伪压缩映象不动点的迭代逼近。

第 4 章 变分不等式与均衡问题的
不动点迭代逼近

变分不等式及其相关的 KKM 理论、KyFan 极大极小不等式理论和相实问题理论是当今非线性分析的重要组成部分。它与力学、微分方程、控制理论、数学经济、最优化理论、对策理论非线性规划等理论和应用学科有着广泛的联系并被广泛应用。

自 20 世纪 60 年代，Lions、Browder、Stampacchia、KyFan 和 Cottle（科特尔）等人提出和创立变分不等式和相补问题的基本理论以来，经过许多数学家的研究，变分不等式及其相关问题的理论和应用取得重要发展，日臻完善，已成为一门内容十分丰富并有着广阔应用前景的重要数学学科。

均衡是一个研究许多实际生活现象中某些系统的一个核心概念，这包含了从经济、网络到力学等许多领域。均衡在现实中的应用研究也促进了不动点和最优化理论的发展。抽象变分不等式是表示这些系统的一个简单而自然的形式，它的另外一种表达就是著名的 KyFan 极大极小不等式，而均衡问题模型就是这两者的推广。均衡问题的数学模型不但为最优化、不动点理论、变分不等式和相补问题提供一个统一的形式，它还包含了其他一些重要的数学模型，如半变分不等式、Nash 均衡等。向量均衡问题是均衡问题的一种重要推广，它包含了通常的多目标优化和向量变分不等式。除此之外，均衡问题还被推广为广义均衡问题、均衡系统问题、拟均衡问题和类均衡问题等，这些与最优化、控制理论、博弈论、工程及力学中的一些非线性分析问题联系密切，有着广泛的应用前景。

本章将对非扩张映象的不动点问题、变分不等式问题与均衡问题相互结合进行深入研究，建立更有效的迭代格式来逼近非扩张映象的不动点，集、变分不等式与均衡问题解集的公共元，推广和改进目前现有的结果。

4.1 国内外研究基础

假设 E 是 Banach 空间，其范数表示为 $\|.\|$，$(\cdot,\cdot)$ E^* 为的对偶空间，是 E 与 E 之间的广义内积，C 为 E 的非空子集，$T: C \rightarrow E$ 为非线性算子，$F(T) = \{p \in C, Tp = p\}$ 表示不动点集，$\rightarrow$ 表示强收敛，$-$ 表示弱收敛。

称

$$x_1 \in C, x_{n+1} = Tx_n, (n \geq 1) \qquad \text{(PIP)}$$

为 Picard 迭代程序。

Banach 在 1922 年利用（PIP）得到了压缩映象的收敛定理，具体的给出了如下定理。

定理 4.1 设 $(X; d)$ 是完备度量空间，$T: X \to X$ 是压缩映象，则 T 在 X 中有唯一不动点。

但 Banach 所用的 Picard 迭代对于非扩张映象却未必是收敛的，Mann 受到了 Banach 压缩映象原理的启发，1953 年，Mann 引进了如下迭代算法

$$\begin{cases} x_1 \in C \\ v_n = \sum_{j=1}^{n} a_{nj} x_j \qquad \text{(GMIP)} \\ x_{n+1} = Tv_n, (n \geq 1) \end{cases}$$

其中，X 是一 Banach 空间，C 是 X 的闭凸子集，$T: C \to C$ 是一连续映象，$A = [a_{nj}]$ 是一无穷实矩阵，满足

(A_1) $a_{nj} \geq 0$, $(\forall n \geq 1, j \geq 1)$

(A_2) $a_{nj} \geq 0$, $(\forall j \geq n)$

(A_3) $\sum_{j=1}^{n} a_{nj} = 1$, $(\forall n \geq 1)$

(A_4) $\lim_{n \to \infty} a_{nj} = 0$, $(\forall j \geq 0)$

Mann 给出了如下定理。

定理 4.2 设 X 是一 Banach 空间，C 是 X 的闭凸子集，$T: C \to C$ 是一连续映象。设序列 $\{x_n\}$ 由（GMIP）所产生，则 $\{x_n\}$ 或者 $\{v_n\}$ 之一收敛到 C 中一点 y，可推出另一序列也收敛到 y 且 $Ty = y$，而近年来，大家普遍关注和研究的则是如下形式的迭代程序

$$\begin{cases} x_0 \in C \\ x_{n+1} = (1 - \alpha_n) x_n + \alpha_n Tx_n, (n \geq 0) \qquad \text{(NMIP)} \end{cases}$$

其中，C 是 X 的闭凸子集，$\{\alpha_N\} \subset [0, 1]$，$T$ 是一连续映象，被称之为正规 Mann 迭代。

1955 年，Krasnoselski 首次证明了如下定理。

定理 4.3 设 X 是一致凸 Banach 空间，C 为 X 中的闭凸子集，$T: C \to C$ 是非扩张映象，且 $\overline{T(C)}$ 紧，则

$$\begin{cases} x_1 \in C \\ x_{n+1} = \dfrac{1}{2} x_n + \dfrac{1}{2} Tx_n, (n \geq 1) \end{cases}$$

所产生的序列 $\{x_n\}$ 强收敛到 T 的一个不动点。

Krasnoselskii 给出上述定理之后，受到了大家的普遍关注，1957 年，Schaefer 在一定程度上改进了定理 4.3 把其固定的 "1/2" 推广为了 $\lambda \in (0, 1)$ 之后，Edelstein 把空间框架从一致凸推广到了严格凸，1971 年 Petryshy 把映象又进一步推广到了凝聚映象。直到 1976 年，Ishikawa 给出了如下非常令人感兴趣的结果。

定理 4.4　设 X 是 Banach 空间，C 为 X 中的闭凸子集，$\{x_n\}$ 由 (NMIP) 所产生，其中控制序列 $\{\alpha_n\}$ 满足 $0 \leqslant a_n \leqslant c < 1$，$\sum_{n=1}^{\infty} a_n = \infty$ 若 $\{x_n\}$ 有界，则 $\lim_{n \to \infty} \| x_n - Tx_n \| = 0$。

利用 Mann 迭代对于常见的非扩张映象我们可以得到弱收敛定理，其较为典型的是在 1979 年 Reich 给出的定理。

定理 4.5　设 X 是一致凸的 Banach 空间且范数是 Fréchet 可微的，C 是 X 的闭凸子集，$T: C \to C$ 是一具有非空不动点集的非扩张映象，序列 $\{x_n\}$ 由 (NMIP) 所产生，其中控制序列 $\{\alpha_n\}$ 满足 $0 \leqslant a_n \leqslant 1$，$\sum_{n=1}^{\infty} a_n (1 - \alpha_n) = \infty$，则 $\{x_n\}$ 弱收敛到 T 的一个不动点。

Mann 迭代程序对于非扩张映象要想得到强收敛性必须加上一定的紧性条件。对于连续的伪压缩映象，Mann 迭代程序是否收敛于 T 的不动点仍为一个公开问题。Borwein 给出了一个反例：具有唯一不动点的 Lipschitz 映象 Mann 迭代程序是不收敛的。Hicks 和 Kubicek 也给出了一个反例：具有唯一不动点的不连续伪压缩映象，Mann 迭代程序也并非是收敛的。Ishikawa 于 1976 年提出了一种新的迭代程序，它又被称之为 Ishikawa 迭代程序

$$\begin{cases} x_0 \in C \\ y_n = (1 - \beta_n) x_n + \beta_n T x_n \quad\quad\quad (\text{IIP}) \\ x_{n+1} = (1 - \alpha_n) x_n + \alpha_n T y_n, (n \geqslant 0) \end{cases}$$

其中，C 是 X 的闭凸子集，$\{\alpha_n\}$ 和 $\{\beta_n \subset [0, 1]\}$，同时 Ishikawa 给出了如下定理。

定理 4.6　设 C 是 Hilbert 空间 H 的紧凸子集，$T: C \to C$ 是 Lipshitz 伪压缩映象，序列 $\{x_n\}$ 由 (IIP) 所产生，则 $\{x_n\}$ 强收敛于 T 的某个不动点，其中 $\{\alpha_n\}$、$\{\beta_n\} \subset [0,1]$ 是满足下列条件的实序列

（Ⅰ）$0 \leqslant \alpha_n \leqslant \beta_n \leqslant 1$

（Ⅱ）$\lim_{n \to \infty} \beta_n = 0$

（Ⅲ）$\sum_{n=1}^{\infty} \alpha_n \beta_n = \infty$

相比于 Mann 迭代程序和 Ishikawa 迭代程序，一方面 Ishikawa 程序更为一般化且包含了 Mann 迭代程序，同时在一定的条件下 Ishikawa 迭代程序可以用来逼近 Lipschitz 伪压缩映象的不动点，而 Mann 迭代程序却无法收敛到其不动点；

另一方面，Mann 迭代程序比 Ishiakwa 迭代程序简单便于计算并且当参数 $\{\beta_n\}$ 满足一定条件时，由 Mann 迭代程序的收敛性可以导出 Ishikawa 迭代程序的收敛性，但是在一般情况下，不论是 Mann 迭代程序还是 Ishikwa 迭代程序都仅有弱收敛。Reich、Tan 和 Xu 分别给出了弱收敛定理。

因此，近年来很多专家学者致力于修正 Mann 迭代程序和 Ishikawa 迭代程序，从而在没有对算子外加其他限制的条件下，对于非扩张和其他更为广泛的压缩型映象获得强收敛定理、Nakajo 和 Takahashi 在 Hilbert 空间的框架下采用度量投影的方法，建立混合算法（CQ 算法），修正了 Mann 迭代程序从而获得了强收敛定理。

定理 4.7 设集合 C 是 Hilbert 空间 H 中的一闭凸子集，T 是具有非空不动点集的从 C 到自身的非扩张映象。设 $\{\alpha_n\}_{n=0}^{\infty}$ 是属于 $[0,1]$ 的实序列，使得对于某个 $\delta \in (0,1]$，$\alpha_n \leqslant 1-\delta$ 若 $\{x_n\}$ 由如下算法产生

$$\begin{cases} x_0 \in C \\ y_n = \alpha_n x_n + (1-\alpha_n)Tx_n \\ C_n = \{z \in C: \|y_n - z\| \leqslant \|x_n - z\|\} \\ Q_n = \{z \in C: (x_0 - x_n, x_n - z) \geqslant 0\} \\ x_{n+1} = P_{C_n \cap Q_n} x_0 \end{cases}$$

那么，$\{x_n\}$ 强收敛于 $P_{F(T)} x_0$，其中 P 是从 H 到 C 上的度量投影。受 Nakajo 和 Takahashi 所做工作的启发和激励，近来 Kim 和 Xu 采取同样的方法在 Hilbert 空间的框架下修正了 Mann 迭代程序把映象扩展到了渐近非扩张映象并得到了强收敛定理。最近 Marino 和 Xu，在 Hilbert 框架下也采用混合算法，修正 Mann 迭代程序对于严格伪压缩映象也得到了强收敛定理。Matsushita 和 Takahashi 借助于广义投影算子，针对相对非扩张映象采用混合算法，修正了 Mann 迭代格式把空间框架从 Hilbert 空间推广到了 Banach 空间。

定理 4.8 设 E 是一个一致光滑且一致凸的 Banach 空间，集合 C 是 E 的非空闭凸子集，映象 T 是一个从集合 C 到自身的相对非扩张映象。若控制序列 $\{\alpha_n\}$ 满足条件 $0 \leqslant \alpha_n \leqslant 1$ 且 $\limsup_{n\to\infty} \alpha_n < 1$ 序列 $\{x_n\}$ 由如下算法产生

$$\begin{cases} x_0 = x \in C \\ y_n = J^{-1}[\alpha_n J x_n + (1-\alpha_n)JTx_n] \\ C_n = \{z \in C: \varphi(z, y_n) \leqslant \varphi(z, x_n)\} \\ Q_n = \{z \in C: (x_n - z, Jx - Jx_n) \geqslant 0\} \\ x_{n+1} = \Pi_{C_n \cap Q_n} x_0 \end{cases}$$

其中，J 是 E 上的对偶映象。假设映象 T 的不动点集是非空的，则 $\{x_n\}$ 强收敛于 $\Pi_{F(T)} x_0$。

2005 年，Kim 和 Xu 舍去了大多数人所采用的度量投影的方法，从另外一个角度采用一种较为简单的方法修正 Mann 迭代，从而在一致光滑 Banach 空间框架下，得到了 Mann 迭代格式的强收敛定理。这种方法使得计算具体化、简单化。具体定理如下。

定理 4.9　设集合 C 是一致光滑 Banach 空间的闭凸子集，T 是一具有非空不动点集的从 C 到自身的非扩张映象。点 $u \in C$ 和序列 $\{\alpha_n\}$、$\{\beta_n\}$ 属于 $(0, 1)$ 是给定的，如果满足如下条件

（Ⅰ）$\alpha_n \rightarrow 0, \beta_n \rightarrow 0$

（Ⅱ）$\sum_{n=0}^{\infty} \alpha_n = \infty, \sum_{n=0}^{\infty} \beta_n = \infty$

（Ⅲ）$\sum_{n=0}^{\infty} |\alpha_{n+1} - \alpha_n| < \infty, \sum_{n=0}^{\infty} |\beta_{1+n} - \beta_n| < \infty$

序列 $\{x_n\}$ 由如下迭代格式产生

$$\begin{cases} x_0 = x \in C \\ y_n = \alpha_n x_n + (1 - \alpha_n) T x_n \\ x_{n+1} = \beta_n u + (1 - \beta_n) y_n, (n \geq 0) \end{cases}$$

那么，$\{x_n\}$ 强收敛于算子 T 的不动点。

另一方面，Halpern 迭代程序也是大家普遍关注的经典迭代程序之一。1967 年，Halpern 首先引进如下迭代格式，它又被称之为 Halpern 迭代程序

$$\begin{cases} x_0 = x \in C \\ x_{n+1} = \alpha_n u + (1 - \alpha_n) T x_n, (n \geq 0) \end{cases}$$

并且 Halpern 指出如果此迭代格式要想收敛到任意非扩张映象 T 的不动点，那么必须满足其中两个条件 $(C_1) \lim_{n \to \infty} \alpha_n = 0$ 和 $(C_2) \sum_{n=1}^{\infty} \alpha_n = \infty$。

1977 年，Lions 仍然在 Hilbert 空间的框架下改进了 Halpern 的结果，当 $\{\alpha_n\}$ 满足下列条件时

$$(C_1): \lim_{n \to \infty} \alpha_n = 0; (C_2): \sum_{n=1}^{\infty} \alpha_n = \infty; (C_3): \lim_{n \to \infty} \frac{\alpha_n - \alpha_{n-1}}{\alpha_n^2} = 0$$

证明了 $\{x_n\}$ 强收敛到 T 的不动点。

1980 年，Reich 证明了当 X 是一致光滑 Banach 空间时，Halpern 的结果仍然是成立的。我们观察到 Halpern 和 Lion 对序列 $\{\alpha_n\}$ 的限制排除了常规的选择 $\alpha_n = \frac{1}{n+1}$ 这在 1992 年被 Wittmann 所克服，即若 $\{\alpha_n\}$ 满足下列条件

$$(C_1): \lim_{n \to \infty} \alpha_n = 0; (C_2): \sum_{n=1}^{\infty} \alpha_n = \infty; (C_3): \sum |\alpha_{n+1} - \alpha_n| < \infty$$

那么，$\{x_n\}$ 强收敛到 T 的不动点。

Reich 把 Wittmann 的结果推广到了一致光滑且具有弱序列连续对偶映象的 Banach 空间（比如 l^p，$1 < p < \infty$），后来，Shioji 和 Takahashi 把 Wittmann 的结

果推广到了具有一致 Gâteaux 可微范数且每个有界闭凸子集对非扩张映象都有不动点性质的 Banach 空间（比如 l^p，$1<p<\infty$），他们具体给出了如下的定理。

定理 4.10 设 K 是一具有一致 Gâteaux 可微范数的 Banach 空间 E 的闭凸子集，T 是具有非空不动点集的从 C 到自身的非扩张映象。若序列 $\{x_n\}$ 满足如下条件

（Ⅰ）$0\leqslant\alpha_n\leqslant1$，$\lim\limits_{n\to\infty}\alpha_n=0$

（Ⅱ）$\sum_{n=0}^{\infty}\alpha_n=\infty$

（Ⅲ）$\sum_{n=0}^{\infty}|\alpha_{n+1}-\alpha_n|<\infty$

$\{x_n\}$ 由如下算法产生

$$\begin{cases} x_0\in K \\ x_{n+1}=\alpha_n u+(1-\alpha_n)Tx_n,(n\geqslant0) \end{cases}$$

若 $\{z_t\}$ 强收敛到 $z\in F(T)$，其中 $0<t<1$；z_t 是算子方程 $z_t=tu+(1-t)Tz_t t$ 的唯一解，那么 $\{x_n\}$ 强收敛于 z。

2002 年，Xu 从两方面推广了 Lion 的结果：一方面，他减弱了 Lion 结果中的条件（C_1），把分母中的 α_n^2 替换成了 α_n；另一方面，他在一致光滑 Banach 空间框架下利用 Halpern 迭代程序得到了非扩张映象的强收敛定理。然而条件（C_1）和（C_2）是否能保证 Halpern 迭代程序的收敛性目前还是一个问题。众所周知非线性算子在凸组合之后，它的性质一般都会得到改良，那么 Halpern 迭代程序相比于 Mann 迭代程序而言之所以能收敛到非扩张映象的不动点是因为算子 T 和锚值做了凸组合之后是一压缩映象，由 Banach 压缩映象原理保证了其强收敛性。但是另一方面 Halpern 迭代程序是靠单个算子 T 产生的，不像 Mann 迭代每一步都是由平均迭代 $\alpha I+(1-\alpha)T$ 产生。而平均迭代在逆问题中应用是比较大的。虽然 Halpern 迭代程序对于非扩张映象可以得到强收敛定理，但是由于条件（C_2）的限制使得 Halpern 迭代程序的收敛速度较为缓慢，现在也有很多学者也在致力于提高 Halpern 迭代程序的收敛速度。比如 Martinez – Yanes 和 Xu 修正了 Halpern 迭代格式仅在（C_1）的条件下得到强收敛定理，加快了 Halpern 迭代的收敛速度。

定理 4.11 设 H 是一个 Hilbert 空间，C 是 H 的闭凸子集，T 是具有非空不动点集的从 C 到自身的非扩张映象。假设控制序列 $\{\alpha_n\}\subset(0,1)$，满足 $\lim\limits_{n\to\infty}\alpha_n=0$，那么由如下算法产生的序列 $\{x_n\}_{n=0}^{\infty}n$，即

$$\begin{cases} x_0\in C \\ y_n=\alpha_n x_n+(1-\alpha_n)Tx_n \\ C_n=\{z\in C: \|y_n-z\|^2\leqslant\|x_n-z\|^2+\alpha_n(\|x_0\|^2+2(x_n-x_0,z))\} \\ Q_n=\{z\in C:(x_0-x_n,x_n-z)\geqslant0\} \\ x_{n+1}=P_{C_n\cap Q_n}x_0,(n\geqslant0) \end{cases}$$

强收敛于 $P_{F(T)}x_0$。

另一方面，近些年黏滞方法得到大家的广泛关注，很多学者采用黏滞方法来研究非线性算子不动点和变分不等式解的问题，其中有如下具有代表性的结果。Mouda 在 Hilbert 空间的框架下证明了如下结果。

定理 4.12　设 C 是 Hilbert 空间 H 的一个非空闭凸子集，$S: C \to C$ 是非扩张映象且 $F(S) \neq \varnothing$；设 $f: C \to C$ 是一个收缩，序列 x_n 如下定义

$$x_1 = x \in C, x_{n+1} = \frac{1}{1+\varepsilon_n}Tx_n + \frac{\varepsilon_n}{1+\varepsilon_n}f(x_n), (n \geq 1)$$

其中，$\{\varepsilon_n\} \subset (0,1)$ 满足下列条件

$$\lim_{n\to\infty}\varepsilon_n = 0, \sum_{n=1}^{\infty}\varepsilon = \infty, \lim_{n\to\infty}\left|\frac{1}{\varepsilon_n+1} - \frac{1}{\varepsilon}\right| = 0$$

则序列 $\{x_n\}$ fx 强收敛于 $z \in F(S)$，其中 $z = P_{F(S)}f(z)$，$P_{F(S)}$ 是 H 到 $F(S)$ 上的度量投影。

2004 年，Xu 改进了 Mouda 的结果，在一致光滑的 Banach 空间框架下给出了如下定理。

定理 4.13　设 E 是一致光滑的 Banach 空间，C 是 E 的闭凸子集，映象 $T: C \to C$ 是一具有非空不动点集的非扩张映象，$f \in \Pi_c$ 是一收缩。假定序列 $\{\alpha_n\} \in (0,1)$ 满足如下条件

（Ⅰ）$\lim\limits_{n\to\infty}\alpha_n = 0$

（Ⅱ）$\sum_{n=0}^{\infty}\alpha_n = \infty$

（Ⅲ）$\lim\limits_{n\to\infty}\frac{\alpha_{n+1}}{\alpha_n} = 1$ 或者 $\sum_{n=0}^{\infty}|\alpha_{n+1} - \alpha_n| \leq \infty$

那么由

$$x_0 \in C, x_{n+1} = \alpha_n f(x_n) + (1-\alpha_n)Tx_n, (n=0,1,2\cdots)$$

产生的序列 $\{x_n\}$ 强收敛到算子 T 的不动点。

2006 年，Marino 和 Xu 在 Hilbert 空间中，结合最小值问题和黏滞迭代方法，引进强正线性有界算子，构造了一种新的迭代格式

$$x_{n+1} = (I - \alpha_n A)Tx_n + \alpha_n \gamma f(x_n), (n \geq 0)$$

他们证明该序列强收敛到非扩张映象 T 的不动点，该点还是变分不等式 $[(A-\gamma f)x^*, x-x^*] \geq 0$ 的解，而且该变分不等式是最小值问题 $\min\limits_{x \in C}\frac{1}{2}(Ax,x) - h(x)$ 的最优条件，其中 $h'(x) = \gamma f(x)$。

与此同时，变分不等式问题也一直是被广泛研究的热点问题。1964 年，Stampacchia 在研究一系列数理问题时首次提出变分不等式问题。20 世纪 80 年代，变分不等式问题受到越来越多的关注。学者们利用投影法、辅助原理法、

Wiener-Hopf 方程技术、线性逼近法、牛顿法、泛函数法等方法从理论、算法和应用三方面同时研究这一问题，其中包括解的存在性、逼近解的全局误差界、求解算法以及它们在控制与最优化、非线性规划、经济（金融）、运输等领域中的应用。

1988 年，Noor 介绍并研究了一类包含两个算子的变分不等式，我们称之为广义变分不等式。

1997 年，Verma 在 Hilbert 空间中研究了一类带有松弛单调映射的变分不等式，并给出了一些解的存在性定理。

1991 年，Shi 介绍了 Wiener-Hopf 方程（也称法映射），并讨论了该方程与变分不等式之间的等价关系。事实证明 Wiener-Hopf 方程比投影算法更灵活，更具有广泛性。此后这一方程被广泛地用来研究变分不等式问题解的存在性、解的算法和参数解的灵敏性。

1993 年，Noor 证明了广义变分不等式问题等价于解 Wiener-Hopf 方程，并利用这种相互等价性，提出并分析了一系列解广义变分不等式的迭代算法，得到强收敛定理。

1999 年，Noor 利用 Wiener-Hopf 方程技术，提出并分析了一种解广义拟单调变分不等式的迭代方法。最近，Noor 和 Huang 介绍并考虑了一类新的包含非线性算子和非扩张算子的 Wiener-Hopf 方程，应用投影技术，建立了变分不等式和 Wiener-Hopf 方程的等价关系，提出并分析了一种迭代方法，应用此迭代方法可以找到非扩张映象不动点集和松弛强制映象变分不等式解集的公共元。

基于变分不等式和不动点问题间紧密的联系，如何寻找变分不等式解集和非线性算子不动点集公共元的问题被广泛关注。

2003 年，Takahashi 和 Toyada 在 Hilbert 空间中为了寻找非扩张映象不动点集和逆强单调映象的变分不等式解集的公共元，提出了一种迭代算法

$$x_1 \in C, x_{n+1} = \alpha_n x_n + (1-\alpha_n) SP_C(x_n - \lambda_n A x_n), (n \geqslant 1)$$

并且获得了弱收敛定理。

2005 年，Iiduka 和 Takahashi 推广了 Takahashi 和 Toyada 的结论，构造了新的迭代序列

$$x_1 = x \in C, x_{n+1} = \alpha_n x_n + (1-\alpha_n) SP_C(x_n - \lambda_n A x_n), (n \geqslant 1)$$

在 Hilbert 空间中获得了强收敛定理。

2006 年，Chen、Zhang 和 Fan 对上述迭代格式加入了黏滞方法，建立了如下迭代序列

$$x_1 \in C, x_{n+1} = \alpha_n f(x_n) + (1-\alpha_n) SP_C(x_n - \lambda_n A x_n), (n \geqslant 1)$$

在 Hilbert 空间中获得了强收敛定理。

2007 年，Noor 考虑了一些三步迭代算法，寻找变分不等式解集和非扩张映象不动点集公共元的问题。

随着对变分不等式问题研究的深入，学者们将单值变分不等式推广到集值变分不等式，由一般变分不等式推广到混合变分不等式，再进一步推广到广义混合变分不等式，同时，将单个变分不等式推广到变分不等式系统，进一步由一元变分不等式系统推广到多元变分不等式系统。

2001 年，Verma 研究了一种包含强单调映象的非线性变分不等式系统的逼近可解性。

2003 年，Verma 研究了一种包含偏松弛伪单调映象的非线性隐变分不等式系统的逼近可解性。

2007 年，Chang、Joseph Lee 和 Chan 研究了如下一种双元松弛强制非线性变分不等式广义系统的逼近可解性。寻找 x^*，$y^* \in K$ 使得

$$[\rho T(y^*,x^*)+x^*-y^*,x-x^*]\geqslant 0,(\forall x\in K,\rho>0)$$
$$[\eta T(x^*,y^*)+y^*-x^*,x-y^*]\geqslant 0,(\forall x\in K,\eta>0)$$

最近，Huang 和 Noor 介绍和考虑了如下一个包含两个不同算子的双元变分不等式系统，采用投影技术，提出并分析了一个新的隐迭代算法。寻找 x^*，$y^* \in K$，使得

$$[\rho T_1(y^*,x^*)+x^*-y^*,x-x^*]\geqslant 0,(\forall x\in K,\rho>0)$$
$$[\eta T_2(x^*,y^*)+y^*-x^*,x-y^*]\geqslant 0,(\forall x\in K,\eta>0)$$

另一方面，一些学者将均衡问题也与不动点问题联系起来。2007 年，S. Takahashi 和 W. Takahashi 在文献中，采用黏滞逼近方法，为寻找均衡问题解集和非扩张映象不动点集的公共元，建立了一个新的迭代格式，并获得了强收敛定理。

定理 4.14　设 C 是 Hilbert 空间 H 的一个非空闭凸子集。设 $F：C\times C\to R$ 是一个双函数，满足条件（A1）～（A4），设 $S：C\to H$ 是一非扩张映象且 $F(S)\bigcap EP(F)\neq\varnothing$，$f：H\to H$ 是一个收缩。序列 $\{x_n\}$ 和 $\{u_n\}$ 由如下迭代格式产生：$x_1\in H$，即有

$$\begin{cases} F(u_n,y)+\dfrac{1}{r_n}(y-u_n,u_n-x_n)\geqslant 0,(\forall y\in C) \\ x_{n+1}=\alpha_n f(x_n)+(1-\alpha_n)Su_n,(n\geqslant 1) \end{cases}$$

其中，$\{\alpha_n\}\subset[0,1),\{r_n\}\subset(0,\infty)$ 满足如下条件

$$\lim_{n\to\infty}\alpha_n=0,\sum_{n=1}^{\infty}\alpha_n=\infty,\sum_{n=1}^{\infty}|\alpha_{n+1}-\alpha_n|>\infty$$
$$\liminf_{n\to\infty}r_n>0,\sum_{n=1}^{\infty}|r_{n+1}-r_n|<\infty$$

则 $\{x_n\}$ 和 u_n 强收敛到 $z\infty F(S)\bigcap VI(C,A)\bigcap EP(F)$，其中 $z=$

$P_{F(S) \cap EP(F)} f(z)$。

4.2 均衡问题和不动点问题的迭代逼近

4.2.1 引言

设 H 是一个 Hilbert 空间，C 是 H 中的一个非空闭凸子集。映象 $S: C \rightarrow C$ 是非扩张的：如果 $\|Sx - Sy\| \leqslant \|x - y\|$，$\forall x, y \in C$。我们用 $F(S)$ 表示 S 的不动点集。设 B 是 $C \times C$ 到 R 的双函数，其中 R 是实数集。

关于双函数 $B: C \times C \rightarrow R$ 的均衡问题是指：寻找一点 $x \in C$，使得

$$B(x, y) \geqslant 0, (\forall y \in C) \tag{4.01}$$

均衡问题 4.01 的解集记作 $EP(B)$。给定一个映象 $T: C \rightarrow H$。设双函数 $B(x, y) = [Tx, y - x]$，$\forall x, y \in C$。那么 $z \in EP(B)$ 当且仅当 $[Tz, y - z] \geqslant 0$，$\forall y \in C$，即 z 是变分不等式的解。

2005 年，孔贝特（Combettes）和霍斯拓格（Hirstoaga）介绍了一种迭代序列，当 $EP(B)$ 非空时，用此迭代序列可寻找到初值的最佳逼近点，而且证明了强收敛定理。

最近，S. Takahashi 和 T. Takahashi 介绍了一种新的迭代序列

$$\begin{cases} x_1 \in H \\ B(y_n, u) + \dfrac{1}{r_n}[u - y_n, y_n - x_n] \geqslant 0, (\forall u \in C) \\ x_{n+1} = \alpha_n f(x_n) + (I - \alpha_n) S y_n, (n \geqslant 1) \end{cases} \tag{4.02}$$

用来逼近非自映象不动点集和均衡问题解集的公共元，并且在实 Hilbert 空间中获得了强收敛定理。

一个线性有界算子 A 是强正的，如果存在一个常量 $\bar{\gamma} > 0$ 满足 $(Ax, x) \geqslant \bar{\gamma} \|x\|^2$，$\forall x \in H$。

近来，关于非扩张映象迭代方法经常被应用到解凸最小化问题上。一个典型的问题是在一个实 Hilbert 空间 H 上的非扩张映象不动点集上对二次函数最小化，即

$$\min_{x \in C} \frac{1}{2}(Ax, x) - (x, b) \tag{4.03}$$

其中，C 是非扩张映象 S 的不动点集，b 是 H 中给定一点。

2003 年，Xu 证明了，序列 $\{x_n\}$ 如下定义

$$x_0 \in H, x_{n+1} = (I - \alpha_n A) S x_n + \alpha_n b, (n \geqslant 0)$$

当 $\{\alpha_n\}$ 满足一定条件时，该序列强收敛到最小化问题式（4.03）的唯一解。

最近，Marino 和 Xu 介绍了一个新的采用黏滞方法的迭代格式

$$x_{n+1}=(I-\alpha_n A)Sx_n+\alpha_n\gamma f(x_n),(n\geqslant0)$$

他们证明了由该格式产生的序列 $\{x_n\}$ 强收敛到变分不等式 $[(A-\gamma f)x^*,x-x^*]\geqslant0,x\in C$ 唯一解，而且该变分不等式还是最小值问题 $\min\limits_{x\in C}\dfrac{1}{2}[Ax,x]-h(x)$ 的最优条件，其中 $h'(x)=\gamma f(x),x\in H$。

受 Combettes 和 Hirstoaga、Mouda、W. Takahashi 和 S. Takahashi、Marino 和 Xu 和 Wittmann 工作的启发，我们构造了如下迭代序列

$$\begin{cases} x_1\in H \\ B(y_n,u)+\dfrac{1}{r_n}(u-y_n,y_n-x_n)\geqslant0,(\forall u\in C) \\ x_{n+1}=\alpha_n f(x_n)+(I-\alpha_n)Sy_n,(n\geqslant1) \end{cases}$$

我们将证明上述序列强收敛到非扩张映象 S 的不动点集和均衡问题（1）解集的公共元。该元还是如下变分不等式的唯一解：$[\gamma f(q)-Aq,q-p]\leqslant0$，$\forall p\in F$，其中 $F=F(S)\bigcap EP(B)$。

4.2.2　预备知识

设 H 是一实 Hilbert 空间，对任意 $x,y\in H$ 和 $\lambda\in[0,1]$ 有如下等式成立

$$\|\lambda x+(1-\lambda)y\|^2=\lambda\|x\|^2+(1-\lambda)\|y\|^2-\lambda(1-\lambda)\|x-y\|^2$$

空间 X 满足 Opial 条件：如果对于每一个 X 中的序列 $\{x_n\}_{n=1}^{\infty}$ 弱收敛到 $x\in X$，有如下不等式成立

$$\liminf_{n\to\infty}\|x_n-x\|<\liminf_{n\to\infty}\|x_n-y\|,(\forall y\in X,y\neq x)$$

为了解关于双函数 $B:C\times C\to R$ 的均衡问题，我们假设 B 满足如下条件

（A1）$B(x,x)=0,\forall x\in C$

（A2）B 是单调的，即对任意的 $x,y\in C$，都有 $B(x,y)+B(y,x)\leqslant0$

（A3）$\forall x,y,z\in C,\lim\limits_{t\to0}B(tz+(1-t)x,y)\leqslant B(x,y)$

（A4）对任意 $x\in C,y\to B(x,y)$ 是凸的且下半连续

引理 4.1　假设是一非负实序列，使得

$$\alpha_{n+1}\leqslant(1-\gamma_n)\alpha_n+\delta_n,(n\geqslant0)$$

其中，$\{\gamma_n\}$ 是（0，1）中的序列，$\{\delta_n\}$ 是 R 中的序列，满足如下条件

（I）$\sum_{n=1}^{\infty}\gamma_n=\infty$；（II）$\limsup\limits_{n\to\infty}\delta_n/\gamma_n\leqslant0$ 或 $\sum_{n=1}^{\infty}|\delta_n|<\infty$

那么，$\lim\limits_{n\to\infty}\alpha_n=0$。

引理 4.2　设 C 是 H 的非空闭凸子集，B 是 $C\times C$ 到 R 的一个双函数，满足条件（A1）～（A4）。设 $r>0$ 和 $x\in H$，那么，存在 $z\in C$ 使得

$$B(z,y)+\frac{1}{r}(y-z,z-x)\geqslant 0,(\forall y\in C)$$

引理 4.3 假设 B：$C\times C\to R$ 满足条件 （A1）～（A4），对于 $r>0$ 和 $x\in H$，定义一个如下映象 T_r：$H\to C$：对任意 $z\in H$

$$T_r(x)=\{z\in C:B(z,y)+\frac{1}{r}(y-z,z-x)\geqslant 0,\forall y\in C\}$$

则有

（1） T_r 是单值的

（2） T_r 是稳态非扩张的，即对任意的象，x，$y\in H$
$$\parallel T_rx-T_ry\parallel^2\leqslant (T_rx-T_ry,x-y)$$

（3） $F(T_r)=EP(B)$

（4） $EP(B)$ 是闭凸的

引理 4.4 在一实 Hilbert 空间 H 中，对于任意的 x，$y\in H$，有 $\parallel x+y\parallel^2\leqslant$ $\parallel x\parallel^2+2[y,x+y]$。

引理 4.5 假设 A 是 Hilbert 空间 H 中一强正线性有界算子，其中系数 $\bar{\gamma}>0$，$0<\rho<\parallel A\parallel^{-1}$，则 $\parallel I-\rho A\parallel\leqslant 1-\rho\bar{\gamma}$。

4.2.3 Hilber 空间中均衡和不动点问题的迭代逼近

定理 4.15 设 C 是 Hilbert 空间 H 中一非空闭凸子集，B 是从 $C\times C$ 到 R 的一双函数，满足条件(A1)～(A4)。设 S 是从 C 到 H 的非扩张映象，满足 $F(S)\bigcap EP(B)\neq\varnothing$，$A$ 是强正线性有界算子，系数 $\bar{\gamma}>0$。假设 $0<\gamma<\bar{\gamma}/\alpha f$：$H\to H$ 是一压缩，系数为 α （$0<\alpha<1$），序列 $\{x_n\}$ 和 $\{y_n\}$ 如下产生：$x_1\in H$

$$\begin{cases} x_1\in H \\ B(y_n,u)+\frac{1}{r_n}(u-y_n,y_n-x_n)\geqslant 0,(\forall u\in C) \\ x_{n+1}=\alpha_n f(x_n)+(I-\alpha_n)Sy_n,(n\geqslant 1) \end{cases}$$

其中，$\{\alpha_n\}\subset[0,1]$ 和 $\{r_n\}\subset(0,\infty)$ 满足如下条件

（C1） $\lim\limits_{n\to\infty}\alpha_n=0$

（C2） $\sum_{n=0}^{\infty}\alpha_n=\infty$

（C3） $\sum_{n=0}^{\infty}|\alpha_{n+1}-\alpha_n|<\infty$，$\sum_{n=1}^{\infty}|r_{n+1}-r_n|<\infty$

（C4） $\liminf r_n>0$

则序列 $\{x_n\}$ 和 $\{y_n\}$ 强收敛到 $q\in F(S)\bigcap EP(B)$，其中 $q=P_{F(S)\bigcap EP(B)}[\gamma f+(I-A)](q)$ 是如下变分不等式的解。

$$[\gamma f(p)-Aq,q-p]\leqslant 0,\forall p\in F(S)\bigcap EP(B)$$

证明 由条件（C1），我们有 $\alpha_n\to 0$。为了不失一般性，我们可以假设对于

所有 $n \geqslant 1$，有 $\alpha_n < \parallel A \parallel^{-1}$。由引理 4.5 知，如果 $0 < \rho \leqslant \parallel A \parallel^{-1}$，那么 $\parallel I - \rho A \parallel \leqslant 1 - \rho \bar{\gamma}$，下面我们假设 $\parallel I - A \parallel \leqslant 1 - \bar{\gamma}$。

首先 n 是有界的。事实上，取 $p \in F(S) \bigcap EP(B)$。由 $y_n = T_{r_n} x_n$，得到

$$\parallel y_n - p \parallel = \parallel T_{r_n} x_n - T_{r_n} p \parallel \leqslant \parallel x_n - p \parallel \tag{4.04}$$

因此

$$\parallel x_{n+1} - p \parallel = \parallel \alpha_n [\gamma f(x_n) - Ap] + (I - \alpha_n A)(Sy_n - p) \parallel$$
$$\leqslant [1 - (\bar{\gamma} - \gamma \alpha) \alpha_n] \parallel x_n - p \parallel + \alpha_n \parallel \gamma f(p) - Ap \parallel$$

由此，推出 $\parallel x_n - p \parallel \leqslant \max\{\parallel x_0 - p \parallel\}, \dfrac{\parallel \gamma f(p) - Ap \parallel}{\bar{\gamma} - \gamma \alpha}, n \geqslant 0$。因此，我们得到 $\{x_n\}$ 是有界的，也有界。下证

$$\lim_{n \to \infty} \parallel x_{n+1} - x_n \parallel = 0 \tag{4.05}$$

由 $y_n = T_{r_n} x_n$ 和 $y_{n+1} = T_{r_{n+1}} x_{n+1}$，我们有

$$B(y_n, u) + \frac{1}{r_n}(u - y_n, y_n - x_n) \geqslant 0, \forall u \in C \tag{4.06}$$

和

$$B(y_{n+1}, u) + \frac{1}{r_{n+1}}(u - y_{n+1}, y_{n+1} - x_{n+1}) \geqslant 0, \forall u \in C \tag{4.07}$$

在式（4.06）中令 $u = y_{n+1}$，在式（4.07）中令 $u = y_n$，得到

$$B(y_n, y_{n+1}) + \frac{1}{r_n}(y_{n+1} - y_n, y_n - x_n) \geqslant 0$$

$B(y_{n+1}, y_n) + \dfrac{1}{r_{n+1}}(y_n - y_{n+1}, y_{n+1} - x_{n+1}) \geqslant 0$。结合（A2）得到

$$\left(y_{n+1} - y_n, \frac{y_n - x_n}{r_n} - \frac{y_{n+1} - x_{n+1}}{r_{n+1}} \right) \geqslant 0$$

则 $\left[y_{n+1} - y_n, y_n - y_{n+1} + y_{n+1} - x_n - \dfrac{r_n}{r_{n+1}}(y_{n+1} - x_{n+1}) \right] \geqslant 0$。为不失一般性，我们假设存在一实数 m，满足 $r_n > m > 0$，$\forall n \geqslant 1$，则有

$$\parallel y_{n+1} - y_n \parallel^2 \leqslant \parallel y_{n+1} - y_n \parallel \left(\parallel x_{n+1} - x_n \parallel + \left| 1 - \frac{r_n}{r_{n+1}} \right| \parallel y_{n+1} - x_{n+1} \parallel \right)$$

即

$$\parallel y_{n+1} - y_n \parallel \leqslant \parallel x_{n+1} - x_n \parallel + M_1 |r_{n+1} - r_n| \tag{4.08}$$

其中，M_1 是一适当常量，满足 $M_1 \geqslant \sup\limits_{n \geqslant 1} \parallel y_n - x_n \parallel$，则

$$\parallel x_{n+2} - x_{n+1} \parallel \leqslant (1 - \alpha_{n+1} \bar{\gamma}) \parallel y_{n+1} - y_n \parallel + |\alpha_{n+1} - \alpha_n| \parallel ASy_n \parallel$$
$$+ \gamma [\alpha_{n+1} \alpha] \parallel x_{n+1} - x_n \parallel + |\alpha_{n+1} - \alpha_n| \parallel f(x_n) \parallel \tag{4.09}$$

将式（4.08）带入式（4.09）得到

$$\| x_{n+2} - x_{n+1} \|$$
$$\leqslant [1 - (\overline{\gamma} - \gamma\alpha)\alpha_{n+1}] \| x_{n+1} - x_n \| + M_2(2 | \alpha_{n+1} - \alpha_n | + | r_{n+1} - r_n |)$$
$$(4.10)$$

其中，M_2 是一适当常量结合引理 4.2. 和 4.10，得到

$$\lim_{n \to \infty} \| x_{n+1} - x_n \| = 0 \qquad (4.11)$$

结合式（4.08）和式（4.11）和条件（C3），得到

$$\lim_{n \to \infty} \| y_{n+1} - y_n \| = 0 \qquad (4.12)$$

因为 $x_n = \alpha_{n-1} \gamma f(x_{n-1}) + (I - \alpha_{n-1}A) S y_{n-1}$ 故

$$\| x_n - S y_n \| \leqslant \alpha_{n-1} \| \gamma f(x_n) - A S y_{n-1} \| + \| y_{n-1} y_n \|$$

将上式结合 $\alpha_n \to 0$ 和式（4.12）可推出

$$\lim_{n \to \infty} \| x_n - S y_n \| = 0 \qquad (4.13)$$

因为 $p \in F(S) \bigcap EP(B)$，故

$$\| y_n - p \|^2 = \| T_{r_n} x_n - T_{r_n} p \|^2 \leqslant [T_{r_n} x_n - T_{r_n} p] = [y_n - p, x_n - p]$$
$$= 1/2 (\| y_n - p \|^2 + \| x_n - p \|^2 - \| x_n - y_n \|^2)$$

因此

$$\| y_n - p \|^2 \leqslant \| x_n - p \|^2 - \| x_n - y_n \|^2$$

故有

$$\| x_{n+1} - p \|^2 = \| \alpha_n(\gamma f(x_n) - Ap) + (I - \alpha_n A)(S y_n - p) \|^2$$
$$\leqslant \alpha_n \| \gamma f(x_n) - Ap \|^2 + \| x_n - p \|^2 - (1 - \alpha_n \overline{\gamma}) \| x_n - y_n \|^2$$
$$+ 2\alpha_n(1 - \alpha_n \overline{\gamma}) \| \gamma f(x_n) - Ap \| \| y_n - p \|$$

即

$$(1 - \alpha_n \overline{\gamma}) \| x_n - y_n \|^2 \leqslant \alpha_n \| \gamma f(x_n) - Ap \|^2 + (\| x_n - p \| + \| x_{n+1}$$
$$- p \|) \| x_n - x_{n+1} \|$$
$$+ 2\alpha_n(1 - \alpha_n \overline{\gamma}) \| \gamma f(x_n) - Ap \| \| y_n - p \|$$

再由

$$\lim_{n \to \infty} \alpha_n = 0 \text{ 可推出}$$

$$\lim_{n \to \infty} \| x_n - y_n \| = 0 \qquad (4.14)$$

由于 $\| S y_n - y_n \| \leqslant \| S y_n - x_n \| + \| x_n - y_n \|$ 结合式（4.13）和式（4.14）有

$$\lim_{n \to \infty} \| S y_n - y_n \| = 0 \qquad (4.15)$$

另一方面，由于

$$\| x_n - S x_n \| = \| S x_n - S y_n \| + \| S y_n - x_n \| \leqslant \| x_n - y_n \| + \| S y_n - x_n \|$$

结合式（4.13）和式（4.14）得到 $\lim_{n \to \infty} \| S x_n - x_n \| = 0$。因为 $P_{F(S) \bigcap EP(B)} [\gamma f + (I - A)]$ 是一压缩。事实上，对于任意 $x, y \in H$，我们有

$$\| P_{F(S) \cap EP(B)}[\gamma f+(I-A)](x) - P_{F(S) \cap EP(B)}[\gamma f+(I-A)](y) \|$$

$$\leqslant \gamma \| f(x)-f(y) \| + \| I-A \| \| x-y \|$$

$$\leqslant \gamma \alpha \| x-y \| + (1-\bar{\gamma}) \| x-y \| < \| x-y \|$$

Banach 压缩映象原理保证了 $P_{F(S) \cap EP(B)}[\gamma f+(I-A)]$ 有唯一不动点。记为 $q \in H$，即 $q = P_{F(S) \cap EP(B)}[\gamma f+(I-A)](q)$。下面我们证明

$$\limsup_{n \to \infty}[\gamma f(q)-Aq, x_n-q] \leqslant 0 \tag{4.16}$$

我们在 $\{x_n\}$ 中任选一子列 $\{x_{n_i}\}$ 使得

$$\limsup_{n \to \infty}[\gamma f(q)-Aq, x_n-q] = \lim_{i \to \infty}[\gamma f(q)-Aq, x_{ni}-q]$$

相应的存在 $\{y_n\}$ 中一子列 $\{y_{n_i}\}$。因为 $\{y_{n_i}\}$ 是有界的，故存在 $\{y_{n_i}\}$ 中一子列 $\{y_{n_{i_j}}\}$ 若收敛到 ω。不是一般性，我们假设 $y_{n_{ii}} \to \omega$，由式（4.15）得到 $Sy_{n_i} \to \omega$。

下面我们证明 $\omega \in F(S) \cap EP(B)$。首先我们证明 $\omega \in EP(B)$，由 $y_n = T_m x_n$，可推出 $B(y_n, u)+\frac{1}{r_n}(u-y_n, y_n-x_n) \geqslant 0, \forall \mu \in C$。结合（A2）得到 $(u-y_n, \frac{y_n-x_n}{r_n}) \geqslant B(u, y_n)$。因为 $\frac{y_{n_i}-x_{n_i}}{r_{n_i}} \to 0, y_{n_i} \to \omega$ 和（A4），可推出 $B(u, \omega) \leqslant 0, \forall \mu \in C$。设 $u_t = tu+(1-t)\omega$，其中 $0 < t \leqslant 1, u \in C$，因为 $u \in C, \omega \in C$，故 $u_t \in C$。因此 $B(u_t, \omega) \leqslant 0$。故结合（A1）和（A4），得到 $0 = B(u_t, u_t) \leqslant t B(u_t, u)+(1-t)B(u_t, \omega) \leqslant t B(u_t, u)$，即 $B(u_t, u) \geqslant 0$，再由（A3）可推出 $B(\omega, u) \geqslant 0, \forall u \in C$，因此 $\omega \in EP(B)$。因为 Hilbert 空间满足 Opial 条件，由式（4.15），我们有

$$\liminf_{n \to \infty} \| y_{n_i}-\omega \| < \liminf_{n \to \infty} \| y_{n_i}-S\omega \|$$

$$\leqslant \liminf_{n \to \infty} |Sy_{n_i}-S\omega| \leqslant \liminf_{n \to \infty} |y_{n_i}-\omega|$$

产生矛盾。故 $\omega \in F(S)$，即 $\omega \in F(S) \cap EP(B)$。因为 $q = P_{F(S) \cap EP(B)} f(q)$，我们有 $\limsup_{n \to \infty}[\gamma f(q)-Aq, x_n-q] = \lim_{i \to \infty}[\gamma f(q)-Aq, x_{ni}-q]$

$$= [\gamma f(q)-Aq, \omega-q] \leqslant 0$$

即式（4.16）成立。结合引理 4.4 得到

$$\| x_{n+1}-q \|^2 \leqslant (1-\alpha_n \bar{\gamma})^2 \| x_n-q \|^2 + \alpha_n \gamma \alpha (\| x_n-q \|^2 + \| x_{n+1}-q \|^2)$$
$$+ 2\alpha_n[\gamma f(q)-Aq, x_{n+1}-q]$$

即

$$\| x_{n+1}-q \|^2 \leqslant \left[1-\frac{2\alpha_n(\bar{\gamma}-\alpha\gamma)}{1-\alpha_n\alpha\gamma}\right] \| x_n-q \|^2 + \frac{2\alpha_n(\bar{\gamma}-\alpha\gamma)}{1-\alpha_n\alpha\gamma}$$

$$\left[\frac{1}{\bar{\gamma}-\alpha\gamma}[\gamma f(q)-Aq, x_{n+1}-q]+\frac{\alpha_n\bar{\gamma}^2}{2(\bar{\gamma}-\alpha\gamma)}M_3\right]$$

其中，M_3 是一适当常量，满足 $M_3 = \sup\limits_{n\to\infty} \| x_n - q \|$，$\forall n \geqslant 1$。设 $l_n = \dfrac{2\alpha_n(\overline{\gamma} - \alpha\gamma)}{1 - \alpha_n\alpha\gamma}$，

$t_n = \dfrac{1}{\overline{\gamma} - \alpha\gamma}[\gamma f(q) - Aq, x_{n+1} - q] + \dfrac{\alpha_n\overline{\gamma}^2}{2(\overline{\gamma} - \alpha\gamma)}M_3$，即

$$\| x_{n+1} - q \|^2 \leqslant (1 - l_n)\| x_n - q \| + l_n t_n \tag{4.17}$$

结合条件（C1）、（C2）和式（4.16）得到 $\lim\limits_{n\to\infty} l_n = 0$，$\sum_{n=1}^{\infty} l_n = \infty$ 和 $\limsup\limits_{n\to\infty} t_n \leqslant 0$。应用引理 4.1 到式（4.17）得到 $x_n \to q$。证明完毕。

推论 4.1　设 C 是 Hilbert 空间 H 中一非空闭凸子集，$S: C \to H$ 是一非扩张映象满足 $F(S) \neq \varnothing$。设 A 是一强正线性有界算子，系数为 γ，$0 < \gamma < \dfrac{\overline{\gamma}}{\alpha}$。$F$ 是 H 上一压缩，系数 $\alpha(0 < \alpha < 1)$。序列 $\{x_n\}$ 如下产生：

$x_1 \in H, x_{n+1} = \alpha_n\gamma f(x_n) + (I - \alpha_n A)SP_C x_n$，$\forall n \geqslant 1$。其中，$\alpha_n \subset [0,1]$ 和 $\{\gamma_n\} \subset (0, \infty)$ 满足(C1)：$\lim\limits_{n\to\infty}\alpha_n = 0$；(C2)：$\sum_{n=1}^{\infty}\alpha_n = \infty$；(C3)：$\sum_{n=1}^{\infty}|\alpha_{n+1} - \alpha_n| < \infty$。

那么，$\{x_n\}$ 强收敛到 $q \in F(S)$，其中 $q = P_{F(S)}[\gamma f + (I - A)](q)$。

证明　在定理 4.15 中，设 $B(x,y) = 0$，$\forall x, y \in C$ 和 $\{\gamma_n\} = 1$，$\forall n \geqslant 1$，则有 $y_n = P_C x_n$。因此序列 $\{x_n\}$ 强收敛到 $q \in F(S)$，其中 $q = P_{F(S)}[\gamma f + (I - A)](q)$。证毕。

4.3　均衡问题和优化问题的迭代逼近

4.3.1　引言

设 H 是一个 Hilbert 空间，C 是 H 中的一个非空闭凸子集。P_C 是 H 到 C 上的度量投影。映象 $S: C \to C$ 是非扩张的。F 是 $C \times C$ 到 R 的双函数，其中 R 是实数集。

定义 4.1　映象 $A: C \to H$ 被称为单调的，如果对于任意的 x，$y \in C$，有
$$(x - y, Ax - Ay) \geqslant 0$$

定义 4.2　映象 $A: C \to H$ 被称为是逆强单调的，如果对任意的 x，$y \in C$，存在一个正实数 α，使得
$$(x - y, Ax - Ay) \geqslant \alpha \| Ax - Ay \|^2$$
这时，我们称 A 是 α-逆强单调的。如果 A 一个是从 C 到 H 的 α-逆强单调映象，则显然 A 是 $\dfrac{1}{\alpha\text{-Lipachitz}}$ 连续的。

定义 4.3　经典变分不等式问题是指：寻找一个 $u \in C$，使得对于任意的 $v \in$

C，都有 $(v-u,Au)\geqslant 0$ 成立。用 $VI(A,C)$ 表示变分不等式的解集。

定义 4.4　关于双函数 F：$C\times C\rightarrow R$ 的均衡问题是指：寻找一点 $X\in C$，使得

$$F(x,y)\geqslant 0,(\forall y\in C) \tag{4.18}$$

均衡问题 4.18 的解集记作 $EP(F)$。给定一个映象 T：$C\rightarrow H$；设双函数 $F(x,y)=(T_{x,y}-x)$，$\forall x,y\in C$，那么 $Z\in EP(F)$，当且仅当 $(T_{z,y}-z)\geqslant 0$，$\forall y\in C$ 即 z 是变分不等式的解。

为了寻找 $F(S)\bigcap VI(C,A)$ 中的公共元，2003 年，Takahashi 和 Toyoda 构造了如下迭代序列

$$x_1\in C,x_{n+1}=\alpha_n x_n+(1-\alpha_n)SP_C(x_n-\lambda_n Ax_n),(n\geqslant 1) \tag{4.19}$$

在 Hilbert 空间中获得了弱收敛定理。

2005 年，Iiduka 和 Takahashi 提出了一个新的迭代序列

$$x_1=x\in C,x_{n+1}=\alpha_n x+(1-\alpha_n)SP_C(x_n-\lambda_n Ax_n),(n\geqslant 1) \tag{4.20}$$

在 Hilbert 空间中获得了强收敛定理。

另一方面，为了寻找 $EP(F)\bigcap F(S)$ 的公共元，S. Takahashi 和 W. Takahashi 在 Hilbert 空间中，采用黏滞逼近方法，构造了如下序列：$x_1\in H$

$$\begin{cases} F(u_n,y)+\dfrac{1}{r_n}(y-u_n,u_n-x_n)\geqslant 0,(\forall y\in C) \\ x_{n+1}=\alpha_n f(x_n)+(1-\alpha_n)Su_n,(\forall n\in N) \end{cases} \tag{4.21}$$

其中，$\{\alpha_n\}\subset[0,1]$ 和 $\{r_n\}\subset(0,\infty)$ 满足适当条件。他们证明了序列 $\{x_n\}$ 和 $\{u_n\}$ 强收敛到 $z\in F(S)\bigcap EP(F)$，其中，$z=P_{F(S)\bigcap EP(F)}f(z)$ 受上述工作的启发，本节我们建立一种新的迭代序列：$x_1\in H$

$$\begin{cases} F(u_n,y)+\dfrac{1}{r_n}(y-u_n,u_n-x_n)\geqslant 0,(\forall y\in C) \\ x_{n+1}=\alpha_n f(x_n)+(1-\alpha_n)SP_C(u_n-\lambda_n Au_n),(n\geqslant 1) \end{cases} \tag{4.22}$$

应用此序列可寻找非扩张映象不动点集、逆强单调映象变分不等式解集和均衡问题解集的公共元。该结果推广了 Iiduka 和 Takahashi，S. Takahashi 和 W. Takahashi 的相关结果。

4.3.2　预备知识

设 H 是一个 Hilbert 空间，C 是 H 中的一个非空闭凸子集。PC 是 H 到 C 上的度量投影。映象 S：$C\rightarrow C$ 是非扩张的，F 是 $C\times C$ 到 R 的双函数，其中 R 是实数集。

定义 4.5　$\forall x\in H$ 存在 C 中唯一的一点，记为 P_{Cx} 使得 $\|x-P_{Cx}\|\leqslant\|x-y\|$，

$\forall y \in C$ 被称为 H 到 C 上的度量投影。显然，P_C 是非扩张的且满足如下性质

（Ⅰ） $\| P_C x - P_C y \|^2 \leqslant (P_C x - P_C y, x - y), (\forall x, y \in H)$

（Ⅱ） $P_C x \in C, (X - P_C x, P_C x - y) \geqslant 0, (\forall y \in C)$

（Ⅲ） $u \in VI(C, A) \Leftrightarrow u = P_C(u - \lambda A u), (\forall \lambda > 0)$

定义 4.6 集值映象 T：$H \to 2^H$ 被称为单调的，如果 $\forall x, y \in H, f \in Tx, g \in Ty$，都有 $(x - y, f - g) \geqslant 0$。

定义 4.7 单调映象 T：$H \to 2^H$ 被称为极大单调的，如果 T 的象不真包括其他任何单调映象的象。

单调映象 T 是极大的当且仅当

$(x, y) \in H \times H, (x - y, f - g) \geqslant 0, \forall (y, g) \in G(T)$，则 $f \in Tx$。

定义 4.8 设 A 是从 C 到 H 的一逆强单调映象，N_{C^v} 是在 $v \in C$ 点到 C 上的正规锥。即 $N_{C^v} = \{\omega \in H : (v - u, w) \geqslant 0, \forall u \in C\}$

引理 4.6 定义

$$Tv = \begin{cases} Av + N_{C^v}, & (v \in C) \\ \varnothing, & (v \notin C) \end{cases}$$

则 T 是极大单调的且 $0 \in Tv$，当且仅当 $v \in VI(C, A)$。

4.3.3 Hilbert 空间中均衡问题和优化问题的迭代逼近

在本节中，我们将介绍一种新的迭代方法，应用此方法可在 Hilbert 空间中找到非扩张映象不动点集、逆强单调映象变分不等式解集和均衡问题解集的公共元。我们还将进一步证明该序列强收敛到这三个集合的公共元。

定理 4.16 设 C 是一实 Hilbert 空间 H 的非空闭凸子集。设 F 是一从 $C \times C$ 到 R 的双函数，满足条件（A1）～（A4），S 是从 C 到 H 的 α-逆强单调映象，$F(S) \bigcap VI(C, A) \bigcap EP(F) \neq \varnothing$。$f$：$H \to H$ 是一压缩。序列 $\{x_n\}$ 和 $\{u_n\}$ 由式 (4.22) 产生，其中 $\{\alpha_n\} \subset [0, 1)$ 和 $\{r_n\} \subset (0, \infty)$ 满足

（1） $\lim_{n \to \infty} \alpha_n = 0, \sum_{n=1}^{\infty} \alpha_n = \infty, \sum_{n=1}^{\infty} |\alpha_{n+1} - \alpha_n| < \infty$

（2） $\{\lambda_n\} \subset [a, b], a, b \in (0, 2\alpha), \sum_{n=1}^{\infty} |\lambda_{n+1} - \lambda_n| < \infty$

（3） $\liminf_{n \to \infty} \gamma_n > 0, \sum_{n=1}^{\infty} |r_{n+1} - r_n| < \infty$

则 $\{x_n\}$ 和 $\{u_n\}$ 强收敛到 $z \in F(S) \bigcap VI(C, A) \bigcap EP(F)$，其中 $z = P_{F(S) \bigcap VI(C,A) \bigcap EP(F)} f(z)$。

证明 设 $Q = P_{F(S) \bigcap VI(C,A) \bigcap EP(F)}$，则 Qf 是从 H 到 C 得压缩。事实上，存在 $\alpha \in [0, 1)$，使得 $\| f(x) - f(y) \| \leqslant a \| x - y \|$，$\forall x, y \in H$，因此

$\| Qf(x) - Qf(y) \| \leqslant \| f(x) - f(y) \| \leqslant a \| x - y \|, (\forall x, y \in H)$

因此 H 是完备的，故存在 C 中唯一一点 z，使得 $z = Qf(z)$。对于 $\forall x, y \in C$，

$\lambda_n \in [0, 2\alpha]$，有

$$\| (I-\lambda_n A)x - (I-\lambda_n A)y \|^2 = \| (x-y) - \lambda_n(Ax-Ay) \|^2$$
$$= \| x-y \|^2 - 2\lambda_n[x-y, Ax-Ay] + \lambda_n^2 \| Ax-Ay \|^2$$
$$\leqslant \| x-y \|^2 + \lambda_n[\lambda_n - 2\alpha] \| Ax-Ay \|^2$$
$$\leqslant \| x-y \|^2 \tag{4.23}$$

故 $I-\lambda_n A$ 是非扩张的。

设：$v \in F(S) \bigcap VI(C,A) \bigcap EP(F)$，则 $v = P_C(v-\lambda Av)$，对于任意的 $\lambda>0$，设 $\omega_n = P_C(u_n - \lambda_n Au_n)$，$\forall n \geqslant 1$，有

$$\| \omega_n - v \| = \| P_C(u_n - \lambda_n Au_n) - P_C(v-\lambda_n Av) \|$$
$$\leqslant \| (u_n - \lambda_n Au_n) - (v-\lambda_n Av) \|$$
$$\leqslant \| u_n - v \| \tag{4.24}$$

由 $u_n = T_m x_n$，可推出

$$\| u_n - v \| = \| T_m x_n - T_m v \| \leqslant \| x_n - v \|, (\forall n \geqslant 1) \tag{4.25}$$

因此

$$\| x_{n+1} - v \| = \| \alpha_n(f(x_n)-v) + (1-\alpha_n)(S\omega_n - v) \|$$
$$\leqslant \alpha_n \| f(x_n)-v \| + (1-\alpha_n) \| \omega_n - v \|$$
$$\leqslant \alpha_n(\| f(x_n)-f(v) \| + \| f(v)-v \|) + (1-\alpha_n) \| u_n - v \|$$
$$\leqslant \alpha_n\alpha \| x_n - v \| + \alpha_n \| f(v)-v \| + (1-\alpha_n) \| x_n - v \|$$
$$= (1-(1-\alpha)\alpha_n) \| x_n - v \| + (1-\alpha)\alpha_n(\frac{1}{1-\alpha} \| f(v)-v \|)$$
$$\leqslant \max\{ \| x_n - v \|, \frac{1}{1-\alpha} \| f(v)-v \| \}$$

由归纳法，可得

$$\| x_n - v \| \leqslant \max\{ \| x_1 - v \|, \frac{1}{1-a} \| f(v)-v \| \}, (n \geqslant 1)$$

故 $\{x_n\}$ 有界，$\{u_n\}$、$\{S_{w_n}\}$ 和 $\{f(x_n)\}$ 均有界。

下证 $\| x_{n+1} - x_n \| \to 0$ 因为 $I-\lambda_n A$ 是非扩张的，故

$$\| w_{n+1} - w_n \| = \| P_C[(I-\lambda_{n+1}A)u_{n+1}] - P_C[(I-\lambda_n A)u_n] \|$$
$$\leqslant \| (I-\lambda_{n+1}A)u_{n+1} - (I-\lambda_n A)u_n \|$$
$$\leqslant \| (I-\lambda_{n+1}A)(u_{n+1}-u_n) \| + |\lambda_n - \lambda_{n+1}| \| Au_n \|$$
$$\leqslant \| u_{n+1} - u_n \| + |\lambda_n - \lambda_{n+1}| \| Au_n \| \tag{4.26}$$

由此可得

$$\| x_{n+1} - x_n \| = \| \alpha_n f(x_u) + (1-\alpha_n)Sw_n - [\alpha_{n-1}f(x_{n-1}) + (1-\alpha_{n-1})Sw_{n-1}] \|$$
$$= \| \alpha_n[f(x_u)-f(x_{u-1})] + (\alpha_n - \alpha_{n-1})f(x_{n-1}) + (1$$
$$-\alpha_n)(Sw_n - Sw_{n-1}) + (\alpha_{n-1}-\alpha_n)Sw_{n-1} \|$$

$$\leqslant \alpha_n a \parallel x_n - x_{n-1} \parallel + (1-\alpha_n) \parallel u_n - u_{n-1} \parallel$$
$$+ (\mid \alpha_n - \alpha_{n-1} \mid + \mid \lambda_{n-1} - \lambda_n \mid) M \tag{4.27}$$

其中，$M = \max\{\sup\limits_{n \geqslant 1}\{\parallel f(x_n) \parallel + \parallel Sw_n \parallel\}, \sup\limits_{n \geqslant 1}\{\parallel Au_n \parallel\}\}$。

另一方面，由 $u_n = T_{r_n} x_n$ 和 $u_{n+1} = T_{r_{n+1}} x_{n+1}$ 可得

$$F(u_n, y) + \frac{1}{r_n}(y - u_n, u_n - x_n) \geqslant 0, (\forall y \in C) \tag{4.28}$$

且

$$F(u_{n+1}, y) + \frac{1}{r_{n+1}}(y - u_{n+1}, u_{n+1} - x_{n+1}) \geqslant 0, (\forall y \in C) \tag{4.29}$$

在式（4.28）中令 $y = u_{n+1}$，在式（4.29）中令 $y = u_n$ 则有

$$F(u_n, u_{n+1}) + \frac{1}{r_n}(u_{n+1} - u_n, u_n - x_n) \geqslant 0 \text{ 和}$$

$$F(u_{n+1}, u_n) + \frac{1}{r_{n+1}}(u_n - u_{n+1}, u_{n+1} - x_{n+1}) \geqslant 0$$

因此，由 4.2.2 小节中条件（A2）有 $\left[u_{n+1} - u_n, u_n - u_{n+1} + u_{n+1} - x_n - \dfrac{r_n}{r_{n+1}}(u_{n+1} - x_{n+1})\right] \geqslant 0$。

为不失一般性，我们假设存在一实数 b，使得 $r_n > b > 0$，$\forall n \in N$ 则有

$$\parallel u_{n+1} - u_n \parallel^2 \leqslant \left[u_{n+1} - u_n, x_{n+1} - x_n + \left(1 - \frac{r_n}{r_{n+1}}\right)(u_{n+1} - x_{n+1})\right]$$

$$\leqslant \parallel u_{n+1} - u_n \parallel \left\{\parallel x_{n+1} - x_n \parallel + \left|1 - \frac{r_n}{r_{n+1}}\right| \parallel u_{n+1} - x_{n+1} \parallel\right\}$$

由此可推出

$$\parallel u_{n+1} - u_n \parallel \leqslant \parallel x_{n+1} - x_n \parallel + \frac{1}{r_{n+1}} \mid r_{n+1} - r_n \mid \parallel u_{n+1} - x_{n+1} \parallel$$

$$\leqslant \parallel x_{n+1} - x_n \parallel + \frac{1}{b} \mid r_{n+1} - r_n \mid L \tag{4.30}$$

其中 $L = \sup\{\parallel u_n - x_n \parallel : n \in N\}$ 因此，由式（4.27）可得

$$\parallel x_{n+1} - x_n \parallel \leqslant \alpha_n a \parallel x_n - x_{n-1} \parallel + (1-\alpha_n)(\parallel x_n - x_{n-1} \parallel + \frac{1}{b} \mid r_n - r_{n-1} \mid L)$$

$$+ (\mid \alpha_n - \alpha_{n-1} \mid + \mid \lambda_n - \lambda_{n-1} \mid) M$$

$$\leqslant (1 - (1-a)\alpha_n) \parallel x_n - x_{n-1} \parallel + (\mid \alpha_n - \alpha_{n-1} \mid + \mid \lambda_n - \lambda_{n-1} \mid) M$$

$$+ \frac{L}{b} \mid r_n - r_{n-1} \mid$$

应用引理 4.1，可得

$$\lim_{n \to \infty} \parallel x_{n+1} - x_n \parallel = 0 \tag{4.31}$$

结合式（4.30）和 $\sum_{n=1}^{\infty} \mid r_{n+1} - r_n \mid < \infty$ 可推出

$$\lim_{n\to\infty}\| u_{n+1}-u_n \|=0 \tag{4.32}$$

结合式 (4.26) 和 $\sum_{n=1}^{\infty}|\lambda_{n+1}-\lambda_n|<\infty$，可推出

$$\lim_{n\to\infty}\| \omega_{n+1}-\omega_n \|=0 \tag{4.33}$$

下证 $\| S\omega_n-\omega_n \|\to0,n\to\infty$。首先证明 $\| x_n-S\omega_n \|\to0,n\to\infty$。注意到

$$\| x_n-S\omega_n \|\leqslant\| x_n-S\omega_{n-1} \|+\| S\omega_{n-1}-S\omega_n \|$$
$$\leqslant\alpha_{n-1}\| f(x_{n-1})-S\omega_{n-1} \|+\| \omega_n-\omega_{n-1} \|$$

由 $\alpha_n\to0$ 和式 (4.33) 可得

$$\| x_n-S\omega_n \|\to0 \tag{4.34}$$

接下来证明 $\| x_n-u_n \|\to0$，$n\to\infty$。由 $v\in F(S)\bigcap FP(F)\bigcap VI(C,A)$，可得

$$\| u_n-v \|^2=\| T_m x_n-T_m v \|^2$$
$$\leqslant(T_m x_n-T_m v,x_n-v)$$
$$=(u_n-v,x_n-v)$$
$$=\frac{1}{2}(\| u_n-v \|^2+\| x_n-v \|^2-\| u_n-x_n \|^2)$$

因此

$$\| u_n-v \|^2\leqslant\| x_n-v \|^2-\| x_n-u_n \|^2$$

再结合 $\|\cdot\|^2$ 的凸性，有

$$\| x_{n+1}-v \|^2=\| \alpha_n f(x_n)+(1-\alpha_n)S\omega_n-v \|^2$$
$$\leqslant\alpha_n\| f(x_n)-v \|^2+(1-\alpha_n)\| \omega_n-v \|^2$$
$$\leqslant\alpha_n\| f(x_n)-v \|^2+(1-\alpha_n)\| u_n-v \|^2$$
$$\leqslant\alpha_n\| f(x_n)-v \|^2+(1-\alpha_n)(\| x_n-v \|^2-\| x_n-u_n \|^2)$$
$$\leqslant\alpha_n\| f(x_n)-v \|^2+\| x_n-v \|^2-(1-\alpha_n)\| x_n-u_n \|^2$$

即

$$(1-\alpha_n)\| x_n-u_n \|^2$$
$$\leqslant\alpha_n\| f(x_n)-v \|^2+\| x_n-v \|^2-\| x_{n+1}-v \|^2$$
$$\leqslant\alpha_n\| f(x_n)-v \|^2+\| x_n-x_{n+1} \|(\| x_n-v \|+\| x_{n+1}-v \|)$$

故结合式 (4.31) 和 $\alpha_n\to0$，可推出

$$\| x_n-u_n \|\to0 \tag{4.35}$$

下证 $\| u_n-\omega_n \|\to0$。由于 $v\in F(S)\bigcap FP(F)\bigcap VI(C,A)$，故

$$\| x_{n+1}-v \|^2\leqslant\alpha_n\| f(x_n)-v \|^2+(1-\alpha_n)\| S\omega_n-v \|^2$$
$$\leqslant\alpha_n\| f(x_n)-v \|^2+(1-\alpha_n)\| \omega_n-v \|^2$$
$$=\alpha_n\| f(x_n)-v \|^2+(1-\alpha_n)\| P_C(u_n-\lambda_n Au_n)-P_C(v-\lambda_n Au_n) \|^2$$
$$\leqslant\alpha_n\| f(x_n)-v \|^2+(1-\alpha_n)\| (I-\lambda_n A)u_n-(I-\lambda_n A)v \|^2$$
$$\leqslant\alpha_n\| f(x_n)-v \|^2+(1-\alpha_n)(\| u_n-v \|^2+\lambda_n(\lambda_n-2\alpha)\| Au_n-Av \|^2)$$
$$\leqslant\alpha_n\| f(x_n)-v \|^2+\| u_n-v \|^2+(1-\alpha_n)a(b-2\alpha)\| Au_n-Av \|^2$$
$$\leqslant\alpha_n\| f(x_n)-v \|^2+\| x_n-v \|^2+(1-\alpha_n)a(b-2\alpha)\| Au_n-Av \|^2$$

即

$$-(1-\alpha_n)a(b-2\alpha)\parallel Au_n-Av\parallel^2$$
$$\leqslant\alpha_n\parallel f(x_n)-v\parallel^2+\parallel x_n-v\parallel^2-\parallel x_{n+1}-v\parallel^2$$
$$\leqslant\alpha_n\parallel f(x_n)-v\parallel^2+(\parallel x_n-v\parallel+\parallel x_{n+1}-v\parallel)\parallel x_{n+1}-x_n\parallel$$

因为 $\alpha_n\to0$，$a,b\in(0,2\alpha)$ 和 $\parallel x_{n+1}-x_n\parallel\to0$，故

$$\parallel Au_n-Av\parallel\to0 \tag{4.36}$$

可得

$$\parallel\omega_n-v\parallel^2=\parallel P_C(u_n-\lambda_nAu_n)-P_C(v-\lambda_nAv)\parallel^2$$
$$\leqslant[(u_n-\lambda_nAu_n)-(v-\lambda_nAv),\omega_n-v]$$
$$=\frac{1}{2}\{\parallel(u_n-\lambda_nAu_n)-(v-\lambda_nAv)\parallel^2+\parallel\omega_n-v\parallel^2-\parallel(u_n-\lambda_nAu_n)$$
$$-(v-\lambda_nAv)-(\omega_n-v)\parallel^2\}$$
$$\leqslant\frac{1}{2}\{\parallel u_n-v\parallel^2+\parallel\omega_n-v\parallel^2-\parallel(u_n-\omega_n)-\lambda_n(Au_n-Av)\parallel^2\}$$
$$=\frac{1}{2}\{\parallel u_n-v\parallel^2+\parallel\omega_n-v\parallel^2-\parallel(u_n-\omega_n)\parallel^2+2\lambda_n(u_n-\omega_n,Au_n-Av)$$
$$-\lambda_n^2\parallel Au_n-Av\parallel^2\}$$

故

$$\parallel\omega_n-v\parallel^2\leqslant\parallel u_n-v\parallel^2-\parallel(u_n-\omega_n)\parallel^2+2\lambda_n(u_n-\omega_n,Au_n-Av)$$
$$-\lambda_n^2\parallel Au_n-Av\parallel^2$$

因此

$$\parallel x_{n+1}-v\parallel^2=\parallel\alpha_nf(x_n)+(1-\alpha_n)S\omega_n-v\parallel^2$$
$$\leqslant\alpha_n\parallel f(x_n)-v\parallel^2+(1-\alpha_n)\parallel\omega_n-v\parallel^2$$
$$\leqslant\alpha_n\parallel f(x_n)-v\parallel^2+\parallel u_n-v\parallel^2-\parallel u_n-\omega_n\parallel^2$$
$$+2\lambda_n(u_n-\omega_n,Au_n-Av)-\lambda_n^2\parallel Au_n-Av\parallel^2$$
$$\leqslant\alpha_n\parallel f(x_n)-v\parallel^2+\parallel x_n-v\parallel^2-\parallel u_n-\omega_n\parallel^2$$
$$+2\lambda_n(u_n-\omega_n,Au_n-Av)-\lambda_n^2\parallel Au_n-Av\parallel^2$$

结合 $\alpha_n\to0$，$\parallel x_{n+1}-x_n\parallel\to0$ 和式 (4.36)，有

$$\parallel u_n-\omega_n\parallel\to0 \tag{4.37}$$

因为 $\parallel S\omega_n-\omega_n\parallel\leqslant\parallel S\omega_n-x_n\parallel+\parallel x_n-u_n\parallel+\parallel x_n-\omega_n\parallel$，故

$$\parallel S\omega_n-\omega_n\parallel\to0 \tag{4.38}$$

下证 $\liminf\limits_{n\to\infty}[f(z)-z,S\omega_n-z]\leqslant0$，其中 $z=P_{F(S)\cap VI(C,A)\cap EP(F)}f(z)$。任取序列 $\{\omega_n\}$ 一子列 $\{\omega_{ni}\}$，使得

$$\liminf_{n\to\infty}[f(z)-z,S\omega_n-z]=\lim_{i\to\infty}[f(z)-z,S\omega_{ni}-z]$$

因为 $\{\omega_{ni}\}$ 有界，故序列 $\{\omega_{ni}\}$ 的子列 $\{\omega_{nij}\}$ 弱收敛到 w。为不失一般

性，我们假设 $w_{ni} \rightharpoonup w$。因为 $\| Sw_n - w_n \| \rightarrow 0$，故 $w_{ni} \rightharpoonup w$。接下来，我们证明 $w \in F(S) \cap VI(C,A) \cap EP(F)$。

首先证明 $w \in VI(C, A)$。定义

$$Tv = \begin{cases} Av + N_C v, & (v \in C) \\ \varnothing, & (v \notin C) \end{cases}$$

则 T 是极大单调的。设 $(v,u) \in G(T)$。因为 $u - Av \in N_C v$，$w_n \in C$，故 $[v - w_n, u - Av] \geq 0$；另一方面，由 $w_n = P_C(u_n - \lambda_n A u_n)$，可知 $[v - w_n, w_n - (u_n - \lambda_n A u_n)] \geq 0$ 即 $\left(v - w_n, \dfrac{w_n - u_n}{\lambda_n} + Au_n \right) \geq 0$，因此

$$(v - w_{ni}, u) \geq (v - w_{ni}, Au)$$

$$\geq (v - w_{ni}, Au) - \left(v - w_{ni}, \frac{w_{ni} - u_{ni}}{\lambda_{ni}} + Au_{ni} \right)$$

$$= \left(v - w_{ni}, Av - Au_{ni} - \frac{w_{ni} - u_{ni}}{\lambda_{ni}} \right)$$

$$= (v - w_{ni}, Av - Aw_{ni}) + (v - w_{ni}, Aw_{ni} - Au_{ni}) - \left(v - w_{ni}, \frac{w_{ni} - u_{ni}}{\lambda_{ni}} \right)$$

$$\geq (v - w_{ni}, Av - Aw_{ni}) - \left(v - w_{ni}, \frac{w_{ni} - u_{ni}}{\lambda_{ni}} \right)$$

上式结合

$\| u_n - w_n \| \rightarrow 0$，$A$ 是 Lipschitz 连续的，可推出 $(v - w, u) \geq 0$。因为 T 是极大单调的，$w \in T^{-1}$，$w \in VI(C,A)$。

下证 $w \in F(S)$。假设 $w \in F(S)$，因为 $w_{ni} \rightharpoonup w$，$Sw \neq w$，由 Opial 条件，可推出

$$\liminf_{n \to \infty} \| w_{ni} - w \| < \liminf_{n \to \infty} \| w_{ni} - Sw \|$$

$$= \liminf_{n \to \infty} \| w_{ni} - Sw_{ni} + Sw_{ni} - Sw \|$$

$$= \liminf_{n \to \infty} \| Sw_{ni} - Sw \|$$

$$\leq \liminf_{n \to \infty} \| w_{ni} - w \|$$

产生矛盾，因此 $w \in F(S)$。最后证明 $w \in EP(F)$，由 $u_n = T_{r_n} x_n$，可得

$$F(u_n, y) + \frac{1}{r_n}(y - u_n, u_n - x_n) \geq 0, \quad (\forall y \in C)$$

结合（A2），可得

$$\frac{1}{r_n}(y - u_n, u_n - x_n) \geq F(y, u_n)$$

即

$$\left(y - u_n, \frac{u_{ni} - x_{ni}}{r_{ni}} \right) \geq F(y, u_{ni})$$

因为 $\|u_n-w_n\|\to 0$ 和 $w_{ni}\to w$，故 $u_{ni}\to w$。结合 $\|x_n-u_n\|\to 0$ 和条件（A4）可推出 $0\geqslant F(y,w)$，$\forall y\in C$ 设 $y_t=ty+(1-t)w$，其中 $0<t<1$，$y\in C$。因为 $y\in C$，$w\in C$ 故 $y_t\in C$ 因此 $F(y_t,w)\leqslant 0$，故结合条件（A1）和（A4），可得

$$0=F(y_t,y_t)\leqslant tF(y_t,y)+(1-t)F(y_t,w)\leqslant tF(y_t,y)$$

因此，$0\leqslant F(y_t,y)$，由（A3），可得 $0\leqslant F(w,y)$，$\forall y\in C$ 故 $w\in EP(F)$。因此 $w\in F(S)\bigcap EP(F)\bigcap VI(C,A)$ 因 $z=P_{F(S)\cap EP(F)\cap VI(C,A)}f(z)$ 故

$$\limsup_{n\to\infty}[f(z)-z,Sw_n-z]$$
$$=\limsup_{i\to\infty}[f(z)-z,Sw_i-z]=[f(z)-z,w-z]\leqslant 0$$

因此，对 $\forall\varepsilon>0$，存在 $m\in N$ 使得

$$[f(z)-z,Sw_n-z]\leqslant\varepsilon,\alpha_n\|f(x_n)\|^2\leqslant\varepsilon,\forall n\geqslant m$$

因此

$$\|x_{n+1}-z\|^2$$
$$=\|\alpha_nf(x_n)+(1-\alpha_n)Sw_n-z\|^2$$
$$=\|\alpha_n(f(x_n)-z)+(1-\alpha_n)(Sw_n-z)\|^2$$
$$=\alpha_n^2\|f(x_n)-z\|^2+2\alpha_n(1-\alpha_n)(f(x_n)-z,Sw_n-z)+(1-\alpha_n)^2\|Sw_n-z\|^2$$
$$\leqslant\alpha_n^2\|f(x_n)-z\|^2+(1-2\alpha_n+\alpha_n^2)\|x_n-z\|^2+2\alpha_n(1-\alpha_n)a\|x_n-z\|^2$$
$$\quad+2\alpha_n(1-\alpha_n)(f(x_n)-z,Sw_n-z)$$
$$=[1-2\alpha_n+\alpha_n^2+2a\alpha_n(1-\alpha_n)]\|x_n-z\|^2+\alpha_n^2\|f(x_n)-z\|^2+2\alpha_n(1-\alpha_n)(f(z)$$
$$\quad-z,Sw_n-z)$$
$$=(1-\gamma_n)\|x_n-z\|^2+\delta_n\|$$

其中

$$\|\gamma_n=\alpha_n[2-\alpha_n-2a(1-\alpha_n)]$$
$$\delta_n=\alpha_n^2\|f(x_n)-z\|^2+2\alpha_n(1-\alpha_n)[f(z)-z,Sw_n-z]\|$$

显然，$\gamma_n\to\infty$，$\sum_{n=1}^{\infty}\gamma_n=\infty$，$\limsup\limits_{n\to\infty}\dfrac{\delta_n}{\gamma_n}\leqslant 0$。由引理 1，可得 $x_n\to z=P_{F(S)\cap EP(F)\cap VI(C;A)}f(z)$ 证明完毕。

推论 4.2 设 C 是一实 Hilbert 空间 H 的非空闭凸子集，S 是从 C 到 H 的非扩张映象。设 A 是从 C 到 H 的 α-逆强单调映象，$F(S)\bigcap VI(C,A)\bigcap EP(F)\neq\varnothing$。$f:H\to H$ 是一压缩。序列 $\{x_n\}$ 如下给出

$$x_1\in H,x_{n+1}=\alpha_nf(x_n)+(1-\alpha_n)SP_C|(I-\lambda_nA)P_Cx_n|,(n\geqslant 1)$$

其中，$\{\alpha_n\}\subset[0,1]$ 和 $\{\lambda_n\}\subset[0,2\alpha]$ 满足如下条件

(1) $\lim\limits_{n\to\infty}\alpha_n=0$，$\sum_{n=1}^{\infty}\alpha_n=\infty$，$\sum_{n=1}^{\infty}|\alpha_{n+1}-\alpha_n|<\infty$

(2) $\{\lambda_n\}\subset[a,b]$，其中 $a,b\in(0,2\alpha)$，$\sum_{n=1}^{\infty}|\lambda_{n+1}-\lambda_n|<\infty$ ，$z=P_{F(S)\cap VI(C,A)}f(z)$，

则序列 $\{x_n\}$ 强收敛到 $zz \in F(S) \bigcap VI(C, A)$，其中 $z = P_{F(S) \bigcap VI(C,A)} f(z)$。

证明　在定理 4.16 中，设 $F(x, y) = 0, \forall x, y \in C$ 和 $r_n = 1$，$\forall n \in N$ 则 $u_m = P_{Cx_n}$ 由定理 4.16，本定理结果很容易便得到。

推论 4.3　设 C 是一实 Hilbert 空间 H 的非空闭凸子集，F 是从 $C \times C$ 到 R 的双函数满足条件：$(A1) \sim (A4)$，S 是从 C 到 H 的非扩张映象，使得 $F(S) \bigcap EP(F) \neq \varnothing$。$f : H \to H$ 是一压缩。序列 $\{x_n\}$ 和 $\{u_n\}$ 如下产生：$x_1 \in H$

$$\begin{cases} F(u_n) + \dfrac{1}{r_n}(y - u_n, u_n - x_n) \geqslant 0, (\forall y \in C) \\ x_{n+1} = \alpha f(x_n) + (1 - \alpha_n) Su_n, (\forall n \in N) \end{cases}$$

其中，$\{\alpha_n\} \subset [0, 1), \{r_n\} \subset (0, \infty)$ 满足

$$(1) \lim_{n \to \infty} \alpha_n = 0, \sum_{n=1}^{\infty} \alpha_n = \infty, \sum_{n=1}^{\infty} |\alpha_{n+1} - \alpha_n| < \infty$$

$$(2) \liminf_{n \to \infty} r_n > 0, \sum_{n=1}^{\infty} |r_{n+1} - r_n| < \infty$$

则序列 $\{x_n\}$ 和 $\{u_n\}$ 强收敛到 $z \in F(S) \bigcap EP(F)$　其中 $z = P_{F(S) \bigcap EP(F)} f(z)$。

证明　在定理 4.16 中，令 $P_C(I - \lambda_n A) = I$，得证。

4.4　Wiener-Hopf 方程和广义变分不等式问题的迭代逼近

4.4.1　引言及预备知识

在本节中，我们将介绍一类包含非扩张映象和多值松弛单调算子的广义 Wiener-Hopf 方程。采用投影技术，我们证明广义 Wiener-Hopf 方程等价于广义变分不等式。利用这种相互等价性，我们从数值解和逼近解两方面提出并分析一种新的迭代序列，应用此序列可找到非扩张映象不动点集和广义变分不等式解集的公共元。

设 K 是一实 Hilbert 空间 H 的非空闭凸子集。T，$g : H \to H$ 是两个非线性算子，$A : H \to 2^H$ 是多值松弛单调算子，S_1 和 S_2 是 K 中两个非扩张自映象。

现在考虑一问题：寻找一点 $u \in H : g(u) \in K$，使得

$$[Tu + w, g(v) - g(u)] \geqslant 0, \forall v \in H : g(v) \in K, w \in Au \qquad (4.39)$$

注意到：

(1) 如果 $g \equiv I$ 为恒等算子，那么问题式（4.39）等价于寻找一点 $u \in k$，使得

$$(Tu + w, v - u) \geqslant 0, (\forall v \in K, w \in Au) \qquad (4.40)$$

该问题被称为 Verma 广义变分不等式问题，在 1997 年，被 Verma 在文献中介

绍并研究。下面我们把变分不等式问题式（4.40）的解集记为 $GVI(K，T，A)$

（2）如果 $w\equiv0$ 那么问题式（4.39）简化为寻找一点 $u\in H:g(u)\in K$，使得
$$[Tu,g(v)-g(u)]\geqslant0,\forall v\in H:g(v)\in K \tag{4.41}$$

该问题被称为广义变分不等式问题，在 1988 年被 Noor 在文献中介绍并研究。

（3）如果 $w\equiv0$，$g\equiv I$，那么问题式（4.39）简化为寻找一点 $u\in K$，使得
$$(Tu,v-u)\geqslant0,(\forall v\in K) \tag{4.42}$$

该问题即为经典的变分不等式问题。在 1964 年，被 Stampacchia 在文献中首先介绍并研究。下面我们把变分不等式问题式（4.42）的解集记为 $VI(K，T)$。

与变分不等式问题紧密相关的就是解 Wiener-Hopf 方程。设 $Q_K=I-SP_K$，$S：K\rightarrow K$ 是非扩张映象。如果 g^{-1} 存在，那么考虑寻找一点 $z\in H$，使得
$$Tg^{-1}SP_Kz+w+\rho^{-1}Q_Kz=0,\forall w\in Ag^{-1}SP_Kz \tag{4.43}$$
其中，$\rho>0$ 是一常量。该方程被称为包含非扩张映象和多值松弛单调算子的广义 Wiener-Hopf 方程。下面，我们把广义 Wiener-Hopf 方程式（4.43）的解集记为 $GWHE(H，T，g，S，A)$。

如果 $w\equiv0$，则方程式（4.43）简化为
$$Tg^{-1}SP_Kz+\rho^{-1}Q_Kz=0 \tag{4.44}$$
该方程被称为包含非扩张映象的广义 Wiener-Hopf 方程。

若有 $w\equiv0$ 和 $g\equiv I$ 恒等算子，则方程式（4.43）可简化为
$$Tg^{-1}SP_Kz+\rho^{-1}Q_Kz=0 \tag{4.45}$$
其中，$Q_K=I-P_K$。方程式（4.45）被称为经典的广义 Wiener-Hopf 方程。

若有 $w\equiv0$ 和 $S\equiv g\equiv I$ 恒等算子，则方程式（4.43）可简化为
$$TP_Kz+\rho^{-1}Q_Kz=0 \tag{4.46}$$
该方程即为原始的 Wiener-Hopf 方程，在 1991 年，由 Shi 提出。

定义 4.9　映象 $T：K\rightarrow H$ 被称为 α-逆强单调的，如果存在一常数 $\alpha>0$，使得 $\|Tx-Ty，x-y\|\leqslant\alpha\|Tx-Ty\|^2，\forall x，y\in K$。

定义 4.10　映象 $T：K\rightarrow H$ 被称为 γ-强单调的，如果存在一常数 $\gamma>0$，使得
$$\|Tx-Ty,x-y\|\leqslant\gamma\|x-y\|^2,(\forall x,y\in K)$$

定义 4.11　映象 $T：K\rightarrow H$ 被称为松弛 $(\gamma.r)$ 强制，如果存在两常量 $\gamma，r>0$ 使得
$$(Tx-Ty,x-y)\geqslant(-\gamma)\|Tx-Ty\|^2+r\|x-y\|^2,(\forall x,y\in K)$$

定义 4.12　映象 $A：H\rightarrow2^H$ 被称为 t-松弛单调的，如果存在一常量 $t>0$，使得
$$(w_1-w_2,u-v)\geqslant-t\|u-v\|^2,(\forall w_1\in Au,\forall w_2\in Av)$$

定义 4.13 多值映象 A：$H \to 2^H$ 被称为 1 - Lipschitzian，如果存在一常量 $\mu > 0$ 使得

$$\| w_1 - w_2 \|^2 \leqslant \mu \| u - v \|, (\forall w_1 \in Au, w_2 \in Av)$$

引理 4.7 假设 $\{\delta_k\}_{k=0}^{\infty}$ 是一非负序列，满足如下不等式

$$\delta_{k+1} \leqslant (1 - \lambda_k)\delta_k + \sigma_k, (k \geqslant 0)$$

其中，$\lambda_k \in (0,1), \sum_{k=0}^{\infty} \lambda_k = \infty, \sigma_k = o(\lambda_k)$，则

引理 4.8 给定一点 $z \in H$，$u \in K$ 满足如下不等式

$$(u - z, v - u) \geqslant 0, (\forall v \in K) \qquad (当且仅当 u = P_K z)$$

其中，P_K 是从 H 到 K 的度量投影。众所周知，度量投影 P_K 是非扩张的。

引理 4.9 函数 $u \in H$：$g(u) \in K$ 满足广义变分不等式，当且仅当 $u \in H$ 满足如下关系式

$$g(u) = P_K[g(u) - p(Tu + w)], (\forall w \in Au) \qquad (4.47)$$

其中，$p > 0$ 是一常量，其中 P_K 是从 H 到 K 的度量投影。

证明 由引理 4.8 便可得到该结果。

注：

(1) 如果 $u \in GVI(K, T, g, A)$，可得 $g(u) \in F(S_1) \subset K$，其中 S_1 是 K 上的非扩张自映象，则

$$g(u) = S_1 g(u) = P_K[g(u) - p(Tu + w)] = S_1 P_K[g(u) - p(Tu + w)] \qquad (4.48)$$

其中，$\rho > 0$ 是一常量。

(2) 如果进一步假设 $u \in F(S_2)$，其中 S_2 是 K 上的非扩张自映象，则

$$u = (1 - a_n)u + a_n S_2 u \qquad (4.49)$$

其中，$\{a_n\} \subset [0,1], \forall n \geqslant 0$。

(3) 如果 $u \in H$ 使得 $g(u) \in F(S_1)$ 且是 $F(S_2)$ 和 $GVI(K, T, g, A)$ 的公共元，则结合式（4.48）和式（4.49），有

$$u = (1 - a_n)u + a_n S_2\{u - g(u) + S_1 P_K | g(u) - \rho(Tu + w) |\} \qquad (4.50)$$

4.4.2 Hilbert 空间中 Wiener - Hopf 方程和广义变分不等式问题的迭代逼近

在本节中，我们应用广义 Wiener - Hopf 方程式（4.43），提出并分析一种新的迭代方法，利用此方法寻找非扩张映象不动点集和广义变分不等式（4.39）解集的公共元。

命题 4.1 广义变分不等式（4.39）有一个解 $u \in H$，使得 $g(u) \in F(S_1)$，当且仅当包含一个非扩张自映象 S_1 的广义 Wiener-Hopf 方程（4.43）有一个解

$z \in H$ 满足

$$\begin{cases} z = g(u) - p(Tu + w), (w \in Au) \\ g(u) = S_1 P_K z \end{cases}$$

其中，P_K 是从 H 到 K 的度量投影，$\rho > 0$ 是一常量。

证明 取 $u \in GVI(K, T, g, A)$，使得 $g(u) \in F(S_1)$ 由式（4.48）产生

$$g(u) = S_1 P_K [g(u) - p(Tu + w)], (\forall w \in Au) \qquad (4.51)$$

$$设 z = g(u) - p(Tu) + w, \forall w \in Au \qquad (4.52)$$

结合式（4.51）和式（4.52），得到

$$\begin{cases} g(u) = S_1 P_K z \\ z = g(u) - p(Tu + w), (\forall w \in Au) \end{cases}$$

故有

$$z = S_1 P_K z - \rho(T g^{-1} S_1 P_K z + \omega), \forall \omega \in A g^{-1} S_1 P_K z$$

因此

$$T g^{-1} S_1 P_K z + \omega + \rho^{-1} Q_k z = 0, \forall \omega \in A g^{-1} S_1 P_K z$$

其中，$Q_k = I - S_1 P_k$，因此 $z \in H$ 是广义 Wiener-Hopf 方程式（4.43）的解。证明完毕。

注：由命题 4.1 可知，广义变分不等式（4.39）与广义 Wiener-Hopf 方程式（4.43）是等价的。从数值的角度来看，这种等价性是非常有用的。利用这种相互等价性，对其进行适当调整，我们提出并分析了一种新的迭代算法，应用此算法寻找非扩张映象不动点集合广义变分不等式解集的公共元。

算法 4.1 逼近解 $\{u_n\}$ 如下产生：$u_0 \in K$

$$\begin{cases} z_n = g(u_n) - \rho(Tu_n + \omega_n) \\ u_{n+1} = (1 - a_n)u_n + a_n S_2 [u_n - g(u_n) + S_1 P_K z_n], (n \geqslant 0) \end{cases} \qquad (4.53)$$

其中，$\{a_n\}$ 是 $[0, 1]$ 中的序列，S_1 和 S_2 是 K 中的两个非扩张自映象。

如果 $\{\omega_n\} \equiv 0$，$S_1 \equiv I$，算法 4.1 可被简化为如下算法。

算法 4.2 逼近解 $\{\omega_n\}$ 如下产生：$u_0 \in k$

$$\begin{cases} z_n = g(u_n) - \rho Tu_n, \\ u_{n+1} = (1 - a_n)u_n + a_n S_2 [u_n - g(u_n) + P_K z_n], (n \geqslant 0) \end{cases}$$

如果 $\{\omega_n\} \equiv 0$，$g \equiv S_1 \equiv I$，算法 4.2 可被简化为如下算法。

算法 4.3 逼近解 $\{u_n\}$ 如下产生：$u_0 \in K$

$$\begin{cases} z_n = u_n - \rho Tu_n, \\ u_{n+1} = (1 - a_n)u_n + a_n S_2 P_K z_n, (n \geqslant 0) \end{cases}$$

如果 $\{a_n\} = 1$、$\{\omega_n \equiv 0\}$、$g = S_1 = S_2 = I$，算法 4.3 可被简化为如下算法。

算法 4.4 逼近解 $\{u_n\}$ 如下产生：$u_0 \in K$

$$\begin{cases} z_n = u_n - \rho T u_n \\ u_{n+1} = P_K z_n, (n \geqslant 0) \end{cases}$$

如果 $\{a_n\} = 1$、$g = S_1 = S_2 = I$，算法 4.4 可被简化为如下算法。

算法 4.5　逼近解 $\{u_n\}$ 如下产生：$u_0 \in H$

$$u_{n+1} = P_K [u_n - \rho(Tu_n + \omega_n)], (n \geqslant 0)$$

定理 4.17　设 K 是实 Hilibert 空间 H 中一非空闭凸子集，$T: K \to H$ 是一松弛 (γ_1, r_1)-强制和 μ_1-Lipschitz 连续映象 $g: K \to H$ 是一松弛 (γ_2, r_2)-强制和 μ_2-Lipschitz 连续映象，$A: H \to 2^h$ 是一 t-松弛单调和 μ_3-Lipschitz 连续映象，S_1 和 S_2 是两个 K 中的非扩张子映象，$F(S_1) \neq \varnothing$，$F(S_2) \bigcap \mathrm{GVI}(K, T, g, A) \neq \varnothing$，$\mathrm{GWHE}(H, T, g, S, A) \neq \varnothing$。序列 $\{z_n\}$、$\{u_n\}$、$\{g(u_n)\}$ 由算法 4.1 产生，其中 $\{a_n\}$ 是 $[0, 1]$ 中序列。如果满足条件

$$(\mathrm{C1}): \theta = k_1 + 2k_2 < 1$$

其中，$k_1 = \sqrt{1 + 2\rho(\gamma_1 \mu_1^2 - \gamma_1 + t) + \rho^2(\mu_1 + \mu_3)^2}$，$k_2 = \sqrt{1 + 2\mu_2^2 \gamma_2 - 2\gamma_2 + \mu_2^2}$

$$(\mathrm{C2}): \sum_{n=0}^{\infty} a_n = \infty$$

则序列 $\{z_n\}$、$\{u_n\}$、$\{g(u_n)\}$ 分别强收敛到 $z \in \mathrm{GWHE}(H, T, g, S, A)$，$u \in F(S_2) \bigcap \mathrm{GVI}(K, T, g, A)$ 和 $g(u) \in F(S_1)$。

证明　$z \in H$ 是 $GWHE(H, T, g, S_1, A)$ 中一元，$u \in F(S_2) \bigcap GVI(K, T, g, A)$ 且 $g(u) \in F(S_1)$。

由式（4.50）和命题 4.1，可得

$$\begin{cases} z_n = g(u) - \rho(Tu + \omega) \\ u = (1 - a_n)u + a_n S_2 [u - g(u) + S_1 P_K z] \end{cases} \tag{4.54}$$

首先，估计 $\| \mu_{+1} - \mu \|$ 可得

$\| \mu_{+1} - \mu \|$

$= \| (1 - a_n)u_n + a_n S_2 [u_n - g(u_n) + S_1 P_K z_n] - u \|$

$\leqslant (1 - a_n) \| u_n - u \| + a_n \| S_2 [u_n - g(u_n) + S_1 P_K z_n] - S_2 [u - g(u) + S_1 P_K z] \|$

$\leqslant (1 - a_n) \| u_n - u \| + a_n \| (u_n - u) - [g(u_n) - g(u)] \| + a_n \| z_n - z \| \tag{4.55}$

接着，估计 $\| (u_n - u) - [g(u_n) - g(u)] \|$。由 g 的松弛 (γ_2, r_2)-强制和 μ_2-Lipschitz 连续的定义，可得

$\| (u_n - u) - [g(u_n) - g(u)] \|^2$

$= \| u_n - u \|^2 - 2[g(u_n) - g(u), u_n - u] + \| g(u_n) - g(u) \|^2$

$\leqslant \| u_n - u \|^2 - 1[-\gamma_2 \| g(u_n) - g(u) \|^2 + r_2 \| u_n - u \|^2] + \mu_2^2 \| u_n - u \|^2$

$\leqslant (1 + 2\mu_2^2 \gamma_2 - 2r_2 + \mu_2^2) \| u_n - u \|^2$

$= k_2^2 \| u_n - u \|^2 \tag{4.56}$

其中，$k_2 = \sqrt{1 + 2\mu_2^2 \gamma_2 - 2r_2 + \mu_2^2}$。下面，我们估计 $\| z_n - z \|$。由映象 T 的松弛

(γ_2,r_2) -强制和 μ_2-Lipschitz 连续的定义和映象 A 的 t -松弛单调和- Lipschitz 连续的定义，可得

$$\parallel (u_n-u)-\rho[(Tu_n+w_n)-(Tu+w)]\parallel^2$$

$$=\parallel u_n-u\parallel^2-2\rho[Tu_n+w_n-(Tu+w),u_n-u]+\rho^2\parallel[(Tu_n+w_n)-(Tu+w)]\parallel^2$$

$$\leqslant\parallel u_n-u\parallel^2-2\rho([Tu_n-Tu,u_n-u]+[w_n-w,u_n-u])+\rho^2(\parallel Tu_n-Tu\parallel$$

$$+\parallel w_n-w\parallel)^2$$

$$\leqslant[1+2\rho(\gamma_1\mu_1{}^2-r_1+t)+\rho^2(\mu_1+\mu_3)^2]\parallel u_n-u\parallel^2$$

$$=k_1^2\parallel u_n-u\parallel^2 \qquad (4.57)$$

其中,$k_1=\sqrt{1+2\rho(\gamma_1\mu_1{}^2-r_1+t)+\rho^2(\mu_1+\mu_3)^2}$。结合式（4.53）和式（4.54），可得

$$\parallel z_n-z\parallel=\parallel g(u_n)-g(u)-\rho[(Tu_n+w_n)-(Tu+w)]\parallel$$

$$\leqslant\parallel u_n-u-[g(u_n)-g(u)]\parallel+\parallel u_n-u-\rho[(Tu_n+w_n)-(Tu+w)]\parallel$$

$$\qquad (4.58)$$

将式（4.56）和式（4.57）代入式（4.58），可得

$$\parallel z_n-z\parallel\leqslant(k_1+k_2)\parallel u_n-u\parallel \qquad (4.59)$$

将式（4.56）和式（4.59）代入式（4.55），可得

$$\parallel u_{n+1}-u\parallel\leqslant[1-(1-k_1-2k_2)a_n]\parallel u_n-u\parallel$$

$$=[1-(1-\theta)a_n]\parallel u_n-u\parallel \qquad (4.60)$$

其中，$\theta=k_1+2k_2<1$。因此，由条件（C1）和（C2）和引理 4.7，可得 $\lim\limits_{n\to\infty}\parallel u_n-u\parallel=0$。由式（4.59），由 $\lim\limits_{n\to\infty}\parallel z_n-z\parallel=0$。另一方面

$$\parallel g(u_n)-g(u)\parallel\leqslant\mu_2\parallel u_n-u\parallel \qquad (4.61)$$

因此，$\lim\limits_{n\to\infty}\parallel g(u_n)-g(u)\parallel=0$。定理完毕。

4.5 广义变分不等式系统的迭代逼近

4.5.1 引言及预备知识

设 H 是一实 Hilbert 空间，C 是 H 中一非空闭凸子集。T：$C\to H$ 是一非线性算子。经典的变分不等式问题是指寻找一点：$u\in C$，使得

$$(Tu,v-u)\geqslant0,(\forall v\in C) \qquad (4.62)$$

其解集记为 VI（C，T）。

定义 4.14

（1）T 被称为 u -强制的，如果存在一常量 $u>0$，使得

$$(Tu-Ty,x-y) \geqslant u \parallel Tu-Ty \parallel^2, (\forall x,y \in C) \tag{4.63}$$

显然，每一个 u -强制映象 T 是 Lipschitz 连续的。

（2）T 被称为 v -强单调，如果存在一个常量 $v>0$，使得

$$(Tx-Ty,x-y) \geqslant v \parallel x-y \parallel^2, (\forall x,y \in C) \tag{4.64}$$

（3）T 被称为松弛 (u, v) -强制，如果存在两个常量 $u, v>0$，使得

$$(Tx-Ty,x-y) \geqslant (-u) \parallel Tx-Ty \parallel^2 + v \parallel x-y \parallel^2, (\forall x,y \in C) \tag{4.65}$$

当 $u=0$ 时，T 是 v -单调的。松弛强制映象比强单调映象更具有广泛性。v -强单调是松弛 (u, v) -强制的。

（4）映象 $S: C \rightarrow C$ 被称为是拟非扩张的，如果 $F(S) \neq \varnothing$ 且

$$\parallel Sx-p \parallel \leqslant \parallel x-p \parallel, \forall x \in C, p \in F(S) \tag{4.66}$$

如果 $x^* F(S) \bigcap VI(C, T)$ 则

$$x^*=Sx^*=P_C|x^*-pTx^*|=SP_C|x^*-pTx^*| \tag{4.67}$$

其中，$p>0$ 是一常量。

设 T_1、T_2、$T_3: C \times C \times C \rightarrow H$ 是三个映象。考虑如下一个非线性变分不等式系统（SNVID）问题：

寻找 x^*，y^*，$z^* \in C$ 使得

$$(sT_1(y^*,z^*,x^*)+x^*-y^*,x-x^*) \geqslant 0, (\forall x \in C, s>0) \tag{4.68}$$

$$(tT_2(z^*,x^*,y^*)+y^*-z^*,x-y^*) \geqslant 0, (\forall x \in C, t>0) \tag{4.69}$$

$$(rT_3(x^*,y^*,z^*)+z^*-x^*,x-z^*) \geqslant 0, (\forall x \in C, r>0) \tag{4.70}$$

非线性变分不等式系统问题式（4.68）、式（4.69）和式（4.70）等价于下列投影式

$$x^*=P_C[y^*-sT_1(y^*,z^*,x^*)],(s>0)$$
$$y^*=P_C[z^*-tT_2(z^*,x^*,y^*)],(t>0)$$
$$z^*=P_C[x^*-rT_3(x^*,y^*,z^*)],(r>0)$$

下面，讨论非线性变分不等式系统问题式（4.68）、式（4.69）和式（4.70）的一些特殊类型。

（Ⅰ）如果 $r=0$；则非线性变分不等式系统问题式（4.68）、式（4.69）和式（4.70）简化为如下问题：寻找 x^*，$y^* \in C$ 使得

$$(sT_1(y^*,z^*,x^*)+x^*-y^*,x-x^*) \geqslant 0, (\forall x \in C, s>0)$$

$$(tT_2(x^*,x^*,y^*)+y^*-x^*,x-x^*) \geqslant 0, (\forall x \in C, t>0)$$

（Ⅱ）如果 $t=r=0$；则非线性变分不等式系统问题式（4.68）、式（4.69）和式（4.70）可简化为如下问题：寻找一点 $x^* \in C$ 使得

$$[T_1(x^*,x^*,x^*),x-x^*] \geqslant 0, (\forall x \in C)$$

（Ⅲ）如果 T_1、T_2、$T_3: C \rightarrow H$ 是单变量映象，则非线性变分不等式系统问

题式（4.68）、式（4.69）和式（4.70）可被简化为如下问题，寻找 x^*，y^*，$z^* \in C$ 使得

$$[sT_1(y^*)+x^*-y^*,x-x^*] \geqslant 0,(\forall x \in C,s>0) \tag{4.71}$$

$$[tT_2(z^*)+y^*-z^*,x-y^*] \geqslant 0,(\forall x \in C,t>0) \tag{4.72}$$

$$[rT_3(x^*)+z^*-x^*,x-z^*] \geqslant 0,(\forall x \in C,r>0) \tag{4.73}$$

（Ⅳ）如果 T_1、T_2、$T_3 = T$：$C \rightarrow H$ 是单变量映象，则非线性变分不等式系统问题式（4.68）、式（4.69）和式（4.70）可被简化为如下问题，寻找 x^*，y^*，$z^* \in C$ 使得

$$[sT(y^*)+x^*-y^*,x-x^*] \geqslant 0,(\forall x \in C,s>0) \tag{4.74}$$

$$[tT(z^*)+y^*-z^*,x-y^*] \geqslant 0,(\forall x \in C,t>0) \tag{4.75}$$

$$[rT(x^*)+z^*-x^*,x-z^*] \geqslant 0,(\forall x \in C,r>0) \tag{4.76}$$

4.5.2　迭代算法

算法 4.6　任取 x_0，y_0，$z_0 \in C$，采用如下迭代算法，计算序列 $\{x_n\}$、$\{y_n\}$ 和 $\{z_n\}$

$$\begin{cases} z_{n+1}=S_3 P_C[x_{n+1}-rT_3(x_{n+1},y_{n+1},z_n)] \\ z_{n+1}=S_2 P_C[z_{n+1}-tT_2(x_{n+1},z_{n+1},y_n)] \\ z_{n+1}=(1-\alpha_n)x_n+\alpha_n S_1 P_C[y_n-sT_1(y_n,x_n,z_n)],(n \geqslant 0) \end{cases} \tag{4.77}$$

其中，$\{\alpha_n\}$ 是 $[0,1]$ 中一序列，S_1、S_2 和 S_3 是三个拟非扩张映象。

（Ⅰ）如果 T_1、T_2、T_3：$C \rightarrow H$ 是三个单变量映象，则算法 4.6 可被简化为如下形式。

算法 4.7　任取 x_0，y_0，$z_0 \in C$ 采用如下迭代算法，计算序列 $\{x_n\}$、$\{y_n\}$ 和 $\{z_n\}$

$$\begin{cases} z_{n+1}=S_3 P_C[x_{n+1}-rT_3(x_{n+1})] \\ z_{n+1}=S_2 P_C[z_{n+1}-tT_2(z_{n+1})] \\ z_{n+1}=(1-\alpha_n)x_n+\alpha_n S_1 P_C[y_n-sT_1(y_n)],(n \geqslant 0) \end{cases}$$

其中，$\{\alpha_n\}$ 是 $[0,1]$ 中一序列，S_1、S_2、S_3 是三个拟非扩张映象。

（Ⅱ）在算法 4.7 中，令 $T_1=T_2=T_3=T$，$S_1=S_2=S_3=S$ 则算法 4.7 简化为如下形式。

算法 4.8　任取 x_0，y_0，$z_0 \in C$ 采用如下迭代算法，计算序列 $\{x_n\}$、$\{y_n\}$ 和 $\{z_n\}$

$$\begin{cases} z_{n+1}=SP_C[x_{n+1}-rT(x_{n+1})] \\ y_{n+1}=SP_C[z_{n+1}-tT(z_{n+1})] \\ x_{n+1}=(1-\alpha_n)x_n+\alpha_n SP_C[y_n-sT(y_n)],(n \geqslant 0) \end{cases}$$

其中，$\{\alpha_n\}$ 是 $[0,1]$ 中一序列，S 是一拟非扩张映象。

为了证明主要结论，我们需要如下引理和定义。

引理 4.10 设 $\{\alpha_n\}$ 是一非负实数序列，满足

$$a_{n+1} \leqslant (1-\lambda_n)a_n + b_n + c_n, (\forall n \geqslant n_0)$$

其中，n_0 是一非负整数，$\{\lambda_n\}$ 是其中的序列，$\sum_{n=1}^{\infty}\lambda_n = \infty$，$b_n = o(\lambda_n)$ 和 $\sum_{n=1}^{\infty} c_n < \infty$，则 $\lim_{n \to \infty} a_n = 0$。

定义 4.15 映象 $T: C \times C \times C \to H$ 被称为对于第一变量松弛 (u, v) -强制的，如果存在常量 $u, v > 0$，使得 $\forall x, x' \in C$

$$[T(x,y,z) - T(x',y',z'), x-x'] \geqslant (-u)\|T(x,y,z) - T(x',y',z')\|^2$$
$$+ v\|x-x'\|^2, (\forall y, y', z, z' \in C)$$

定义 4.16 映象 $T: C \times C \times C \to H$ 被称为对于第一变量 μ-Lipschitz 连续，如果存在常量 $\mu > 0$，使得 $\forall x, x' \in C$

$$\|T(x,y,z) - T(x',y',z')\| \leqslant \mu\|x-x'\|, (\forall y, y', z, z' \in C)$$

4.5.3 HILBERT 空间中广义变分不等式系统的迭代逼近

定理 4.18 设 C 是 Hilbert 空间 H 中一非空闭凸子集。$T_1: C \times C \times C \to H$ 是一个对于第一变量松弛 (u_1, u_2) -强制和 u_1-Lipschitz 连续映象。

定理 4.19 设 C 是实 Hilber 空间 H 中一非空闲凸子集。$T: C \times C \times C \to H$ 是松弛 (u_1, v_1) 强制和 μ_1-Lipschitz 连续映象，$T_2: C \times C \times C \to H$ 是一个对于第一变量松弛 (u_2, v_2) 强制和 μ_2-Lipschitz 连续映象；$T_3: C \times C \times C \to H$ 是一个对于第一变量松弛 (u_3, v_3) 强制和 μ_3-Lipschitz 连续映象，S_1, S_2, S_3: 是 $C \to C$ 的三个拟非扩张映象。假设 $x^*, y^*, z^* \in C$ 是非线性变分不等式系统问题式 (4.68)、式 (4.69) 和式 (4.70) 的解 $x^*, y^*, z^* \in F(S_1) \bigcap F(S_2) \bigcap F(S_3)$，序列 $\{x_n\}$、$\{y_n\}$、$\{z_n\}$ 由算法 5.2.2 产生。如果 $\{\alpha_n\}$ 是 $[0,1]$ 中的序列，满足如下条件

（Ⅰ）$\sum_{n=0}^{\infty}\alpha_n = \infty$

（Ⅱ）$0 < s, t, r < \min \dfrac{2(v_1 - u_1\mu_1^2)}{\mu_1^2}, \dfrac{2(v_2 - u_2\mu_2^2)}{\mu_2^2}, \dfrac{2(v_3 - u_3\mu_3^2)}{\mu_3^2}$

（Ⅲ）$v_1 > u_1\mu_1^2, v_2 > u_2\mu_2^2, v_3 > u_3\mu_3^2$

则序列 $\{x_n\}$、$\{y_n\}$ 和 $\{z_n\}$ 分别强收敛到 x^*、y^* 和 z^*。

证明 因为 x^*、y^* 和 z^* 是非线性变分不等式系统问题式 (4.68)、式 (4.69) 和式 (4.70) 解集和非扩张映象 S_1、S_2 和 S_3 不动点集的公共元，故

$$\begin{cases} x^* = S_1 Pc[y^* - sT_1(y^*, z^*, x^*)], s>0 \\ y^* = S_2 Pc[z^* - tT_2(z^*, x^*, y^*)], t>0 \\ z^* = S_3 Pc[x^* - rT_2(x^*, y^*, z^*)], r>0 \end{cases} \tag{4.78}$$

由算法 4.6 可知

$$\| x_{n+1} - x^* \| = \| x_n(1-\alpha_n) + \alpha_n S_1 Pc[y_n - sT_1(y_n, z_n, x_n)] - x^* \|$$
$$\leqslant (1-\alpha_n) \| x_n - x^* \| + \alpha_n \| y_n - y^* s[T_1(y_n, z_n, x_n) - T_1(y^*, z^*, x^*)] \|$$
$$\tag{4.79}$$

由于 T_1 关于第一变量是松弛 (u_1, v_1) 强制和 μ_1-Lipschitz 连续的，故有

$$\| y_n - y^* - s[T_1(y_n, z_n, x_n) - T_1(y^*, z^*, x^*)] \|^2$$
$$= \| y_n - y^* \|^2 - 2s[-u_1 \| T_1(y_n, z_n, x_n) - T_1(y^*, z^*, x^*) \|^2$$
$$+ v_1 \| y_n - y^* \|^2]$$
$$+ s^2 \mu_1^2 \| y_n - y^* \|^2$$
$$\leqslant \| y_n - y^* \|^2 - 2su_1\mu_1^2 \| y_n - y^* \|^2 - 2sv_1 \| y_n - y^* \|^2 + s^2\mu_1^2 \| y_n - y^* \|^2$$
$$\leqslant \theta_1^2 \| y_n - y^* \|^2 \tag{4.80}$$

其中，$\theta_1^2 = 1 + s^2\mu_1^2 - 2sv_1 + 2su_1\mu_1^2$。由条件（Ⅱ）和（Ⅲ）可知 $\theta_1 < 1$。将式 (4.80) 代入式 (4.79) 可得

$$\| x_{n+1} - x^* \| \leqslant (1-\alpha_n) \| x_n - x^* \| + \alpha_n\theta_1 \| y_n - y^* \| \tag{4.81}$$

现在，我们估计

$$\| y_{n+1} - y^* \| = \| S_2 Pc[z_{n+1} - tT_2(z_{n+1}, x_{n+1}, y_n)] - y^* \|$$
$$\leqslant \| z_{n+1} - z^* - t[T_2(z_{n+1}, x_{n+1}, y_n) - T_2(z^*, x^*, y^*)] \|$$
$$\tag{4.82}$$

由于 T_2 关于第一变量是松弛 (u_2, v_2) 强制和 μ_2-Lipschitz 连续的，故有

$$\| z_{n+1} - z^* - t[T_2(z_{n+1}, x_{n+1}, y_n) - T_3(z^*, x^*, y^*)] \|^2$$
$$= \| z_{n+1} - z^* \|^2 - 2t[z_{n+1} - z^*, T_2(z_{n+1}, x_{n+1}, y_n) - T_2(z^*, x^*, y^*)]$$
$$+ t^2 \| T_2(z_n, x_{n+1}, y_n) - T_2(z^*, x^*, y^*) \|^2$$
$$\leqslant \| z_{n+1} - z^* \|^2 - 2t[-u_2 \| T_2(z_{n+1}, x_{n+1}, y_n) - T_2(z^*, x^*, y^*) \|^2$$
$$+ v_2 \| z_{n+1} - z^* \|^2]$$
$$+ t^2 \mu_2^2 \| z_{n+1} - z^* \|^2$$
$$\leqslant \| z_{n+1} - z^* \|^2 - 2tu_2\mu_2^2 \| z_{n+1} - z^* \|^2 - 2tv_2 \| z_{n+1} - z^* \|^2$$
$$+ t^2\mu_2^2 \| z_{n+1} - z^* \|^2$$
$$\leqslant \theta_2^2 \| z_{n+1} - z^* \|^2 \tag{4.83}$$

其中，$\theta_2^2 = 1 + r^2\mu_2^2 - 2rv_2 + 2ru_2\mu_2^2$。由条件（Ⅱ）和（Ⅲ）可知 $\theta_2 < 1$。将式 (4.83) 代入式 (4.82) 可得

$$\| y_{n+1} - y^* \| \leqslant \theta_2 \| z_{n+1} - z^* \| \tag{4.84}$$

$$\| y_n - y^* \| \leqslant \theta_2 \| z_n - z^* \| \tag{4.85}$$

同理，将式 (4.84) 代入式 (4.85) 可得

$$\| x_{n+1} - x^* \| \leqslant (1 - \alpha_n) \| x_n - x^* \| + \alpha_n \theta_1 \theta_2 \| z_n - z^* \| \tag{4.86}$$

下证

$$\| z_{n+1} - z^* \| = \| S_3 Pc [x_{n+1} - r T_3 (x_{n+1}, y_{n+1}, z_n)] - z^* \|$$
$$\leqslant \| x_{n+1} - x^* - r [T_3 (x_{n+1}, y_{n+1}, z_n) - T(x^*, y^*, z^*)] \| \tag{4.87}$$

由于 T_3 关于第一变量是松弛 (u_3, v_3) 强制和 μ-Lipschitz 连续的，故有

$$\| x_{n+1} - x^* - r [T_3 (x_{n+1}, y_{n+1}, z_n) - T_3 (x^*, y^*, z^*)] \|^2$$
$$= \| x_{n+1} - x^* \|^2 - 2r [x_{n+1} - x^*, T_3 (x_{n+1}, y_{n+1}, z_n) - T_3 (x^*, y^*, z^*)]$$
$$+ r^2 \| T_3 (x_{n+1}, y_{n+1}, z_n) - T_3 (x^*, y^*, z^*) \|^2$$
$$\leqslant \| x_{n+1} - x^* \|^2 - 2r [-u_3 \| T_3 (x_{n+1}, y_{n+1}, z_n) - T_3 (x^*, y^*, z^*) \|^2$$
$$+ v_3 \| x_{n+1} - x^* \|^2]$$
$$+ r^2 \mu_3^2 \| x_n - x^* \|^2$$
$$\leqslant \| x_{n+1} - x^* \|^2 - 2r u_3 \mu_3^2 \| x_{n+1} - x^* \|^2 - 2r v_3 \| x_{n+1} - x^* \|^2$$
$$+ r^2 \mu_3^2 \| x_{n+1} - x^* \|^2$$
$$= \theta_3^2 \| x_{n+1} - x^* \|^2 \tag{4.88}$$

其中，$\theta_3^2 = 1 + r^2 \mu_3^2 - 2r v_3 + 2r u_3 \mu_3^2$。由条件（Ⅱ）和（Ⅲ）可知 $\theta_3 < 1$。将式 (4.88) 代入式 (4.87) 可得

$$\| z_{n+1} - z^* \| \leqslant \theta_3 \| x_{n+1} - x^* \| \tag{4.89}$$
$$\| z_n - z^* \| \leqslant \theta_3 \| x_n - x^* \| \tag{4.90}$$

同理，将式 (4.90) 代入式 (4.86) 得到

$$\| x_{n+1} - x^* \| \leqslant (1 - \alpha_n) \| x_n - x^* \| + \alpha_n \theta_1 \theta_2 \theta_3 \| x_n - x^* \|$$
$$\leqslant [1 - \alpha_n (1 - \theta_1 \theta_2 \theta_3)] \| x_n - x^* \| \tag{4.91}$$

注意到 $\sum_{n=0}^{\infty} \alpha_n (1 - \theta_1 \theta_2 \theta_3) = \infty$。最后应用引理 4.10 到式 (4.89) 中便得到相应结论。

由定理 4.19，很容易便可得到如下定理。

定理 4.20　设 C 是实 Hilber 空间 H 中一非空闭凸子集。$T: C \to H$ 是松弛 (u, v) 强制和 μ - Lipschitz 连续映象，$T_2: C \to H$ 是松弛 (u_2, v_2) 强制和 μ_2 - Lipschitz 连续映象；$T_3: C \to H$ 是松弛 (u_3, v_3) 强制和 μ_3 - Lipschitz 连续映象，S_1、S_2、$S_3: C \to C$ 是三个拟非扩张映象。假设 $x^*, y^*, z^* \in C$ 是非线性变分不等式系统问题式 (4.71) 至 (4.73) 的解 $x^*, y^*, z^* \in F(S_1) \bigcap F(S_2) \bigcap F(S_3)$，序列 $\{x_n\}$、$\{y_n\}$、$\{z_n\}$ 由算法产生。如果 $\{\alpha_n\}$ 是 [0, 1] 中的序列，满足如下条件

（Ⅰ）$\sum_{n=0}^{\infty} \alpha_n = \infty$

（Ⅱ）$0 < s, t, r < \dfrac{2(\upsilon_1 - u_1\mu_1{}^2)}{\mu_1{}^2}, \dfrac{2(\upsilon_2 - u_2\mu_2{}^2)}{\mu_2{}^2}, \dfrac{2(\upsilon_3 - u_3\mu_3{}^2)}{\mu_3{}^2}$

（Ⅲ）$\upsilon_1 > u_1\mu_1{}^2, \upsilon_2 > u_2\mu_2{}^2, \upsilon_3 > u_3\mu_3{}^2$

则序列 $\{x_n\}$、$\{y_n\}$ 和 $\{z_n\}$ 分别强收敛到 x^*、y^* 和 z^*。

定理 4.21 设 C 是实 Hilber 空间 H 中一非空闲凸子集。$T: C \rightarrow H$ 是松弛 (u, υ) 强制和 μ - Lipschitz 连续映象，$S: C \rightarrow C$ 是一个拟非扩张映象。假设 x^*，y^*，$z^* \in C$ 是非线性变分不等式系统问题式（4.74）至式（4.76）的解 x^*，y^*，$z^* \in F(S)$，序列 $\{x_n\}$、$\{y_n\}$、$\{z_n\}$ 由算法 4.8 产生。如果 $\{\alpha_n\}$ 是 $[0, 1]$ 中的序列，满足如下条件

（Ⅰ）$\sum_{n=0}^{\infty}\alpha_n = \infty$

（Ⅱ）$0 < s, t, r < \dfrac{2(\upsilon - u\mu^2)}{\mu^2}$

（Ⅲ）$\upsilon > u\mu^2$

则序列 $\{x_n\}$、$\{y_n\}$ 和 $\{z_n\}$ 分别强收敛到 x^*、y^* 和 z^*。

4.6 小   结

变分不等式和均衡理论是非线性泛函分析的重要组成部分。不少国内外学者对变分不等式和均衡理论进行了广泛研究，同时不动点理论的发展又促进了人们对变分不等式理论、均衡理论等数学研究的不断深入。本章对非扩张映象的不动点问题、变分不等式问题和均衡问题进行深入研究，建立了更有效的迭代格式以逼近非扩张映象不动点集、变分不等式与均衡问题解集的公共元，推广和改进了目前国内外现有的结果。

在总结本章结论的同时，今后将进一步在本研究方向的基础上研究下列相关问题。

（1）鉴于均衡问题和变分不等式问题广泛的实际应用背景，我们将进一步研究和探讨更便于数值计算的广义迭代算法。

（2）非扩张映象迭代算法已被广泛应用于解决 Hilbert 空间中的凸最小化问题，将其相关结论推广到 Banach 空间是十分有意义的工作。

（3）进一步关注非线性算子不动点和变分不等式解的存在性问题。

（4）研究非线性算子半群的性质及相关结论，进一步得到一些意义更为深刻的结论。

第5章 有限增生算子公共零点的迭代逼近

5.1 Banach 空间中有限族增生算子公共零点的迭代强收敛定理

5.1.1 引言

设 E 是一 Banach 空间，E^* 是 E 的对偶空间，C 为 E 的非空闭凸子集，映象 $J: E \rightarrow 2^{E^*}$ 被称为正规对偶映象，定义如下

$$J(x) = \{f \in E^* : (x, f) = \|x\|^2 = \|f\|^2, \forall x \in E\}$$

一个映象 $T: C \rightarrow C$ 称为非扩张的，如果 $\|Tx - Ty\| \leqslant \|x - y\|$，$\forall x, y \in C$。我们用 $F(T)$ 表示 T 的不动点集，即 $F(T) = \{x \in C: Tx = x\}$。一个映象 $f: C \rightarrow C$ 被称为压缩的，如果 $\|fx - fy\| \leqslant k\|x - y\|$，$0 < k < 1$，$\forall x, y \in C$。

一个映象 T 是伪压缩的，如果存在 $j(x - y) \in J(x - y)$ 使得

$$[Tx - Ty, j(x - y)] \leqslant \|x - y\|^2, (\forall x, y \in E)$$

显然，非扩张映象类是伪压缩映象类的子类。

一个映象 T 是强伪压缩的，如果对某个常数 $k < 1$ 和任意的 $x, y \in D(T)$，

$$(\lambda - k)\|x - y\| \leqslant \|(\lambda I - T)(x) - (\lambda I - T)(y)\|, (\lambda > k)$$

其中，$D(T)$ 是 T 的定义域。

我们对伪压缩映象的兴趣主要来源于它与一类重要的非线性增生算子的紧密联系。一个算子 A 是增生的，如果对任意的 $x, y \in D(A)$ 都存在 $j(x - y) \in J(x - y)$ 使得

$$[Ax - Ay, j(x - y)] \geqslant 0$$

其中，$D(A)$ 和 $R(A)$ 分别是 A 的定义域和值域。在 Hilbert 空间中，增生算子也就是单调算子。算子 A 满足值域条件，如果对任意的 $r > 0$，都有 $\overline{D(A)} \subset R(I + rA)$。算子 A 是 m-增生的，如果 $R(I + rA) = E$，对任意的 $r > 0$。如果 A 是一增生算子且满足值域条件，那么我们就可以定义 A 的预解式 $J_r: R(I + rA) \rightarrow D(A)$ 为 $J_r = (I + rA)^{-1}$，对任意的 $r > 0$。我们知道 $J_r: R(I + rA) \rightarrow D(A)$ 是非扩张的且 $N(A) = F(J_r)$，其中 $N(A) = \{x \in E: 0 \in Ax\}$。

众所周知，变分不等式问题可以转化为寻找极大单调算子的零点。因此，极大单调算子理论中最令人感兴趣的问题就是寻找有效的迭代算法来逼近极大单调算子的零点，而临近点算法就是其中一种有效的迭代算法。

1976 年，Rockafellar 在 Hilbert 空间框架下介绍了临近点算法

$$x_0 \in H, x_{n+1} = J_{r_n} x_n, (\forall n \in N)$$

其中，$J_{r_n} = (I + r_n A)^{-1}$ 是 A 的预解式，$r_n \subset (0, \infty)$ 满足 $\liminf_{n \to \infty} r_n > 0$。得到序列弱收敛到极大单调算子的零点。由于临近点算法产生的序列一般得不到强收敛，所以近些年来得到了一些专家学者的关注。

2005 年，Kim 和 Xu 在一致光滑的 Banach 空间下修正了临近点算法

$$x_{n+1} = \alpha_n u + (1 - \alpha_n) J_{r_n} x_n, (n \geqslant 0)$$

其中，A 是 m 增生算子，$y \in \overline{D(A)}$，并且得到了强收敛定理。

2006 年，Xu 在自反且具有弱序列连续对偶映象的 Banach 空间下同样修正了临近点算法

$$x_{n+1} = \alpha_n u + (1 - \alpha_n) J_{r_n} x_n, (n \geqslant 0)$$

并得到了强收敛定理。

2007 年，Zegeye 和 Shahzad 对于有限个增生算子提出一种新的修正临近点算法

$$x_{n+1} = \alpha_n u + (1 - \alpha_n) S_{r_n} x_n, (n \geqslant 0)$$

并在严格凸自反且具有一致 Gâteaux 可微范数的 Banach 空间中获得了强收敛定理。

2009 年，Jung 采用黏滞逼近方法来修正 Ishikawa 迭代格式，并推广 Xu 的结论，同时提出一种迭代算法

$$\begin{cases} x_0 = x \in C \\ y_n = \alpha_n f(x_n) + (1 - \alpha_n) J_{r_n} x_n, (n \geqslant 0) \\ x_{n+1} = (1 - \beta_n) y_n + \beta_n J_{r_n} y_n \end{cases}$$

并在严格凸自反且具有一致 Gâteaux 可微范数的 Banach 空间中获得了强收敛定理。

受到 Kim 和 Xu、Zegeye 和 Shahzad 以及 Jung 工作的启发，我们构造如下迭代序列

$$\begin{cases} x_0 \in C \\ y_n = \alpha_n f(x_n) + \beta_n x_n + \gamma_n S_{r_n} x_n, (n \geqslant 0) (*) \\ x_{n+1} = (1 - \delta_n) y_n + \delta_n S_{r_n} y_n \end{cases}$$

其中，$S_{r_n} = a_0 I + a_1 J_{r_n}^1 + a_2 J_{r_n}^2 + \cdots + a_l J_{r_n}^l$，且 $J_{r_n}^i = (I + r_n A_i)^{-1}, i = 1, 2, \cdots, l$，

$a_i \in (0,1), \sum\limits_{i=0}^{l} a_i = 1$，和 $\{r_n\} \subset (0,\infty)$ 和 $\{\alpha_n\}$、$\{\beta_n\}$、$\{\gamma_n\}$、$\{\delta_n\}$ 是（0，1）中的 4 个数列且满足 $\alpha_n + \beta_n + \gamma_n = 1$。并证明了该序列强收敛到有限个增生算子的公共零点。同时我们还研究了对于弱压缩映象的黏滞逼近方法，并用该方法来逼近有限个增生算子的公共零点。

5.1.2　预备知识

Banach 空间中 E 具有 Gâteaux 可微范数，如果对任意的 x，$y \in U$，极限 $\dfrac{\|x+ty\| - \|x\|}{t}$，$t \to 0$ 存在，其中 $U = \{x \in E: \|x\| = 1\}$。$E$ 具有一致 Gâteaux可微范数，如果对任意的 $y \in U$，极限对 $x \in U$ 一致达到。众所周知，如果 E 具有一致 Gâteaux 可微范数，那么正规对偶映象 J 是单值的和在 E 的任意有界子集上是强拓扑到弱*拓扑一致连续的。

Banach 空间 E 是严格凸的，如果对 $a_i \in (0,1), i=1,2,\cdots, l$，且 $\sum\limits_{i=1}^{l} a_i = 1$ 都有
$$\|a_1 x_1 + a_2 x_2 + \cdots + a_l x_l\| < 1$$
其中，$x_i \in U, i=1,2,\cdots,l$，$x_i \neq x_j, i \neq j$。在严格凸 Banach 空间 E 中，如果对任意的 $x_i \in E, a_i \in (0,1), i=1,2,\cdots, l$ 且 $\sum\limits_{i=1}^{l} a_i = 1$，我们有
$$\|x_1\| = \|x_2\| = \cdots = \|x_l\| = \|a_1 x_1 + a_2 x_2 + \cdots + a_l x_l\|$$
那么，$x_1 = x_2 = \cdots = x_l$。

一个映象 g：$C \to C$ 是弱压缩的，如果
$$\|g(x) - g(y)\| \leqslant \|x-y\| - \varphi(\|x-y\|), (\forall x, y \in C)$$
其中，$\varphi: [0,\infty) \to [0,\infty)$ 正的连续的严格增函数且 $\varphi(0) = 0$。我们举一个特殊的例子，如果 $\varphi(t) = (1-k)t, t \in [0,\infty), k \in (0,1)$，那么弱压缩映象 g 就是压缩的，压缩常数为 k。

设 C 是 Banach 空间 E 的非空闭凸子集，$\forall x \in C$，$I_C(x)$ 是 x 关于 C 的内向集，定义如下
$$I_C(x) = \{y \in E: y = x + \lambda(z-x), z \in C, \lambda \geqslant 0\}$$
这样定义的 $I_C(x)$ 是一个包含 C 的凸集。一个映象 T：$C \to E$ 满足内向条件，如果 $Tx \in I_C(x), \forall x \in C$。$T$ 满足弱内向条件，如果 $Tx \in \overline{I_C(x)}, \forall x \in C$。每一个自映象都是平凡弱内向的。

引理 5.1　令 E 是一实 Banach 空间，那么如下不等式成立
$$\|x+y\|^2 \leqslant \|x\|^2 + 2[y, j(x+y)], \forall x, y \in E, j(x+y) \in J(x+y)$$

引理 5.2　设 $\{s_n\}$ 是一非负实数列且满足条件

$$s_{n+1} \leqslant (1-\lambda_n)s_n + \lambda_n\xi_n + \mu_n, (\forall n \geqslant 0)$$

其中，$\{\lambda_n\}$、$\{\xi_n\}$、$\{\mu_n\}$ 满足如下条件

(1) $\{\lambda_n\} \subset [0,1]$ 和 $\sum_{n=0}^{\infty}\lambda_n = \infty$

(2) $\limsup_{n\to\infty}\xi_n \leqslant 0$ 或者 $\sum_{n=0}^{\infty}\lambda_n|\xi_n| < \infty$

(3) $\mu_n \geqslant 0, (n\geqslant 0), \sum_{n=0}^{\infty}\mu_n < \infty$

那么，$\lim_{n\to\infty}s_n = 0$。

引理 5.3　预解式恒等式

$$J_\lambda x = J_\mu\left(\frac{\mu}{\lambda}x + \left(1-\frac{\mu}{\lambda}\right)J_\lambda x\right), (\lambda>0, \mu>0, x\in E)$$

引理 5.4　设 (X, d) 是完备度量空间，g 是 X 上的弱压缩映象，那么 g 在 X 上有唯一的不动点 p。

引理 5.5　设 $\{s_n\}$ 和 $\{\zeta_n\}$ 是两个非负实数列，$\{\eta_n\}$ 是正数列且满足如下条件

(1) $\sum_{n=0}^{\infty}\eta_n = \infty$

(2) $\lim_{n\to\infty}\frac{\zeta_n}{\eta_n} = 0$

如果，$s_{n+1} \leqslant s_n - \eta_n\varphi(s_n) + \zeta_n, \forall n\geqslant 0$，其中 $\varphi(t)$ 是 $[0, \infty)$ 上连续的严格增函数且 $\varphi(0)=0$，那么 $\lim_{n\to\infty}s_n = 0$。

引理 5.6　设 C 是严格凸 Banach 空间 E 的非空闭凸子集，$\{A_i\}_{i=1}^l: C\to E$ 是有限个增生算子且满足条件 $\bigcap_{i=1}^l N(A_i) \neq \varnothing$ 和 $cl(D(A_i)) \subseteq C \subset \bigcap_{r>0}R(I+rA), i = 1,2,\cdots,l$。设 $a_0, a_1, \cdots, a_l$ 是 $(0, 1)$ 中的实数且 $\sum_{i=0}^l a_i = 1, S_r = a_0 I + a_1 J_r^1 + a_2 J_r^2 + \cdots + a_l J_r^l$，其中 $J_r^i = (I+rA_i)^{-1}, r>0$。那么，$S_r$ 是非扩张的且 $F(S_r) = \bigcap_{i=1}^l N(A_i)$。

引理 5.7　设 C 是自反严格凸且具有一致 Gâteaux 可微范数的 Banach 空间 E 的非空闭凸子集，$A: C\to C$ 是连续的强伪压缩映象且强伪压缩系数为 $k\in[0, 1)$，$T: C\to E$ 是满足弱内向条件的连续伪压缩映象。如果 T 在 C 上存在不动点，那么路径 $\{x_t\}$ 由如下定义

$$x_t = tAx_t + (1-t)Tx_t$$

强收敛到 T 的一个不动点 p，并且 p 还是如下不等式的唯一解

$$[(I-A)p,J(p-v)]\leqslant 0,v\in F(T)$$

设 E 是 Banach 空间，C 是 E 的非空闭凸子集，D 是 E 的非空子集且 $D\subset C$。一个映象 $Q:C\to D$ 是收缩的，如果 $Q(x)=x,x\in D$。一个收缩映象 $Q:C\to D$ 是太阳非扩张收缩映象，如果当 $Q(x)+t(x-Qx)\in C$ 时，$Q[Q(x)+t(x-Qx)]=Q(x)$，$x\in C$，$t\geqslant 0$。子集 D 被称为 C 的太阳非扩张收缩，如果存在一个从 C 到 D 上的太阳非扩张收缩映象。在光滑 Banach 空间中，众所周知，$Q:C\to D$ 是太阳非扩张收缩映象当且仅当如下条件成立

$$[x-Q(x),J(z-Q(x))]\leqslant 0,(x\in C,z\in D)$$

引理 5.8　设 E 是一致光滑的 Banach 空间，$T:C\to C$ 是不动点集非空的非扩张映象。对每一个固定的 $u\in C$ 和 $t\in (0,1)$，压缩映象 $x\to tu+(1-t)Tx$ 唯一的不动点 $x_t\in C$ 强收敛到 T 的一个不动点。定义映象 $Q:C\to F(T)$ 为 $Q(u)=s-\lim\limits_{t\to 0^+}x_t$。那么 Q 是从 C 到 $F(T)$ 上唯一的太阳非扩张收缩映象，也就是，Q 满足性质

$$[u-Q(u),J(z-Q(u))]\leqslant 0,u\in C,z\in F(T)(**)$$

度规函数就是连续严格增的函数 $\varphi:[0,\infty)\to[0,\infty)$ 且满足条件 $\varphi(0)=0$ 和 $\lim\limits_{t\to\infty}\varphi$ $(t)=0$。对偶映象 $J_\varphi:E\to E^*$ 是如下定义的

$$J_\varphi(x)=\{x^*\in X^*:\langle x,x^*\rangle=\|x\|\varphi(\|x\|);\|x^*\|=\varphi(\|x\|)\},(\forall x\in E)$$

一个 Banach 空间 E 具有弱序列连续对偶映象，如果存在一个度规函数 φ，使得对偶映象 J_φ 是单值的和弱拓扑到弱*拓扑序列连续的。众所周知，l^p $(1<p<\infty)$ 具有弱序列连续的对偶映象。

令 $\varphi(t)=\int_0^t\varphi(t)\mathrm{d}\tau,\forall t\geqslant 0$，那么 $J_\varphi(x)=\partial\varphi(\|x\|)$，$\forall x\in E$，其中 ∂ 表示凸分析理论中的次微分。

引理 5.9　假设 E 具有弱序列连续对偶映象 J_φ，那么

(1) 对任意的 x，$y\in E$，都有 $\varphi(\|x+y\|)\leqslant\varphi(\|x\|)+[y,J_\varphi(x+y)]$。

(2) 对任意的 $y\in E$，如果 x_n 弱收敛到 x，那么

$$\limsup\limits_{n\to\infty}\varphi(\|x_n-y\|)=\limsup\limits_{n\to\infty}\varphi(\|x_n-x\|)+\varphi(\|y-x\|)$$

引理 5.10　设 C 是自反且具有弱序列连续对偶映象 J_φ 的 Banach 空间 E 的非空闭凸子集，$T:C\to C$ 是非扩张映象。固定 $u\in C$ 和 $t\in (0,1)$，令 $x_t\in C$ 是方程 $x_t=tu+(1-t)Tx_t$ 的唯一解。那么 T 具有不动点当且仅当 $t\to 0^+$ 时 $\{x_t\}$ 有界，并且在这种情况下 $\{x_t\}$ 强收敛到 T 的不动点。

在引理 5.10 的条件下，我们可以定义映象 $Q:C\to F(T)$ 如下 $Q(u)=\lim\limits_{t\to 0^+}x_t,\forall u\in C$。并且我们知道 Q 是从 C 到 $F(T)$ 上的太阳非扩张收缩映象。

5.1.3 主要结论

定理 5.1 设 C 是自反严格凸且具有一致 Gâteaux 可微范数的 Banach 空间 E 的非空闭凸子集，f 是 C 上的压缩映象且压缩常数为 k，$\{A_i\}_{i=1}^{l}$：$C \to E$ 是公共零点非空的有限个增生算子且满足值域条件

$$cl[D(A_i)] \subseteq C \subset \bigcap_{r>0} R(I + rA_i), (i = 1, 2, \cdots, l)$$

若控制数列 $\{\alpha_n\}$、$\{\beta_n\}$、$\{\gamma_n\}$、$\{\delta_n\} \subset (0,1)$ 和 $\{r_n\} \subset (0,\infty)$ 满足如下条件

(1) $\lim\limits_{n \to \infty} \alpha_n = 0, \sum\limits_{n=0}^{\infty} \alpha_n = \infty, \sum\limits_{n=0}^{\infty} |\alpha_{n+1} - \alpha_n| < \infty, \lim\limits_{n \to \infty} \beta_n = 0$

(2) $\delta_n \subset [0,a), a \in (0,1), n \geqslant 0$

(3) $r_n \geqslant \varepsilon, \varepsilon > 0, n \geqslant 0$ 和 $\sum_{n=0}^{\infty} |r_{n+1} - r_n| < \infty$ 和 $\lim\limits_{n \to \infty} r_n = r, r > 0$

(4) $\sum_{n=0}^{\infty} |\beta_{n+1} - \beta_n| < \infty, \sum_{n=0}^{\infty} |\gamma_{n+1} - \gamma_n| < \infty$ 和 $\sum_{n=0}^{\infty} |\delta_{n+1} - \delta_n| < \infty$

序列 $\{x_n\}$ 是由本节引言中定义（∗）定义的，那么序列 $\{x_n\}$ 强收敛到 $q \in \bigcap_{i=1}^{l} N(A_i)$，并且 q 还是如下不等式的唯一解

$$[(I-f)q, j(q-p)] \leqslant 0, p \in \bigcap_{i=1}^{l} N(A_i)$$

证明 在引理 5.7 中我们用压缩映象 f 和非扩张映象 S_r 代替连续的强伪压缩映象 A 和满足弱内向条件的连续伪压缩映象 T。那么就存在如下变分不等式的唯一解 q

$$[(I-f)q, j(q-p)] \leqslant 0, p \in \bigcap_{i=1}^{l} N(A_i)$$

其中，$q = \lim\limits_{t \to 0} x_t$ 和 x_t 是如下定义的

$$x_t = tf(x_t) + (1-t)S_r x_t, (\forall r > 0, 0 < t < 1)$$

我们首先令 $F = F(S_{r_n})$ 由引理 5.6，我们有 $F = \bigcap_{i=1}^{l} N(A_i) \neq \varnothing$。对任意的 $p \in F$，我们有

$$\begin{aligned}
\|y_n - p\| &= \|\alpha_n f(x_n) + \beta_n x_n + \gamma_n S_{r_n} x_n - p\| \\
&\leqslant \alpha_n \|f(x_n) - p\| + \beta_n \|x_n - p\| + \gamma_n \|S_{r_n} x_n - p\| \\
&\leqslant \alpha_n \|f(x_n) - f(p)\| + \alpha_n \|f(p) - p\| + \beta_n \|x_n - p\| + \gamma_n \|x_n - p\| \\
&\leqslant \alpha_n k \|x_n - p\| + \alpha_n \|f(p) - p\| + (1-\alpha_n)\|x_n - p\| \\
&= [1 - \alpha_n(1-k)]\|x_n - p\| + \alpha_n \|f(p) - p\|
\end{aligned}$$

和

$$\begin{aligned}
\|x_{n+1} - p\| &= \|(1-\delta_n)y_n + \delta_n S_{r_n} y_n - p\| \\
&\leqslant (1-\delta_n)\|y_n - p\| + \delta_n \|S_{r_n y_n} - p\| \\
&\leqslant \|y_n - p\| \\
&\leqslant [1 - \alpha_n(1-k)]\|x_n - p\| + \alpha_n \|f(p) - p\|
\end{aligned}$$

$$\leqslant \max\{\,\|\,x_n-p\,\|\,,\frac{1}{1-k}\,\|\,f(p)-p\,\|\,\}。$$

根据归纳法，我们得到

$$\|\,x_n-p\,\|\leqslant \max\{\,\|\,x_0-p\,\|\,,\frac{\|\,f(p)-p\,\|}{1-k}\},(n\geqslant0)$$

故 $\{x_n\}$ 是有界的。所以 $\{y_n\}$、$\{S_{r_n}x_n\}$、$\{S_{r_n}y_n\}$ 和 $\{f(x_n)\}$ 也都是有界的。同时，由定理 5.1 中的条件（1）我们知道

$$\|\,y_n-S_{r_n}x_n\,\|=\|\,a_n(f(x_n)-S_{r_n}x_n)+\beta_n(x_n-S_{r_n}x_n)\,\|$$
$$\leqslant a_n\|\,f(x_n)-S_{r_n}x_n\,\|+\beta_n\|\,x_n-S_{r_n}x_n\,\|\to0,n\to\infty \qquad(5.01)$$

又有

$$\|\,x_{n+1}-y_n\,\|=\delta_n\|\,S_{r_n}y_n-y_n\,\|$$
$$\leqslant\delta_n(\|\,S_{r_n}y_n-y_n\,\|+\|\,S_{r_n}x_n-y_n\,\|)$$
$$\leqslant a(\|\,y_n-x_n\,\|+\|\,S_{r_n}x_n-y_n\,\|)$$
$$\leqslant a(\|\,y_n-x_{n-1}\,\|+\|\,x_{n+1}-x_n\,\|)+a\|\,S_{r_n}-y_n\,\|$$

进而推得

$$\|\,x_{n+1}-y_n\,\|\leqslant\frac{a}{1-a}(\|\,x_{n+1}-x_n\,\|+\|\,S_{r_n}x_n-y_n\,\|) \qquad(5.02)$$

由（＊），对任意的 $n\geqslant1$，我们有

$$\begin{cases}y_n=a_nf(x_n)+\beta_nx_n+\gamma_nS_{r_n}x_n\\ y_{n-1}=a_{n-1}f(x_{n-1})+\beta_{n-1}x_{n-1}+\gamma_{n-1}S_{r_{n-1}}x_{n-1}\end{cases}$$

进而推得

$$\|\,y_n-y_{n-1}\,\|=\|\,a_n(f(x_n)-f(x_{n-1}))+(a_n-a_{n-1})f(x_{n-1})\,\|$$
$$+\beta_n(x_n-x_{n-1})+(\beta_n-\beta_{n-1})x_{n-1}$$
$$+\gamma_n(S_{r_n}x_n-S_{r_{n-1}}x_{n-1})+(\gamma_n-\gamma_{n-1})S_{r_{n-1}}x_{n-1}\,\|$$
$$\leqslant ka_n\|\,x_n-x_{n-1}\,\|+|\,a_n-a_{n-1}\,|\,\|\,f(x_{n-1})\,\|$$
$$+\beta_n\|\,x_n-x_{n-1}\,\|+|\,\beta_n-\beta_{n-1}\,|\,\|\,x_{n-1}\,\|$$
$$+\gamma_n\|\,S_{r_n}x_n-S_{r_{n-1}}x_{n-1}\,\|+|\,\gamma_n-\gamma_{n-1}\,|\,\|\,S_{r_{n-1}}x_{n-1}\,\|$$
$$\leqslant(ka_n+\beta_n)\|\,x_n-x_{n-1}\,\|+\gamma_n\|\,S_{r_{n-1}}-S_{r_{n-1}}x_{n-1}\,\|$$
$$+(|\,a_n-a_{n-1}\,|+|\,\beta_n-\beta_{n-1}\,|+|\,\gamma_n-\gamma_{n-1}\,|)L$$

其中，$L=\sup\limits_{n\geqslant1}\{\,\|\,f(x_{n-1})\,\|\,,\|\,x_{n-1}\,\|\,,\|\,S_{r_{n-1}}x_{n-1}\,\|\,\}$ 根据预解式恒等式，我们有

$$\|\,J^i_{r_n}x_n-J^i_{r_{n-1}}x_{n-1}\,\|=\left\|\,j\,\|^i_{r_{n-1}}\Big(\frac{r_{n-1}}{r_n}x_n+\Big(1-\frac{r_{n-1}}{r_n}\Big)J^i_{r_{n-1}}x_n\Big)-\|\,J^i_{r_{n-1}}x_{n-1}\,\right\|$$
$$\leqslant\left\|\,\frac{r_n-1}{r_n}(x_n-x_{n-1})+\Big(1-\frac{r_{n-1}}{r_n}\Big)(J^i_{r_n}x_n-x_{n-1})\,\right\|$$

$$\leqslant \frac{r_n-1}{r_n} \parallel x_n - x_{n-1} \parallel + |r_n - r_{n-1}| L_1$$

其中，$L_1 = \sup\limits_{n \geqslant 1} \left\{ \frac{\parallel J_{r_n}^i x_n - x_{n-1} \parallel}{l} \right\}$。由于 $S_{r_n} = a_0 I + \sum_{i=1}^l a_i J_{r_n}^i$，故

$$\parallel S_{r_n} x_n - S_{r_n-1} x_{n-1} \parallel = \left\| a_0 (x_n - x_{n-1}) + \sum_{i=1}^l a_i (J_{r_n}^i x_n - J_{r_n-1}^i x_{n-1}) \right\|$$

$$\leqslant a_0 \parallel x_n - x_{n-1} \parallel + \sum_{i=1}^l a_i \parallel J_{r_n}^i x_n - J_{r_n-1}^i x_{n-1} \parallel$$

$$\leqslant a_0 \parallel x_n - x_{n-1} \parallel + (1-a_0)\frac{r_{n-1}}{r_n} \parallel x_n - x_{n-1} \parallel$$

$$+ (1-a_0)|r_n - r_{n-1}| L_1$$

$$= \left(\frac{r_{n-1}}{r_n} + a_0 \left(1 - \frac{r_{n-1}}{r_n}\right) \right) \parallel x_n - x_{n-1} \parallel$$

$$+ (1-a_0)|r_n - r_{n-1}| L_1 \tag{5.03}$$

结合式（5.02）和式（5.03）我们得到

$$\parallel y_n - y_{n-1} \parallel \leqslant (ka_n + \beta_n) \parallel x_n - x_{n-1} \parallel + \gamma_n \left[\frac{r_{n-1}}{r_n} + a_0 \left(1 - \frac{r_{n-1}}{r_n}\right) \right] \parallel x_n - x_{n-1} \parallel$$

$$+ (1-a_0)|r_n - r_{n-1}| L_1 + (|a_n - a_{n-1}| + |\beta_n - \beta_{n-1}| + |\gamma_n - \gamma_{n-1}|)L$$

$$\leqslant (ka_n + \beta_n + \gamma_n) \parallel x_n - x_{n-1} \parallel + \gamma_n(1-a_0)|r_n - r_{n-1}| L_1$$

$$+ (|a_n - a_{n-1}| + |\beta_n - \beta_{n-1}| + |\gamma_n - \gamma_{n-1}|)L$$

$$\leqslant (1-(1-k)a_n) \parallel x_n - x_{n-1} \parallel + (1-a_0)|r_n - r_{n-1}| L_1$$

$$+ (|a_n - a_{n-1}| + |\beta_n - \beta_{n-1}| + |\gamma_n - \gamma_{n-1}|)L \tag{5.04}$$

另一方面，又由本节引言中的（∗），我们有

$$\begin{cases} x_{n+1} = (1-\delta_n)y_n + \delta_n S_{r_n} y_n \\ x_n = (1-\delta_{n-1})y_{n-1} + \delta_{n-1} S_{r_n} y_{n-1} \end{cases} \tag{5.05}$$

进而推得

$$\parallel x_{n+1} - x_n \parallel = \parallel (1-\delta_{n-1})(y_n - y_{n-1}) + \delta_n (S_{r_n} y_n - S_{r_n-1} y_{n-1})$$

$$+ |\delta_n - \delta_{n-1}| \times (S_{r_n-1} y_{n-1} - y_{n-1}) \parallel$$

$$\leqslant (1-\delta_{n-1}) \parallel y_n - y_{n-1} \parallel + \delta_n \parallel S_{r_n} y_n - S_{r_n-1} y_{n-1} \parallel$$

$$+ |\delta_n - \delta_{n-1}| \parallel S_{r_n-1} y_{n-1} - y_{n-1} \parallel \tag{5.06}$$

再根据预解式恒等式，我们有

$$\parallel J_{r_n}^i y_n - J_{r_n-1}^i y_{n-1} \parallel = \left\| J_{r_n-1}^i \left(\frac{r_{n-1}}{r_n} y_n + \left(1 - \frac{r_{n-1}}{r_n}\right) J_{r_n}^i y_n \right) - J_{r_n-1}^i y_{n-1} \right\|$$

$$\leqslant \left\| \frac{r_{n-1}}{r_n} (y_n - y_{n-1}) + \left(1 - \frac{r_{n-1}}{r_n}\right) (J_{r_n}^i y_n - y_{n-1}) \right\|$$

$$\leqslant \frac{r_{n-1}}{r_n} \parallel y_n - y_{n-1} \parallel + |r_n - r_{n-1}| L_2$$

其中, $L_2 = \sup\limits_{n \geqslant 1} \left\{ \dfrac{\| J_{r_n}^i y_n - y_{n-1} \|}{\varepsilon} \right\}$, 由于 $S_{r_n} = a_0 I + \sum_{i=1}^{l} a_i J_{r_n}^i$, 故

$$
\begin{aligned}
\| S_{r_n} y_n - S_{r_{n-1}} y_{n-1} \| &= \left\| a_0 (y_n - y_{n-1}) + \sum_{i=1}^{l} a_i (J_{r_{n-1}}^i y_n - J_{r_{n-1}}^i y_{n-1}) \right\| \\
&\leqslant a_0 \| y_n - y_{n-1} \| + \sum_{i=1}^{l} a_i \| J_{r_n}^i y_n - J_{r_{n-1}}^i y_{n-1} \| \\
&\leqslant a_0 \| y_n - y_{n-1} \| + (1-a_0) \frac{r_{n-1}}{r_n} \| y_n - y_{n-1} \| \\
&\quad + (1-a_0) | r_n - r_{n-1} | L_2 \\
&= \left(\frac{r_{n-1}}{r_n} + a_0 \left(1 - \frac{r_{n-1}}{r_n} \right) \right) \| y_n - y_{n-1} \| \\
&\quad + (1-a_0) | r_n - r_{n-1} | L_2 \\
&\leqslant \| y_n - y_{n-1} \| + (1-a_0) | r_n - r_{n-1} | L_2 \qquad (5.07)
\end{aligned}
$$

再结合式 (5.06) 和式 (5.07), 我们得到

$$
\begin{aligned}
\| x_{n+1} - x_n \| &\leqslant (1-\delta_n) \| y_n - y_{n-1} \| + \delta_n \| y_n - y_{n-1} \| + \delta_n (1-a_0) | r_n - r_{n-1} | L_2 \\
&\quad + | \delta_n - \delta_{n-1} | \, \| S_{r_{n-1}} y_{n-1} - y_{n-1} \| \\
&= \| y_n - y_{n-1} \| + \delta_n (1-a_0) \left| 1 - \frac{r_{n-1}}{r_n} \right| L_2 + | \delta_n - \delta_{n-1} | \\
&\quad \times \| S_{r_{n-1}} y_{n-1} - y_{n-1} \| \\
&\leqslant (1-(1-k)a_n) \| x_n - x_{n-1} \| + (1-a_0) | r_n - r_{n-1} | (L_1 + aL_2) \\
&\quad + | a_n - a_{n-1} | M + (| \beta_n - \beta_{n-1} | + | \gamma_n - \gamma_{n-1} | L + | \delta_n - \delta_{n-1} |) \\
&\quad \times \| S_{r_{n-1}} y_{n-1} - y_{n-1} \| \\
&\leqslant (1-(1-k)a_n) \| x_n - x_{n-1} \| + (1-a_0) | r_n - r_{n-1} | (L_1 + aL_2) \\
&\quad + | a_n - a_{n-1} | M + (| \beta_n - \beta_{n-1} | + \gamma_n - \gamma_{n-1} | + | \delta_n - \delta_{n-1} |) M
\end{aligned}
$$

其中, $M = \sup\limits_{n \geqslant 1} \{ L, \| S_{r_{n-1}} y_{n-1} - y_{n-1} \| \}$。我们令 $\lambda_n = (1-k) a_n, \lambda_n \zeta_n = | a_n - a_{n-1} | M$ 和

$$
\mu_n = (1-a_0) | r_n - r_{n-1} | (L_1 + aL_2) + (| \beta_n - \beta_{n-1} | + | \gamma_n - \gamma_{n-1} | + | \delta_n - \delta_{n-1} |) \, M
$$

根据定理 5.1 中的条件 (1)、(2)、(4) 和引理 5.2, 我们得到

$$
\lim_{n \to \infty} \| x_{n+1} - x_n \| = 0 \qquad (5.08)
$$

结合式 (5.01)、式 (5.02) 和式 (5.08), 我们得到 $\lim\limits_{n \to \infty} \| x_{n+1} - y_n \| = 0$, 进而推得

$$
\| x_n - y_n \| \leqslant \| x_n - x_{n-1} \| + \| x_{n+1} - y_n \| \to 0, (n \to \infty) \qquad (5.09)
$$

再结合式 (5.01) 和式 (5.09), 我们得到

$$
\| x_n - S_{r_n} x_n \| \leqslant \| x_n - y_n \| + \| y_n - S_{r_n} x_n \| \to 0, (n \to \infty)
$$

根据预解式恒等式, $S_{r_n} = a_0 I + \sum_{i=1}^{l} a_i J_{r_n}^i$ 和 $\lim\limits_{n \to \infty} r_n = r$, 我们得到

$$\parallel S_{r_n} x_n - S_r x_n \parallel = \left\| \sum_{i=1}^{l} a_i (J_{r_n}^i x_n - J_r^i x_n) \right\|$$

$$\leqslant \sum_{i=1}^{l} a_i \left\| J_r^i \left(\frac{r}{r_n} x_n + \left(1 - \frac{r}{r_n}\right) J_{r_n}^i x_n \right) - J_r^i x_n \right\|$$

$$\leqslant \sum_{i=1}^{l} a_i \left| 1 - \frac{r}{r_n} \right| \parallel x_n - J_{r_n}^i x_n \parallel$$

$$\leqslant (1 - a_0) \left| 1 - \frac{r}{r_n} \right| L_3 \to 0, (n \to \infty)$$

其中,$L_3 = \sup\limits_{n \geqslant 0} \{ \mid J_{r_n}^i x_n - x_n \mid \}$。

因此，我们得到

$$\parallel x_n - S_r x_n \parallel \leqslant \parallel x_n - S_{r_n} x_n \parallel + \parallel S_{r_n} x_n - S_r x_n \parallel \to 0, (n \to \infty)$$

进而推得

$$\parallel y_n - S_r y_n \parallel \leqslant \parallel y_n - S_{r_n} x_n \parallel + \parallel S_{r_n} x_n - S_r x_n \parallel + \parallel S_r x_n - S_r y_n \parallel$$

$$\leqslant \parallel y_n - S_{r_n} x_n \parallel + \parallel S_{r_n} x_n - S_r x_n \parallel + \parallel x_n - y_n \parallel \to 0, (n \to \infty)$$

$$(5.10)$$

由引理 5.7，x_t 是方程 $x_t = t f(x_t) + (1-t) S_r x_t$ 的唯一解和 $\lim\limits_{t \to 0} x_t = q$，然后我们令

$a(t) = (1-t)^2 \parallel S_r y_n - y_n \parallel (2 \parallel x_t - y_n \parallel + \parallel S_r y_n - y_n \parallel)$，由式 (5.10) 和 $\{y_n\}$、$\{x_t\}$ 都是有界的，我们得到 $a(t) \to 0$，$n \to \infty$，再由引理 5.1，我们有

$$\parallel x_t - y_n \parallel^2 = \parallel (1-t)(S_r x_t - y_n) + t[f(x_t) - y_n] \parallel^2$$

$$\leqslant (1-t)^2 \parallel (S_r x_t - y_n) \parallel + 2t[f(x_t) - y_n, J(x_t - y_n)]$$

$$\leqslant (1-t)^2 (\parallel (S_r x_t - S_r y_n) \parallel + \parallel (S_r y_t - y_n) \parallel)^2 + 2t \parallel x_t - y_n \parallel^2$$

$$+ 2t[f(x_t) - x_t, J(x_t - y_n)]$$

$$\leqslant (1-t)^2 \parallel x_t - y_n \parallel^2 + a(t) + 2t \parallel x_t - y_n \parallel^2$$

$$+ 2t[f(x_t) - x_t, J(x_t - y_n)]$$

$$= (1+t)^2 \parallel x_t - y_n \parallel^2 + a(t) + 2t[f(x_t) - x_t, J(x_t - y_n)]$$

因此

$$[(I-f)x_t, J(x_t - y_n)] \leqslant \frac{t}{2} \parallel x_t - y_n \parallel^2 + \frac{1}{2t} a(t)$$

进而推得

$$\limsup_{n \to \infty} [(I-f)x_t, J(x_t - y_n)] \leqslant \frac{t}{2} M_1 \qquad (5.11)$$

其中，$M_1 \geqslant \parallel x_t - y_n \parallel^2$，$\forall n \geqslant 0$。在式 (5.11) 中令 $t \to 0$，又有 J 在 E 的任意有界子集上是强拓扑到弱拓扑一致连续的，我们得到

$$\limsup_{n \to \infty} [(I-f)q, J(q - y_n)] \leqslant 0 \qquad (5.12)$$

再根据引理 5.1，我们有

$$\|x_{n+1}-q\|^2 \leqslant \|y_n-q\|^2$$

$$= \|\alpha_n(f(x_n)-q)+\beta_n(x_n-q)+\gamma_n(S_m x_m-q)\|^2$$

$$\leqslant \|\beta_n(x_n-q)+\gamma_n(S_m x_m-q)\|^2+2\alpha_n[f(x_n)-q,J(x_{n+1}-q)]$$

$$\leqslant (1-\alpha_n)^2\|x_n-q\|^2+2\alpha_n[f(x_n)-f(q),J(x_{n+1}-q)]$$

$$+2\alpha_n[f(q)-q,J(x_{n+1}-q)]$$

$$\leqslant (1-\alpha_n)^2\|x_n-q\|^2+2k\alpha_n\|x_n-q\|\|x_{n+1}-q\|$$

$$+2\alpha_n[f(q)-q,J(x_{n+1}-q)]$$

$$\leqslant (1-2(1-k)\alpha_n)\|x_n-q\|^2+\alpha_n^2 M_2^2+2k\alpha_n M_2\|x_n-x_{n-1}\|$$

$$+2\alpha_n[f(q)-q,J(x_{n+1}-q)]$$

其中，$M_2=\sup\limits_{n\geqslant 0}\{\|x_n-q\|\}$，然后我们令

$$\lambda_n=2(1-k)\alpha_n,\mu_n=0$$

$$\xi_n=\frac{\alpha_n M_2^2}{2(1-k)}+\frac{kM_2}{1-k}\|x_n-x_{n+1}\|+\frac{1}{1-k}[f(q)-q,J(x_{n+1}-q)]$$

由条件式（5.1）、式（5.8）和式（5.12），我们有 $\sum_{n=1}^{\infty}\lambda_n=\infty$ 和 $\limsup\limits_{n\to\infty}\xi_n\leqslant 0$，再根据引理 5.2，我们得到 $\lim\limits_{n\to\infty}\|x_n-q\|=0$，定理证毕。

定理 5.2　设 C 是自反严格凸且一致光滑的 Banach 空间 E 的非空闭凸子集，g 是 C 上的弱压缩映象，$\{A_i\}_{i=1}^l:C\to E$ 是公共零点非空的有限个增生算子且满足值域条件

$$cl[D(A_i)]\subseteq C\subset\bigcap_{r>0}R(I+rA_i),(i=1,2,\cdots,l)$$

若控制数列 $\{\alpha_n\}$、$\{\beta_n\}$、$\{\gamma_n\}$、$\{\delta_n\}\subset(0,1)$ 和 $\{r_n\}\subset(0,\infty)$ 满足如下条件

(1) $\lim\limits_{n\to\infty}\alpha_n=0,\sum_{n=0}^{\infty}\alpha_n=\infty,\sum_{n=0}^{\infty}|\alpha_{n+1}-\alpha_n|<\infty$ 和 $\lim\limits_{n\to\infty}\beta_n=0$

(2) $\delta_n\subset[0,a),a\in(0,1),(n\geqslant 0)$

(3) $r_n\geqslant\varepsilon,\varepsilon>0,n\geqslant 0$ 和 $\sum_{n=0}^{\infty}|r_{n+1}-r_n|<\infty$ 且 $\lim\limits_{n\to\infty}r_n=r,r>0$

(4) $\sum_{n=0}^{\infty}|\beta_{n+1}-\beta_n|<\infty,\sum_{n=0}^{\infty}|\gamma_{n+1}-\gamma_n|<\infty$ 且 $\sum_{n=0}^{\infty}|\delta_{n+1}-\delta_n|<\infty$

序列 $\{x_n\}$ 是如下定义的

$$\begin{cases}x_0\in C\\ y_n=\alpha_n g(x_n)+\beta_n x_n+\gamma_n S_{r_n}x_n\\ x_{n+1}=(1-\delta_n)y_n+\delta_n S_{r_n}y_n\end{cases}$$

其中，$S_{r_n} = a_0 I + a_1 J_{r_n}^1 + a_2 J_{r_n}^2 + \cdots + a_l J_{r_n}^l$ 且 $J_{r_n}^i = (I + r_n A_i)^{-1}, i = 1, 2, \cdots, l, a_i \in (0, 1), \sum_{i=0}^l a_i = 1$ 和 $\alpha_n + \beta_n + \gamma_{n=1}$，那么序列 $\{x_n\}$ 强收敛到 $x^* = Q[g(x^*)] \in \bigcap_{i=1}^l N(A_i)$，其中 Q 是从 C 到 $\bigcap_{i=1}^l N(A_i)$ 的太阳非扩张收缩映象。

证明　首先我们令 $F = F(S_{r_n})$，根据引理 5.6，我们有 $F = \bigcap_{i=1}^l N(A_i) \neq 0$。现在我们定义一种新的迭代格式如下

$$\begin{cases} z_n = \alpha_n g(x^*) + \beta_n \omega_n + \gamma_n S_{r_n} \omega_n \\ \omega_{n+1} = (1 + \delta_n) z_n + \delta_n S_{r_n} z_n \end{cases}$$

显然 $g(x^*)$ 是一个常数，然后再根据引理 5.8，Q 是从 C 到 F 的太阳非扩张收缩映象，事实上，对任意的 $x, y \in C$，我们有

$$\| Q[g(x)] - Q[g(y)] \| \leqslant \| g(x) - g(y) \| \leqslant \| x - y \| - \psi(\| x - y \|)$$

那么 $Q \circ g$ 是弱压缩映象。引理 5.4 就保证了存在唯一一元 $x^* \in C$ 使得 $x^* \in Q[g(x^*)]$。然后我们用 $g(x^*)$ 代替定理 5.1 中的压缩映象 f，再根据引理 5.8，我们得到 $\{\omega_n\}$ 强收敛到 x^*。对任意的 $n \geqslant 0$，我们有

$$\begin{aligned} \| x_{n+1} - \omega_{n+1} \| &= (1 - \delta_n) \| y_n - z_n \| + \delta_n \| S_{r_n} y_n - S_{r_n} z_n \| \\ &\leqslant \| y_n - z_n \| \\ &\leqslant \alpha_n \| x_n - \omega_n \| - \alpha_n \varphi(\| x_n - \omega_n \|) + \alpha_n \| \omega_n - x^* \| \\ &\quad - \alpha_n \psi(\| \omega_n - x^* \|) + \beta_n \| x_n - \omega_n \| + \gamma_n \| x_n - \omega_n \| \\ &\leqslant \| x_n - \omega_n \| - \alpha_n \varphi(\| x_n - \omega_n \|) + \alpha_n \| \omega_n - x^* \| \end{aligned}$$

然后我们令 $s_n = \| x_n - \omega_n \|, \eta_n = \alpha_n$ 和 $\zeta_n = \alpha_n \| \omega_n - x^* \|$，再根据定理 5.1 条件 (1)，$\lim_{n \to \infty} \| \omega_n - x^* \| = 0$ 和引理 5.5，我们得到 $\lim_{n \to \infty} \| x_n - \omega_n \| = 0$，因此我们得到

$$\lim_{n \to \infty} (\| x_n - x^* \| \leqslant \lim_{n \to \infty} (\| x_n - \omega_n \| + \| \omega_n - x^* \|) = 0$$

定理证毕。

定理 5.3　设 C 是自反严格凸且具有弱序列连续对偶映象 J_φ 的 Banach 空间 E 的非空闭凸子集，g 是 C 上的弱压缩映象，$\{A_i\}_{i=1}^l : C \to E$ 是公共零点非空的有限个增生算子且满足值域条件

$$cl[D(A_i)] \subseteq C \subset \bigcap_{r > 0} R(I + rA_i), i = 1, 2, \cdots, l$$

若控制数列 $\{\alpha_n\}$、$\{\beta_n\}$、$\{\gamma_n\}$、$\{\delta_n\} \subset (0, 1)$ 和 $\{r_n\} \subset (0, \infty)$ 满足如下条件

(1) $\lim_{n \to \infty} \alpha_n = 0, \sum_{n=0}^\infty \alpha_n = \infty, \sum_{n=0}^\infty |\alpha_{n+1} - \alpha_n| < \infty$ 和 $\lim_{n \to \infty} \beta_n = 0$

(2) $\delta_n \subset [0, a), a \in (0, 1), (n \geqslant 0)$

(3) $r_n \geqslant \varepsilon, \varepsilon > 0, n \geqslant 0$ 和 $\sum_{n=0}^\infty |r_{n+1} - r_n| < \infty$ 和 $\lim_{n \to \infty} r_n = r, r > 0$

(4) $\sum_{n=0}^\infty |\beta_{n+1} - \beta_n| < \infty, \sum_{n=0}^\infty |\gamma_{n+1} - \gamma_n| < \infty$ 和 $\sum_{n=0}^\infty |\delta_{n+1} - \delta_n| < \infty$

序列 $\{x_n\}$ 是如下定义的

$$\begin{cases} x_0 \in C \\ y_n = \alpha_n g(x_n) + \beta_n x_n + \gamma_n S_{r_n} x_n \\ x_{n+1} = (1-\delta_n) y_n + \delta_n S_{r_n} y_n \end{cases}$$

其中，$S_{r_n} = a_0 I + a_1 J_{r_n}^1 + a_2 J_{r_n}^2 + \cdots + a_l J_{r_n}^l$ 且 $J_{r_n}^i = (I + r_n A_i)^{-1}, i = 1, 2, \cdots, l, a_i \in (0,1), \sum_{i=0}^l a_i = 1$ 和 $\alpha_n + \beta_n + r_n = 1$，那么序列 $\{x_n\}$ 强收敛到 $x^* = Q[g(x^*)] \in \bigcap_{i=1}^l N(A_i)$，其中 Q 是从 C 到 $\bigcap_{i=1}^l N(A_i)$ 的太阳非扩张收缩映象。

证明　首先我们令 $F = F(S_{r_n})$，根据引理 5.6，我们有 $F = \bigcap_{i=1}^l N(A_i) \neq 0$。再由引理 5.10，我们得到 Q 是从 C 到 F 的太阳非扩张收缩映象。事实上，对任意的 $x, y \in C$，我们有

$$\|Q[g(x)] - Q[g(y)]\| \leqslant \|g(x) - g(y)\| \leqslant \|x-y\| - \psi(\|x-y\|)$$

那么 $Q \circ g$ 是弱压缩映象。引理 5.4 就保证了存在唯一一元 $x^* \in C$ 使得 $x^* \in Q[g(x^*)]$。现在我们定义一种新的迭代格式如下

$$\begin{cases} z_n = \alpha_n g(x^*) + \beta_n \omega_n + \gamma_n S_{r_n} \omega_n \\ \omega_{n+1} = (1-\delta_n) z_n + \delta_n S_{r_n} z_n \end{cases} \tag{5.13}$$

如同定理 5.1 的证明，我们得到 $\|z_n - S_{r_n} z_n\| \to \infty, n \to 0$，然后我们取 $\{z_n\}$ 的一个子列 $\{z_{nk}\}$，使得

$$\limsup_{n \to \infty} \{g(x^*) - Q[g(x^*)], J_\varphi\{z_n - Q[g(x^*)]\}\} = \lim_{k \to \infty} [g(x^*) - x^*, J_\varphi(z_{nk} - x^*)].$$

由于 E 是自反的，我们假设 $z_{nk} \to \tilde{x}$。又由于 $\|z_n - S_{r_n} z_n\| \to \infty$，$n \to 0$。我们得到 $S_{r_{n_{k-1}}} z_{n_k - 1} \to \tilde{x}$。对下式关于 $k \to \infty$

$$[S_{r_{n_{k-1}}} z_{n_k-1}, A_{ir_{n_{k-1}}}] \in A_i, (i = 1, 2, \cdots, l)$$

我们得到 $[\tilde{x}, 0] \in A_i$, $i = 1, 2, \cdots, l$，也就是，$\tilde{x} \in F$，再由（＊＊）和式（5.13），我们得到

$$\limsup_{n \to \infty} \{g(x^*) - Q[g(x^*)], J_\varphi\{z_n - Q[g(x^*)]\}\} =$$

$$[g(x^*) - x^*, J_\varphi(\tilde{x} - x^*)] \leqslant 0 \tag{5.14}$$

根据引理 5.9 和式（5.13），我们有

$$\varphi(\|\omega_{n+1} - x^*\|) = \varphi(\|(1-\delta_n)(z_n - x^*) + \delta_n(S_{r_n} z_n - x^*)\|)$$

$$\leqslant \varphi((1-\delta_n)\|z_n - x^*\| + \delta_n\|S_{r_n} z_n - x^*\|)$$

$$\leqslant \varphi(\|z_n - x^*\|)$$

$$= \varphi(\|\alpha_n g(x^*) + \beta_n \omega_n + \gamma_n S_{r_n} \omega_n - x^*\|)$$

$$\leqslant \varphi(\| \beta_n(\omega_n - x^*) + \gamma_n(S_{r_n}\omega_n - x^*)\|)$$

$$+ \alpha_n[g(x^*) - x^*, J_\varphi(z_n - x^*)]$$

$$\leqslant \varphi((1-\alpha_n)\| \omega_n - x^*\|) + \alpha_n[g(x^*) - x^*, J_\varphi(z_n - x^*)]$$

再根据引理 5.2 和式（5.14），我们有 $\lim\limits_{n\to\infty}\varphi(\| \omega_n - x^*\|) = 0$。这就证明了 $\lim\limits_{n\to\infty}\| \omega_n - x^*\| = 0$。然后对任意的 $n \geqslant 0$，我们有

$$\| x_{n+1} - \omega_{n+1}\| = (1-\delta_n)\| y_n - z_n\| + \delta_n\| S_{r_n}y_n - S_{r_n}z_n\|$$

$$\leqslant \| y_n - z_n\|$$

$$\leqslant \alpha_n\| g(x_n) - g(x^*)\| + \beta_n\| x_n - \omega_n\| + \gamma_n\| S_{r_n}x_n - S_{r_n}\omega_n\|$$

$$\leqslant \alpha_n(\| g(x_n) - g(\omega_n)\| + \| g(\omega_n) - g(x^*)\|) + \beta_n\| x_n - \omega_n\|$$

$$+ \gamma_n\| x_n - \omega_n\|$$

$$\leqslant \alpha_n\| x_n - \omega_n\| - \alpha_n\varphi(\| x_n - \omega_n\|) + \alpha_n\| \omega_n - x^*\|$$

$$- \alpha_n\varphi(\| \omega_n - x^*\|) + \beta_n\| x_n - \omega_n\| + \gamma_n\| x_n - \omega_n\|$$

$$\leqslant \| x_n - \omega_n\| - \alpha_n\varphi(\| x_n - \omega_n\|) + \alpha_n\| \omega_n - x^*\|$$

我们令 $s_n = \| x_n - \omega_n\|$，$\eta_n = \alpha_n$ 和 $\zeta_n = \alpha_n\| \omega_n - x^*\|$，再根据引理 5.5，条件（1）和 $\lim\limits_{n\to\infty}\| \omega_n - x^*\| = 0$，我们得到 $\lim\limits_{n\to\infty}\| x_n - \omega_n\| = 0$，因此我们得到

$$\lim_{n\to\infty}\| x_n - x^*\| \leqslant \lim_{n\to\infty}(\| x_n - \omega_n\| + \| \omega_n - x^*\|) = 0$$

定理证毕。

推论 5.1　设 C 是自反严格凸且具有一致 Gâteaux 可微范数的 Banach 空间 E 的非空闭凸子集，f 是 C 上的压缩映象且压缩常数为 k，$\{A_i\}_{i=1}^l: C \to E$ 是公共零点非空的有限个增生算子且满足值域条件

$$cl[D(A_i)] \subseteq C \subset \bigcap_{r>0} R(I + rA_i), (i = 1, 2, \cdots, l)$$

若控制数列 $\{\alpha_n\}$、$\{\beta_n\}$、$\{\gamma_n\}$、$\{\delta_n\} \subset (0,1)$ 满足如下条件

（1）$\lim\limits_{n\to\infty}\alpha_n = 0$，$\sum\limits_{n=0}^{\infty}\alpha_n = \infty$，$\sum\limits_{n=0}^{\infty}|\alpha_{n+1} - \alpha_n| < \infty$ 和 $\lim\limits_{n\to\infty}\beta_n = 0$

（2）$\delta_n \subset [0, a), a \in (0, 1), (n \geqslant 0)$

（3）$\sum\limits_{n=0}^{\infty}|\beta_{n+1} - \beta_n| < \infty$，$\sum\limits_{n=0}^{\infty}|\gamma_{n+1} - \gamma_n| < \infty$ 和 $\sum\limits_{n=1}^{\infty}|\delta_{n+1} - \delta_n| < \infty$

序列 $\{x_n\}$ 是由如下算法定义

$$\begin{cases} x_0 \in C \\ y_n = \alpha_n f(x_n) + \beta_n x_n + \gamma_n S_r x_n \\ x_{n+1} = (1-\delta_n)y_n + \delta_n S_r y_n, (n \geqslant 0) \end{cases}$$

其中，$S_r = a_0 I + a_1 J_r^1 + a_2 J_r^2 + \cdots + a_l J_r^l$ 且 $J_r^i = (I + rA_i)^{-1}$，$i = 1, 2, \cdots, l$，$a_i \in (0, 1)$，$\sum_{i=0}^{l} a_i = 1$ 和 $\alpha_n + \beta_n + \gamma_n = 1$，那么序列 $\{x_n\}$ 强收敛到 $q \in \bigcap_{i=1}^{l} N(A_i)$，并且 q 还是如下不等式的唯一解

$$[(I - f)q, J(q - p)] \leqslant 0, p \in \bigcap_{i=1}^{l} N(A_i)$$

5.2　Banach 空间中有限族增生算子公共零点的迭代强收敛定理

5.2.1　导论

设 E 是一 Banach 空间，称算子 A（也可能是多值算子）是增生的，设其定义域值域分别为 $D(A)$、$R(A)$，如果任由 $x_i \in D(A)$，$y_i \in Ax_i (i = 1, 2)$，都存在 $j(x_2 - x_1) \in J(x_2 - x_1)$，使得 $[y_2 - y_1, j(x_2 - x_1)] \geqslant 0$，其中 J 是对偶映象。增生算子 A 被称为 m-增生的，如果任有 $r > 0$，都有 $R(I + rA) = E$。本章我们总假定 A 是 m-增生的且零点集非空。以下我们用 F 表示 A 的零点集，即

$$F = \{z \in D(A) : 0 \in A(z)\} = A^{-1}(0)$$

我们用 J_r 表示 A 的预解式，即 $J_r = (I + rA)^{-1}$。众所周知，如果 A 是 m-增生的，那么其预解式 J_r 是非扩张的且对于所有的 $r > 0$ 有 $F(J_r) = F$，最近 Kim 和 Xu 得到了如下结论。

定理 5.4　设 E 是一致光滑的 Banach 空间，A 是 m-增生算子且 $A^{-1}(0) \neq \varnothing$，序列 $\{x_n\}$ 由如下格式定义

$$\begin{cases} x_0 = x \in E \\ y_n = J_{r_n} x_n \\ x_{n+1} = \alpha_n u + (1 - \alpha_n) y_n, (n \geqslant 0) \end{cases}$$

设 $r > 0$ 满足如下条件限制

（1）$\lim_{n \to \infty} \alpha_n = 0$ 和 $\sum_{n=0}^{\infty} \alpha_n = \infty$

（2）$\sum_{n=0}^{\infty} |\alpha_{n-1} - \alpha_n| < \infty$

（3）$\sum_{n=0}^{\infty} \left| 1 - \dfrac{r_{n-1}}{r_n} \right| < \infty, r_n \geqslant \varepsilon, \varepsilon > 0$

则 $\{x_n\}$ 强收敛到 A 的一零点。

定理 5.5　设 E 是一自反具有弱连续对偶映象 J_φ 的 Banach 空间，A 是 m-增生算子且其定义域是凸的且 $A^{-1}(0) \neq \varnothing$，序列 $\{x_n\}$ 由如下格式定义

$$\begin{cases} x_0 = x \in E \\ y_n = J_{r_n} x_n \\ x_{n+1} = \alpha_n u + (1 - \alpha_n) y_n, (n \geqslant 0) \end{cases}$$

设 $r > 0$ 满足如下条件限制

(1) $\lim\limits_{n \to \infty} \alpha_n = 0$ 和 $\sum\limits_{n=0}^{\infty} \alpha_n = \infty$

(2) $r_n \to \infty$，$(n \to \infty)$

则 $\{x_n\}$ 强收敛到 A 的一零点。

作者受到 Kim、Xu、Marinez-Yanez 的启发，在 Banach 空间的框架下（采用黏滞方法）研究了增生算子的零点逼近问题。

为了证明我们的主要结果，我们需要如下引理。

引理 5.11 设 E 是 Banach 空间，对任意的 $\lambda > 0$，$\mu > 0$ 和 $x \in E$，有如下等式成立

$$J_{\lambda} x = J_{\mu}(\frac{\mu}{\lambda} x + (1 - \frac{\mu}{\lambda}) J_{\lambda} x)$$

引理 5.12 设 E 是自反的具有弱连续对偶映象 J_{φ} 的 Banach 空间，C 是 E 的闭凸子集，$T : C \to C$ 是一非扩张映象，固定 $u \in C$，令 $x_t \in C$ 是非线性算子方程

$$T_t x = t u + (1 - t) T x, x \in C$$

的唯一解，则 T 有不动点当且仅当 $t \to 0^+$ 时，$\{x_t\}$ 有界，且随着 $t \to 0^+$，$\{x_t\}$ 强收敛到 T 的一个不动点。

在引理 5.12 的条件下，定义一如下映象 $Q : C \to F(T)$，$Q(u) := \lim\limits_{t \to 0} x_t$，$u \in C$，则 Q 是 C 到 $F(T)$ 的太阳非扩张收缩映象。

引理 5.13 设 $\{\alpha_n\}$ 是一非负实序列满足性质

$$\alpha_{n+1} \leqslant (1 - \gamma_n) \alpha_n + \gamma_n \sigma_n, (n \geqslant 0)$$

其中，$\{\gamma_n\} \subset (0,1)$ 并且 $\{\sigma_n\}$ 使得

(1) $\lim\limits_{n \to \infty} \gamma_n = 0$ 并且 $\sum\limits_{n=0}^{\infty} \gamma_n = \infty$

(2) $\limsup\limits_{n \to \infty} \sigma_n \leqslant 0$ 或者 $\sum\limits_{n=0}^{\infty} |\gamma_n \sigma_n| < \infty$

那么，$\lim\limits_{n \to \infty} \alpha_n = 0$。

引理 5.14 设 E 是一实 Banach 空间，$J : E \to 2^{E^*}$ 是正规对偶映象，则对任意的 x，$y \in E$，如下不等式成立

$$\| x + y \|^2 \leqslant \| x \|^2 + 2[y, j(x+y)], j(x+y) \in J(x+y)$$

5.2.2　修正 Mann 迭代程序逼近增生算子的零点

定理 5.6　设 E 是一致光滑的 Banach 空间，A 是 E 中 m-增生算子且 $A^{-1}(0) \neq \varnothing$，给定点 $u \in C$ 和序列 $\{\alpha_n\}$、$\{\beta_n\}$、$\{r_n\}$ 满足以下条件

(1) $\lim\limits_{n \to \infty} \alpha_n = 0, \sum\limits_{n=0}^{\infty} \alpha_n = \infty$

(2) $r_n \geqslant \varepsilon, \beta_n \in [0, a), \forall n \geqslant 0, a \in (0, 1)$

(3) $\sum\limits_{n=0}^{\infty} |\alpha_{n+1} - \alpha_n| < \infty, \sum\limits_{n=0}^{\infty} |\beta_{n+1} - \beta_n| < \infty, \sum\limits_{n=0}^{\infty} |r_{n-1} - r_n| < \infty$

$\{x_n\}$ 由如下迭代程序

$$\begin{cases} y_n = \beta_n x_n + (1 - \beta_n) J_{r_n} x_n \\ x_{n+1} = \alpha_n u + (1 - \alpha_n) y_n \end{cases}, (n \geqslant 0)$$

产生，则 $\{x_n\}$ 强收敛到 A 的一个零点。

证明　我们首先证明序列 $\{x_n\}$ 的有界性，事实上，任意选取 $p \in F = A^{-1}(0)$，注意到

$$\| y_n - p \| \leqslant \beta_n \| x_n - p \| + (1 - \beta_n) \| J_{r_n} x_n - p \| \leqslant \| x_n - p \|$$

我们有

$$\begin{aligned} \| x_{n+1} - p \| &\leqslant \alpha_n \| u - p \| + (1 - \alpha_n) \| y_n - p \| \\ &\leqslant \alpha_n \| u - p \| + (1 - \alpha_n) \| x_n - p \| \\ &\leqslant \max\{ \| u - p \|, \| x_n - p \| \} \end{aligned}$$

简单推导可得

$$\| x_n - p \| \leqslant \max\{ \| u - p \|, \| x_0 - p \| \}, (n \geqslant 0) \tag{5.15}$$

即 $\{x_n\}$ 有界，那么序列 $\{y_n\}$ 也是有界的，由条件 (1) 得

$$\| x_{n+1} - y_n \| = \alpha_n \| u - y_n \| \to 0 \tag{5.16}$$

以下证明

$$\| x_{n+1} - x_n \| \to 0 \tag{5.17}$$

为了证明式 (5.17)，我们首先计算 $x_{n+1} - x_n$，由引理 5.11 得

$$\begin{cases} y_n = \beta_n x_n + (1 - \beta_n) J_{r_n} x_n \\ y_{n-1} = \beta_{n-1} x_{n-1} + (1 - \beta_{n-1}) J_{r_{n-1}} x_{n-1} \end{cases}$$

可推出

$$\begin{aligned} y_n - y_{n-1} = {} &(1 - \beta_n)(J_{r_n} x_n - J_{r_{n-1}} x_{n-1}) + \beta_n (x_n - x_{n-1}) \\ &+ (x_{n-1} - J_{r_{n-1}} x_{n-1})(\beta_n - \beta_{n-1}) \end{aligned} \tag{5.18}$$

由此得到

$$\| y_n - y_{n-1} \| \leqslant (1 - \beta_n) \| J_{r_n} x_n - J_{r_{n-1}} x_{n-1} \| + \beta_n \| x_n - x_{n-1} \|$$

$$+ \parallel x_{n-1} - J_{r_{n-1}} x_{n-1} \parallel \mid \beta_n - \beta_{n-1} \mid \qquad (5.19)$$

由引理 5.11 得

$$J_{r_n} x_n = J_{r_{n-1}} \left[\frac{r_{n-1}}{r_n} x_n + \left(1 - \frac{r_{n-1}}{r_n}\right) J_{r_n x_n} \right]$$

若 $r_{n-1} \leqslant r_n$，这推出

$$\parallel J_{r_n} x_n - J_{r_{n-1}} x_{n-1} \parallel \leqslant \parallel \frac{r_{n-1}}{r_n} x_n + \left(1 - \frac{r_{n-1}}{r_n}\right) J_{r_n} x_n - x_{n-1} \parallel$$

$$\leqslant \parallel \frac{r_{n-1}}{r_n} (x_n - x_{n-1}) + \left(1 - \frac{r_{n-1}}{r_n}\right) (J_{r_n} x_n - x_{n-1}) \parallel$$

$$\leqslant \parallel x_n - x_{n-1} \parallel + \left(\frac{r_n - r_{n-1}}{r_n}\right) \parallel J_{r_n} x_n - x_{n-1} \parallel$$

$$\leqslant \parallel x_n - x_{n-1} \parallel + \left(\frac{r_n - r_{n-1}}{\varepsilon}\right) \parallel J_{r_n} x_n - x_{n-1} \parallel \qquad (5.20)$$

将式（5.20）代入式（5.19）可得

$$\parallel y_n - y_{n-1} \parallel \leqslant (1 - \beta_n) \left(\parallel x_n - x_{n-1} \parallel + \left(\frac{r_n - r_{n-1}}{\varepsilon}\right) \parallel J_{r_n} x_n - x_{n-1} \parallel \right)$$

$$+ \beta_n \parallel x_n - x_{n-1} \parallel + \parallel x_{n-1} - J_{r_{n-1}} x_{n-1} \parallel \mid \beta_n - \beta_{n-1} \mid$$

$$\leqslant \parallel x_n - x_{n-1} \parallel + M_1 (\mid r_n - r_{n-1} \mid + \mid \beta_n - \beta_{n-1} \mid) \qquad (5.21)$$

其中，M_1 是一适当的常数，使得

$$M_1 > \max \left\{ \frac{\parallel J_{r_n} x_n - x_{n-1} \parallel}{\varepsilon}, \parallel x_{n-1} - J_{r_{n-1}} x_{n-1} \parallel \right\}$$

另一方面，注意到

$$\begin{cases} x_{n+1} = a_n u + (1 - a_n) y_n \\ x_n = 1 u + (1 - a_{n-1}) y_{n-1} \end{cases}$$

这推出

$$x_{n+1} - x_n = (1 - a_n)(y_n - y_{n-1}) + (a_n - a_{n-1})(u - y_{n-1})$$

即

$$\parallel x_{n+1} - x_n \parallel \leqslant (1 - a_n) \parallel y_n - y_{n-1} \parallel + (a_n - a_{n-1}) \parallel u - y_{n-1} \parallel \qquad (5.22)$$

将式（5.21）代入式（5.22）得

$$\parallel x_{n+1} - x_n \parallel \leqslant (1 - \alpha_n) [\parallel x_n - x_{n-1} \parallel + M_1 (\mid r_n - r_{n-1} \mid + \mid \beta_n - \beta_{n-1} \mid)]$$

$$+ \mid \alpha_n - \alpha_{n-1} \mid \parallel u - y_{n-1} \parallel$$

$$\leqslant (1 - \alpha_n) \parallel x_n - x_{n-1} \parallel + M_2 (\mid r_n - r_{n-1} \mid + \mid \beta_n - \beta_{n-1} \mid$$

$$+ \mid \alpha_n - \alpha_{n-1} \mid) \qquad (5.23)$$

其中，M_2 是一适当的常数，使得

$$M_2 > \max \{ \parallel u - y_{n-1} \parallel, M_1 \}$$

当 $r_{n-1} \geqslant r_n$ 时，同理我们可以证明式（5.23），由定理 5.1 中的条件（1）～

（3），我们有

$$\lim_{n\to\infty}a_n=\infty,\sum_{n=1}^{\infty}a_n=\infty$$

和

$$\sum_{n=1}^{\infty}(\mid r_n-r_{n-1}\mid+\mid\beta_n-\beta_{n-1}\mid+\mid a_n-a_{n-1}\mid)<\infty$$

因此，由引理 5.13 我们得

$$\parallel x_{n+1}-x_n\parallel\to0 \tag{5.24}$$

又注意到

$$\parallel y_n-J_{r_n}x_n\parallel=\beta_n\parallel x_n-J_{r_n}x_n\parallel \tag{5.25}$$

因此可得

$$\begin{aligned}\parallel J_{r_n}x_n-x_n\parallel&\leqslant\parallel x_n-x_{n+1}\parallel+\parallel x_n-y_n\parallel+\parallel y_n-J_{r_n}x_n\parallel\\&\leqslant\parallel x_n-x_{n+1}\parallel+\parallel x_n-y_n\parallel+\beta_n\parallel x_n-J_{r_n}x_n\parallel\end{aligned} \tag{5.26}$$

即

$$(1-\beta_n)\parallel J_{r_n}x_n-x_n\parallel\leqslant\parallel x_n-x_{n+1}\parallel+\parallel x_{n+1}-y_n\parallel$$

结合式（5.16）和式（5.24）可推出

$$\parallel J_{r_n}x_n-x_n\parallel\to0$$

取一固定的实数 r 使得 $\varepsilon>r>0$，由引理 5.11 可推出

$$\begin{aligned}\parallel J_{r_n}x_n-J_rx_n\parallel&=\parallel J_r\Big(\frac{r}{r_n}x_n+\Big(1-\frac{r}{r_n}\Big)J_{r_n}x_n\Big)-J_rx_n\parallel\\&\leqslant\Big(1-\frac{r}{r_n}\Big)\parallel x_n-J_{r_n}x_n\parallel\\&\leqslant\parallel x_n-J_{r_n}x_n\parallel\end{aligned} \tag{5.27}$$

因此可得

$$\begin{aligned}\parallel x_n-J_rx_n\parallel&\leqslant\parallel x_n-J_{r_n}x_n\parallel+\parallel J_{r_n}x_n-J_rx_n\parallel\\&\leqslant\parallel J_{r_n}x_n-x_n\parallel+\parallel J_{r_n}x_n-x_n\parallel\\&\leqslant2\parallel J_{r_n}x_n-x_n\parallel\end{aligned} \tag{5.28}$$

由此可得

$$\parallel x_n-J_rx_n\parallel\to0$$

　　由于空间的框架是一致光滑的 Banach 空间，从 E 到 J_r 的不动点集 $F(J_r)[=F=A^{-1}(0)]$ 的太阳非扩张收缩是唯一确定的，因此可得

$$Qu=s-\lim_{t\to0}z_t,(u\in E)$$

其中，$t\in(0,1)$，并且 z_t 是如下非线性算子方程

$$z_t=tu+(1-t)J_rz_t$$

的唯一解。下证

$$\limsup_{n\to\infty}\{u-Q(u),J[x_n-Q(u)]\}\leqslant 0 \tag{5.29}$$

因此

$$\|z_t-x_n\|=\|(1-t)(J_r z_t-x_n)+t(u-x_n)\|$$

由引理 5.14 可得

$$\begin{aligned}\|z_t-x_n\|^2 &\leqslant(1-t)^2\|J_r z_t-x_n\|^2+2t[u-x_n,J(z_t-x_n)]\\ &\leqslant(1-2t+t^2)\|z_t-x_n\|^2+f_n(t)+2t[u-x_n,J(z_t-x_n)]\\ &\quad+2t\|z_t-x_n\|^2\end{aligned} \tag{5.30}$$

其中

$$f_n(t)=(2\|x_t-x_n\|+\|x_n-J_r x_n\|)\|x_n-J_r x_n\|\to 0 \tag{5.31}$$

由此推出

$$[z_t-u,J(z_t-x_n)]\leqslant\frac{t}{2}\|z_t-x_n\|^2+\frac{1}{2t}f_n(t) \tag{5.32}$$

在式（5.32）中令 $n\to\infty$ 并结合式（5.31）可得

$$\limsup_{n\to\infty}[z_t-u,J(z_t-x_n)]\leqslant\frac{t}{2}M \tag{5.33}$$

其中，$M>0$ 是一个适当的常数，使得 $M\geqslant\|z_t-x_n\|^2$，在式（5.33）中令 $t\to 0$ 得

$$\limsup_{t\to 0}\limsup_{n\to\infty}[z_t-u,J(z_t-x_n)]\leqslant 0$$

对任给的 $\varepsilon>0$，都存在一个正数 δ_1，使得对所有的 $t\in(0,\delta_1)$ 我们得

$$\limsup_{n\to\infty}[z_t-u,J(z_t-x_n)]\leqslant\frac{\varepsilon}{2} \tag{5.34}$$

另一方面，当 $t\to 0$ 时，有 $z_t\to q$，则存在 $\delta_2>0$，使得对 $t\in(0,\delta_2)$ 有

$$|[u-q,J(x_n-q)]-[z_t-u,J(z_t-x_n)]|\leqslant\frac{\varepsilon}{2}$$

选取 $\delta=\min\{\delta_1,\delta_2\}$，$\forall t\in(0,\delta)$，可得

$$\{u-Q(u),J[x_n-Q(u)]\}\leqslant[z_t-u,J(z_t-x_n)]+\frac{\varepsilon}{2}$$

即

$$\limsup_{n\to\infty}\{u-Q(u),J[x_n-Q(u)]\}\leqslant\limsup_{n\to\infty}[z_t-u,J(z_t-x_n)]+\frac{\varepsilon}{2}$$

由式（5.34）可推出

$$\limsup_{n\to\infty}\{u-Q(u),J[x_n-Q(u)]\}\leqslant\varepsilon$$

由于 ε 的任意性，可推出

$$\limsup_{n\to\infty}\{u-Q(u),J[x_n-Q(u)]\}\leqslant 0 \tag{5.35}$$

最后我们证明 $x_n\to Q(u)$，事实上，

$$\| x_{n+1} - Q(u) \|^2 = \| (1-a_n)[y_n - Q(u)] + a_n[u - Q(u)] \|^2$$
$$\leqslant (1-a_n)^2 \| y_n - Q(u) \| + 2a_n\{u - Q(u), J[x_{n+1} - Q(u)]\}$$
$$\leqslant (1-a_n)^2 \| x_n - Q(u) \| + 2a_n\{u - Q(u), J[x_{n+1} - Q(u)]\}$$

运用引理 5.13 和式(5.35)可得 $x_n \rightarrow Q(u)$ 定理证毕。

定理 5.7　设 X 是自反的具有弱连续对偶映象 J_φ 的 Banach 空间,设 A 是 X 中的 m -增生算子使得 $C = D(A)$ 是凸的, $\{a_n\}$ 和 $\{\beta_n\}$ 如定理 5.6 所述。则 $\{x_n\}_{n=1}^\infty$ 强收敛到 A 的一个零点。

证明　鉴于定理 5.6 我们这里仅证不同之处,由定理 5.6 可得

$$\| x_{n+1} - J_{r_n} x_n \| = \| x_{n+1} - y_n \| + \| y_n - J_{r_n} x_n \|$$
$$\leqslant a_n \| u - y_n \| + \beta \| x_n - J_{r_n} x_n \|$$

即

$$\| x_{n+1} - J_r x_n \| \rightarrow 0 \tag{5.36}$$

下证

$$\limsup_{n \to \infty} \{u - Q(u), J_\varphi[x_n - Q(u)]\} \leqslant 0 \tag{5.37}$$

因 $Q: C \rightarrow F(T)$ 是太阳非扩张收缩。取序列 x_n 的子列 $\{x_{n_k}\}$ 使得

$$\limsup_{n \to \infty} \{u - Q(u), J_\varphi[x_n - Q(u)]\} = \limsup_{k \to \infty} \{u - Q(u), J_\varphi[x_{n_k} - Q(u)]\} \tag{5.38}$$

由假设 X 是自反的, 进一步我们假设 $x_{n_k} \rightarrow \tilde{x}$, 此外, 由于

$$\| x_{n+1} - J_{r_n} \| \rightarrow 0$$

可得

$$J_{r_{n_k-1}} x_{n_k} \rightarrow \tilde{x}$$

取极限

$$(J_{r_{n_k-1}} x_{n_k-1}, A_{r_{n_k-1}} x_{n_k-1}) \in A$$

得 $[\tilde{x}, 0] \in A$, 即 $\tilde{x} \in F$。结合式 (5.38) 和式 (5.19) 可得

$$\limsup_{n \to \infty} \{u - Q(u), J_\varphi[x_n - Q(u)]\} = \{u - Q(u), J_\varphi[\tilde{x} - Q(u)]\} \leqslant 0$$

即式 (5.37) 成立。最后我们证明 $x_n \rightarrow p$

$$\varphi(\| y_n - p \|) = \varphi(\| \beta_n(x_n - p) + (1-\beta_n)(J_{r_n} x_n - p) \|)$$
$$\leqslant \varphi(\beta_n \| x_n - p \| + (1-\beta_n) \| J_{r_n} x_n - p \|)$$
$$\leqslant \varphi(\| x_n - p \|)$$

即

$$\varphi(\| y_n - p \|) \leqslant \varphi(\| x_n - p \|)$$

因此由式 (5.38) 可得

$$\varphi(\|x_{n+1}-p\|)=\varphi(\|a_n(u-p)+(1-a_n)(y_n-p)\|)$$
$$\leqslant\varphi((1-a_n)\|y_n-p\|)+a_n[u-p,J_\varphi(x_{n+1}-p)]$$
$$\leqslant(1-a_n)\|y_n-p\|+a_n[u-p,J_\varphi(x_{n+1}-p)]$$
$$\leqslant(1-a_n)\|x_n-p\|+a_n[u-p,J_\varphi(x_{n+1}-p)]$$

由引理 5.13 可推出 $\varphi(\|x_n-p\|)\to 0$，即 $\|x_n-p\|\to 0$。

5.2.3 黏滞方法迭代逼近增生算子的零点

定理 5.8 设 E 是一致光滑的 Banach 空间，A 是 E 中的 m-增生算子，使得 $A^{-1}(0)\neq\varnothing$。给定点 $u\in C$，f 是一收缩，序列 $\{\alpha_n\}_{n=0}^\infty$ 属于 $(0,1)$，$\{\beta_n\}_{n=0}^\infty$ 属于 $[0,1]$，假定序列 $\{\alpha_n\}_{n=0}^\infty$，$\{\beta_n\}_{n=0}^\infty$ 和 $\{\gamma_n\}_{n=0}^\infty$ 满足如下条件

(1) $\lim\limits_{n\to\infty}\alpha_n=0,\sum\limits_{n=0}^\infty\alpha_n=\infty$

(2) $r_n\geqslant\varepsilon,\beta_n\in[0,a),\forall n\geqslant 0,a\in(0,1)$

(3) $\sum\limits_{n=0}^\infty|\alpha_{n+1}-\alpha_n|<\infty,\sum\limits_{n=0}^\infty|\beta_{n+1}-\beta_n|<\infty,\sum\limits_{n=0}^\infty|r_{n-1}-r_n|<\infty$

$\{x_n\}$ 由如下复合迭代格式产生，即

$$\begin{cases}y_n=\beta_n x_n+(1-\beta_n)J_{r_n}x_n\\x_{n+1}=\alpha_n f(x_n)+(1-\alpha_n)y_n\end{cases}$$

那么，$\{x_n\}_{n=0}^\infty$ 强收敛到 A 的一个零点。

证明 首先我们证明 $\{x_n\}_{n=0}^\infty$ 是有界的。事实上，我们选取 $p\in F=A^{-1}(0)$，注意到

$$\|y_n-p\|\leqslant\beta\|x_n-p\|+(1-\beta_n)\|J_{r_n}x_n-p\|\leqslant\|x_n-p\|$$

可得

$$\|x_{n+1}-p\|\leqslant\alpha_n\|f(x_n)-p\|+(1-\alpha_n)\|y_n-p\|$$
$$\leqslant\alpha_n\|f(x_n)-f(p)\|+\alpha_n\|f(p)-p\|+(1-\alpha_n)\|x_n-p\|$$
$$\leqslant\max\left\{\frac{1}{1-a}\|f(p)-p\|,\|x_n-p\|\right\}$$

经简单推导可得出

$$\|x_n-p\|\leqslant\max\left\{\frac{1}{1-a}\|f(p)-p\|,\|x_0-p\|\right\},(n\geqslant 0) \quad (5.39)$$

因此 $\{x_n\}$ 是有界的，则 $\{y_n\}$ 也是有界的。由条件（1）得

$$\|x_{n+1}-y_n\|=\alpha_n\|f(x_n)-y_n\|\to 0 \quad (5.40)$$

以下证明

$$\|x_{n+1}-x_n\|\to 0 \quad (5.41)$$

为了证明式（5.41），首先考虑 $x_{n+1}-x_n$，注意到

163

$$\begin{cases} y_n = \beta_n x_n + (1-\beta_n) J_{r_n} x_n \\ y_{n-1} = \beta_{n-1} x_{n-1} + (1-\beta_{n-1}) J_{r_{n-1}} x_{n-1} \end{cases}$$

化简可得

$$y_n - y_{n-1} = (1-\beta_n)(J_{r_n} x_n - J_{r_{n-1}} x_{n-1}) + \beta_n (x_n - x_{n-1}) \\ + (x_{n-1} - J_{r_{n-1}} x_{n-1})(\beta_n - \beta_{n-1}) \tag{5.42}$$

由此推出

$$\| y_n - y_{n-1} \| \leqslant (1-\beta_n) \| J_{r_n} x_n - J_{r_{n-1}} x_{n-1} \| + \beta_n \| x_n - x_{n-1} \| \\ + \| x_{n-1} - J_{r_{n-1}} x_{n-1} \| | \beta_n - \beta_{n-1} | \tag{5.43}$$

由引理 5.11 可推出

$$J_{r_n} x_n = J_{r_{n-1}} \left[\frac{r_{n-1}}{r_n} x_n + \left(1 - \frac{r_{n-1}}{r_n}\right) J_{r_n} x_n \right]$$

若有 $r_{n-1} \leqslant r_n$，则有

$$\| J_{r_n} x_n - J_{r_{n-1}} x_{n-1} \| \leqslant \| \frac{r_{n-1}}{r_n} x_n + \left(1 - \frac{r_{n-1}}{r_n}\right) J_{r_n} x_n - x_{n-1} \|$$

$$\leqslant \| \frac{r_{n-1}}{r_n}(x_n - x_{n-1}) + \left(1 - \frac{r_{n-1}}{r_n}\right)(J_{r_n} x_n - x_{n-1}) \|$$

$$\leqslant \| x_n - x_{n-1} \| + \left(\frac{r_n - r_{n-1}}{r_n}\right) \| J_{r_n} x_n - x_{n-1} \|$$

$$\leqslant \| x_n - x_{n-1} \| + \left(\frac{r_n - r_{n-1}}{\varepsilon}\right) \| J_{r_n} x_n - x_{n-1} \| \tag{5.44}$$

将式 (5.44) 代入式 (5.43) 可得

$$\| y_n - y_{n-1} \| \leqslant (1-\beta_n) \left(\| x_n - x_{n-1} \| + \left(\frac{r_n - r_{n-1}}{\varepsilon}\right) \| J_{r_n} x_n - x_{n-1} \| \right) \\ + \beta_n \| x_n - x_{n-1} \| + \| x_{n-1} - J_{r_{n-1}} x_{n-1} \| | \beta_n - \beta_{n-1} | \\ \leqslant \| x_n - x_{n-1} \| + M_1 (| r_{n-1} - r_{n-1} | + | \beta_n - \beta_{n-1} |) \tag{5.45}$$

其中，M_1 是一适当的常数，使得

$$M_1 > \max \left\{ \frac{\| J_{r_n} x_n - x_{n-1} \|}{\varepsilon}, \| x_{n-1} - J_{r_{n-1}} x_{n-1} \| \right\}$$

一方面，我们有

$$\begin{cases} x_{n+1} = \alpha_n u + (1-\alpha_n) y_n \\ x_n = \alpha_{n-2} u + (1-\alpha_{n-1}) y_{n-1} \end{cases}$$

简单计算可得

$$x_{n+1} - x_n = (1-\alpha_n)(y_n - y_{n-1}) + \alpha_n [f(x_n) - f(x_{n-1})] + \\ (\alpha_n - \alpha_{n-1})[f(x_{n-1}) - y_{n-1}]$$

由此可推出

$$\| x_{n+1} - x_n \| \leqslant (1-\alpha_n) \| y_n - y_{n-1} \| + a\alpha_n \| x_n - x_{n-1} \|$$

$$+|\alpha_n-\alpha_{n-1}|\ \|f(x_{n-1})-y_{n-1}\| \tag{5.46}$$

将式（5.45）代入式（5.46）

$$\|x_{n+1}-x_n\|\leqslant(1-\alpha_n)(\|x_n-x_{n-1}\|+M_1(|r_n-r_{n-1}|+|\beta_n-\beta_{n-1}|))$$

$$+a\alpha_n\|x_n-x_{n-1}\|+|\alpha_n-\alpha_{n-1}|\ \|f(x_{n-1})-y_{n-1}\|$$

$$\leqslant(1-(1-a)\alpha_n)\|x_n-x_{n-1}\|+M_2(|r_n-r_{n-1}|+|\beta_n-\beta_{n-1}|+|\alpha_n-\alpha_{n-1}|) \tag{5.47}$$

其中，M_2 是一适当的常数，使得

$$M_2>\max\{\|u-y_{n-1}\|,M_1\}$$

当 $r_{n-1}\geqslant r_n$ 时，同理可证式（5.47），由定理 5.1 中的条件（1）～（3），可推出

$$\lim_{n\to\infty}\alpha_n=\infty,\sum_{n=1}^{\infty}\alpha_n=\infty\ \text{和}\ \sum_{n=1}^{\infty}(|r_n-r_{n-1}|+|\beta_n-\beta_{n-1}|+|\alpha_n-\alpha_{n-1}|)<\infty$$

将式（5.47）运用引理 5.13 得

$$\|x_{n+1}-x_n\|\to0 \tag{5.48}$$

注意到

$$\|y_n-J_{r_n}x_n\|=\beta_n\|x_n-J_{r_n}x_n\| \tag{5.49}$$

因此可得

$$\|J_{r_n}x_n-x_n\|\leqslant\|x_n-x_{n+1}\|+\|x_n-y_n\|+\|y_n-J_{r_n}x_n\|$$

$$\leqslant\|x_n-x_{n+1}\|+\|x_n-y_n\|+\beta_n\|x_n-J_{r_n}x_n\| \tag{5.50}$$

即

$$(1-\beta_n)\|J_{r_n}x_n-x_n\|\leqslant\|x_n-x_{n+1}\|+\|x_{n+1}-y_n\|$$

结合式（5.40）和式（5.48）可推出

$$\|J_{r_n}x_n-x_n\|\to0$$

取一固定的实数 r 使得 $\varepsilon>r>0$，由引理 5.11 可推出

$$\|J_{r_n}x_n-J_{r_{n-1}}x_n\|=\|J_r\Big[\frac{r}{r_n}x_n+\Big(1-\frac{r}{r_n}\Big)J_{r_n}x_n\Big]-J_rx_n\|$$

$$\leqslant\Big(1-\frac{r}{r_n}\Big)\|x_n-J_{r_n}x_n\|$$

$$\leqslant\|x_n-J_{r_n}x_n\| \tag{5.51}$$

由此可推出

$$\|x_n-J_rx_n\|\leqslant\|x_n-J_{r_n}x_n\|+\|J_{r_n}x_n-J_rx_n\|$$

$$\leqslant\|J_{r_n}x_n-x_n\|+\|J_{r_n}x_n-x_n\|$$

$$\leqslant2\|J_{r_n}x_n-x_n\| \tag{5.52}$$

由此可得

$$\|x_n-J_rx_n\|\to0$$

由于空间的框架是一致光滑的 Banach 空间，则

$$q = Qf = s - \lim_{t \to 0} z_t, u \in E$$

其中，$t \in (0, 1)$ 且 z_t 是如下非线性算子方程

$$z_t = tf(z_t) + (1-t)J_r z_t$$

的唯一解。以下证明

$$\limsup_{n \to \infty} [f(q) - q, J(x_n - q)] \leqslant 0 \tag{5.53}$$

$$\| z_t - x_n \| = \| (1-t)(J_r z_t - x_n) + t(z_t - x_n) \|$$

由引理 5.14 可得

$$\| z_t - x_n \|^2 \leqslant (1-t)^2 \| J_r z_t - x_n \|^2 + 2t[z_t - x_n, J(z_t - x_n)]$$

$$\leqslant (1 - 2t + t^2) \| z_t - x_n \|^2 + f_n(t) + 2t[z_t - z_t, J(z_t - x_n)]$$

$$+ 2t \| z_t - x_n \|^2 \tag{5.54}$$

其中

$$f_n(t) = (2 \| z_t - x_n \| + \| x_n - J_r x_n \|) \| x_n - J_r x_n \| \to 0 \tag{5.55}$$

由此可推出

$$[z_t - f(z_t), J(z_t - x_n)] \leqslant \frac{t}{2} \| z_t - x_n \|^2 + \frac{1}{2t} f_n(t) \tag{5.56}$$

在式 (5.56) 中令 $n \to \infty$，并结合式 (5.55) 得

$$\limsup_{n \to \infty} [z_t - f(z_t), J(z_t - x_n)] \leqslant \frac{t}{2} M \tag{5.57}$$

其中，$M > 0$ 是一适当的常数，使得 $M \geqslant \| z_t - x_n \|^2$，在式 (5.57) 中令 $t \to 0$ 得

$$\limsup_{t \to 0} \limsup_{n \to \infty} [z_t - f(z_t), J(z_t - x_n)] \leqslant 0$$

因此，对任给的 $\varepsilon > 0$，都存在一个正数 δ_1，使得对于 $t \in (0, \delta_1)$ 有

$$\limsup_{n \to \infty} [z_t - f(z_t), J(z_t - x_n)] \leqslant \frac{\varepsilon}{2} \tag{5.58}$$

另一方面，由于 $z_t \to q$，则存在 $\delta_2 > 0$，使得对于所有的 $t \in (0, \delta_2)$ 有

$$|[f(q) - q, J(x_n - q)] - [x_t - f(x_t), J(x_t - x_n)]|$$

$$\leqslant |[f(q) - q, J(x_n - q)] - [f(q) - q, J(x_n - x_t)]| + |[f(q) - q, J(x_n - x_t)]$$

$$- [x_t - f(x_t), J(x_t - x_n)]|$$

$$\leqslant |[f(q) - q, J(x_n - q) - J(x_n - x_t)]| + |[f(q) - f(x_t) - q + x_t, J(x_n - q)]|$$

$$\leqslant \| f(q) - q \| \| J(x_n - q) - J(x_n - x_t) \| + \| f(q) - f(x_t) - q + x_t \|$$

$$\| x_n - q \| < \frac{\varepsilon}{2}$$

选取 $\delta = \min \{ \delta_1, \delta_2 \}$，$\forall t \in (0, \delta)$，得到

$$[f(q)-q,J(x_n-q)]\leqslant[z_t-u,J(z_t-x_n)]+\frac{\varepsilon}{2}$$

即

$$\limsup_{n\to\infty}[f(q)-q,J(x_n-q)]\leqslant\limsup_{n\to\infty}[z_t-f(z_t),J(z_t-x_n)]+\frac{\varepsilon}{2}$$

由式（5.58）可推出

$$\limsup_{n\to\infty}[f(q)-q,J(x_n-q)]\leqslant\varepsilon$$

由于 ε 的任意性，得到

$$\limsup_{n\to\infty}[f(q)-q,J(x_n-q)]\leqslant0 \tag{5.59}$$

最后我们证明 $x_n\to q$。事实上，再次运用引理 5.14 得

$$\begin{aligned}
\|x_{n+1}-q\|^2 &= \|(1-\alpha_n)(y_n-q)+\alpha_n(f(x_n)-q)\|^2\\
&\leqslant(1-\alpha_n)^2\|y_n-q\|+2\alpha_n[f(x_n)-q,J(x_{n+1}-q)]\\
&\leqslant(1-\alpha_n)^2\|x_n-q\|^2+2\alpha_n[f(x_n)-f(q),J(x_{n+1}-q)]\\
&\quad+2\alpha_n[f(q)-q,J(x_{n+1}-q)]\\
&\leqslant(1-\alpha_n)^2\|x_n-q\|^2+2\alpha_n a\|x_n-q\|\|x_{n+1}-q\|\\
&\quad+2\alpha_n[f(q)-q,J(x_{n+1}-q)]\\
&\leqslant(1-\alpha_n)^2\|x_n-q\|^2+\alpha_n a(\|x_n-q\|^2+\|x_{n+1}-q\|^2)\\
&\quad+2\alpha_n[f(q)-q,J(x_{n+1}-q)]
\end{aligned}$$

由此可推出

$$\begin{aligned}
\|x_{n+1}-q\|^2 &\leqslant\frac{1-(2-a)\alpha_n+\alpha_n^2}{1-a\alpha_n}\|x_n-q\|^2-\frac{2\alpha_n}{1-a\alpha_n}[f(q)-q,J(x_{n+1}-q)]\\
&\leqslant\frac{1-(2-a)\alpha_n+\alpha_n^2}{1-a\alpha_n}\|x_n-q\|^2-\frac{2\alpha_n}{1-a\alpha_n}[f(q)-q,J(x_{n+1}-q)]+M\alpha_n^2\\
&=\left[1-\frac{2(1-a)\alpha_n}{1-a\alpha_n}\right]\|x_n-q\|^2+\frac{2(1-a)\alpha_n}{1-a\alpha_n}\left\{\frac{M(1-a\alpha_n)\alpha_n}{2(1-a)}\right.\\
&\quad\left.+\frac{1}{1-a}[f(q)-q,J(x_{n+1}-q)]\right\}
\end{aligned}$$

运用引理 5.13 得 $\|x_n-q\|\to0$。定理证毕。

5.3 有限族增生算子公共零点的复合迭代算法的强收敛定理

5.3.1 导论

令 E 是 Banach 空间，E^* 是它的对偶空间，C 是 E 的非空闭凸子集，$l\geqslant1$ 是

正整数，定义集合 $\Lambda=\{1,2,\cdots,l\}$。我们用 J 表示从 E 到 2^{E^*} 的正规对偶映射，定义如下

$$J(x)=\{f\in E^*:(x,f)=\|x\|^2=\|f\|^2,\forall x\in E\}$$

映象 A 的定义域 $D(A)$ 和值域 $R(A)$ 包含在 E 内，如果 A 是增生的，那么对于任意的 $x,y\in D(A)$，存在 $j(x-y)\in J(x-y)$ 使得 $[Ax-Ay,j(x-y)]\geqslant0$。在 Hilbert 空间中，增生算子也是单调的。一个增生算子 A 被称为满足值域条件，如果对所有的 $r>0$，$\overline{D(A)}\subset R(I+rA)$。一个增生算子 A 是 m-增生的，如果对所有的 $r>0$，$R(I+rA)=E$。如果一个增生算子 A 满足值域条件，那么对所有的 $r>0$，映象 $J_r=(I+rA)^{-1}:R(I+rA)\to D(A)$ 被称为 A 的预解式。众所周知，J_r 是非扩张的并且 $N(A)=F(J_r)$，其中 $N(A)=\{x\in E:0\in Ax\}$。

2007 年，Zegeye 和 Shahzad 改进了有限族增生算子的临近点算法。令 $\{A_i:i\in\Lambda\}:K\to E$ 是一有限族 m-增生算子并且 $\bigcap_{i=1}^l N(A_i)\neq\varnothing$，序列 $\{x_n\}$ 是由如下算子产生

$$x_{n+1}=\alpha_n u+(1-\alpha_n)S_r x_n,(n\geqslant0)$$

则 $\{x_n\}$ 强收敛到 $\{A_i:i\in\Lambda\}$ 的公共零点，其中 $S_r=a_0 I+a_1 J_{A_1}+a_2 J_{A_2}+\cdots+a_l J_{A_l}$，$J_{A_i}=(I+A_i)^{-1},i=1,2,\cdots,l$，$a_i\in(0,1)$，$\sum_{i=0}^l a_i=1$，并且 $\{\alpha_n\}$ 满足条件 (C1)、(C2) 和 (C3) $\sum_{n=1}^\infty|\alpha_{n+1}-\alpha_n|<\infty$ 或者 (C3)* $\lim_{n\to\infty}\dfrac{|\alpha_{n+1}-\alpha_n|}{\alpha_{n+1}}=0$。

最近，Jung 在严格凸自反且具有一致 Gâteaux 可微范数的 Banach 中，构造了如下的迭代格式：对于预解式 J_{r_n} 使得 $N(A)\neq\varnothing$，且 $\{\alpha_n\},\{\beta_n\}\subset(0,1)$，$\{x_n\}$ 是由如下定义的

$$\begin{cases}y_n=\alpha_n f(x_n)+(1-\alpha_n)J_{r_n}x_n\\x_{n+1}=(1-\beta_n)y_n+\beta_n J_{r_n}y_n\end{cases}$$

则在 $\{\alpha_n\}$ 满足 (C1) (C2) (C3) 条件，$\{r_n\}$ 满足 (C5) 条件，$\{\beta_n\}$ 满足条件 (B1)$\{\beta_n\}\subset[0,a)$，$a\in(0,1)$，$n\geqslant0$ 和条件 (B2) $\sum_{n=0}^\infty|\beta_{n+1}-\beta_n|<\infty$，那么，$\{x_n\}$ 强收敛到 A 的一个零点。

受到前面学者的激励，介绍一种寻找有限族增生算子公共零点的新算法：对任意的 $x_0\in C$，$\{x_n\}$ 由如下定义

$$\begin{cases}y_n=\alpha_n f(x_n)+\beta_n x_n+\gamma_n S_{r_n}x_n\\x_{n+1}=(1-\delta_n)y_n+\delta_n S_{r_n}y_n\end{cases}$$

其中，f 是 C 上具有常数 k 的收缩映象，$S_{r_n}=a_0 I+a_1 J_{r_n}^1+a_2 J_{r_n}^2+\cdots+a_l J_{r_n}^l$，$J_{r_n}^i=(I+r_n A_i)^{-1}$，$i=1,2,\cdots,l$，$a_i\in(0,1)$，$\sum_{i=0}^l a_i=1$ 且 $\{r_n\}\subset(0,\infty)$，$\{\alpha_n\}$，

$\{\beta_n\}, \{\gamma_n\}, \{\delta_n\} \subset (0,1)$ 满足 $\alpha_n + \beta_n + \gamma_n = 1$。

5.3.2 预备知识

Banach 空间 E 被称为具有 Gâteaux 可微范数，如果对于每一 x，$y \in U$ 且 $U = \{x \in E: \|x\| = 1\}$，极限 $\lim\limits_{t \to 0} \dfrac{\|x + ty\| - \|x\|}{t}$ 都存在。如果对每一 $y \in U$，极限 $\lim\limits_{t \to 0} \dfrac{\|x + ty\| - \|x\|}{t}$ 对于 $x \in U$ 是一致到达的，则 Banach 空间 E 被称为具有一致 Gâteaux 可微范数。众所周知，如果 E 的范数是一致 Gâteaux 可微范数，那么对偶映象 J 是单值的且在 E 的任一有界子集上是范数弱* 一致连续的。

Banach 空间 E 被称为是严格凸的，如果对于 $a_i \in (0, 1)$，$i \in \Lambda$ 且 $\sum\limits_{i=1}^{l} a_i = 1$，有对于 $x_i \in U$，$i \in \Lambda$，$x_i \neq x_j$，$\|a_1 x_1 + a_2 x_2 + \cdots + a_l x_l\| < 1$。在严格凸的 Banach 空间 E 中，如果 $\|x_1\| = \|x_2\| = \cdots = \|x_l\| = \|a_1 x_1 + a_2 x_2 + \cdots + a_l x_l\|$，其中 $x_i \in E, a_i \in (0,1)$，$i \in \Lambda$ 且 $\sum\limits_{i=1}^{l} a_i = 1$，那么 $x_1 = x_2 = \cdots = x_l$。

引理 5.15 令 E 是一实 Banach 空间，那对于所有的 x，$y \in E$，$j(x+y) \in J$ $(x+y)$，如下不等式成立

$$\|x+y\|^2 \leqslant \|x\|^2 + 2[y, j(x+y)]$$

引理 5.16 $\{s_n\}$ 是一非负实数列，满足

$$s_{n+1} \leqslant (1 - \lambda_n)s_n + \lambda_n \xi_n + \mu_n, \forall n \geqslant 0$$

其中，$\{\lambda_n\}$、$\{\xi_n\}$、$\{\mu_n\}$ 满足（I）$\{\lambda_n\} \subset [0,1]$ 和 $\sum\limits_{n=1}^{\infty} \lambda_n = \infty$，（II）$\limsup\limits_{n \to \infty} \xi_n \leqslant 0$ 或者 $\sum\limits_{n=1}^{\infty} \lambda_n |\xi_n| < \infty$，（III）$\mu_n \geqslant 0, (n \geqslant 0)$，$\sum\limits_{n=1}^{\infty} \mu_n < \infty$，那么 $\lim\limits_{n \to \infty} s_n = 0$。

引理 5.17 预解恒等式对于 $\lambda > 0$，$\mu > 0$，$x \in E$ 有

$$J_\lambda x = J_\mu \left[\frac{\mu}{\lambda} x + \left(1 - \frac{\mu}{\lambda}\right) J_\lambda x \right]$$

引理 5.18 C 是严格凸 Banach 空间 E 的非空闭凸子集，$\{A_i: i \in \Lambda\}: C \to E$ 是一有限族增生算子且 $\bigcap\limits_{i=1}^{l} N(A_i) \neq \varnothing$，满足值域条件

$$cl[D(A_i)] \subseteq C \subseteq \bigcap\limits_{r>0} R(I + rA), (i = 1, 2, \cdots, l)$$

$a_0, a_1, \cdots, a_l \subset (0,1)$ 满足 $\sum\limits_{i=0}^{l} a_i = 1$，$S_r = a_0 I + a_1 J_r^1 + a_2 J_r^2 + \cdots + a_l J_r^l$，$J_r = (I + rA_i)^{-1}$，$r > 0$。那么，$S_r$ 是非扩张的且 $F(S_r) = \bigcap\limits_{i=1}^{l} N(A_i)$。

引理 5.19　E 是自反严格凸且具有一致 Gâteaux 可微范数的 Banach 空间，C 是 E 的非空闭凸子集，A：$C{\to}C$ 是具有常数 $k{\in}[0，1)$ 的连续严格伪压缩映象，T：$C{\to}E$ 是满足弱内向条件的连续伪压缩映象。如果 T 有一个属于 C 的不动点，那么路径 $\{x_t\}$ 定义如下：$x_t{=}tAx_t{+}(1{-}t)Tx_t$

当 $t{\to}0^+$ 时，$\{x_t\}$ 强收敛到 T 的不动点 p，并且 p 是如下变分不等式的唯一解

$$[(I{-}A)p,J(p{-}v)]{\leqslant}0,v{\in}F(T)$$

5.3.3　主要结果

定理 5.9　E 是自反严格凸且具有一致 Gâteaux 可微范数的 Banach 空间，C 是 E 的非空闭凸子集，$\{A_i：i{\in}\Lambda\}$：$C{\to}E$ 是一有限族增生算子且 $\bigcap\limits_{i=1}^{l}N(A_i){\neq}\varnothing$，满足值域条件

$$cl[D(A_i)]{\subseteq}C{\subseteq}\bigcap\limits_{r>0}R(I{+}rA),(i{=}1,2,{\cdots},l)$$

$\{\alpha_n\}$、$\{\beta_n\}$、$\{\gamma_n\}$、$\{\delta_n\}{\subset}(0,1)$，$\{r_n\}{\subset}(0,\infty)$ 满足条件

（Ⅰ）$\{\alpha_n\}$ 满足式（1.32）中（C1）、（C2）和（C3），$\lim\limits_{n\to\infty}\beta_n{=}0$

（Ⅱ）$\delta_n{\subset}[0,a),a{\in}(0,1),(n{\geqslant}0)$

（Ⅲ）$\{r_n\}$ 满足 C5 且 $\lim\limits_{n\to\infty}r_n{=}r，(r{>}0)$

（Ⅳ）$\sum\limits_{n=0}^{\infty}|\beta_{n+1}{-}\beta_n|{<}\infty$，$\sum\limits_{n=0}^{\infty}|\gamma_{n+1}{-}\gamma_n|{<}\infty$，$\sum\limits_{n=0}^{\infty}|\delta_{n+1}{-}\delta_n|{<}\infty$

对任意的 $x_0{\in}C$，$\{x_n\}$ 由如下定义

$$\begin{cases}y_n{=}\alpha_nf(x_n){+}\beta_nx_n{+}\gamma_nS_{r_n}x_n\\x_{n+1}{=}(1{-}\delta_n)y_n{+}\delta_nS_{r_n}y_n\end{cases}\quad(*)$$

那么，$\{x_n\}$ 强收敛到 $q{\in}\bigcap\limits_{i=1}^{l}N(A_i)$，其中 q 是如下变分不等式的唯一解

$$[(I{-}f)q,J(q{-}p)]{\leqslant}0,p{\in}\bigcap\limits_{i=1}^{l}N(A_i)$$

证明　首先我们分别用压缩映象 f 和非扩张映象 S_r 代替引理 5.19 中的连续严格伪压缩映象 A 和满足弱内向条件的连续伪压缩映象 T，那么存在变分不等式 $[(I{-}f)q,J(q{-}p)]{\leqslant}0,p{\in}\bigcap\limits_{i=1}^{l}N(A_i)$ 的唯一解 q，且 $q{=}\lim\limits_{t\to0}x_t$，其中 x_t 是由 $x_t{=}tf(x_t){+}(1{-}t)S_rx_t$ 定义，$r{>}0$，$0{<}t{<}1$。

令 $F{=}F(S_{r_n})$。由引理 5.19，我们有 $F{=}\bigcap\limits_{i=1}^{l}N(A_i){\neq}\varnothing$。对任意的 $p{\in}F$，我们得到

$$\| y_n - p \| = \| \alpha_n f(x_n) + \beta_n x_n + \gamma_n S_{r_n} x_n - p \|$$

$$\leqslant \alpha_n \| f(x_n) - p \| + \beta_n \| x_n - p \| + \gamma_n \| S_{r_n} x_n - p \|$$

$$\leqslant \alpha_n \| f(x_n) - f(p) \| + \alpha_n \| f(p) - p \| + \beta_n \| x_n - p \| + \gamma_n \| x_n - p \|$$

$$\leqslant \alpha_n k \| x_n - p \| + \alpha_n \| f(p) - p \| + (1 - \alpha_n) \| x_n - p \|$$

$$= \alpha_n \| f(p) - p \| + [1 - \alpha_n (1 - k)] \| x_n - p \|$$

和

$$\| x_{n+1} - p \| = \| (1 - \delta_n) y_n + \delta_n S_{r_n} y_n - p \|$$

$$\leqslant (1 - \delta_n) \| y_n - p \| + \delta_n \| S_{r_n} y_n - p \|$$

$$\leqslant \| y_n - p \|$$

$$\leqslant (1 - \alpha_n (1 - k)) \| x_n - p \| + \alpha_n \| f(p) - p \|$$

$$\leqslant \max\{ \| x_n - p \|, \frac{1}{1-k} \| f(p) - p \| \}$$

通过数学归纳法，我们得到

$$\| x_n - p \| \leqslant \max\{ \| x_0 - p \|, \frac{1}{1-k} \| f(p) - p \| \}, n \geqslant 0$$

因此 $\{x_n\}$ 是有界的，同理 $\{y_n\}$、$\{S_{r_n} x_n\}$、$\{S_{r_n} y_n\}$、$\{f(x_n)\}$ 也是有界的。由条件（Ⅰ）得到

$$\| y_n - S_{r_n} x_n \| = \| \alpha_n (f(x_n) - S_{r_n} x_n) + \beta_n (x_n - S_{r_n} x_n) \|$$

$$\leqslant \alpha_n \| f(x_n) - S_{r_n} x_n \| + \beta_n \| x_n - S_{r_n} x_n \| \to 0, (n \to \infty) \tag{5.60}$$

观察到

$$\| x_{n+1} - y_n \| = \delta_n \| S_{r_n} y_n - y_n \|$$

$$\leqslant \delta_n (\| S_{r_n} y_n - S_{r_n} x_n \| + \| S_{r_n} x_n - y_n \|$$

$$\leqslant a (\| y_n - x_n \| + \| S_{r_n} x_n - y_n \|$$

$$\leqslant a (\| y_n - x_{n+1} \| + \| x_{n+1} - x_n \|) + a \| S_{r_n} x_n - y_n \|$$

因此

$$\| x_{n+1} - y_n \| \leqslant \frac{a}{1-a} (\| x_{n+1} - x_n \|) + \| S_{r_n} x_n - y_n \| \tag{5.61}$$

由（＊）式，对于任意的 $n \geqslant 1$，我们有

$$y_n = \alpha_n f(x_n) + \beta_n x_n + \gamma_n S_{r_n} x_n$$

$$y_{n-1} = \alpha_{n-1} f(x_{n-1}) + \beta_{n-1} x_{n-1} + \gamma_{n-1} S_{r_{n-1}} x_{n-1}$$

然后

$$\| y_n - y_{n-1} \| = \| \alpha_n [f(x_n) - f(x_{n-1})] + (\alpha_n - \alpha_{n-1}) f(x_{n-1}) + \beta_n (x_n - x_{n-1})$$

$$+ (\beta_n - \beta_{n-1}) x_{n-1} \| + \gamma_n \| (S_{r_n} x_n - S_{r_{n-1}} x_{n-1})$$

$$+(\gamma_n-\gamma_{n-1})S_{r_{n-1}}x_{n-1}\|\leqslant ka_n\|x_n-x_{n-1}\|+|a_n-a_{n-1}|\|f(x_{n-1})\|$$
$$+\beta_n\|x_n-x_{n-1}\|+|\beta_n-\beta_{n-1}|\|x_{n-1}\|+\gamma_n\|S_{r_n}x_n-S_{r_{n-1}}x_{n-1}\|$$
$$+|\gamma_n-\gamma_{n-1}|\|S_{r_{n-1}}x_{n-1}\|\leqslant(ka_n+\beta_n)\|x_n-x_{n-1}\|$$
$$+\gamma_n\|S_{r_n}x_n-S_{r_{n-1}}x_{n-1}\|+(|a_n-a_{n-1}|+|\beta_n-\beta_{n-1}|$$
$$+|\gamma_n-\gamma_{n-1}|)L \tag{5.62}$$

其中，$L=\sup\limits_{n\geqslant1}\{\|f(x_{n-1})\|,\|x_{n-1}\|,\|S_{r_{n-1}}x_{n-1}\|\}$。通过预解恒等式，得到

$$\|J_{r_n}^i x_n-J_{r_{n-1}}^i x_{n-1}\|=\left\|J_{r_{n-1}}^i\left[\frac{r_{n-1}}{r_n}x_n+\left(1-\frac{r_{n-1}}{r_n}\right)J_{r_n}^i x_n\right]-J_{r_{n-1}}^i x_{n-1}\right\|$$

$$\leqslant\left\|\frac{r_{n-1}}{r_n}(x_n-x_{n-1})+\left(1-\frac{r_{n-1}}{r_n}\right)(J_{r_n}^i x_n-x_{n-1})\right\|$$

$$\leqslant\frac{r_{n-1}}{r_n}\|x_n-x_{n-1}\|+|r_n-r_{n-1}|L_1$$

其中，$L_1=\sup\limits_{n\geqslant1}\left\{\dfrac{\|J_{r_n}^i x_n-x_{n-1}\|}{\varepsilon}\right\}$。因为 $S_{r_n}=a_0 I+\sum\limits_{i=1}^{l}a_i J_{r_n}^i$，我们有

$$\|S_{r_n}x_n-S_{r_{n-1}}x_{n-1}\|=\left\|a_0(x_n-x_{n-1})+\sum_{i=1}^{l}a_i(J_{r_n}^i x_n-J_{r_{n-1}}^i x_{n-1})\right\|$$

$$\leqslant a_0\|x_n-x_{n-1}\|+\sum_{i=1}^{l}a_i\|J_{r_n}^i x_n-J_{r_{n-1}}^i x_{n-1}\|$$

$$\leqslant a_0\|x_n-x_{n-1}\|+(1-a_0)\frac{r_{n-1}}{r_n}\|x_n-x_{n-1}\|+(1-a_0)|r_n-r_{n-1}|L_1$$

$$=\left[\frac{r_{n-1}}{r_n}+a_0\left(1-\frac{r_{n-1}}{r_n}\right)\right]\|x_n-x_{n-1}\|+(1-a_0)|r_n-r_{n-1}|L_1 \tag{5.63}$$

联立式（5.62）和式（5.63），我们得到

$$\|y_n-y_{n-1}\|\leqslant(ka_n+\beta_n)\|x_n-x_{n-1}\|+\gamma_n$$
$$\left[\frac{r_{n-1}}{r_n}+a_0\left(1-\frac{r_{n-1}}{r_n}\right)\|x_n-x_{n-1}\|+(1-a_0)|r_n-r_{n-1}|L_1\right]$$
$$+(|a_n-a_{n-1}|+|\beta_n-\beta_{n-1}|+|\gamma_n-\gamma_{n-1}|)L$$
$$\leqslant(ka_n+\beta_n+\gamma_n)\|x_n-x_{n-1}\|+\gamma_n(1-a_0)|r_n-r_{n-1}|L_1+(|a_n-a_{n-1}|$$
$$+|\beta_n-\beta_{n-1}|+|\gamma_n-\gamma_{n-1}|)L$$
$$\leqslant(1-(1-k)a_n)\|x_n-x_{n-1}\|+(1-a_0)|r_n-r_{n-1}|L_1+(|a_n-a_{n-1}|$$
$$+|\beta_n-\beta_{n-1}|+|\gamma_n-\gamma_{n-1}|)L \tag{5.64}$$

另一方面由（＊）式我们有

$$x_{n+1}=(1-\delta_n)y_n+\delta_n S_{r_n}y_n$$
$$x_n=(1-\delta_{n-1})y_{n-1}+\delta_{n-1}S_{r_{n-1}}y_{n-1}$$

然后

$$\| x_{n+1} - x_n \| = \| (1-\delta_n)(y_n - y_{n-1}) + \delta_n(S_{r_n} y_n - S_{r_{n-1}} y_{n-1}) + (\delta_n - \delta_{n-1})$$
$$(S_{r_{n-1}} y_{n-1} - y_{n-1}) \| \leqslant (1-\delta_n) \| y_n - y_{n-1} \| + \delta_n \| S_{r_n} y_n - S_{r_{n-1}} y_{n-1} \|$$
$$+ | \delta_n - \delta_{n-1} | \| S_{r_{n-1}} y_{n-1} - y_{n-1} \|$$

$$(5.65)$$

由预解恒等式得到

$$\| J_{r_n}^i y_n - J_{r_{n-1}}^i y_{n-1} \| = \left\| J_{r_{n-1}}^i \left[\frac{r_{n-1}}{r_n} y_n + \left(1 - \frac{r_{n-1}}{r_n} \right) J_{r_n}^i y_n \right] - J_{r_{n-1}}^i y_{n-1} \right\|$$

$$\leqslant \left\| \frac{r_{n-1}}{r_n}(y_n - y_{n-1}) + \left(1 - \frac{r_{n-1}}{r_n} \right)(J_{r_n}^i y_n - y_{n-1}) \right\|$$

$$\leqslant \frac{r_{n-1}}{r_n} \| y_n - y_{n-1} \| + | r_n - r_{n-1} | L_2$$

其中，$L_2 = \sup\limits_{n \geqslant 1} \left\{ \dfrac{\| J_{r_n}^i y_n - y_{n-1} \|}{\varepsilon} \right\}$。因为 $S_{r_n} = a_0 I + \sum\limits_{i=1}^l a_i J_{r_n}^i$，我们有

$$\| S_{r_n} y_n - S_{r_{n-1}} y_{n-1} \| = \left\| a_0(y_n - y_{n-1}) + \sum_{i=1}^l a_i(J_{r_n}^i y_n - J_{r_{n-1}}^i y_{n-1}) \right\|$$

$$\leqslant a_0 \| y_n - y_{n-1} \| + \sum_{i=1}^l a_i \| J_{r_n}^i y_n - J_{r_{n-1}}^i y_{n-1} \|$$

$$\leqslant a_0 \| y_n - y_{n-1} \| + (1-a_0) \frac{r_{n-1}}{r_n} \| y_n - y_{n-1} \| + (1-a_0) | r_n - r_{n-1} | L_2$$

$$= \left[\frac{r_{n-1}}{r_n} + a_0 \left(1 - \frac{r_{n-1}}{r_n} \right) \right] \| y_n - y_{n-1} \| + (1-a_0) | r_n - r_{n-1} | L_2$$

$$\leqslant \| y_n - y_{n-1} \| + (1-a_0) | r_n - r_{n-1} | L_2$$

$$(5.66)$$

联立式（5.65）和式（5.66），我们得到

$$\| x_{n+1} - x_n \| \leqslant (1-\delta_n) \| y_n - y_{n-1} \| + \delta_n \| y_n - y_{n-1} \| + \delta_n(1-a_0) | r_n - r_{n-1} | L_2$$
$$+ | \delta_n - \delta_{n-1} | \| S_{r_{n-1}} y_{n-1} - y_{n-1} \|$$

$$= \| y_n - y_{n-1} \| + \delta_n(1-a_0) \left| 1 - \frac{r_{n-1}}{r_n} \right| L_2 + | \delta_n - \delta_{n-1} | \| S_{r_{n-1}} y_{n-1} - y_{n-1} \|$$

$$\leqslant (1-(1-k)\alpha_n) \| x_n - x_{n-1} \| + (1-a_0) | r_n - r_{n-1} | (L_1 + aL_2) + (| \alpha_n - \alpha_{n-1} |$$
$$+ | \beta_n - \beta_{n-1} | + | \gamma_n - \gamma_{n-1} |) L$$
$$+ | \delta_n - \delta_{n-1} | \| S_{r_{n-1}} y_{n-1} - y_{n-1} \|$$

$$\leqslant [1-(1-k)\alpha_n] \| x_n - x_{n-1} \| + (1-a_0) | r_n - r_{n-1} | (L_1 + aL_2) + | \alpha_n - \alpha_{n-1} | M$$
$$+ (| \beta_n - \beta_{n-1} | + | \gamma_n - \gamma_{n-1} |$$
$$+ | \delta_n - \delta_{n-1} |) M$$

其中 $M = \sup\limits_{n \geq 1} \{L, \| S_{r_{n-1}} y_{n-1} - y_{n-1} \| \}$。令 $\lambda_n = (1-k)\alpha_n, \lambda_n \xi_n = |\alpha_n - \alpha_{n-1}| M$，

$\mu_n = (1-a_0) |r_n - r_{n-1}| (L_1 + aL_2) + (|\beta_n - \beta_{n-1}| + |\gamma_n - \gamma_{n-1}| + |\delta_n - \delta_{n-1}|) M$。

由条件（Ⅰ）（Ⅲ）（Ⅳ）和引理 5.16，我们得到

$$\lim_{n \to \infty} \| x_{n+1} - x_n \| = 0 \tag{5.67}$$

然后由式（5.60）、式（5.61）和式（5.67），得到 $\lim\limits_{n \to \infty} \| x_{n+1} - y_n \| = 0$，

所以

$$\| x_n - y_n \| \leq \| x_n - x_{n+1} \| + \| x_{n+1} - y_n \| \to 0, (n \to \infty) \tag{5.68}$$

由式（5.60）、式（5.68）得到

$$\| x_n - S_{r_n} x_n \| \leq \| x_n - y_n \| + \| y_n - S_{r_n} x_n \| \to 0, (n \to \infty)$$

通过预解恒等式和 $S_{r_n} = a_0 I + \sum\limits_{i=1}^{l} a_i J_{r_n}^i$ 以及 $\lim\limits_{n \to \infty} r_n = r$，我们得到

$$\| S_{r_n} x_n - S_r x_n \| = \| \sum_{i=1}^{l} a_i (J_{r_n}^i x_n - J_r^i x_n) \|$$

$$\leq \sum_{i=1}^{l} a_i \| J_r^i (\frac{r}{r_n} x_n + (1 - \frac{r}{r_n}) J_{r_n}^i x_n) - J_r^i x_n \|$$

$$\leq \sum_{i=1}^{l} a_i \left| 1 - \frac{r}{r_n} \right| \| x_n - J_{r_n}^i x_n \|$$

$$\leq (1-a_0) \left| 1 - \frac{r}{r_n} \right| L_3 \to 0, (n \to \infty)$$

其中，$L_3 = \sup\limits_{n \geq 0} \{ \| J_{r_n}^i x_n - x_n \| \}$。因此，我们得到

$$\| x_n - S_r x_n \| \leq \| x_n - S_{r_n} x_n \| + \| S_{r_n} x_n - S_r x_n \| \to 0, (n \to \infty)$$

然后得到

$$\| y_n - S_r y_n \| \leq \| y_n - S_{r_n} x_n \| + \| S_{r_n} x_n - S_r x_n \| + \| S_r x_n - S_r y_n \|$$

$$\leq \| y_n - S_{r_n} x_n \| + \| S_{r_n} x_n - S_r x_n \| + \| x_n - y_n \| \to 0, (n \to \infty) \tag{5.69}$$

由引理 5.19 可知，x_t 是方程 $x_t = tf(x_t) + (1-t)S_r x_t$ 的唯一解且 $\lim\limits_{t \to 0} x_t = q$。

令

$$a(t) = (1-t)^2 \| S_r y_n - y_n \| (2 \| x_t - y_n \| + \| S_r y_n - y_n \|)$$

由式（5.69）和 $\{y_n\}$ 和 $\{x_t\}$ 是有界的，我们得到 $\lim\limits_{t \to \infty} a(t) = 0$。又由引理 5.15，我们有

$$\| x_t - y_n \|^2 = \| (1-t)(S_r x_t - y_n) + t(f(x_t) - y_n) \|^2$$

$$\leq (1-t)^2 \| S_r x_t - y_n \|^2 + 2t[f(x_t) - y_n, J(x_t - y_n)]$$

$$\leq (1-t)^2 (\| S_r x_t - S_r y_n \| + \| S_r y_n - y_n \|)^2 + 2t \| x_t - y_n \|^2$$

$$+ 2t[f(x_t) - y_n, J(x_t - y_n)]$$

$$\leq (1-t)^2 \| x_t - y_n \|^2 + a(t) + 2t \| x_t - y_n \|^2 + 2t[f(x_t) - y_n,$$

$$J(x_t - y_n)]$$
$$= (1+t)^2 \parallel x_t - y_n \parallel^2 + a(t) + 2t \parallel x_t - y_n \parallel^2 + 2t[f(x_t) - y_n,$$
$$J(x_t - y_n)]$$

因此得到

$$[(I-f)x_t, J(x_t - y_n)] \leqslant \frac{t}{2} \parallel x_t - y_n \parallel^2 + \frac{a(t)}{2t}$$

由上可得

$$\limsup_{n \to \infty}[(I-f)x_t, J(x_t - y_n)] \leqslant \frac{t}{2} M_1 \tag{5.70}$$

其中，$M_1 \geqslant \parallel x_t - y_n \parallel^2, n \geqslant 0$。在式（5.70）中，我们令 $t \to 0$，同时注意到 J 在 E 中每一个有界子集上是范数弱*一致连续的，所以得到

$$\limsup_{n \to \infty}[(I-f)q, J(q - y_n)] \leqslant 0 \tag{5.71}$$

由引理 5.15 得到

$$\parallel x_{n+1} - q \parallel^2 \leqslant \parallel y_n - q \parallel^2$$
$$= \parallel \alpha_n(f(x_n) - q) + \beta_n(x_n - q) + \gamma_n(S_{r_n} x_n - q) \parallel^2$$
$$\leqslant \parallel \beta_n(x_n - q) + \gamma_n(S_{r_n} x_n - q) \parallel^2 + 2\alpha_n[f(x_n) - q, J(x_{n+1} - q)]$$
$$\leqslant (1 - \alpha_n)^2 \parallel x_n - q \parallel^2 + 2\alpha_n[f(x_n) - q, J(x_{n+1} - q)] + 2\alpha_n[f(q)$$
$$- q, J(x_{n+1} - q)]$$
$$\leqslant (1 - \alpha_n)^2 \parallel x_n - q \parallel^2 + 2k\alpha_n \parallel x_n - q \parallel \parallel x_{n+1} - q \parallel$$
$$+ 2\alpha_n[f(q) - q, J(x_{n+1} - q)]$$
$$\leqslant (1 - \alpha_n)^2 \parallel x_n - q \parallel^2 + 2k\alpha_n \parallel x_n - q \parallel^2 + 2k\alpha_n \parallel x_n - q \parallel \parallel x_n$$
$$- x_{n+1} \parallel + 2\alpha_n[f(q) - q, J(x_{n+1} - q)] \leqslant (1 - 2(1-k)\alpha_n) \parallel x_n - q \parallel^2$$
$$+ \alpha_n^2 M_2^2 + 2k\alpha_n M_2 \parallel x_n - x_{n+1} \parallel + 2\alpha_n[f(q) - q, J(x_{n+1} - q)]$$

其中，$M_2 = \sup_{n \geqslant 0}\{ \parallel x_n - q \parallel \}$。令 $\lambda_n = 2(1-k)\alpha_n, \mu_n = 0$ 和

$$\xi_n = \frac{\alpha_n M_2^2}{2(1-k)} + \frac{kM_2}{1-k} \parallel x_n - x_{n+1} \parallel + \frac{1}{1-k}[f(q) - q, J(x_{n+1} - q)]$$

根据条件（I）、式（5.67）和式（5.71），我们得到 $\sum_{n=1}^{\infty} \lambda_n = \infty$ 和 $\limsup_{n \to \infty} \xi_n \leqslant 0$。再由引理 5.16，我们得到 $\lim_{n \to \infty} \parallel x_n - q \parallel = 0$。定理得证。

5.4　关于多值映象公共不动点的强收敛定理

5.4.1　引言

Banach 不动点定理（Banach 压缩映象定理或者 Banach 压缩映象原理）是度

量空间中的一个重要理论工具。它保证度量空间中一定自映象不动点的存在性和唯一性，同时也提供了一种寻找这些映象不动点的新方法。

1969 年，Nadler 把 Banach 不动点定理中的单值映象推广到集值压缩映象。在介绍这个重要定理之前，我们首先引入一些符号。

令 X 是一 Banach 空间，D 是 X 的非空子集。对于每一 $x \in X$，存在 $y \in D$ 使得 $\|x-y\| = d(x, D)$，其中 $d(x,D) = \inf\{\|x-z\| : z \in D\}$，那么 D 是可最佳逼近集。令 $CB(D)$、$P(D)$ 分别表示 D 的非空有界闭子集族和非空有界临近子集。

对任意的 A，$B \in CB(D)$，那么 $CB(D)$ 上的 Hausdorff 度量定义如下
$$H(A,B) = \max\left\{\sup_{x \in A} d(x,B), \sup_{y \in B} d(y,A)\right\}$$

令 (X, d) 是一完备度量空间，一个元素 $x \in X$ 被称为是 $T: X \to CB(X)$ 和 $f: X \to X$ 的重合点，如果 $fx \in Tx$。$C(f,T) = \{x \in X : fx \in Tx\}$ 表示 T 和 f 的重合点集。

映象 $T: X \to CB(X)$ 和 $f: X \to X$ 是弱相容的，如果它们在它们的重合点处交换，也就是，当 $fx \in Tx$ 时 $fTx = Tfx$。

令 $T: X \to CB(X)$ 是一多值映象和 $f: X \to X$ 是一单值映象。如果 $ffx \in Tfx$，那么映象 f 被称为是 T-弱交换的 $(x \in X)$。

一个元素 $x \in X$ 是 T，$S: X \to CB(X)$ 和 $f: X \to X$ 的公共不动点，如果 $x = fx \in Tx \cap Sx$。

例 5.1　考虑 $X = [0, +\infty)$ 对于每一 $x, y \in X$ 具有度量 $d(x,y) = |x-y|$。定义 $T: X \to CB(X)$ 和 $f: X \to X$ 如下
$$fx = \begin{cases} 0, x \in [0,1) \\ 2x, x \in [1, +\infty) \end{cases}, Tx = \begin{cases} \{x\}, x \in [0,1) \\ [1, 1+2x], x \in [1, +\infty) \end{cases}$$
我们有

（I）$f1 = 2 \in [1,3] = T1$，也就是，$x = 1$ 是 f 和 T 的一个重合点。

（II）$fT1 = [2,6] \neq [1,5] = Tf1$，也就是，$f$ 和 T 不是弱相容映象。

（III）$ff1 = 4 \in [1,5] = Tf1$，也就是，f 是在 1 处是 T-弱交换的。

一个单值映象 $T: D \to D$ 被称为是非扩张的，如果对于 $x,y \in D$ 有 $\|Tx - Ty\| \leqslant \|x-y\|$。一个单值映象 $T: D \to D$ 被称为是压缩的，如果对于 $x, y \in D$ 和 $\alpha \in [0, 1)$ 有 $\|Tx - Ty\| \leqslant \alpha \|x-y\|$。

一个多值映象 $T: D \to CB(D)$ 被称为是非扩张的，如果对于 $x, y \in D$ 有 $H(Tx,Ty) \leqslant \|x-y\|$。一个元素 $p \in D$ 被称为是 $T: D \to D$ 或者 $T: D \to CB(D)$ 的不动点，如果 $p = Tp$ 或者 $p \in Tp$。令 $F(T)$ 表示 T 的不动点集。

一个多值映象 $T: D \to CB(D)$ 被称为是拟非扩张的，如果对于 $x \in D$，$p \in F$

(T) 且 $F(T)\neq\varnothing$ 有 $H(Tx,Tp)\leqslant\|x-p\|$。众所周知，每一个不动点集非空的非扩张多值映象是拟非扩张的，但是拟非扩张映象可能不是非扩张的。

例 5.2 令 $K=R$ 具有通常度量，$T:K\to K$ 定义如下

$$T(x)=\begin{cases}0,(x\leqslant1)\\\left[x-\dfrac{3}{4},x-\dfrac{1}{3}\right],(x>1)\end{cases}$$

那么，$F(T)=\{0\}$ 和 $H(Tx,T0)\leqslant\|x-0\|=|x-0|$。因此，$T$ 是拟非扩张映象。同时如果 $x=2$，$y=1$，我们有 $H(Tx,Ty)>|x-y|=1$，因此 T 不是非扩张的。

一个多值映象 $T:D\to CB(D)$ 被称为是半紧的，如果对任意的 D 中序列 $\{x_n\}$ 满足 $d(x_n,Tx_n)\to0$，$n\to\infty$，那么存在 $\{x_n\}$ 的子序列 $\{x_{n_k}\}$ 使得 $x_{n_k}\to p\in D$。如果 D 是紧的，那么每一个多值映象 $T:D\to CB(D)$ 都是半紧的。$T:D\to CB(D)$ 被称为满足条件（I），如果有一个非减函数 $f:[0,\infty)\to[0,\infty)$ 满足 $f(0)=0,f(r)>0,r\in(0,\infty)$，使得 $d(x,Tx)\geqslant f[d(x,F(T)],\forall x\in D$。

两个多值映象 S，$T:D\to CB(D)$ 被称为是满足条件（Ⅱ），如果有一个非减函数 $f:[0,\infty)\to[0,\infty)$ 满足 $f(0)=0,f(r)>0,r\in(0,\infty)$，使得对 $\forall x\in D$ 有

$$d(x,Sx)\geqslant f\{d[x,F(S)\bigcap F(T)]\}\text{ 或者 }d(x,Tx)\geqslant f\{d[x,F(S)\bigcap F(T)]\}$$

令 $T:D\to D$ 是一个单值映象，Mann 迭代格式如下

$$x_{n+1}=\alpha_n Tx_n+(1-\alpha_n)x_n,(\forall n\geqslant0)$$

其中，$\alpha_n\in[0,1]$ 满足一定条件。Ishikawa 迭代格式如下

$$\begin{cases}y_n=\beta_n Tx_n+(1-\beta_n)x_n\\x_{n+1}=\alpha_n Ty_n+(1-\alpha_n)x_n\end{cases},(\forall n\geqslant0)$$

其中，α_n，$\beta_n\in[0,1]$ 满足一定条件。许多学者曾利用 Mann 迭代格式和 Ishikawa 迭代格式研究非扩张单值映象不动点的迭代逼近。然而，Mann 迭代格式一般情况下只能得到弱收敛。

1969 年，Nadler 证明了如下的多值映象的不动点定理。

定理 5.10 令 (X,d) 是一完备度量空间，$T:X\to CB(X)$ 是多值映象且满足对于任意的 x，$y\in X$，$q\in[0,1)$ 有 $H(Tx,Ty)\leqslant qd(x,y)$，那么 T 有不动点。

2010 年，Gordji 等人推广了 Nadler 的定理，证明了如下结论。

定理 5.11 令 (X,d) 是一完备度量空间，$T:X\to CB(X)$ 是多值映象且满足

$$H(Tx,Ty)\leqslant\alpha d(x,y)+\beta[D(x,Tx)+D(y,Ty)]+\gamma[D(x,Ty)+D(y,Tx)]$$

其中，x，$y\in X$，α，β，$\gamma\geqslant0$，$\alpha+2\beta+2\gamma<1$。那么 T 有不动点。

2012 年，B. Damjanovi'等人得到了在完备度量空间中两对多值映象和单值映象的公共不动点，同时推广了 Gordji 等人的结论。

定理 5.12　令 (X, d) 是一完备度量空间，T，S：$X \rightarrow CB(X)$ 是一对多值映象，f，g：$X \rightarrow X$ 是一对单值映象。假设对于任意的 x，$y \in X$，α，β，$\gamma \geqslant 0$，$0 < \alpha + 2\beta + 2\gamma < 1$，有

$$H(Sx, Ty) \leqslant \alpha d(fx, gy) + \beta [D(fx, Sx) + D(gy, Ty)]$$
$$+ \gamma [D(x, Ty) + D(y, Tx)]$$

同时假设

（Ⅰ）$SX \subseteq gX$，$TX \subseteq fX$；（Ⅱ）$f(X)$ 和 $g(X)$ 是闭集。

那么，存在 X 中的两点 u 和 w 使得 $fu \in Su$，$gw \in Tw$，$fu = gw$ 和 $Su = Tw$。

定理 5.13　令 (X, d) 是一完备度量空间，T，S：$X \rightarrow CB(X)$ 是一对多值映象，f：$X \rightarrow X$ 是一单值映象，满足对于任意的 x，$y \in X$ 有

$$H(Sx, Ty) \leqslant \alpha d(fx, fy) + \beta [D(fx, Sx) + D(fy, Ty)] +$$
$$\gamma [D(fx, Ty) + D(fy, Sx)]$$

其中，α，β，$\gamma \geqslant 0$，$0 < \alpha + 2\beta + 2\gamma < 1$。如果 fX 是 X 的闭子集且 $TX \cup SX \subseteq fX$，那么 f、T 和 S 在 X 中是重合的。同时如果 f 在每一个 $z \in C(f, T)$ 是 T-弱交换的和 S-弱交换的，且 $ffz = fz$，那么 f、T 和 S 在 X 中有一个公共不动点。

2005 年，Sastry 和 Babu 把非扩张多值映象引入到 Mann 迭代格式中。令 T：$D \rightarrow P(D)$ 是一多值映象，固定 $p \in F(T)$，$x_0 \in D$，Mann 迭代产生的序列 $\{x_n\}$ 如下

$$x_{n+1} = \alpha_n y_n + (1 - \alpha_n) x_n, \alpha_n \in [0, 1], (n \geqslant 0)$$

其中，$y_n \in Tx_n$ 满足 $\| y_n - p \| = d(p, Tx_n)$。他们证明了在满足一定条件下，$\{x_n\}$ 强收敛到 T 的一个不动点 q。同时他们也说明了不动点 q 可能不同于不动点 p。

2007 年，Panyanak 改进了 Sastry 和 Babu 的迭代格式。令 T：$D \rightarrow P(D)$ 是一多值映象且 $F(T)$ 是 D 中的非空临近子集，$x_0 \in D$，改进 Mann 迭代格式如下

$$x_{n+1} = \alpha_n y_n + (1 - \alpha_n) x_n, \alpha_n \in [a, b], (n \geqslant 0)$$

其中，a，$b \in (0, 1)$，$y_n \in Tx_n$ 满足 $\| y_n - u_n \| = d(u_n, Tx_n)$，$u_n \in F(T)$ 满足 $\| x_n - u_n \| = d[x_n, F(T)]$。

定理 5.14　令 E 是一致凸 Banach 空间，D 是 E 的非空有界闭凸子集，T：$D \rightarrow P(D)$ 是非扩张多值映象且满足条件（A）。假设（Ⅰ）$0 \leqslant \alpha_n < 1$ 和（Ⅱ）$\sum\limits_{n=1}^{\infty} \alpha_n = \infty$，$F(T)$ 是 D 的非空临近子集。那么由上式迭代产生的序列 $\{x_n\}$ 收敛

到 T 的一个不动点。

2009 年，Shahzad 和 Zegeye 把 Panyanak、Sastry、Babu、Song 和 Wang 的结论推广到拟非扩张多值映象，同时减弱了 T 定义域紧性的条件，在此基础上构造了一个新的迭代格式，并去掉了对 T 的限制，即对任意的 $p \in F(T)$，有 $Tp = \{p\}$。新的迭代格式如下。

令 D 是 Banach 空间 E 的一个非空凸子集，$T：D \rightarrow CB(D)$ 和 α_n，$\alpha'_n \in [0, 1]$

（A）$x_0 \in D$，Ishikawa 迭代格式为

$$y_n = \alpha'_n z'_n + (1 - \alpha'_n) x_n$$
$$x_{n+1} = \alpha_n z_n + (1 - \alpha_n) x_n, (n \geqslant 0)$$

其中，$z'_n \in Tx_n$ 和 $z_n \in Ty_n$。

（B）$T：D \rightarrow P(D)$，$P_T x = \{y \in Tx：\| x - y \| = \mathrm{d}(x, Tx)\}$，$x_0 \in D$，Ishikawa 迭代格式为

$$y_n = \alpha'_n z'_n + (1 - \alpha'_n) x_n$$
$$x_{n+1} = \alpha_n z_n + (1 - \alpha_n) x_n, (n \geqslant 0)$$

其中，$z'_n \in P_T x_n$ 和 $z_n \in P_T y_n$。

众所周知，压缩映象是非扩张映象。近些年，许多学者证明了关于多值压缩映象的不动点定理。

2011 年，Cholamjiak 和 Suantai 在 Banach 空间下，提出了一种新的两步迭代格式关于寻找两个拟非扩张多值映象的公共不动点，同时证明了强收敛定理。

定理 5.15 E 是一致凸 Banach 空间，D 是 E 的非空闭凸子集，T_1 是一拟非扩张多值映象，T_2 是从 D 到 $CB(D)$ 的拟非扩张和 L-Lipschitz 多值映象，$F(T_1) \bigcap F(T_2) \neq \varnothing$，$T_1 p = \{p\} = T_2 p$，$p \in F(T_1) \bigcap F(T_2)$。假设：

（Ⅰ）T_1 和 T_2 满足条件：存在非减函数 $f：[0, \infty) \rightarrow [0, \infty)$，对于 $r \in (0, \infty)$，有 $f(0) = 0, f(r) > 0$，则 f 满足

$$d(x, T_1 x) \geqslant f\{d[x, F(T_1) \bigcap F(T_2)]\} \text{或者}$$
$$d(x, T_2 x) \geqslant f\{d[x, F(T_1) \bigcap F(T_2)]\}, (\forall x \in D)$$

（Ⅱ）$\sum_{n=1}^{\infty}(1 - \alpha_n - \beta_n) < \infty$ 和 $\sum_{n=1}^{\infty}(1 - \alpha'_n - \beta'_n) < \infty$

（Ⅲ）$0 < l \leqslant \alpha_n$，$\alpha'_n \leqslant k < 1$

$\{x_n\}$ 由如下迭代产生

$$y_n = \alpha'_n z'_n + \beta'_n x_n + (1 - \alpha'_n - \beta'_n) u_n$$
$$x_{n+1} = \alpha_n z_n + \beta_n y_n + (1 - \alpha_n - \beta_n) v_n$$

其中，$z'_n \in T_1 x_n$，$z_n \in T_2 y_n$，α_n，β_n，α'_n，$\beta'_n \in [0, 1]$ 和 $\{u_n\}$、$\{v_n\}$ 是 D 中的有界序列。那么 $\{x_n\}$ 强收敛到 $F(T_1) \bigcap F(T_2)$ 的一个元素。

定理 5.16　E 是一致凸 Banach 空间，D 是 E 中的非空闭凸子集。T_1 和 T_2 是从 D 到 $P(D)$ 的两个多值映象，$F(T_1)\bigcap F(T_2)\neq\varnothing$，$P_{T_1}$ 和 P_{T_2} 是非扩张的。假设

（1）T_1 和 T_2 满足条件（Ⅱ）（含义见例 5.2）

（2）$\sum\limits_{n=1}^{\infty}(1-\alpha_n-\beta_n)<\infty$ 和 $\sum\limits_{n=1}^{\infty}(1-\alpha'_n-\beta'_n)<\infty$

（3）$0<l\leqslant\alpha_n,\ \alpha'_n\leqslant k<1$

序列 $\{x_n\}$ 由如下迭代产生

$$y_n=\alpha'_n z'_n+\beta'_n x_n+(1-\alpha'_n-\beta'_n)u_n$$
$$x_{n+1}=\alpha_n z_n+\beta_n y_n+(1-\alpha_n-\beta_n)v_n$$

强收敛到 $F(T_1)\bigcap F(T_2)$ 的一个元素。

作者受到 Sastry、Babu、Panyanak、Shahzad 和 Zegeye 的启发，提出一种新的迭代方法，并得到了强收敛定理。作者改进和推广了他们的结论。

5.4.2　主要结论

D 是 Banach 空间 X 的非空凸子集，$\alpha_n,\ \beta_n\in[0,1]$，$x_0\in D$，序列 $\{x_n\}$ 由如下 Ishikawa 迭代格式产生

$$\begin{cases}y_n=\beta_n x_n+(1-\beta_n)z_n\\x_{n+1}=\alpha_n f(x_n)+(1-\alpha_n)y_n\end{cases},(\forall n\geqslant 0)\qquad(5.72)$$

其中，$z_n\in T(x_n)$ 和 f 是 D 上的压缩映象。

引理 5.20　$\{x_n\}$ 和 $\{y_n\}$ 是 Banach 空间 X 的有界序列，$\{\beta_n\}$ 是 $[0,1]$ 中的数列且满足 $0<\liminf\limits_{n\to\infty}\beta_n\leqslant\limsup\limits_{n\to\infty}\beta_n<1$。如果对于所有的 $n\geqslant 0$，$x_{n+1}=\beta_n x_n+(1-\beta_n)y_n$ 和 $\limsup\limits_{n\to\infty}(\|y_{n+1}-y_n\|-\|x_{n+1}-x_n\|)\leqslant 0$，那么 $\lim\limits_{n\to\infty}\|y_n-x_n\|=0$。

定理 5.17　X 是一致凸 Banach 空间，D 是 X 的非空闭凸子集，$T:D\to CB(D)$ 是拟非扩张多值映象且 $F(T)\neq\varnothing$ 和对于每一 $p\in F(T)$ 有 $T_p=\{p\}$，序列 $\{x_n\}$ 由式（5.72）迭代产生。假设 T 满足条件（I）和 $\alpha_n,\ \beta_n\in(0,1)$ 满足

（Ⅰ）$\lim\limits_{n\to\infty}\alpha_n=0$，（Ⅱ）$0<\liminf\limits_{n\to\infty}\beta_n\leqslant\limsup\limits_{n\to\infty}\beta_n<1$。

那么，$\{x_n\}$ 强收敛到 T 的一个不动点。

证明　$p\in F(T)$，通过式（5.72），我们得到

$$\begin{aligned}\|y_n-p\|&=\|\beta_n x_n+(1-\beta_n)z_n-p\|\\&\leqslant\beta_n\|x_n-p\|+(1-\beta_n)\|z_n-p\|\\&=\beta_n\|x_n-p\|+(1-\beta_n)d(z_n,Tp)\\&\leqslant\beta_n\|x_n-p\|+(1-\beta_n)H(Tx_n,Tp)\end{aligned}$$

$$\leqslant \beta_n \| x_n - p \| + (1 - \beta_n) \| x_n - p \|$$
$$= \| x_n - p \|$$

和

$$\| x_{n+1} - p \| = \| \alpha_n f(x_n) + (1 - \alpha_n) y_n - p \|$$
$$\leqslant \alpha_n \| f(x_n) - p \| + (1 - \alpha_n) \| y_n - p \|$$
$$\leqslant \alpha_n \| f(x_n) - f(p) \| + \alpha_n \| f(p) - p \| + (1 - \alpha_n) \| x_n - p \|$$
$$\leqslant \alpha \alpha_n \| x_n - p \| + \alpha_n \| f(p) - p \| + (1 - \alpha_n) \| x_n - p \|$$
$$= [1 - (1 - \alpha)\alpha_n] \| x_n - p \| + \alpha_n \| f(p) - p \| \qquad (5.73)$$

通过数学归纳法，得到

$$\| x_n - p \| \leqslant \max \left\{ \| x_0 - p \|, \frac{\| f(p) - p \|}{1 - \alpha} \right\}, (\forall n \geqslant 1)$$

这说明 $\{x_n\}$ 是有界的，同理 $\{y_n\}$ 也是有界的。

下一步我们证明

$$\lim_{n \to \infty} \| x_{n+1} - x_n \| = 0 \qquad (5.74)$$

令 $l_n = \dfrac{x_{n+1} - \beta_n x_n}{1 - \beta_n}$，然后我们有

$$x_{n+1} = \beta_n x_n + (1 - \beta_n) l_n, (\forall n \geqslant 0) \qquad (5.75)$$

观察到

$$l_{n+1} - l_n = \frac{\alpha_{n+1} f(x_{n+1}) + (1 - \alpha_{n+1}) y_{n+1} - \beta_{n+1} x_{n+1}}{1 - \beta_{n+1}} - \frac{\alpha_n f(x_n) + (1 - \alpha_n) y_n - \beta_n x_n}{1 - \beta_n}$$
$$= \frac{\alpha_{n+1}(f(x_{n+1}) - y_{n+1})}{1 - \beta_{n+1}} - \frac{\alpha_n(f(x_n) - y_n)}{1 - \beta_n} + z_{n+1} - z_n$$

我们得到 $\| l_{n+1} - l_n \| \leqslant \dfrac{\alpha_{n+1}}{1 - \beta_{n+1}} \| f(x_{n+1}) - y_{n+1} \| + \dfrac{\alpha_n}{1 - \beta_n} \| f(x_n) - y_n \| +$
$\| z_{n+1} - z_n \|$。同时我们也得到 $\| z_{n+1} - z_n \| \leqslant H(Tx_{n+1}, Tx_n) \leqslant \| x_{n+1} - x_n \|$
所以

$$\| l_{n+1} - l_n \| - \| x_{n+1} - x_n \| \leqslant \frac{\alpha_{n+1}}{1 - \beta_{n+1}} \| f(x_{n+1}) - y_{n+1} \| + \frac{\alpha_n}{1 - \beta_n} \| f(x_n) - y_n \|$$

由条件（Ⅰ）和（Ⅱ）得到 $\limsup\limits_{n \to \infty} (\| l_{n+1} - l_n \| - \| x_{n+1} - x_n \|) \leqslant 0$。由引理 5.20，得到 $\lim\limits_{n \to \infty} \| l_n - x_n \| = 0$。由式（5.75）得到 $x_{n+1} - x_n = (1 - \beta_n)(l_n - x_n)$。因此式（5.74）式成立。又由 $x_{n+1} - y_n = \alpha_n [f(x_n) - y_n]$ 和条件（Ⅰ）得到 $\lim\limits_{n \to \infty} \| y_n - x_{n+1} \| = 0$。另一方面，我们有 $\| y_n - x_n \| \leqslant \| x_n - x_{n+1} \| + \| x_{n+1} - y_n \|$，所以 $\lim\limits_{n \to \infty} \| y_n - x_n \| = 0$。又由 $y_n - x_n = (1 - \beta_n)(z_n - x_n)$ 和条件（Ⅱ）得到 $\lim\limits_{n \to \infty} \| z_n - x_n \| = 0$ 和 $d(x_n, Tx_n) \leqslant \| x_n - z_n \| \to 0$，$n \to \infty$。因为 T 满足条件（Ⅰ），所以 $\lim\limits_{n \to \infty} d[x_n, F(T)] = 0$。这样存在 $\{x_n\}$ 的一个子列 $\{x_{n_k}\}$ 满足对于

$\{p_k\} \subset F(T)$，有 $\|x_{n_k}-p_k\| \leqslant \dfrac{1}{2^k}$。由式 (5.73) 我们有

$$\|x_{n+1}-p\| \leqslant \|x_n-p\| + \alpha_n \|f(p)-p\| \tag{5.76}$$

因为 $\lim\limits_{n \to \infty} \alpha_n = 0$，所以存在 $K \in N$ 使得对于所有的 $k \geqslant K$ 有 $\alpha_{n_k} \leqslant$
$\dfrac{1}{2^k \|f(p)-p\|}$。由式 (5.76) 我们得到对于所有的 $k \geqslant K$，$\|x_{n_{k+1}}-p_k\| \leqslant \|x_{n_k}-$
$p_k\| + \alpha_{n_k} \|f(p)-p\| < \dfrac{1}{2^{k-1}}$，因此对所有的 k，$m \geqslant K$，$\|x_{n_{k+m}}-p_k\| < \dfrac{1}{2^{k-1}}$。
现在我们证明 $\{p_k\}$ 是一个柯西列。对于所有的 k，$m \geqslant K$，我们有

$$\|p_{k+m}-p_k\| \leqslant \|p_{k+m}-x_{n_{k+m}}\| + \|x_{n_{k+m}}-p_k\| < \dfrac{1}{2^{k-1}} + \dfrac{1}{2^{k+m}} < \dfrac{1}{2^{k-1}}$$

这说明 $\{p_k\}$ 是一个柯西列而且强收敛到 $q \in D$。由于 $d(p_k, Tq) \leqslant H(Tp_k,$
$Tq) \leqslant \|q-p_k\|$ 和当 $k \to \infty$ 时 $p_k \to q$，所以 $d(q, Tq) = 0$。这样 $q \in F(T)$ 并且
$\{x_{n_k}\}$ 强收敛到 q。如果 $\{x_{m_k}\}$ 是 $\{x_n\}$ 的另一个子列并且强收敛到 q^*，那么
$q^* \in F(T)$。由于 $Tp = \{p\}$，所以 $q^* = q$，因此 $\{x_n\}$ 强收敛到 q。证毕。

推论 5.2　X 是一致凸 Banach 空间，D 是 X 的非空闭凸子集，$T：D \to CB$
(D) 是拟非扩张多值映象且 $F(T) \neq \varnothing$ 和对于每一 $p \in F(T)$ 有 $T_p = \{p\}$，序列
$\{x_n\}$ 由式 (5.72) 式迭代产生。假设 T 是半紧和连续的，α_n，$\beta_n \in (0, 1)$ 满足
(i) $\lim\limits_{n \to \infty} \alpha_n = 0$，(ii) $0 < \liminf\limits_{n \to \infty} \beta_n \leqslant \limsup\limits_{n \to \infty} \beta_n < 1$。

那么，$\{x_n\}$ 强收敛到 T 的一个不动点。

证明　显然每一个不动点集非空的非扩张多值映象 T 是拟非扩张的。所以
令 $q \in F(T)$，这样根据式 (5.72) 我们得到

$$\begin{aligned}
\|x_{n+1}-q\| &= \|\alpha_n f(x_n) + (1-\alpha_n)y_n - q\| \\
&\leqslant \alpha_n \|f(x_n)-q\| + (1-\alpha_n)\|y_n-q\| \\
&\leqslant \alpha_n \|f(x_n)-f(q)\| + \alpha_n\|f(q)-q\| + (1-\alpha_n)\|x_n-q\| \\
&\leqslant \alpha \alpha_n \|x_n-q\| + \alpha_n\|f(q)-q\| + (1-\alpha_n)\|x_n-q\| \\
&= [1-(1-\alpha)\alpha_n]\|x_n-q\| + \alpha_n\|f(q)-q\| \tag{5.77}
\end{aligned}$$

和

$$\begin{aligned}
\|y_n-q\| &= \|\beta_n x_n + (1-\beta_n)z_n - q\| \\
&\leqslant \beta_n\|x_n-q\| + (1-\beta_n)\|z_n-q\| \\
&= \beta_n\|x_n-q\| + (1-\beta_n)d(z_n, Tq) \\
&\leqslant \beta_n\|x_n-p\| + (1-\beta_n)H(Tx_n, Tp) \\
&\leqslant \beta_n\|x_n-q\| + (1-\beta_n)\|x_n-q\| = \|x_n-q\|
\end{aligned}$$

由数学归纳法，我们得到

$$\| x_n - q \| \leqslant \max\{ \| x_0 - q \|, \frac{\| f(q) - q \|}{1 - \alpha} \}, (\forall n \geqslant 1)$$

上式说明 $\{x_n\}$ 是有界的，同理 $\{y_n\}$ 也是有界的。

下一步我们证明

$$\lim_{n \to \infty} \| x_{n+1} - x_n \| = 0 \qquad (5.78)$$

令 $l_n = \dfrac{x_{n+1} - \beta_n x_n}{1 - \beta_n}$，然后我们得到

$$x_{n+1} = \beta_n x_n + (1 - \beta_n) l_n, (\forall n \geqslant 0) \qquad (5.79)$$

观察到

$$l_{n+1} - l_n = \frac{\alpha_{n+1} f(x_{n+1}) + (1 - \alpha_{n+1}) y_{n+1} - \beta_{n+1} x_{n+1}}{1 - \beta_{n+1}} - \frac{\alpha_n f(x_n) + (1 - \alpha_n) y_n - \beta_n x_n}{1 - \beta_n}$$

$$= \frac{\alpha_{n+1}(f(x_{n+1}) - y_{n+1})}{1 - \beta_{n+1}} - \frac{\alpha_n(f(x_n) - y_n)}{1 - \beta_n} + z_{n+1} - z_n$$

所以我们得到

$$\| l_{n+1} - l_n \| \leqslant \frac{\alpha_{n+1}}{1 - \beta_{n+1}} \| f(x_{n+1}) - y_{n+1} \| + \frac{\alpha_n}{1 - \beta_n} \| f(x_n) - y_n \| + \| z_{n+1} - z_n \|。$$

然后得到 $\| z_{n+1} - z_n \| \leqslant H(Tx_{n+1}, Tx_n) \leqslant \| x_{n+1} - x_n \|$。

因此 $\| l_{n+1} - l_n \| \leqslant \dfrac{\alpha_{n+1}}{1 - \beta_{n+1}} \| f(x_{n+1}) - y_{n+1} \| + \dfrac{\alpha_n}{1 - \beta_n} \| f(x_n) - y_n \| + \| x_{n+1} - x_n \|$。

由条件（Ⅰ）和（Ⅱ）我们得到

$$\limsup_{n \to \infty}(\| l_{n+1} - l_n \| - \| x_{n+1} - x_n \|) \leqslant 0。$$

由引理 5.20 得到 $\lim\limits_{n \to \infty} \| l_n - x_n \| = 0$。又由式（5.79）得到

$$x_{n+1} - x_n = (1 - \beta_n)(l_n - x_n)$$

所以式（5.77）成立。又有 $x_{n+1} - y_n = \alpha_n [f(x_n) - y_n]$ 和条件（Ⅰ），我们容易得到 $\lim\limits_{n \to \infty} \| y_n - x_{n+1} \| = 0$。

另一方面，我们有 $\| y_n - x_n \| \leqslant \| x_n - x_{n+1} \| + \| x_{n+1} - y_n \|$，所以 $\lim\limits_{n \to \infty} \| y_n - x_n \| = 0$。由 $y_n - x_n = (1 - \beta_n)(z_n - x_n)$ 和条件（Ⅱ），得到 $\lim\limits_{n \to \infty} \| z_n - x_n \| = 0$，因此

$$d(x_n, Tx_n) \leqslant \| x_n - z_n \| \to 0, n \to \infty$$

因为 T 满足条件（Ⅰ）所以 $\lim\limits_{n \to \infty} d[x_n, F(T)] = 0$。这样存在 $\{x_n\}$ 的子列 $\{x_{n_k}\}$ 满足 $\| x_{n_k} - q_k \| \leqslant \dfrac{1}{2^k}$，其中 $\{q_k\} \subset F(T)$。由式（5.77）我们有

$$\| x_{n+1} - q \| \leqslant \| x_n - q \| + \alpha_n \| f(q) - q \| \qquad (5.80)$$

因为 $\lim\limits_{n \to \infty} \alpha_n = 0$，所以存在 $K \in N$ 使得对所有的 $k \geqslant K$ 有 $\alpha_{n_k} \leqslant \dfrac{1}{2^k \| f(q) - q \|}$。

由式（5.80）得到

$$\| x_{n_{k+1}} - q_k \| \leqslant \| x_{n_k} - q_k \| + \alpha_{n_k} \| f(q) - q \| < \frac{1}{2^{k-1}}, k \geqslant K$$

因此对于所有的 k，$m \geqslant K$ 有 $\| x_{n_{k+m}} - q_k \| < \dfrac{1}{2^{k-1}}$。现在我们证明 $\{q_k\}$ 是柯西列。对于所有的 k，$m \geqslant K$，我们有

$$\| q_{k+m} - q_k \| \leqslant \| q_{k+m} - x_{n_{k+m}} \| + \| x_{n_{k+m}} - q_k \| < \frac{1}{2^{k-1}} + \frac{1}{2^{k+m}} < \frac{1}{2^{k-1}}$$

这说明 $\{q_k\}$ 是柯西列而且强收敛到 $p \in D$。因为

$$d(q_k, Tp) \leqslant H(Tq_k, Tp) \leqslant \| p - q_k \| \text{ 和 } q_k \to p, k \to \infty$$

所以，$d(p, T_p) = 0$。这样 $p \in F(T)$ 和 $\{x_n\}$ 强收敛到 p。如果 $\{x_{m_k}\}$ 是 $\{x_n\}$ 的另一个子列并且强收敛到 p^*，那么 $p^* \in F(T)$。由于 $T_p = \{p\}$，所以 $p^* = p$，因此 $\{x_n\}$ 强收敛到 p。证毕。

定理 5.18　X 是一致凸 Banach 空间，D 是 X 的非空闭凸子集，$T: D \to CB(D)$ 是拟非扩张多值映象且 $F(T) \neq \varnothing$ 和对于每一 $p \in F(T)$ 有 $Tp = \{p\}$，序列 $\{x_n\}$ 由式（5.72）式迭代产生。假设 T 是半紧和连续的，α_n，$\beta_n \in (0, 1)$ 满足

$$(\mathrm{I}) \lim_{n \to \infty} \alpha_n = 0, (\mathrm{II}) 0 < \liminf_{n \to \infty} \beta_n \leqslant \limsup_{n \to \infty} \beta_n < 1$$

那么，$\{x_n\}$ 强收敛到 T 的一个不动点。

证明　令 $p \in F(T)$。类似定理 5.17 的证明。根据式（5.72）我们得到

$$
\begin{aligned}
\| y_n - p \| &= \| \beta_n x_n + (1 - \beta_n) z_n - p \| \\
&\leqslant \beta_n \| x_n - p \| + (1 - \beta_n) \| z_n - p \| \\
&= \beta_n \| x_n - p \| + (1 - \beta_n) d(z_n, Tp) \\
&\leqslant \beta_n \| x_n - p \| + (1 - \beta_n) H(Tx_n, Tp) \\
&\leqslant \beta_n \| x_n - p \| + (1 - \beta_n) \| x_n - p \| = \| x_n - p \|
\end{aligned}
$$

和

$$
\begin{aligned}
\| x_{n+1} - p \| &= \| \alpha_n f(x_n) + (1 - \alpha_n) y_n - p \| \\
&\leqslant \alpha_n \| f(x_n) - p \| + (1 - \alpha_n) \| y_n - p \| \\
&\leqslant \alpha_n \| f(x_n) - f(p) \| + \alpha_n \| f(p) - p \| + (1 - \alpha_n) \| x_n - p \| \\
&\leqslant \alpha\alpha_n \| x_n - p \| + \alpha_n \| f(p) - p \| + (1 - \alpha_n) \| x_n - p \| \\
&= [1 - (1 - \alpha)\alpha_n] \| x_n - p \| + \alpha_n \| f(p) - p \|
\end{aligned}
$$

由数学归纳法我们得到

$$\| x_n - p \| \leqslant \max\{ \| x_0 - p \|, \frac{\| f(p) - p \|}{1 - \alpha} \}, (\forall n \geqslant 1)$$

这说明 $\{x_n\}$ 是有界的，同理 $\{y_n\}$ 也是有界的。

下一步我们证明

$$\lim_{n\to\infty} \| x_{n+1} - x_n \| = 0 \tag{5.81}$$

令 $l_n = \dfrac{x_{n+1} - \beta_n x_n}{1 - \beta_n}$，然后得到

$$x_{n+1} = \beta_n x_n + (1 - \beta_n) l_n, (\forall n \geqslant 0) \tag{5.82}$$

又有

$$l_{n+1} - l_n = \frac{\alpha_{n+1} f(x_{n+1}) + (1 - \alpha_{n+1}) y_{n+1} - \beta_{n+1} x_{n+1}}{1 - \beta_{n+1}} - \frac{\alpha_n f(x_n) + (1 - \alpha_n) y_n - \beta_n x_n}{1 - \beta_n}$$

$$= \frac{\alpha_{n+1} (f(x_{n+1}) - y_{n+1})}{1 - \beta_{n+1}} - \frac{\alpha_n [f(x_n) - y_n]}{1 - \beta_n} + z_{n+1} - z_n$$

我们得到 $\| l_{n+1} - l_n \| \leqslant \dfrac{\alpha_{n+1}}{1 - \beta_{n+1}} \| f(x_{n+1}) - y_{n+1} \| + \dfrac{\alpha_n}{1 - \beta_n} \| f(x_n) - y_n \| +$ $\| z_{n+1} - z_n \|$。所以

$$\| z_{n+1} - z_n \| \leqslant H(Tx_{n+1}, Tx_n) \leqslant \| x_{n+1} - x_n \| 。$$

这样得到

$$\| l_{n+1} - l_n \| \leqslant \frac{\alpha_{n+1}}{1 - \beta_{n+1}} \| f(x_{n+1}) - y_{n+1} \| + \frac{\alpha_n}{1 - \beta_n} \| f(x_n) - y_n \| + \| x_{n+1} - x_n \| 。$$

由定理 5.18 条件（Ⅰ）和（Ⅱ）我们得到 $\limsup\limits_{n\to\infty}(\| l_{n+1} - l_n \| - \| x_{n+1} - x_n \|) \leqslant 0$。由引理 5.20 得到 $\lim\limits_{n\to\infty} \| l_n - x_n \| = 0$。又由式（5.82）有 $x_{n+1} - x_n = (1 - \beta_n)(l_n - x_n)$。这样式（5.81）成立。

根据 $x_{n+1} - y_n = \alpha_n [f(x_n) - y_n]$ 和条件（Ⅰ），我们容易得到 $\lim\limits_{n\to\infty} \| y_n - x_{n+1} \| = 0$。另一方面，我们有 $\| y_n - x_n \| \leqslant \| x_n - x_{n+1} \| + \| x_{n+1} - y_n \|$，所以 $\lim\limits_{n\to\infty} \| y_n - x_n \| = 0$。又根据条件（Ⅱ）和 $y_n - x_n = (1 - \beta_n)(z_n - x_n)$，得到 $\lim\limits_{n\to\infty} \| z_n - x_n \| = 0$。

因为 $d(x_n, Tx_n) \leqslant \| x_n - z_n \| \to 0$，$n \to \infty$ 和 T 是半紧的，所以存在 $\{x_n\}$ 的子列 $\{x_{n_k}\}$ 使得 $x_{n_k} \to q$，$q \in D$。又因为 T 是连续的，所以 $d(x_{n_k}, Tx_{n_k}) \to d(q, Tq)$。因此我们得到 $d(q, Tq) = 0$，这样 $q \in F(T)$。如果 $\{x_{m_k}\}$ 是 $\{x_n\}$ 的另一个子列并且强收敛到 q^*，那么 $q^* \in F(T)$。由于 $Tp = \{p\}$，所以 $q^* = q$，因此 $\{x_n\}$ 强收敛到 p。证毕。

推论 5.3 X 是一致凸 Banach 空间，D 是 X 的非空闭凸子集，$T: D \to CB$ (D) 是非扩张多值映象且 $F(T) \neq \varnothing$ 和对于每一 $p \in F(T)$ 有 $T_p = \{p\}$，序列 $\{x_n\}$ 由式（5.72）迭代产生。假设 T 是半紧和连续的，α_n，$\beta_n \in (0, 1)$ 满足

$$（Ⅰ）\lim_{n\to\infty}\alpha_n = 0；（Ⅱ）0 < \liminf_{n\to\infty}\beta_n \leqslant \limsup_{n\to\infty}\beta_n < 1。$$

那么，$\{x_n\}$ 强收敛到 T 的一个不动点。

5.5　Banach 空间中多值映象的新迭代 Ishikawa 算法

5.5.1　引言

Banach 不动点定理（Banach 压缩映象定理或者 Banach 压缩映象原理）是度量空间中的一个重要理论工具。它保证度量空间中一定自映象不动点的存在性和唯一性，同时也提供了一种寻找这些映象不动点的新方法。

1969 年，Nadler 把 Banach 不动点定理中的单值映象推广到集值压缩映象。在介绍这个重要定理之前，我们首先引入一些符号。

令 X 是一 Banach 空间，D 是 X 的非空子集。对于每一 $x \in X$，存在 $y \in D$ 使得 $\|x-y\| = d(x,D)$，其中 $d(x,D) = \inf\{\|x-z\| : z \in D\}$，那么 D 是可最佳逼近集。令 $CB(D)$，$P(D)$ 分别表示 D 的非空有界闭子集族和非空有界临近子集。

对任意的 A，$B \in CB(D)$，那么 $CB(D)$ 上的 Hausdorff 度量定义如下
$$H(A,B) = \max\{\sup_{x \in A} d(x,B), \sup_{y \in B} d(y,A)\}$$

令 (X, d) 是一完备度量空间，一个元素 $x \in X$ 被称为是 $T: X \to CB(X)$ 和 $f: X \to X$ 的重合点，如果 $fx \in Tx$。$C(f,T) = \{x \in X : fx \in Tx\}$ 表示 T 和 f 的重合点集。

映象 $T: X \to CB(X)$ 和 $f: X \to X$ 是弱相容的，如果它们在它们的重合点处交换，也就是，当 $fx \in Tx$ 时 $fTx = Tfx$。

令 $T: X \to CB(X)$ 是一多值映象和 $f: X \to X$ 是一单值映象。如果 $ffx \in Tfx$，那么映象 f 被称为是 T-弱交换的在 $x \in X$。

一个元素 $x \in X$ 是 T，$S: X \to CB(X)$ 和 $f: X \to X$ 的公共不动点，如果 $x = fx \in (Tx \cap Sx)$。

Mann 和 Ishikawa 迭代格式一般用来逼近非扩张单值映象的不动点。然而 Mann 迭代过程只能得到弱收敛。近些年，Sastry、Babu 和 Panyanak 把非扩张多值映象引入到 Mann 和 Ishikawa 迭代格式中，并且得到了强收敛定理。但是在他们的结论中存在一个小问题。本节在 Banach 空间中提出一种新的关于拟非扩张多值映象的迭代格式。通过理论分析和数值模拟证明了该方案能够得到强收敛结论。

5.5.2　方案设计

考虑 $X = [0, +\infty)$ 对于每一 x，$y \in X$ 具有度量 $d(x,y) = |x-y|$。定义

$T:X\rightarrow CB(X)$ 和 $f:X\rightarrow X$ 如下

$$fx=\begin{cases}0,x\in[0,1)\\2x,x\in[1,+\infty)\end{cases},Tx=\begin{cases}\{x\},x\in[0,1)\\[1,1+2x],x\in[1,+\infty)\end{cases}$$

我们有

（Ⅰ）$f1=2\in[1,3]=T1$，也就是，$x=1$ 是 f 和 T 的一个重合点。

（Ⅱ）$fT1=[2,6]\neq[1,5]=Tf1$，也就是，f 和 T 不是弱相容映象。

（Ⅲ）$ff1=4\in[1,5]=Tf1$，也就是，f 是在 1 处是 T-弱交换的。

一个单值映象 $T:D\rightarrow D$ 被称为是非扩张的，如果对于 x，$y\in D$ 有 $\|Tx-Ty\|\leqslant\|x-y\|$。一个单值映象 $T:D\rightarrow D$ 被称为是压缩的，如果对于 x，$y\in D$ 和 $\alpha\in[0,1)$ 有 $\|Tx-Ty\|\leqslant\alpha\|x-y\|$。

一个多值映象 $T:D\rightarrow CB(D)$ 被称为是非扩张的，如果对于 x，$y\in D$ 有 $H(Tx，Ty)\leqslant\|x-y\|$。一个元素 $p\in D$ 被称为是 $T:D\rightarrow D$ 或者 $T:D\rightarrow CB(D)$ 的不动点，如果 $p=Tp$ 或者 $p\in T_p$。令 $F(T)$ 表示 T 的不动点集。

一个多值映象 $T:D\rightarrow CB(D)$ 被称为是拟非扩张的，如果对于 $x\in D$，$p\in F(T)$ 且 $F(T)\neq\varnothing$ 有 $H(Tx,Tp)\leqslant\|x-p\|$。众所周知，每一个不动点集非空的非扩张多值映象是拟非扩张的，但是拟非扩张映象可能不是非扩张的。

令 $K=R$ 具有通常度量，$T:K\rightarrow K$ 定义如下

$$T(x)=\begin{cases}0,(x\leqslant1)\\[x-\frac{3}{4},x-\frac{1}{3}],(x>1)\end{cases}$$

那么，$F(T)=\{0\}$ 和 $H(T_x,T_0)\leqslant\|x-0\|=|x-0|$。因此，$T$ 是拟非扩张映象。同时如果 $x=2$，$y=1$，我们有 $H(Tx,Ty)>|x-y|=1$，因此 T 不是非扩张的。

一个多值映象 $T:D\rightarrow CB(D)$ 被称为是半紧的，如果对任意的 D 中序列 $\{x_n\}$ 满足 $d(x_n,Tx_n)\rightarrow0$，$n\rightarrow\infty$，那么存在 $\{x_n\}$ 的子序列 $\{x_{n_k}\}$ 使得 $x_{n_k}\rightarrow p\in D$。如果 D 是紧的，那么每一个多值映象 $T:D\rightarrow CB(D)$ 都是半紧的。$T:D\rightarrow CB(D)$ 被称为满足条件（I），如果有一个非减函数 $f:[0,\infty)\rightarrow[0,\infty)$ 满足 $f(0)=0,f(r)>0,r\in(0,\infty)$，使得

$$d(x,Tx)\geqslant f\{d[x,F(T)]\},(\forall x\in D)$$

两个多值映象 S，$T:D\rightarrow CB(D)$ 被称为是满足条件（Ⅱ），如果有一个非减函数 $f:[0,\infty)\rightarrow[0,\infty)$ 满足 $f(0)=0,f(r)>0,r\in(0,\infty)$，使得对 $\forall x\in D$ 有

$$d(x,Sx)\geqslant f\{d[x,F(S)\bigcap F(T)]\}\text{或者}d(x,Tx)\geqslant f\{d[x,F(S)\bigcap F(T)]\}。$$

令 $T:D\rightarrow D$ 是一个单值映象，Mann 迭代格式如下

$$x_{n+1}=\alpha_nTx_n+(1-\alpha_n)x_n,(\forall n\geqslant0)$$

其中，$\alpha_n\in[0,1]$ 满足一定条件。Ishikawa 迭代格式如下

$$\begin{cases} y_n = \beta_n T x_n + (1-\beta_n) x_n \\ x_{n+1} = \alpha_n T y_n + (1-\alpha_n) x_n \end{cases} , (\forall n \geqslant 0)$$

其中 α_n，$\beta_n \in [0,1]$ 满足一定条件。许多学者曾利用 Mann 迭代格式和 Ishika-wa 迭代格式研究非扩张单值映象不动点的迭代逼近。然而，Mann 迭代格式一般情况下只能得到弱收敛。

1969 年，Nadler 证明了如下的多值映象的不动点定理。

定理 5.19　令 (X, d) 是一完备度量空间，$T: X \to CB(X)$ 是多值映象且满足对于任意的 $x, y \in X$，$q \in [0, 1)$ 有 $H(Tx, Ty) \leqslant q d(x, y)$，那么 T 有不动点。

2010 年，Gordji 等人推广了 Nadler 的定理，证明了如下结论。

定理 5.20　令 (X, d) 是一完备度量空间，$T: X \to CB(X)$ 是多值映象且满足

$$H(Tx, Ty) \leqslant \alpha d(x, y) + \beta [D(x, Tx) + D(y, Ty)] + \gamma [D(x, Ty) + D(y, Tx)]$$

其中，$x, y \in X$，$\alpha, \beta, \gamma \geqslant 0$，$\alpha + 2\beta + 2\gamma < 1$。那么 T 有不动点。

2012 年，B. Damjanovi' 等人得到了在完备度量空间中两对多值映象和单值映象的公共不动点，同时推广了 Gordji 等人的结论。

定理 5.21　令 (X, d) 是一完备度量空间，$T, S: X \to CB(X)$ 是一对多值映象，$f, g: X \to X$ 是一对单值映象。假设对于任意的 $x, y \in X$，$\alpha, \beta, \gamma \geqslant 0$，$0 < \alpha + 2\beta + 2\gamma < 1$，有

$$H(Sx, Ty) \leqslant \alpha d(fx, gy) + \beta [D(fx, Sx) + D(gy, Ty)] + $$
$$\gamma [D(x, Ty) + D(y, Tx)]$$

同时假设

（Ⅰ）$SX \subseteq gX, TX \subseteq fX$；（Ⅱ）$f(X)$ 和 $g(X)$ 是闭集。

那么存在 X 中的两点 u 和 w 使得 $fu \in Su$，$gw \in Tw$，$fu = gw$ 和 $Su = Tw$。

定理 5.22　令 (X, d) 是一完备度量空间，$T, S: X \to CB(X)$ 是一对多值映象，$f: X \to X$ 是一单值映象，满足对于任意的 $x, y \in X$ 有

$$H(Sx, Ty) \leqslant \alpha d(fx, fy) + \beta [D(fx, Sx) + D(fy, Ty)] + $$
$$\gamma [D(fx, Ty) + D(fy, Sx)]$$

其中，$\alpha, \beta, \gamma \geqslant 0$，$0 < \alpha + 2\beta + 2\gamma < 1$。如果 fX 是 X 的闭子集且 $TX \cup SX \subseteq fX$，那么，f、T 和 S 在 X 中是重合的。同时如果 f 在每一个 $z \in C(f, T)$ 是 T-弱交换的和 S-弱交换的，且 $ffz = fz$，那么 f、T 和 S 在 X 中有一个公共不动点。

2005 年，Sastry 和 Babu 把非扩张多值映象引入到 Mann 迭代格式中。令 $T: D \to P(D)$ 是一多值映象，固定 $p \in F(T)$，$x_0 \in D$，Mann 迭代产生的序列 $\{x_n\}$

如下

$$x_{n+1}=\alpha_n y_n+(1-\alpha_n)x_n, \alpha_n\in[0,1],(n\geqslant0)$$

其中，$y_n\in Tx_n$ 满足 $\|y_n-p\|=d(p, Tx_n)$。他们证明了在满足一定条件下，$\{x_n\}$ 强收敛到 T 的一个不动点 q。同时他们也说明了不动点 q 可能不同于不动点 p。

2007 年，Panyanak 改进了 Sastry 和 Babu 的迭代格式。令 $T：D\rightarrow P(D)$ 是一多值映象且 $F(T)$ 是 D 中的非空临近子集，$x_0\in D$，改进 Mann 迭代格式如下

$$x_{n+1}=\alpha_n y_n+(1-\alpha_n)x_n, \alpha_n\in[a,b],(n\geqslant0)$$

其中，a，$b\in(0, 1)$，$y_n\in Tx_n$ 满足 $\|y_n-u_n\|=d(u_n,Tx_n)$，$u_n\in F(T)$ 满足 $\|x_n-u_n\|=d[x_n,F(T)]$。

定理 5.23 令 E 是一致凸 Banach 空间，D 是 E 的非空有界闭凸子集，$T：D\rightarrow P(D)$ 是非扩张多值映象且满足条件（Ⅰ）$0\leqslant\alpha_n<1$ 和（Ⅱ）$\sum_{n=1}^{\infty}\alpha_n=\infty$，$F(T)$ 是 D 的非空临近子集。那么由上式迭代产生的序列 $\{x_n\}$ 收敛到 T 的一个不动点。

2009 年，Shahzad 和 Zegeye 把 Panyanak、Sastry、Babu、Song 和 Wang 的结论推广到拟非扩张多值映象，同时减弱了 T 定义域紧性的条件，在此基础上构造了一个新的迭代格式，并去掉了对 T 的限制，即对任意的 $p\in F(T)$，有 $Tp=\{p\}$。

众所周知，压缩映象是非扩张映象。近些年，许多学者证明了关于多值压缩映象的不动点定理。

2011 年，Cholamjiak 和 Suantai 在 Banach 空间下，提出了一种新的两步迭代格式关于寻找两个拟非扩张多值映象的公共不动点，同时证明了强收敛定理。

定理 5.24 E 是一致凸 Banach 空间，D 是 E 的非空闭凸子集，T_1 是一拟非扩张多值映象，T_2 是从 D 到 $CB(D)$ 的拟非扩张和 L-Lipschitzian 多值映象，$F(T_1)\bigcap F(T_2)\neq\varnothing$，$T_1p=\{p\}=T_2p$，$p\in F(T_1)\bigcap F(T_2)$。假设

（Ⅰ）T_1、T_2 满足条件：存在非减函数 $f:[0,\infty)\rightarrow[0,\infty)$，对于 $r\in(0,\infty)$，有 $f(0)=0$，$f(r)>0$，则 f 满足

$$d(x,T_1x)\geqslant f\{d[x,F(T_1)\bigcap F(T_2)]\} \text{ 或者 } d(x,T_2x)\geqslant f\{d[x,F(T_1)\bigcap F(T_2)]\}, \forall x\in D。$$

（Ⅱ）$\sum_{n=1}^{\infty}(1-\alpha_n-\beta_n)<\infty$ 和 $\sum_{n=1}^{\infty}(1-\alpha'_n-\beta'_n)<\infty$

（Ⅲ）$0<l\leqslant\alpha_n,\alpha'_n\leqslant k<1$

$\{x_n\}$ 由如下迭代产生

$$y_n=\alpha'_n z'_n+\beta'_n x_n+(1-\alpha'_n-\beta'_n)u_n$$

$$x_{n+1} = \alpha_n z_n + \beta_n y_n + (1 - \alpha_n - \beta_n) v_n$$

其中，$z_n' \in T_1 x_n$，$z_n \in T_2 y_n$，α_n，β_n，α_n'，$\beta_n' \in [0, 1]$ 和 $\{u_n\}$，$\{v_n\}$ 是 D 中的有界序列。那么，$\{x_n\}$ 强收敛到 $F(T_1) \bigcap F(T_2)$ 的一个元素。

定理 5.25　E 是一致凸 Banach 空间，D 是 E 中的非空闭凸子集。T_1、T_2 是从 D 到 $P(D)$ 的两个多值映象，$F(T_1) \bigcap F(T_2) \neq \varnothing$，$P_{T_1}$ 和 P_{T_2} 是非扩张的。假设

(1) T_1 和 T_2 满足定理 5.18 条件（Ⅱ）

(2) $\sum\limits_{n=1}^{\infty} (1 - \alpha_n - \beta_n) < \infty$ 和 $\sum\limits_{n=1}^{\infty} (1 - \alpha_n' - \beta_n') < \infty$

(3) $0 < l \leqslant \alpha_n$，$\alpha_n' \leqslant k < 1$

序列 $\{x_n\}$ 由如下迭代产生

$$y_n = \alpha_n' z_n' + \beta_n' x_n + (1 - \alpha_n' - \beta_n') u_n$$
$$x_{n+1} = \alpha_n z_n + \beta_n y_n + (1 - \alpha_n - \beta_n) v_n$$

强收敛到 $F(T_1) \bigcap F(T_2)$ 的一个元素。

作者受到 Sastry、Babu、Panyanak、Shahzad、Zegeye、Cholamjiak 和 Suantai 的启发，提出一种新的迭代方法，并得到了强收敛定理。作者得到的结果改进和推广了他们的结论。

D 是 Banach 空间 X 的非空凸子集，α_n，$\beta_n \in [0, 1]$，$x_0 \in D$，序列 $\{x_n\}$ 由如下 Ishikawa 迭代格式产生

$$\begin{cases} y_n = \beta_n x_n + (1 - \beta_n) z_n \\ x_{n+1} = \alpha_n f(x_n) + (1 - \alpha_n) y_n \end{cases}, (\forall n \geqslant 0) \tag{5.83}$$

其中，$z_n \in T(x_n)$ 和 f 是 D 上的压缩映象。

引理 5.21　$\{x_n\}$ 和 $\{y_n\}$ 是 Banach 空间 X 的有界序列，$\{\beta_n\}$ 是 $[0, 1]$ 中的数列且满足 $0 < \liminf\limits_{n \to \infty} \beta_n \leqslant \limsup\limits_{n \to \infty} \beta_n < 1$。如果对于所有的 $n \geqslant 0$，$x_{n+1} = \beta_n x_n + (1 - \beta_n) y_n$ 和 $\limsup\limits_{n \to \infty} (\| y_{n+1} - y_n \| - \| x_{n+1} - x_n \|) \leqslant 0$，那么，$\lim\limits_{n \to \infty} \| y_n - x_n \| = 0$。

定理 5.26　X 是一致凸 Banach 空间，D 是 X 的非空闭凸子集，T：$D \to CB(D)$ 是拟非扩张多值映象且 $F(T) \neq \varnothing$ 和对于每一 $p \in F(T)$ 有 $T_p = \{p\}$，序列 $\{x_n\}$ 由式（5.83）迭代产生。假设 T 满足条件（Ⅰ）和 α_n，$\beta_n \in (0, 1)$ 满足

（Ⅰ）$\lim\limits_{n \to \infty} \alpha_n = 0$，（Ⅱ）$0 < \liminf\limits_{n \to \infty} \beta_n \leqslant \limsup\limits_{n \to \infty} \beta_n < 1$

那么，$\{x_n\}$ 强收敛到 T 的一个不动点。

证明　$p \in F(T)$，通过式（5.83），我们得到

$$\begin{aligned} \| y_n - p \| &= \| \beta_n x_n + (1 - \beta_n) z_n - p \| \\ &\leqslant \beta_n \| x_n - p \| + (1 - \beta_n) \| z_n - p \| \\ &= \beta_n \| x_n - p \| + (1 - \beta_n) d(z_n, Tp) \end{aligned}$$

$$\leqslant \beta_n \parallel x_n - p \parallel + (1 - \beta_n) H(Tx_n, Tp)$$
$$\leqslant \beta_n \parallel x_n - p \parallel + (1 - \beta_n) \parallel x_n - p \parallel$$
$$= \parallel x_n - p \parallel$$

和

$$\parallel x_{n+1} - p \parallel = \parallel \alpha_n f(x_n) + (1 - \alpha_n) y_n - p \parallel$$
$$\leqslant \alpha_n \parallel f(x_n) - p \parallel + (1 - \alpha_n) \parallel y_n - p \parallel$$
$$\leqslant \alpha_n \parallel f(x_n) - f(p) \parallel + \alpha_n \parallel f(p) - p \parallel + (1 - \alpha_n) \parallel x_n - p \parallel$$
$$\leqslant \alpha \alpha_n \parallel x_n - p \parallel + \alpha_n \parallel f(p) - p \parallel + (1 - \alpha_n) \parallel x_n - p \parallel$$
$$= [1 - (1 - \alpha) \alpha_n] \parallel x_n - p \parallel + \alpha_n \parallel f(p) - p \parallel \tag{5.84}$$

通过数学归纳法，得到

$$\parallel x_n - p \parallel \leqslant \max \left\{ \parallel x_0 - p \parallel, \frac{\parallel f(p) - p \parallel}{1 - \alpha} \right\}, (\forall n \geqslant 1)$$

这说明 $\{x_n\}$ 是有界的，同理 $\{y_n\}$ 也是有界的。

下一步我们证明

$$\lim_{n \to \infty} \parallel x_{n+1} - x_n \parallel = 0 \tag{5.85}$$

令 $l_n = \dfrac{x_{n+1} - \beta_n x_n}{1 - \beta_n}$，然后我们有

$$x_{n+1} = \beta_n x_n + (1 - \beta_n) l_n, (\forall n \geqslant 0) \tag{5.86}$$

观察到

$$l_{n+1} - l_n = \frac{\alpha_{n+1} f(x_{n+1}) + (1 - \alpha_{n+1}) y_{n+1} - \beta_{n+1} x_{n+1}}{1 - \beta_{n+1}} - \frac{\alpha_n f(x_n) + (1 - \alpha_n) y_n - \beta_n x_n}{1 - \beta_n}$$
$$= \frac{\alpha_{n+1} (f(x_{n+1}) - y_{n+1})}{1 - \beta_{n+1}} - \frac{\alpha_n (f(x_n) - y_n)}{1 - \beta_n} + z_{n+1} - z_n$$

我们得到 $\parallel l_{n+1} - l_n \parallel \leqslant \dfrac{\alpha_{n+1}}{1 - \beta_{n+1}} \parallel f(x_{n+1}) - y_{n+1} \parallel + \dfrac{\alpha_n}{1 - \beta_n} \parallel f(x_n) - y_n \parallel +$ $\parallel z_{n+1} - z_n \parallel$。同时我们也得到 $\parallel z_{n+1} - z_n \parallel \leqslant H(Tx_{n+1}, Tx_n) \leqslant \parallel x_{n+1} - x_n \parallel$。所以

$$\parallel l_{n+1} - l_n \parallel - \parallel x_{n+1} - x_n \parallel \leqslant \frac{\alpha_{n+1}}{1 - \beta_{n+1}} \parallel f(x_{n+1}) - y_{n+1} \parallel + \frac{\alpha_n}{1 - \beta_n} \parallel f(x_n) - y_n \parallel$$

5.5.3 主要结果

由定理 5.18 条件（Ⅰ）和（Ⅱ）得到 $\limsup\limits_{n \to \infty} (\parallel l_{n+1} - l_n \parallel - \parallel x_{n+1} - x_n \parallel) \leqslant$ 0。由引理得到 $\lim\limits_{n \to \infty} \parallel l_n - x_n \parallel = 0$。由式（5.86）得到 $x_{n+1} - x_n = (1 - \beta_n)(l_n -$

x_n)。因此式（5.85）成立。又由 $x_{n+1}-y_n=\alpha_n[f(x_n)-y_n]$ 和条件（Ⅰ）得到 $\lim\limits_{n\to\infty}\|y_n-x_{n+1}\|=0$。另外，有 $\|y_n-x_n\|\leqslant\|x_n-x_{n+1}\|+\|x_{n+1}-y_n\|$，所以 $\lim\limits_{n\to\infty}\|y_n-x_n\|=0$。又由 $y_n-x_n=(1-\beta_n)(z_n-x_n)$ 和条件（Ⅱ）得到 $\lim\limits_{n\to\infty}\|z_n-x_n\|=0$ 和 $d(x_n,Tx_n)\leqslant\|x_n-z_n\|\to0$，$n\to\infty$。因为 T 满足条件（Ⅰ），所以 $\lim\limits_{n\to\infty}d[x_n,F(T)]=0$。这样存在 $\{x_n\}$ 的一个子列 $\{x_{n_k}\}$ 满足对于 $\{p_k\}\subset F(T)$，有 $\|x_{n_k}-p_k\|\leqslant\dfrac{1}{2^k}$。由式（5.84）我们有

$$\|x_{n+1}-p\|\leqslant\|x_n-p\|+\alpha_n\|f(p)-p\| \tag{5.87}$$

因为，$\lim\limits_{n\to\infty}\alpha_n=0$，所以存在 $K\in N$ 使得对于所有的 $k\geqslant K$ 有 $\alpha_{n_k}\leqslant\dfrac{1}{2^k\|f(p)-p\|}$。由式（5.87）我们得到对于所有的 $k\geqslant K$，$\|x_{n_{k+1}}-p_k\|\leqslant\|x_{n_k}-p_k\|+\alpha_{n_k}\|f(p)-p\|<\dfrac{1}{2^{k-1}}$，因此对所有的 k，$m\geqslant K$，$\|x_{n_{k+m}}-p_k\|<\dfrac{1}{2^{k-1}}$。现在我们证明 $\{p_k\}$ 是一个柯西列。对于所有的 k，$m\geqslant K$，我们有

$$\|p_{k+m}-p_k\|\leqslant\|p_{k+m}-x_{n_{k+m}}\|+\|x_{n_{k+m}}-p_k\|<\dfrac{1}{2^{k-1}}+\dfrac{1}{2^{k+m}}<\dfrac{1}{2^{k-1}}$$

这说明 $\{p_k\}$ 是一个柯西列而且强收敛到 $q\in D$。由于 $d(p_k,Tq)\leqslant H(Tp_k,Tq)\leqslant\|q-p_k\|$ 且当 $k\to\infty$ 时 $p_k\to q$，所以 $d(q,Tq)=0$。这样 $q\in F(T)$ 并且 $\{x_{n_k}\}$ 强收敛到 q。如果 $\{x_{m_k}\}$ 是 $\{x_n\}$ 的另一个子列并且强收敛到 q^*，那么 $q^*\in F(T)$。由于 $T_p=\{p\}$，所以 $q^*=q$，因此 $\{x_n\}$ 强收敛到 q。证毕。

推论 5.4　X 是一致凸 Banach 空间，D 是 X 的非空闭凸子集，T：$D\to CB(D)$ 是拟非扩张多值映象且 $F(T)\neq\varnothing$ 和对于每一 $p\in F(T)$ 有 $T_p=\{p\}$，序列 $\{x_n\}$ 由式（5.83）迭代产生。假设 T 是半紧和连续的，α_n，$\beta_n\in(0，1)$ 满足

$$（Ⅰ）\lim\limits_{n\to\infty}\alpha_n=0，（Ⅱ）0<\liminf\limits_{n\to\infty}\beta_n\leqslant\limsup\limits_{n\to\infty}\beta_n<1$$

那么，$\{x_n\}$ 强收敛到 T 的一个不动点。

推论 5.5　X 是一致凸 Banach 空间，D 是 X 的非空闭凸子集，T：$D\to CB(D)$ 是非扩张多值映象且 $F(T)\neq\varnothing$ 和对于每一 $p\in F(T)$ 有 $Tp=\{p\}$，序列 $\{x_n\}$ 由式 5.83 迭代产生。假设 T 满足条件（Ⅰ），α_n，$\beta_n\in(0，1)$ 满足

$$(1)\lim\limits_{n\to\infty}\alpha_n=0，(2)0<\liminf\limits_{n\to\infty}\beta_n\leqslant\limsup\limits_{n\to\infty}\beta_n<1。$$

那么，$\{x_n\}$ 强收敛到 T 的一个不动点。

推论 5.6　X 是一致凸 Banach 空间，D 是 X 的非空闭凸子集，T：$D\to CB(D)$ 是非扩张多值映象且 $F(T)\neq\varnothing$ 和对于每一 $p\in F(T)$ 有 $Tp=\{p\}$，序列 $\{x_n\}$ 由式（5.83）迭代产生。假设 T 是半紧和连续的，α_n，$\beta_n\in(0，1)$ 满足

$$(1)\lim_{n\to\infty}\alpha_n=0,(2)0<\liminf_{n\to\infty}\beta_n\leqslant\limsup_{n\to\infty}\beta_n<1$$

那么，$\{x_n\}$ 强收敛到 T 的一个不动点。

5.5.4 结论

为了加快 Mann 迭代过程的收敛速度，作者在 Banach 空间中提出一种新的关于拟非扩张多值映象的迭代过程。详细的理论分析和数值结果表明该方案能得到强收敛结论。

5.6 小　　结

本章主要研究两大问题。第一大问题：有限族增生算子公共零点的存在性以及迭代逼近问题，在该问题中，作者首先在 Banach 空间中利用黏滞逼近方法来修正 Ishikawa 迭代格式，同时把迭代格式中的增生算子个数推广到有限族，还研究了对于弱压缩映象的黏滞逼近方法，最终得到强收敛定理；其次，在 Banach 空间中利用黏滞迭代方法修正 Mann 迭代程序逼近 m-增生算子的零点同时得到了强收敛定理；最后，作者仍在 Banach 空间结构下构造一种新的复合迭代算法强收敛到有限族增生算子的公共零点。第二大问题：多值映象公共不动点的存在性以及迭代逼近问题。1969 年，Nadler 把 Banach 不动点定理中的单值映象推广到多值压缩映象，并得到了不动点定理。在该原理基础上，作者构造一种新的 Ishikawa 迭代方法并应用到更为广泛的拟非扩张多值映象，同时得到了强收敛定理。

第 6 章 与不动点性质有关的一些几何常数及其性质

由波兰数学家 Banach 于 20 世纪 30 年代创立的泛函分析理论是近代数学的主要支柱之一，它不仅吸收了古典数学分析的精髓，而且还综合了代数和几何的重要观点和方法。时至今日，它已经发展成一门应用广泛、内容丰富、方法系统的新兴学科。微分方程在现代理论、概率论、计算数学、现代物理、控制理论等应用数学和工程技术领域都渗透着泛函分析的思想和方法。

1932 年，波兰数学家 S. Banach 的名著 *Theories of operations lineariness* 出版以来，Banach 空间立即受到广泛关注，人们也开始系统研究 Banach 空间理论。1936 年，J. A. Clarkson 首先引入了一致凸 Banach 空间的概念，开创了从 Banach 空间单位球的几何结构出发来研究 Banach 空间性质的方法。Banach 空间理论的研究进展缓慢，从 20 世纪 60 年代以来，Banach 空间的理论，包括它的几何理论，才得到迅速发展。

在方程论的实际问题当中，出现了比 Banach 压缩映象原理更广泛的映象如非扩张映象等。1965 年，W. A. Kirk 证明了具有正规结构且自反的 Banach 空间具有不动点性质。1990 年，Gobel 和 Kirk 说明了正规结构和一致正规结构在不动点理论中占有重要作用。人们又进一步研究了使非扩张映象存在不动点的各种有关空间的几何结构，引入各种性质的 Banach 空间。同时，各种具体的经典 Banach空间，如对 $c_0, C[0,1], l_p(1 \leqslant p \leqslant \infty), L_p[0,1](1 \leqslant p \leqslant \infty)$ 等空间性质的研究，促使抽象 Banach 空间的理论，特别是其几何理论得到进一步发展。

1936 年，J. A. Clarkson 引入了经典的凸性模 $\delta_x(\varepsilon)$。从此，许多学者便根据具体的 Banach 空间引入不同的参数，利用这些参数定量的描述 Banach 空间的几何性质。由于 Jordan 和 von Neumann 在内积方面的杰出工作，1937 年 Clarkson 引入了 Jordan - von Neumann 常数 $C_{NJ}(X)$。1963 年，Lindenstrauss 引入了光滑 $\rho_x(t)$，并研究了 $\rho_x(t)$ 与一致正规结构的关系，1970 年，K. Goebel 证明了如果 $\delta_x(1) > 0$，则 X 具有一致正规结构。2003 年，J. Gao 推广了上述结果，得到了对某个 $\varepsilon \in [0, 1]$，若 $\delta_x^{(a)}(1 + \varepsilon) > \varepsilon/2$，则 X 具有一致正规结构。为了简化 Schaffer 的周长的概念，1990 年，Gao Ji 和 K. S. Lau 引入了 J 常数 $J(X)$，并证明了当 $J(X) < 3/2$ 时，X 具有一致正规结构。

另外，计算一些具体空间的模与常数也是众多学者感兴趣的问题之一。Clarkson 与 Hanner 先后计算了一些经典 Banach 空间的 NJ 常数与凸性模的精确值。随后，Kato 等又计算了 Sobolev 空间，Lebesgue - Bochner 空间，Lorentz 空间的 NJ 常数。王廷辅等计算了一类 Orlicz 空间关于 NJ 常数的精确值，Fuster 等计算了 Bynum 空间关于 NJ 常数的精确值。

本章的主要结论也是沿着这种思想获得的，我们试图引入更好的参数或模来刻画 Banach 空间的性质，如一致非方性、超自反性和正规结构等，从而揭示空间的不动点性质。

6.1 Banach 空间参数 U_β-凸模

6.1.1 预备知识

下面是关于 Banach 空间几何性质的一些定义。

设 X 是 Banach 空间，记 X^* 是 X 的共轭空间，X 的单位球面及单位球分别记为 $S(X) = \{x \in X : \|x\| = 1\}$；$B(X) = \{x \in X : \|x\| \leqslant 1\}$，$x \in S(X)$ 的支撑泛函为：

$$\nabla_x = \{f : f \in S(X^*), f(x) = 1\}$$

定义 6.1　Banach 空间 X 被称为是严格凸的，是指对任何 x，$y \in X$

$$\|x\| = \|y\| = \|(x+y)/2\| \Rightarrow$$
$$x = y$$

Banach 空间 X 被称为一致凸的，是指存在 $\delta > 0$，对任何 x，$y \in S(X)$，$\delta \in (0, 2]$，都有

$$\|(x-y)\| \geqslant \varepsilon \Rightarrow$$
$$\|(x+y)/2\| < 1 - \delta$$

注 6.1　（1）有限维 Banach 空间是严格凸的，当且仅当它是一致凸的，但是许多无穷维 Banach 空间是严格凸的但不是一致凸的。

（2）可以验证，$L_p(1 < p < \infty)$ 都是一致凸的。由于 $l_1, L_1, l_\infty, L_\infty, C[a,b]c$，$c_0$ 不是严格凸的，从而也不是一致凸的。

下面介绍 Clarkson 的凸性模和 Gurarii 的凸性模的定义。

定义 6.2　X 的凸性模为函数 $\delta_x : [0,2] \to [0,1]$

$$\delta_x(\varepsilon) = \inf\{1 - \|(x+y)/2\| : x, y \in S(X), \|(x-y)\| \geqslant \varepsilon, \varepsilon \in [0,2]\}$$

$$(6.01)$$

若 X 是非平凡的，即

$$\dim X \geqslant 2$$

则

$$\delta_x(\varepsilon) = \inf\{1 - \| (x+y)/2 \| : x,y \in B(X), \| (x-y) \| \geqslant \varepsilon\} =$$
$$= \inf\{1 - \| (x+y)/2 \| : x,y \in S(X), \| (x-y) \| = \varepsilon\} =$$
$$= \inf\{1 - \| (x+y)/2 \| : x,y \in B(X), \| (x-y) \| = \varepsilon\}$$

以下我们假定 X 都是非平凡的。

显然，X 是一致凸的当且仅当 $\delta_x(\varepsilon) > 0, \forall \varepsilon \in (0,2)$。

1964 年，James 研究了一致非方空间并给出了相应的定义。

定义 6.3　James 常数被定义为

$$J(X) = \sup\{\| (x+y) \| \wedge \| (x-y) \| : x,y \in S(X)\}$$
$$= \sup\{\| (x+y) \| \wedge \| (x-y) \| : x,y \in B(X)\}$$

我们知道 X 是一致非方的当且仅当 $J(X) < 2; J(l_p) = \max(2^{\frac{1}{p}}, 2^{1-\frac{1}{p}})$，其中，$l_p(1 < p < \infty)$ 是无穷序列空间。

定义 6.4　X 的光滑模为函数

$$\rho_x(t) = \sup\left\{\frac{\| (x+ty) \| + \| (x-ty) \|}{2} - 1 : x,y \in S(X)\right\}$$
$$= \sup\{t\varepsilon/2 - \delta_x(\varepsilon) : \varepsilon \in [0,2]\}$$

定义 6.5　X 被称为一致光滑的是指

$$\rho_x(0) = \lim_{t \to 0}[\rho_x(t)/t] = 0$$

一致非方空间是超自反的，一致凸和一致光滑空间都是一致非方的，从而是超自反的。

定义 6.6　函数 $\gamma_x(t) : [0,1] \to [1,4]$ 定义为

$$\rho_x(t) = \sup\left\{\frac{\| (x+y) \|^2 + \| (x-y) \|^2}{2} : x,y \in tS(X)\right\}$$
$$= \sup\left\{\frac{\| (x+ty) \|^2 + \| (x-ty) \|^2}{2} : x \in S(X), y \in S(X)\right\}$$

定义 6.7　Banach 空间 X 称为有（弱）正规结构，若 X 的每个非空（弱紧凸子集）有界闭凸子集 A 至少包含一个非直径点，即存在 $x_0 \in A$，使得

$$\sup\{\| (x_0-y) \| : y \in A\} < \sup\{\| (x-y) \| : y \in A\}$$

Banach 空间 X 称为有一致正规结构，若存在 $c \in A$ 使得 X 的每个非空有界闭凸子集 A 至少包含一个点 $x_0 \in A$，满足

$$\sup\{\| (x_0-y) \| : y \in A\} < c \cdot \sup\{\| (x-y) \| : y \in A\}$$

注 6.2　若 X 是自反的 Banach 空间，则正规结构与弱正规结构相同。

定义 6.8　对 $\varepsilon \in [0,2]$，Gurarri 的凸性模为函数 $\beta_x : [0,2] \to [0,1]$

$$\beta_x(\varepsilon) = \inf\{1 - \inf_{0 \leqslant t \leqslant 1} \| (tx+(1-t)y) \| : x,y \in B(X), \| (x-y) \| \geqslant \varepsilon\}$$

可以找到使 $\delta_x(\varepsilon) < \beta_x(\varepsilon)$ 成立的空间。

定义 6.9 Banach 空间 X 被称为 U-空间，如果对任意 $\varepsilon > 0$，使得对每个 $x, y \in S(X)$，$\| x + y \| / 2 > 1 - \delta$，$(f, y) > 1 - \varepsilon$，$\forall f \in \nabla_x$。

Gao 引入了下面 U-凸模的概念。

定义 6.10 对 $\varepsilon \in [0, 2]$，U-凸模被定义为

$$\beta_x(\varepsilon) = \inf\{1 - \| (x + y) \| / 2 : x, y \in S(X), (f, (x - y)) \geqslant \varepsilon\} \text{对某个 } f \in \nabla_x$$

J. Gao 在 1996 年还讨论了 U-凸模与 U-空间的关系，得到了如果 $u_x(1) > 0$，则 X 是一致非方的；若存在 $\delta > 0$，使得 $u_x(1/2 - \delta) > 0$，则 X 具有正规结构。

Garcia - Falset 定义了如下系数

$$R(X) = \sup\{\liminf_{n \to \infty} \| x_n + x \|\}$$

其中，上确界是在任意 $x \in B(X)$ 及所有弱收敛于零的序列 $\{x_n\} \subset B(X)$ 上取得。

设 C 是 Banach 空间 X 上的非空有界闭凸子集，映射 $T : C \to C$ 称为非扩张的，若不等式

$$\| Tx - Ty \| \leqslant \| x - y \|$$

对所有的 $x, y \in C$ 都成立。映射 T 称为有不动点，若存在 $x \in X$ 使得 $Tx = x$。Banach 空间 X 称为有不动点性质，若每个非扩张映射 $T : C \to C$ 都有不动点。

设 U 是指标集 I 上的滤子，$\{x_i : i \in I\}$ 是 X 的子集。如果 x 的每个邻域 U，都有 $\{x_i \in U, i \in I\} \in U$，我们称 $\{x_i : i \in I\}$ 关于 U 收敛于 x；记作 $\lim_u x_i = x$；如果按照集合的包含关系，I 上的滤子 U 是最大的，此时我们称滤子 U 为超滤子。一个超滤子被称为平凡超滤子，如果其具有形式 $\{A : A \in I, i_0 \in A\}$，对某个固定的 $i_0 \in I_0$。

如果 U 是非平凡超滤子，则 (1) 对任意 $A \subseteq I$，或者 $A \subseteq U$，或者 $I - A \subseteq U$；(2) 如果 $\{x_i : i \in I\}$ 有聚点 x，则 $\lim_u x_i$ 存在且等于 x。

设 $\{X_i\}_{i \in I}$ 是一族 Banach 空间，$l_\infty(I, X_i)$ 表示具有范数 $\| x_i \| = \sup_{i \leqslant I} \| x_i \| < \infty$ 的乘积空间。

定义 6.11 设 U 是 I 上的一个超滤子，令

$$N_U = \{(x_i) \in l_\infty(I, X_i) : \lim_U \| (x_i) \| = 0\}$$

$\{X_i\}_{i \in I}$ 的超积是具有商范数的商空间 $l_\infty(I, X_i) / N_U$

我们用 $(x_i)_U$ 表示超积的元素，则由超滤子的性质 (2) 和商范数的定义知

$$\| (x_i)_u \| = \lim_U \| (x_i) \|$$

定义 6.12 称 Banach 空间 Y 是在 X 中有限可表现的，是指对任何 $\lambda > 1$ 和 Y 的任意有限维的子空间 Y_1 都存在 X 的有限维子空间和 X_1 从 Y_1 到 X_1 的同构

T 满足

$$\lambda^{-1}\parallel x\parallel\leqslant\parallel Tx\parallel\leqslant\lambda\parallel x\parallel,(\forall x\in Y_1)$$

下面我们将指标集 I 限定于正整数集 N，并令 $X_1=x$，$i\in N$，其中 X 是 Banach 空间，对 N 上的超滤子 U，我们用 X_U 表示超积，下面，我们仅考虑 N 上的非平凡超滤子 U，在这种情况下，超积 X_U 是 X 的有限可表现，因此，X_U 继承了 X 的所有有限维几何性质。

定义 6.13　令 P 是 Banach 空间 X 的一个性质，称 Banach 空间 X 具有超性质 P，是指对 X 中的每个有限可表现 Y 都具有性质 P。

定理 6.1　设 X 与 Y 是 Banach 空间，且 Y 是在 X 中有限可表现的，则存在集合 N 上的超滤子 U，使得 Y 与 X_U 的子空间等距同构。

性质 P 是可继承的，指的是具有性质 P 的空间，其任何子空间也具有性质 P。我们可以参考下面更强的结论。

推论 6.1　设性质 P 是可继承的 Banach 空间性质，则 Banach 空间 X 具有超性质 P 当且仅当 X 的每个超积 X_U 具有性质 P。

定义 6.14　若每个在 X 中有限可表示的空间 Y 都具有正规结构，则称 X 具有超一致正规结构。关于一致正规结构和超正规结构满足下面的定理。

定理 6.2　具有超正规结构 Banach 空间 X 必具有一致正规结构。

6.1.2　U_β-凸模的几何性质和不动点性质

下面根据 U_β-凸模 $u_\beta(\varepsilon)$，引入 U_β-凸模 $u_\beta(\varepsilon)$。

定义 6.15　设 X 为 Banach 空间，对 $\forall\varepsilon\in[0,2]$，$X$ 的 U_β-凸模为

$$u_\beta(\varepsilon)=\inf\{1-\inf_{0\leqslant t\leqslant1}\parallel tx+(1-t)y\parallel:x,y\in S(X),$$
$$(f,x-y)\geqslant\varepsilon\},对某个 f\in\nabla_x \tag{6.02}$$

注 6.3　当 X 是 Hilbert 空间时，$u_\beta(\varepsilon)=1-\sqrt{1-\varepsilon/2}$。

事实上，当 X 是 Hilbert 空间时，$u_x(\varepsilon)=1-\sqrt{1-\varepsilon/2}$。而且已知一个线性赋范空间是内积空间的充分必要条件是，对任意 x，$y\in S(X)$，满足

$$\frac{\parallel x+y\parallel}{2}=\inf_{0\leqslant t\leqslant1}\parallel tx+(1-t)y\parallel$$

命题 6.1　Banach 空间 X 的 U_β-凸模等价于

$$u_\beta(\varepsilon)=\inf\{1-\inf_{0\leqslant t\leqslant1}\parallel tx+(1-t)y\parallel:x\in S(X),y\in B(X)/P\{0\},(f,x-y)$$
$$\geqslant\varepsilon\},对某个 f\in\nabla_x$$

证明　令

$$x\in S(X),y\in B(X)/S(X)U\{0\},F\bigcup\nabla_x$$

且

$$(f, x-y) \geqslant \varepsilon, |f(y)| < 1$$

即

$$\varepsilon < 2$$

下面我们要找 $z \in S(X)$，使得对 $\forall t \in [0, 1]$ 有

$$\| tx + (1-t)y \| \leqslant \| tx + (1-t)z \|, f(x-y) = f(x-z)$$

记

$$f(x-y) = \xi \geqslant \varepsilon$$

取

$$y' \in B(X)/S(X)$$

使 y 与 y' 不相关，且

$$f(y) = f(y')$$

记

$$S(X) \bigcap \{ay' + (1-a)y : a \in R\} = \{z_1, z_2\}$$

于是，存在 $\lambda \in (0, 1)$，使

$$y = \lambda z_1 + (1-\lambda) z_2$$

则对 $\forall t \in [0, 1]$ 有

$$
\begin{aligned}
\| tx + (1-t)y \| &= \| tx + (1-t)(\lambda z_1 + (1-\lambda)z_1) \| \\
&= \| \lambda(tx + (1-t)z_1 + (1-\lambda)(tx + (1-t)z_2) \| \\
&\leqslant \lambda \| tx + (1-t)z_1 \| + (1-\lambda) \| tx + (1-t)z_2 \|
\end{aligned}
$$

这表示

$$\| tx + (1-t)y \| \leqslant \| tx + (1-t)z_1 \|$$

或者

$$\| tx + (1-t)y \| \leqslant \| tx + (1-t)z_2 \|$$

则

$$1 - \inf_{0 \leqslant t \leqslant 1} \| tx + (1-t)y \| \geqslant 1 - \inf_{0 \leqslant t \leqslant 1} \| tx + (1-t)z_1 \|$$

或者

$$1 - \inf_{0 \leqslant t \leqslant 1} \| tx + (1-t)y \| \geqslant 1 - \inf_{0 \leqslant t \leqslant 1} \| tx + (1-t)z_2 \|$$

而且

$$f(x-z_1) = f(x-z_2) = \xi \geqslant \varepsilon$$

命题 6.2 设 X 是 Banach 空间，则下列命题成立

(1) $u_\beta(\varepsilon)$ 是从 $[0, 2]$ 到 $[0, 1]$ 上的增函数

(2) $u_\beta(\varepsilon) \geqslant \beta_X(\varepsilon), 0 \leqslant \varepsilon \leqslant 2$

(3) $u_\beta(\varepsilon) \geqslant u_X(\varepsilon), 0 \leqslant \varepsilon \leqslant 2$

(4) $u_\beta(\cdot)$ 是 $[0, 2)$ 上的连续函数

证明　其中（1）～（3）是显然的。下面给出（4）的证明。当 $\varepsilon=0$ 时

$$\xi_n \downarrow 0, x_n, y_n \in S(X), f_n \in \nabla_{x_n}$$

使得，对任意 n，都有

$$f_n(x_n-y_n)=\xi_n$$

由于

$$1-\inf_{0\leqslant t\leqslant 1}\|tx_n+(1-t)y\| \leqslant 1-\inf_{0\leqslant t\leqslant 1}(tf_n(x_n)+(1-t)f_n(y_n))$$
$$=1-\inf_{0\leqslant t\leqslant 1}(t+(1-t)f_n(y_n))$$
$$=\sup_{0\leqslant t\leqslant 1}(1-t)f_n(x_n-y_n)$$

又由于

$$\lim_{n\to\infty}f_n(x_n-y_n)=0$$

于是

$$\lim_{n\to\infty}u_\beta(\xi_n)=0=u_\beta(0)$$

又由于 $u_\beta(\varepsilon)$ 是单调的，所以 $u_\beta(\varepsilon)$ 在 $\varepsilon=0$ 处连续。

当 $\varepsilon>0$ 时，用反证法。假设 $u_\beta(\cdot)$ 在 $\varepsilon>0$ 处是不连续的，则存在 α，δ，γ，使得

$$\sup_{b<\varepsilon}u_\beta(b)=\alpha<\delta<\gamma=\inf_{b>\varepsilon}u_\beta(b)$$

取

$$\xi_n \uparrow 0, x_n, y_n \in S(X), f_n \in \nabla_{x_n}$$

使得

$$f_n(x_n-y_n)=\xi_n$$

且

$$1-\inf_{0\leqslant t\leqslant 1}\|tx_n+(1-t)y\| \leqslant \delta$$

因此

$$f_n(y_n)=1-\xi_n \downarrow 1-\varepsilon$$

再取

$$\eta_n \downarrow 1$$

使得对所有的 n，有

$$f_n\left(\frac{y_n}{\eta_n}\right)=\frac{1-\xi_n}{\eta_n}<1-\varepsilon$$

即

$$f_n\left(x_n-\frac{y_n}{\eta_n}\right)>\varepsilon$$

于是，由 U_β-凸模的定义知对所有的 n，

$$1-\inf_{0\leqslant t\leqslant 1}\left\|tx_n+(1-t)\frac{y_n}{x_n}\right\|\geqslant\gamma$$

最后，

$$1-\gamma\geqslant\limsup_{n\to\infty}\inf_{0\leqslant t\leqslant 1}\left\|tx_n+(1-t)\frac{y_n}{x_n}\right\|\geqslant\liminf_{n\to\infty}\inf_{0\leqslant t\leqslant 1}\|tx_n+(1-t)y_n\|\geqslant1-\delta$$

得到矛盾，从而得证。

下面我们引入新的定义。

定义 6.16 Banach 空间是 U_β-空间，若对任意 $\varepsilon>0$，存在 $\delta>0$，使当每个 x，$y\in S(X)$ 且 $\inf\limits_{0\leqslant t\leqslant 1}\|tx+(1-t)y\|\geqslant1-\delta$ 时，有

$$(f,y)>1-\varepsilon,\forall f\in\nabla_x$$

定理 6.3 Banach 空间是 U_β-空间当且仅当 $u_\beta(\varepsilon)>0$，$\forall\varepsilon\in(0,2]$。

引理 6.1 设 Banach 空间 X 不是 Schur 空间，则

$$R(X)=\sup\{\liminf_{n\to\infty}\|x_n+x\|\}$$

其中，上确界是在任意 $x\in S(X)$ 及满足 $\liminf\limits_{n\to\infty}\|x_n\|=1$ 的弱收敛于零的序列 $(x_n)\subset B(X)$ 上取得。

引理 6.2 设 x，$y\in S(X)$，$0<\varepsilon<1$，若 $\|(x+y)/2\|>1-\varepsilon$，则对任意 $0\leqslant c\leqslant1$，$z=cx+(1-c)y$，有 $\|z\|>1-2\varepsilon$。

引理 6.3 设 X 是 Banach 空间且不具有弱正规结构，则对任意 ε：$0<\varepsilon<1$，存在 x_1，x_2，$x_3\in S(X)$ 满足

(1) $x_2-x_3=ax_1,|a-1|<\varepsilon$

(2) $|\|x_2-x_1\|-1|<\varepsilon,|\|x_3-(-x_1)\|-1|<\varepsilon$

(3) $\dfrac{1}{2}\|x_1+x_2\|,\dfrac{1}{2}\|x_3+(-x_1)\|>1-\varepsilon$

定理 6.4 设 X 是 Banach 空间，如果存在 $\delta>0$，使得 $u_\beta(1-\delta)>0$，则 $R(X)<2$。

证明 由于函数 $u_\beta(\cdot)$ 是增函数，那么，存在 $\xi>0$，使得 $u_\beta(1-\xi)>2\xi$。用反证法，假设 $R(X)=2$，由引理 6.1 知，存在 $x\in S(X)$ 及一个弱收敛于零的序列 $(x_n)\subset B(X)$，$\liminf\limits_{n\to\infty}\|x_n\|=1$，使得

$$\liminf_{n\to\infty}\|x_n+x\|>2(1-\xi)$$

由引理 6.2，更有

$$\lim_{n\to\infty}\inf_{0\leqslant t\leqslant 1}\|tx+(1-t)x_n\|>1-2\xi \tag{6.03}$$

考虑 $\forall f\in\nabla_x$，有

$$1-\xi<f(x)=\lim_{n\to\infty}f\left(x-\frac{x_n}{\|x_n\|}\right)$$

于是存在 n_0，使得对任意 $n>n_0$ 有

$$1-\xi<f\left(x-\frac{x_n}{\|x_n\|}\right)$$

从而由 U_β -凸模的定义知对任意 $n>n_0$ 有

$$\inf_{0\leqslant t\leqslant 1}\left\|tx+(1-t)\frac{x_n}{\|x_n\|}\right\|\leqslant 1-u_\beta(1-\xi)$$

于是

$$\lim_{n\to\infty}\inf_{0\leqslant t\leqslant 1}\|tx+(1-t)x_n\|\leqslant 1-u_\beta(1-\xi)<1-2\xi \qquad (6.04)$$

式（6.03）与式（6.04）矛盾，于是假设不真，则 $R(X)<2$。

定理 6.5 对任意 Banach 空间 X，如果 $u_\beta(1)>0$，那么 X 是一致非方的。

证明 假设 X 不是一致非方的，对 $u_\beta(1)>0$，存在 x，$y\in S(X)$，使得

$$\frac{1}{2}\|x+y\|>1-\frac{u_\beta(1)}{4}$$

$$\frac{1}{2}\|x-y\|>1-\frac{u_\beta(1)}{4}$$

由引理 6.2 知，对任意 $t\in[0,1]$，有

$$\|tx+(1-t)y\|>1-\frac{u_\beta(1)}{2}$$

且有

$$\inf_{0\leqslant t\leqslant 1}\|tx+(1-t)y\|>1-\frac{u_\beta(1)}{2}>1-u_\beta(1)$$

同理得

$$\inf_{0\leqslant t\leqslant 1}\|tx+(1-t)(-y)\|>1-u_\beta(1)$$

由 $u_\beta(1)$ 的定义：$(f,x-y)<1$ 和 $(f,x+y)<1$，$\forall f\in\nabla_x$，即 $(f,y)>0$，$(f,y)<0$，这是不可能的，从而 X 是一致非方的。

定理 6.6 对任意 Banach 空间 X，若存在 $\delta>0$，使 $u_\beta(1/2-\delta)>0$，则 X 具有正规结构，从而使得 X 具有不动点的性质。

证明 因为 $u_\beta(1/2-\delta)>0$，所以 $u_\beta(1)>0$，则 X 是自反的，于是 X 上正规结构与弱正规结构等价，又由 $u_\beta(1/2-\delta)>0$，对 $\forall x$，$y\in S(X)$，若

$$\inf_{0\leqslant t\leqslant 1}\|tx+(1-t)y\|>1-u_\beta(1/2-\delta)$$

则有

$$(f,x-y)<1/2-\delta,(\forall f\in\nabla_x)$$

以下用反证法证明，假设 X 不具有弱正规结构，取

$$\varepsilon=\min\left\{\frac{u_\beta(1/2-\delta)}{4},\delta\right\}$$

存在 x_1、x_2、x_3 满足引理 6.3，使得

$$\frac{\|x_1+x_2\|}{2}>1-\varepsilon\geqslant1-\frac{u_\beta(1/2-\delta)}{4}$$

$$\frac{\|x_3+(-x_1)\|}{2}>1-\varepsilon\geqslant\frac{u_\beta(1/2-\delta)}{4}$$

又由引理 6.2，得

$$\inf_{0\leqslant t\leqslant1}\|tx_1+(1-t)x_2\|>1-\frac{u_\beta(1/2-\delta)}{2}>1-u_\beta(1/2-\delta)$$

$$\inf_{0\leqslant t\leqslant1}\|tx_1+(1-t)(-x_3)\|>1-u_\beta(1/2-\delta)$$

又由引理 6.3，有

$$\|x_2-x_3\|=|a|<1+\varepsilon\leqslant1+\delta$$

于是

$$(f,x_1-x_2)<1/2-\delta,(f,x_1+x_3)<1/2-\delta,(f,x_2-x_3)<\|x_2-x_3\|\leqslant1+\delta$$

从而

$$2=2(f,x_1)=(f,x_1-x_2)+(f,x_2-x_3)+(f,x_1+x_3)<$$
$$1/2-\delta+1/2-\delta+1+\delta=2-\delta$$

因为 $\delta>0$，所以上式矛盾，故 X 具有正规结构。

易证明下面推论。

推论 6.2 对任意 Banach 空间 X，如果 $u_\beta(1)>0$，则 X 是一致非方的。

推论 6.3 对任意 Banach 空间 X，若存在 $\delta>0$，使 $u_X(1/2-\delta)>0$，则 X 具有正规结构。

6.1.3 小结

在本节中我们根据 U-凸模 $u_x(\varepsilon)$ 定义了 U_β-凸模 $u_\beta(\varepsilon)$，并且得到了它的一个等价定义，接着研究了它与多几何性质，例如研究一致非方、正规结构、一致正规结构之间的联系，推广了有关 U-凸模 $u_x(\varepsilon)$ 的许多结论。

6.2 常数 $E(X)$ 的几何性质

6.2.1 等价表示及其性质

最近，J.Gao 引入了下面的几何常数。

定义 6.17 对任何的 Banach 空间 X 定义

$$E(X)=\sup\{\|x+y\|^2+\|x-y\|^2:x,y\in S(X)\}$$

由模 $\gamma_x(t)$ 的定义知 $E(X)=2\gamma_x(1)$，从而由 Yang 和 Wang 的结果易得下面

命题。

命题 6.3　设 X 是非平凡的 Banach 空间，则

(1) $E(X) = \sup\{ \| x+y \|^2 + \| x-y \|^2 : x, y \in B(X)\}$

(2) $E(X) < 8$ 当且仅当 X 是一致非方的

(3) $4 \leqslant E(X) \leqslant 8$

下面给出常数 $E(X)$ 的一个等价定义。

命题 6.4　设 X 是非平凡的 Banach 空间，则

$$E(X) = \sup\left\{ \frac{\| x+y \|^2 + \| x-y \|^2}{\max(\| x \|^2, \| y \|^2)} : x, y \in X, (x, y \neq 0) \right\} \tag{6.05}$$

为不失一般性，假定 $\| x \| \geqslant \| y \| > 0$，则有

$$\frac{\| x+y \|^2 + \| x-y \|^2}{\max(\| x \|^2, \| y \|^2)} = \frac{\| x+y \|^2 + \| x-y \|^2}{\| x \|^2} = \left\| \frac{x}{\| x \|} + \frac{y}{\| y \|} \right\|^2$$
$$+ \left\| \frac{x}{\| x \|} - \frac{y}{\| y \|} \right\|^2 \leqslant E(X)$$

由于相反的不等式总是成立，得式 (6.05)。

定理 6.7　设 X 是 I_p 或 $L_p[0, 1]$ 空间，且 $p, q \geqslant 1$，$1/p + 1/q = 0$，则

$$E(X) = 2 \cdot 2^{2/r} \tag{6.06}$$

其中，$r = \min(p, q)$。

证明　$E(I_p)$ 和 $E(L_p)(p \geqslant 2)$ 的精确值已经得到，考虑 $1 \leqslant p \leqslant 2$ 时的 Clarkson 不等式

$$(\| x+y \|^q + \| x-y \|^q)^{1/q} \leqslant 2^{1/q}(\| x \|^p + \| y \|^p)^{1/p}$$

于是，对任何 $x, y \in S(X)$ 有

$$\| x+y \|^2 + \| x-y \|^2 \leqslant 2^{1-2/q}(\| x+y \|^q + \| x-y \|^q)^{2/q}$$
$$\leqslant 2(\| x \|^p + \| y \|^p)^{2/p} = 2 \cdot 2^{2/p}$$

从而

$$E(X) = 2 \cdot 2^{2/r}$$

对于 I_p，令

$$x = (1, 0, 0, L), y = (0, 1, 0, L)$$

则

$$\| x+y \|^2 + \| x-y \|^2 = 2 \cdot 2^{2/p}$$

对于 $L_p[0, 1]$，若令

$$x(t) = \begin{cases} 2^{1/p}, t \in [0, 1/2] \\ 0, t \in [1/2, 1] \end{cases}$$

$$y(t) = \begin{cases} 0, t \in [0, 1/2] \\ 2^{1/p}, t \in [1/2, 1] \end{cases}$$

则

$$\parallel x(t)+y(t)\parallel^2+\parallel x(t)-y(t)\parallel^2=2 \cdot 2^{2/p}$$

由上述讨论式 (6.06) 得证。

命题 6.5 设 X 是非平凡的 Banach 空间，则

$$2E(X^*)-8\leqslant E(X)\leqslant E(X^*)/2+4 \tag{6.07}$$

证明 由 $E(X)$ 的定义，一方面

$$E(X)=\sup\{\parallel x+y\parallel^2+\parallel x-y\parallel^2:x,y\in S(X)\}$$

$$\leqslant\sup\left\{\frac{\parallel x+y\parallel+\parallel x-y\parallel}{2}:x,y\in S(X)\right\}^2+4$$

$$=\sup\left\{\frac{x^*(x+y)+y^*(x-y)}{2}:x,y\in S(X),x^*,y^*\in S(X^*)\right\}^2+4$$

$$=\sup\left\{\frac{(x^*+y^*)(x)-(x^*-y^*)(y)}{2}:x,y\in S(X),x^*,y^*\in S(X^*)\right\}^2+4$$

$$=\sup\left\{\frac{\parallel x^*+y^*\parallel+\parallel x^*-y^*\parallel}{2}:x^*,y^*\in S(X^*)\right\}^2+4$$

$$\leqslant\frac{1}{2}\sup\{\parallel x^*+y^*\parallel^2+\parallel x^*-y^*\parallel^2:x^*,y^*\in S(X^*)\}^2+4$$

$$\leqslant E(X^*)/2+4$$

于是得不等式 (6.07) 的右端。另一方面

$$E(X)=\sup\{\parallel x+y\parallel^2+\parallel x-y\parallel^2:x,y\in S(X)\}$$

$$\geqslant 2\sup\left\{\frac{\parallel x+y\parallel+\parallel x-y\parallel}{2}:x,y\in S(X)\right\}^2$$

$$=2\sup\left\{\frac{x^*(x+y)+y^*(x-y)}{2}:x,y\in S(X),x^*,y^*\in S(X^*)\right\}^2$$

$$=2\sup\left\{\frac{(x^*+y^*)(x)-(x^*-y^*)(y)}{2}:x,y\in S(X),x^*,y^*\in S(X^*)\right\}^2$$

$$=2\sup\left\{\frac{\parallel x^*+y^*\parallel+\parallel x^*-y^*\parallel}{2}:x^*,y^*\in S(X^*)\right\}^2$$

$$\geqslant 2\sup\{\parallel x^*+y^*\parallel^2+\parallel x^*-y^*\parallel^2:x^*,y^*\in S(X^*)\}^2-8$$

$$=2E(X^*)-8 \tag{6.08}$$

其中，式 (6.08) 用到了下面的不等式

$$\left(\frac{a+b}{2}\right)^2\geqslant(a^2+b^2)-4(\forall a,b\in[0,2])$$

于是式 (6.07) 的左端得证。

推论 6.4 X 是一致非方的 $\Leftrightarrow X^*$ 是一致非方的。

若记 $\widetilde{E}(X)$ 是 X 上所有等价范数的 Gao 常数的下确界，则可以得到刻画关于空间超自反型的一个新特征。

命题 6.6　设 X 是非平凡的 Banach 空间，则下列条件等价

(1) $\widetilde{E}(X) < 8$

(2) X 超自反

(3) X^* 超自反

证明　(1)⇒(2)。

由 $\widetilde{E}(X) < 8$ 必存在 X 上的等价范数 $(X, \|\cdot\|)$ 使得 $E(X) < 8$，于是 X 是一致非方的，从而超自反。

(2) ⇒(3)。

(3) ⇒(1)。

若 X^* 超自反，则存在 X^* 上的等价范数 $(X^*, \|\cdot\|)$ 使得 $(X^*, \|\cdot\|)$ 是一致凸的。于是对任何 $\varepsilon \in (0, 2]$，其凸性模 $\delta_{X^*}(\varepsilon) > 0$。

$$E(X^*) = \sup\{\|x^* + y^*\|^2 + \|x^* - y^*\|^2 : x^*, y^* \in S(X^*)\}$$
$$\leqslant \sup\{\|x^* + y^*\|^2 + 4[1 - \delta_{X^*}(\|x^* - y^*\|^2)]^2 : x^*, y^* \in S(X^*)\}$$
$$= \sup\{\varepsilon^2 + 4[1 - \delta_{X^*}(\varepsilon)]^2 : \varepsilon \in [0, 2]\}$$

由 $\delta_{X^*}(\varepsilon)$ 在 $[0, 2]$ 上的连续性，必存在 $\varepsilon_0 \in (0, 2]$ 使得

$$\sup\{\varepsilon^2 + 4(1 - \delta_{X^*}(\varepsilon))^2 : \varepsilon \in [0, 2]\} = \varepsilon_0^2 + 4[1 - \delta_{X^*}(\varepsilon_0)]^2$$

故

$$E(X^*) = \varepsilon_0^2 + 4[1 - \delta_{X^*}(\varepsilon_0)]^2$$
$$\leqslant 4 + 4[1 - \delta_{X^*}(\varepsilon_0)]^2 < 8$$

从而由命题 6.5 知

$$E(X) < 8$$

且有

$$\widetilde{E}(X) < 8$$

6.2.2　不动点定理

1965 年，Kirk 证明了下面的定理，从而建立了正规结构和不动点之间的联系。

定理 6.8　设 X 是具有正规结构的自反的 Banach 空间，C 是 X 上的非空有界闭凸子集。若 $T : C \to C$ 是非扩张映射，则映射 T 有不动点。

2006 年，J. Gao 证明了 $E(X) < 5$ 蕴含正规结构，下面我们改进这一结果。

定理 6.9　若 $E(X) < 3 + \sqrt{5}$，则 X 具有正规结构。

证明　由于 $E(X) < 3 + \sqrt{5} < 8$ 蕴含 X 是一致非方的从而自反，于是正规结构与弱正规结构一致，下证 X 具有弱正规结构。假定 X 不具有弱正规结构，则

对任意的 $\varepsilon>0$，存在 z_1，z_2，$z_3 \in S(X)$ 和 g_1，g_2，$g_3 \in S(X^*)$，使得

(1) $|\,\|z_i - z_j\| - 1| < \varepsilon, |g_i(z_j)| < \varepsilon, (i \neq j)$

(2) $g_i(z_i) = 1, i = 1, 2, 3$

(3) $\|z_3 - (z_1 + z_2)\| \geqslant \|z_1 + z_2\| - \varepsilon$

令 $r = (\sqrt{5} - 1)/2$，下面分情况讨论。

情况 1：$\|z_1 + z_2\| \leqslant 1 + r$

令

$$x = \frac{z_2 - z_1}{1 + \varepsilon}, y = \frac{r(z_2 + z_1)}{1 + \varepsilon}$$

则 x，$y \in B(X)$，且

$$
\begin{aligned}
(1 + \varepsilon)\|x - y\| &= \|(1 + r)z_2 - (1 - r)z_1\| \\
&\geqslant g_2((1 + r)z_2 - (1 - r)z_1) \\
&\geqslant (1 + r) - \varepsilon \\
(1 + \varepsilon)\|x - y\| &= \|(1 - r)z_2 - (1 + r)z_1\| \\
&\geqslant g_1((1 + r)z_1 - (1 - r)z_2) \\
&\geqslant (1 + r) - \varepsilon
\end{aligned}
$$

情况 2：$\|z_2 + z_1\| > 1 + r$，$\|z_3 + z_2 + z_1\| > 1 + r$

令

$$x = \frac{z_3 - z_1}{1 + \varepsilon}, y = \frac{z_2}{1 + \varepsilon}$$

则 x，$y \in B(X)$，且

$$
\begin{aligned}
(1 + \varepsilon)\|x + y\| &= \|z_3 + z_2 - z_1\| \geqslant (1 + r) \\
(1 + \varepsilon)\|x - y\| &= \|z_3 - (z_2 + z_1)\| \\
&\geqslant \|z_2 + z_1\| - \varepsilon \\
&\geqslant (1 + r) - \varepsilon
\end{aligned}
$$

情况 3：$\|z_2 + z_1\| > 1 + r$，$\|z_3 + z_2 - z_1\| \leqslant 1 + r$

令

$$x = \frac{z_3 - z_2}{1 + \varepsilon}, y = \frac{r(z_3 + z_2 - z_1)}{1 + \varepsilon}$$

则 x，$y \in B(X)$，且

$$
\begin{aligned}
(1 + \varepsilon)\|x + y\| &= \|(1 + r)z_3 - (1 - r)z_2 - rz_1\| \\
&\geqslant g_3[(1 + r)z_3 - (1 - r)z_2 - rz_1] \\
&\geqslant (1 + r) - (1 - r)\varepsilon - r\varepsilon \\
&= (1 + r) - \varepsilon \\
(1 + \varepsilon)\|x - y\| &= \|(1 + r)z_2 - (1 - r)z_3 - rz_1\|
\end{aligned}
$$

$$\geqslant g_2 \left[(1+r)z_2 - (1-r)z_3 - rz_1 \right]$$
$$\geqslant (1+r) - (1-r)\varepsilon - r\varepsilon$$
$$= (1+r) - \varepsilon$$

令 $\varepsilon \to 0$，则不论何种情况，必存在 x，$y \in B(X)$ 使得 $\| x+y \| \geqslant 1+r$，$\| x-y \| \geqslant 1+r$，从而由 $E(X)$ 的定义

$$E(X) \geqslant 2(1+r)^2 = 3 + \sqrt{5}$$

矛盾，从而 X 必有正规结构。

因此，由前面的讨论可得到下面的结论。

定理 6.10　设 C 是 Banach 空间 X 上的非空有界闭凸子集，若 X 满足下列条件之一，则非扩张映射 $T : C \to C$ 有不动点。

(1) 存在 $\varepsilon \in [0, 1]$，使得 $\delta_X^{(a)}(1+\varepsilon) > (1-\alpha)\varepsilon$

(2) 存在 $t \in (0, 1]$，使得 $2\gamma_X(t) < 1 + (1+t)^2$

(3) $E(X) < 3 + \sqrt{5}$

6.2.3　小结

在本节中我们首先给出了 J. Gao 常数 $E(X)$ 的一个等价定义，并且计算了它在空间 l_p 和空间 $L_p[0, 1]$ 中的精确值，然后通过对 $E(X)$ 和 $E(X^*)$ 关系的讨论，得到了空间具有超自反性的一个新特征。我们得到了当 $E(X) < 3 + \sqrt{5}$，则 X 具有正规结构，这个结果推广了 J. Gao 的结论。

6.3　Banach 空间中的广义凸性模

6.3.1　预备知识

经典凸性模，即 Clarkson 凸性模的引入是为了精确测量 Banach 空间在某种意义下一致凸的程度。

定义 6.18　Banach 空间 X 的凸性模，即函数 $\delta_X(\varepsilon)$ 定义为

$$\delta_X(\varepsilon) = \inf \left\{ 1 - \frac{\| x+y \|}{2} : x, y \in S(X), \| x-y \| \geqslant \varepsilon \right\}$$

注 6.4　(1) 上述定义中 "$S(X)$" 和 "$\geqslant$" 可分别换位 "$B(X)$" 和 "$=$"。

(2) Nordlander 证明了对任何的 Banach 空间 X 有

$$\delta_X(\varepsilon) \leqslant \delta_H(\varepsilon) = 1 - \sqrt{1 - (\varepsilon/2)^2}$$

所以，Hilbert 空间是 "最凸的" Banach 空间。

随之，由于不同的研究需要又引入了各种类型的凸性模，例如 J. Gao 在

1995 年和 2004 年分别引入了 U 凸模和 W^* 凸模的定义，扬长森、超俊峰把经典凸性模定义中球面上任意两点的中点形式改为凸组合的形式，自然地推广了经典凸性模。

定义 6.19 对于 $\alpha \in (0, 1)$，广义凸性模即函数 $\delta_X^{(\alpha)}(\varepsilon) : [0, 2] \to [0, 1]$ 定义为

$$\delta_X(\varepsilon) = \inf\{1 - \|\alpha x + (1-\alpha)y\| : x, y \in S(X), \|x-y\| \geqslant \varepsilon\}$$

高继证明了广义凸性模具有下面性质：

命题 6.7 设 X 是维数不小于 2 的 Banach 空间，则

(1) $0 \leqslant \delta_X^{(\alpha)}(\varepsilon) \leqslant \alpha\varepsilon$

(2) $\delta_X^{(1/2)}(\varepsilon) = \delta(\varepsilon)$

(3) $\delta_X^{(\alpha)}(\varepsilon)$ 是关于 ε 的非减函数

(4) "$S(X)$" 和 "$\geqslant$" 可分别换位 "$B(X)$" 和 "$=$"

注 6.5 由对称性 $\delta_X^{(\alpha)}(\varepsilon) = \delta_X^{(1-\alpha)}(\varepsilon)$，因此本书中总假定 $\alpha \in (0, 1/2]$。下面我们讨论关于广义凸性模的一些基本性质，首先我们建立广义凸性模 $\delta_X^{(\alpha)}(\varepsilon)$ 与经典凸性模之间的联系。

命题 6.8 设 X 是维数不小于 2 的 Banach 空间，$\delta(\varepsilon)$ 为经典凸性模，则

$$2\alpha\delta_x(\varepsilon) \leqslant \delta_X^{(\alpha)}(\varepsilon) \leqslant 2(1-\alpha)\delta_X(\varepsilon) \tag{6.09}$$

证明 设 $x, y \in S(X)$，且 $\|x-y\| = \varepsilon$

$$1 - \|\alpha x + (1-\alpha)y\| \geqslant 1 - \|x+y\| - (1-2\alpha) =$$
$$2\alpha(1 - \|x+y\|/2) \geqslant 2\alpha\delta_X(\varepsilon)$$

由 x、y 的任意性得不等式 (6.09) 的左端。

另一方面对任何 $\eta > 0$，$\exists x, y \in S(X)$，$\|x-y\| = \varepsilon$，使得

$$1 - \|x+y\|/2 \leqslant \delta_X(\varepsilon) + \eta\delta_X^{(\alpha)}(\varepsilon) \leqslant 1 - \|\alpha x + (1-\alpha)y\|$$
$$\leqslant 1 - (1-\alpha)\|x+y\| + 1 - 2\alpha \leqslant 2(1-\alpha)(\delta_X(\varepsilon) + \eta)$$

由 η 的任意性得不等式 (6.09) 的右端。

上述不等式蕴含 $\delta_X^{(\alpha)}(\varepsilon) = 0$，当且仅当 $\delta_X(\varepsilon) = 0$。

记 $\varepsilon_0 = \sup\{\varepsilon \in [0, 2] : \delta_X\{\varepsilon\} = 0\}$ 是 X 的凸性征，则可得下面有趣的结果。

推论 6.5 设 X 是非平凡的 Banach 空间，ε_0 是 X 的凸性征，则

$$\varepsilon_0 = \sup\{\varepsilon \in [0, 2] : \delta_X^{(\alpha)}\{\varepsilon\} = 0\}$$

推论 6.6 X 是一致凸的，当且仅当对任何 $\alpha \in (0, 2]$，有 $\delta_X^{(\alpha)}(\varepsilon) > 0$。

6.3.2 函数性质

本部分主要研究了广义凸性模作为从 $[0, 2]$ 到 $[0, 1]$ 上的实值函数的一些基本性质。

命题 6.9　$\delta_X^{(a)}(\varepsilon)/\varepsilon$ 是 $(0，2]$ 上的非减函数。

证明　设 $0<\varepsilon_1\leqslant\varepsilon_2\leqslant 2$，$x，y\in S(X)$，$\|x-y\|=\varepsilon_2$

令

$$z=[\alpha x+(1-\alpha)y]/\|\alpha x+(1-\alpha)y\|，t=\frac{\varepsilon_1}{\varepsilon_2}$$

$$u=tx+(1-t)z，v=ty+(1-t)z$$

则

$$u，v\in B(X)，\|u-v\|=\varepsilon_1$$

从而

$$1-\|\alpha u+(1-\alpha)v\|=t[1-\|\alpha x+(1-\alpha)y\|]=(\varepsilon_1/\varepsilon_2)[1-\|\alpha x+(1-\alpha)y\|]$$

故

$$\frac{\delta_X^{(a)}(\varepsilon_1)}{\varepsilon_1}\leqslant\frac{1-\|\alpha u+(1-\alpha)v\|}{\varepsilon_1}=\frac{1-\|\alpha x+(1-\alpha)y\|}{\varepsilon_2}$$

由 $x，y$ 的任意性，$\delta_X^{(a)}(\varepsilon_1)/\varepsilon_1\leqslant\delta_X^{(a)}(\varepsilon_2)/\varepsilon_2$，从而命题得证。

命题 6.10　设 $0<\varepsilon_1\leqslant\varepsilon_2\leqslant 2$ 则

$$\delta_X^{(a)}(\varepsilon_2)-\delta_X^{(a)}(\varepsilon_1)\leqslant 2(1-\alpha)\frac{\varepsilon_2-\varepsilon_1}{2-\varepsilon_1}\tag{6.10}$$

从而 $\delta_X^{(a)}(\varepsilon)$ 在 $[0,2)$ 上连续。

证明　若 $\varepsilon_1=0$，则 $\delta_X^{(a)}(\varepsilon_2)\leqslant 2(1-\alpha)\delta_X(\varepsilon_2)\leqslant(1-\alpha)\varepsilon_2$，故，式（6.10）成立。

若 $0<\varepsilon_1\leqslant\varepsilon_2\leqslant 2$，令 $x，y\in S(X)$，$\|x-y\|=\varepsilon_1$，$t=(\varepsilon_2-\varepsilon_1)/(2-\varepsilon_1)$，$z=(x-y)/\|x-y\|$，$u=(1-t)x+tz$，$v=(1-t)y-tz$，则 $u，v\in B(X)$，$\|u-v\|=\varepsilon_2$

$$\|\alpha u+(1-\alpha)v\|=\|(1-t)[\alpha x+(1-\alpha)y]-t(1-2\alpha)z\|)\geqslant$$
$$(1-t)\|\alpha x+(1-\alpha)y\|-(1-2\alpha)t$$

于是

$$\delta_X^{(a)}(\varepsilon_2)-(1-\|\alpha x+(1-\alpha)y\|)\leqslant[1-\|\alpha u+(1-\alpha)v\|]-[1-\|\alpha x+(1-\alpha)y\|]$$
$$=\|\alpha x+(1-\alpha)y\|-\|\alpha u+(1-\alpha)v\|$$
$$\leqslant t\|\alpha x+(1-\alpha)y\|+t(1-2\alpha)$$
$$\leqslant 2(1-\alpha)(\varepsilon_2-\varepsilon_1)/(2-\varepsilon_1)$$

由 x、y 的任意性式（6.10）成立。

下面给出一些经典 Banach 空间的例子。

例 6.1　由平行四边形公式可得 Hilbert 空间的精确值

$$\delta_H^{(a)}=1-(1-\alpha(1-\alpha)\varepsilon^2)^{1/2}$$

下面给出 $l_p(2<p<\infty)$ 空间的估计值：

取 $x=(\alpha,\varepsilon/2,0,\cdots),y=(\alpha,-\varepsilon/2,0,\cdots)$，其中，$\alpha=(1-(\varepsilon/2)^p)^{1/p}$

则

$$x,y\in S(X),\parallel x-y\parallel=\varepsilon$$

从而

$$\delta_{lp}^{(a)}\leqslant1-\parallel ax+(1-\alpha)y\parallel\leqslant1-[1-(1-(1-2\alpha)^p)\varepsilon^p/2^p]^{1/p}$$

6.3.3　几何性质

本部分主要研究关于广义凸性模的一些几何性质，例如正规结构，一致非方，超自反等。

定理 6.11　X 是一致非方的当且仅当存在 $\alpha\in(0,2]$，有 $\delta_X^{(a)}(\varepsilon)>0$。

证明　易知 X 是一致非方的当且仅当存在 $\alpha\in(0,2]$，使得 $\delta_X(\varepsilon)>0$。知 $\delta_X(\varepsilon)>0$，当且仅当 $\delta_X^{(a)}(\varepsilon)>0$，于是命题得证。

关于不动点和正规结构之间的关系 Kirk 证明了下列重要的定理。

定理 6.12　若 Banach 空间 X 具有正规结构，则定义在空间 X 上的非空有界闭凸子集 C 上的非扩张单值映射 $T:C\rightarrow C$ 有不动点。

首先给出 X 具有正规结构的一个充分条件。

引理 6.4　若 X 不具有弱正规结构，则对任何 η，$0<\eta<1$，存在 $\{z_n\}\subseteq S(X)$，$z_n\xrightarrow{w}0$

$$1-\eta<\parallel z_{n+1}-z\parallel<1+\eta$$

对充分大的 n 和任何 $z\in co\{z_k\}_{k=1}^n$ 成立。

下面的引理改进了 1991 年 J. Gao 给出的结果。

引理 6.5　若 X 不具有弱正规结构，则对任何 η，$0<\eta<1$，和每个 $r\in[0,1]$ 存在 $x\in S(X)$，$y\in B(X)$，使得

（1）$\parallel ax+(1-ax)y\parallel>1-(1-\alpha)r-2\eta$

（2）$\parallel x-y\parallel>(1+r)-4\eta$

证明　若 X 不具有弱正规结构，则上述引理 6.4，对任何 $\eta\in(0,1)$，存在 $\{z_n\}\in S(X)$ 且 $z_n\xrightarrow{w}0$，对充分大的 n 和任何 $z\in co\{z_k\}_{k=1}^n$ 成立。

$$1-\eta<\parallel z_{n+1}-z\parallel<1+\eta$$

由于 0 在弱闭凸包 $\{z_n\}$ 中，也即范数闭凸包。对 $n_0\in N$，$f\in\nabla_{z1}$，使得

$$|(f,z_{n_0})|<\eta,1-\eta<|z_{n_0}-z_1|,|z_{n_0}-z_1/2|<1+\eta$$

对任何的 $r\in[0,1]$，令

$$x=\frac{z_1-z_{n_0}}{\parallel z_1-z_{n_0}\parallel},y=(1-r)z_1+rz_{n_0}$$

则一方面

$$\|\alpha x+(1-\alpha)y\|=\left\|\frac{\alpha(z_1-z_{n_0})}{\|z_1-z_{n_0}\|}+(1-\alpha)[(1-r)z_1+rz_{n_0}]\right\|$$

$$\geqslant\frac{\alpha[1-(f,z_{n_0})]}{\|z_1-z_{n_0}\|}+(1-\alpha)[(1-r)+r(f,z_{n_0})]$$

$$>\frac{\alpha(1-\eta)}{1+\eta}+(1-\alpha)((1-r)-r\eta)$$

$$>1-(1-\alpha)r-2\eta \tag{6.11}$$

从而引理 6.5 (1) 成立。另一方面

$$\|x-y\|=\|x-(z_1-z_{n_0})+rz_1-(1+r)z_{n_0}\|$$

$$\geqslant\|(1+r)z_{n_0}-rz_1\|-\|x-(z_1-z_{n_0})\|$$

$$\geqslant2\|z_{n_0}-z_1/2\|-(1-r)\|z_{n_0}-z_1\|-|1-\|z_1-z_{n_0}\||$$

$$>2(1-\eta)-(1-r)(1+\eta)-\eta$$

$$>(1+r)-4\eta \tag{6.12}$$

从而引理 6.5 (2) 成立。

定理 6.13　若存在 $\eta\in(0,1)$，使得 $\delta_X^{(\alpha)}(1+\varepsilon)>(1-\alpha)\varepsilon$，则 X 具有正规结构。

证明　由定理 6.12，X 是一致非方的从而自反，因此，正规结构与弱正规结构一致，故只需证明 X 具有弱正规结构。

假定 X 不具有弱正规结构。由引理 6.5，对任何 η，$0<\eta<1$，和上述 ε，存在 $x\in S(X)$，$y\in B(X)$，使得

$$\|x-y\|>(1+\varepsilon)-4\eta,\quad\|\alpha x+(1-\alpha)y\|>1-(1-\alpha)\varepsilon-2\eta$$

再由广义凸性模的定义得

$$\delta_X^{(\alpha)}[(1+\varepsilon)-4\eta]\leqslant1-\|\alpha x+(1-\alpha)y\|>(1-\alpha)\varepsilon+2\eta$$

由 η 的任意性和 $\delta_X^{(\alpha)}(\varepsilon)$ 的连续性，得

$$\delta_X^{(\alpha)}(\varepsilon)(1+\varepsilon)\leqslant(1-\alpha)\varepsilon$$

矛盾，所以 X 必具有正规结构。

引理 6.6　设 X 是 Banach 空间，且对偶空间的单位球是弱*序列紧的，假若 Banach 空间 X 不具有弱正规结构，则对 $\forall\eta>0$ 存在 $x_1,x_2\in S(X)$ 和 $f_1,f_2\in S(X^*)$ 满足下面的关系式

(1)　$|\|x_1-x_2\|-1|<\eta$

(2)　对于 $i\neq j$，有 $|f_i(x_j)|<\eta$ 和 $f_i(x_i)=1,(i,j=1,2)$

(3)　$\|x_1-x_2\|\leqslant R(1,X)(1+\eta)$

定理 6.14　假如存在 $\varepsilon\in[0,1]$ 和 $\alpha\in[0,1]$，满足 $\delta_X^{(\alpha)}(1+\varepsilon)>f(\varepsilon)$，那么 X 具有正规结构。这里的函数 $f(\varepsilon)$ 被定义为

$$f(\varepsilon):=\begin{cases}(1-\alpha)\left[R(1,X)-1\right]\varepsilon,0\leqslant\varepsilon\leqslant\dfrac{1}{R(1,X)}\\[4mm](1-\alpha)\left(1-\dfrac{1-\varepsilon}{R(1,X)-1}\right),\dfrac{1}{R(1,X)}<\varepsilon\leqslant1\end{cases}$$

证明　为了推理的方便，下文中我们把 $R(1,X)$ 记为 R，因在定理的条件下，X 是一致非方的故其是自反的，所以我们只需证明 X 具有弱正规结构即可。取充分小的 $\eta>0$ 和 $\varepsilon\in[0,1]$，我们分两步讨论：首先当 $\varepsilon\in\left[0,\dfrac{1}{R}\right]$ 时，令

$$x=\frac{x_1-x_2}{1+\eta},y=\frac{\left[1-(R-1)\varepsilon\right]x_1+\varepsilon x_2}{1+\eta}$$

由引理 6.6 可知 $x\in B(X)$，而且

$$\|y\|=\left\|\frac{\varepsilon}{1+\eta}(x_1+x_2)+\frac{1-R\varepsilon}{1+\eta}x_1\right\|\leqslant R\varepsilon+(1-R\varepsilon)=1$$

因此

$$\|x-y\|=\left\|\frac{(R-1)\varepsilon}{1+\eta}x_1-\frac{1+\varepsilon}{1+\eta}x_2\right\|\geqslant$$

$$\frac{1+\varepsilon}{1+\eta}f_2(x_2)-\frac{(R-1)\varepsilon}{1+\eta}f_2(x_1)\geqslant\frac{1+\varepsilon-\eta}{1+\eta}$$

$$\|\alpha x+(1-\alpha)y\|=\left\|\frac{\left[\alpha+(1-\alpha)\left[1-(R-1)\varepsilon\right]\right]}{1+\eta}f_1(x_1)-\frac{(\alpha-\varepsilon+\alpha\varepsilon)}{1+\eta}x_2\right\|$$

$$\geqslant\frac{\{\alpha+(1-\alpha)\left[1-(R-1)\varepsilon\right]\}}{1+\eta}f_1(x_1)-\frac{(\alpha-\varepsilon+\alpha\varepsilon)}{1+\eta}f_1(x_2)$$

$$\geqslant\frac{\alpha+(1-\alpha)\left[1-(R-1)\varepsilon\right]-(\alpha-\varepsilon+\alpha\varepsilon)\eta}{1+\eta}$$

由 $\delta_X^{(\alpha)}$ 的定义，可得

$$\frac{\alpha+(1-\alpha)\left[1-(R-1)\varepsilon\right]-(\alpha-\varepsilon+\alpha\varepsilon)\eta}{1+\eta}\leqslant\|\alpha x+(1-\alpha)y\|$$

$$\leqslant1-\delta_X^{(\alpha)}(\|x-y\|)$$

$$\leqslant1-\delta_X^{(\alpha)}\left(\frac{1+\varepsilon-\eta}{1+\eta}\right)$$

令 $\eta\to0$，可以得到

$$\delta_X^{(\alpha)}(1+\varepsilon)\leqslant(1-\alpha)(R-1)\varepsilon$$

这与我们的已知矛盾。

假如 $\varepsilon\in\left(\dfrac{1}{R},1\right]$，那么一定有 $R>1$ 否则便得到 $\varepsilon>1$ 与已知矛盾。令

$$x'=\frac{x_2-x_1}{1+\eta},y'=\frac{\left[1-(R-1)\varepsilon'\right]x_1+\varepsilon'x_2}{1+\eta}$$

这里 $\varepsilon'=1-(R-1)$，$\varepsilon\in\left[0,\dfrac{1}{R}\right)$。由第一种情形可得 x'，$y'\in B(X)$ 且

$$\| \, x' - y' \, \| \geqslant \left(1 - \frac{2\eta}{1+\eta}\right)(2 - (R-1)\varepsilon')$$

$$\| \, \alpha x + (1-\alpha)y \, \| \geqslant \frac{\alpha + (1-\alpha)\varepsilon - '\{(1-\alpha)[1-(R-1)\varepsilon']\}\eta}{1+\eta}$$

由广义凸性模的定义可得

$$\delta_X^{(\alpha)} [2 - (R-1)\varepsilon'] \leqslant (1-\alpha)(1-\varepsilon')$$

也等价于

$$\delta_X^{(\alpha)}(1+\varepsilon) \leqslant (1-\alpha)\left(1 - \frac{1-\varepsilon}{R-1}\right)$$

这显然也是一个矛盾，因此定理得到证明。

6.3.4　小结

本节讨论了 Clarkso 凸性模的推广形式，即广义凸性模 $\delta_X^{(\alpha)}(\varepsilon)$ 的一些几何性质。另外我们还得到了广义凸性模的一些函数性质，如单调性、连续性等。进而得到了空间有正规结构的一个充分条件，即若存在 ε，$0 \leqslant \varepsilon \leqslant 1$，使得 $\delta_X^{(\alpha)}(1+\varepsilon)$ $> (1-\alpha)\varepsilon$，则 X 具有正规结构，从而推广了高继的结果。此外我们还得到若存在 $\varepsilon \in [0,1]$ 和 $\alpha \in [0,1]$ 满足 $\delta_X^{(\alpha)}(1+\varepsilon) > f(\varepsilon)$ 同样蕴含着 X 具有正规结构，这里的函数 $f(\varepsilon)$ 定义为

$$f(\varepsilon) : = \begin{cases} (1-\alpha)[R(1,X)-1]\varepsilon, & 0 \leqslant \varepsilon \leqslant \dfrac{1}{R(1,X)} \\[3mm] (1-\alpha)\left(1 - \dfrac{1-\varepsilon}{R(1,X)-1}\right), & \dfrac{1}{R(1,X)} < \varepsilon \leqslant 1 \end{cases}$$

当 $\alpha = 1/2$ 时，这个结论同样推广了高继的结果。

6.4　集值映射与不动点的性质

6.4.1　非方常数和光滑模与集值映射的不动点性质

对于 Banach 空间 X，C 是 X 的非空子集，$CB(X)$ 和 $KC(X)$ 分别代表 X 上的非空有界闭子集和非空紧凸子集构成的集族。

$$H(A,B) = \max\{\sup_{x \in A} \inf_{y \in B} \| \, x-y \, \|, \sup_{y \in B} \inf_{x \in A} \| \, x-y \, \|\}, A,B \in CB(X)$$

它是定义在 $CB(X)$ 的 Hausdorff 距离。假如集值映射 $T : C \to CB(X)$ 满足

$$H(Tx, Ty) \leqslant \| \, x-y \, \|, (x,y \in C)$$

称集值映射 $T : C \to CB(X)$ 是非扩张的。$\{x_n\}$ 是 X 的有界序列

$$r(C, \{x_n\}) = \inf\{\limsup_{n \to \infty} \| \, x_n - x \, \| : x \in C\}$$

$$A(C,\{x_n\}) = \{x \in C : \limsup_{n \to \infty} \| x_n - x \| = r(C,\{x_n\})\}$$

分别为 C 的渐近半径和渐近中心。我们已经知道当 C 是非空弱紧集时，$A(C,\{x_n\})$ 也一定是非空弱紧集。假如对 $\{x_n\}$ 的任意子列 $\{y_n\}$ 都有

$$r(C,\{x_n\}) = r(C,\{y_n\})$$

那么，$\{x_n\}$ 被称为关于 C 是正则的，Dhompongsa 等人引入了 DL 条件，即若存在 $\lambda \in [0, 1)$，使得对 X 的任意弱紧凸子集 C 和关于 C 是正则的任意有界序列 $\{x_n\}$，满足

$$r_C[A(C,\{x_n\})] \leqslant \lambda r(C,\{y_n\})$$

其中，$r_C(D) = \inf_{x \in C} \sup_{y \in D} \| x - y \|$ 是 D 关于 C 的 Chebyshev 半径。并且他们还证明了下列定理。

定理 6.15 设 C 是 Banach 空间 X 的弱紧凸子集，且满足 DL 条件，集值映射 $T : C \to KC(C)$ 是非扩张的，那么 T 具有不动点。

应用上述定理，已经得到了大量集值映射存在不动点的几何条件。下面我们便证明一个几何条件蕴含 DL 条件，从而也保证集值映射 $T : C \to KC(C)$ 具有不动点。

定理 6.16 设 C 是 Banach 空间 X 的弱紧凸子集，$\{x_n\}$ 是关于 C 正则的任意有界序列，那么有下面的结论

$$r_C[A(C,\{x_n\})] \leqslant \frac{1 + \rho_X(t)}{1 + \dfrac{t}{J(X)}} r(C,\{x_n\})$$

证明 令 $r = r(C,\{x_n\})$，$A = A(C,\{x_n\})$。我们可以假设 $r > 0$，$x_n \xrightarrow{w} x \in C$，否则，可以取 $\{x_n\}$ 的一个子列满足上述条件。因为 $\{x_n\}$ 关于 C 是正则的，所以取子列不会影响 $\{x_n\}_1^\infty$ 的渐近半径。令 $z \in A$，那么

$$\lim_{n \to \infty} \sup \| x_n - z \| = r$$

为了下面推理方便，我们用 J 表示 $J(X)$。因为范数是下半连续的，则我们可以得到

$$\liminf_{n \to \infty} \| x_n - x \| \leqslant \liminf_{n \to \infty} \liminf_{m \to \infty} \| x_n - x_m \| = \lim_{n \neq m} \| x_n - x_m \| = d$$

令 $\varepsilon > 0$，对任意的 n 总可以假设 $\| x_n - x \| < d + \varepsilon$，否则我们总可以选取 $\{x_n\}$ 的子列满足。

令

$$z \in A$$

那么

$$\limsup_{n \to \infty} \| x_n - z \| = r$$

而且

$$\| x-z \| \leqslant \liminf_{n\to\infty} \| x_n-z \| \leqslant r$$

因此，由 $J(X)$ 的定义，可得

$$J \geqslant \liminf_{n\to\infty} \left\| \frac{x_n-x}{d+\varepsilon} + \frac{z-x}{r} \right\| = \frac{1}{r} \liminf_{n\to\infty} \left\| \frac{r}{d+\varepsilon} x_n - \left(\frac{r}{d+\varepsilon} + 1 \right) x + z \right\|$$

另一方面，由范数的下半连续性，我们可得

$$\liminf_{n\to\infty} \left\| \left[\frac{1}{r+\varepsilon} + \frac{tr}{J(r+\varepsilon)(d+\varepsilon)} \right] x_n - \left[\frac{tr}{J(r+\varepsilon)(d+\varepsilon)} + \frac{t}{J(r+\varepsilon)} \right] x - \left[\frac{1}{r+\varepsilon} - \frac{t}{J(r+\varepsilon)} \right] z \right\|$$

$$\geqslant \left\| \left[\frac{1}{r+\varepsilon} - \frac{t}{J(r+\varepsilon)} \right] x + \frac{2t}{J(r+\varepsilon)} z - \left[\frac{1}{r+\varepsilon} + \frac{t}{J(r+\varepsilon)} \right] z \right\|$$

$$\liminf_{n\to\infty} \left\| \left[\frac{1}{r+\varepsilon} + \frac{tr}{J(r+\varepsilon)(d+\varepsilon)} \right] (x_n-x) - \left(\frac{t}{J(r+\varepsilon)} + \frac{1}{r+\varepsilon} \right)(z-x) \right\|$$

$$\geqslant \left[\frac{1}{r+\varepsilon} + \frac{t}{J(r+\varepsilon)} \right] \| z-x \|$$

因此对于 $\forall \varepsilon > 0$，$m \in N$，使得

(1) $\| x_m - z \| < r+\varepsilon$

(2) $\left\| \dfrac{r}{d+\varepsilon} x_m - \left(\dfrac{r}{d+\varepsilon} + 1 \right) x + z \right\| < J(r+\varepsilon)$

(3) $\left\| \left[\dfrac{1}{r+\varepsilon} + \dfrac{tr}{J(r+\varepsilon)(d+\varepsilon)} \right] x_m - \left[\dfrac{tr}{J(r+\varepsilon)(d+\varepsilon)} + \dfrac{t}{J(r+\varepsilon)} \right] x - \left[\dfrac{1}{r+\varepsilon} - \dfrac{t}{J(r+\varepsilon)} \right] z \right\|$

$$\geqslant \left\| \left[\frac{1}{r+\varepsilon} - \frac{t}{J(r+\varepsilon)} \right] x + \frac{2t}{J(r+\varepsilon)} z - \left[\frac{1}{r+\varepsilon} + \frac{t}{J(r+\varepsilon)} \right] z \right\| \left(\frac{r-\varepsilon}{r} \right)$$

(4) $\left\| \left[\dfrac{1}{r+\varepsilon} - \dfrac{tr}{J(r+\varepsilon)(d+\varepsilon)} \right] (x_m-x) - \left[\dfrac{t}{J(r+\varepsilon)} + \dfrac{1}{r+\varepsilon} \right] (z-x) \right\|$

$$\geqslant \left[\frac{1}{r+\varepsilon} + \frac{t}{J(r+\varepsilon)} \right] \| z-x \| \left(\frac{r-\varepsilon}{r} \right)$$

取

$$u = \frac{1}{r+\varepsilon} (x_m - z)$$

$$v = \frac{1}{J(r+\varepsilon)} \left[\frac{r}{d+\varepsilon} x_m - \left(\frac{r}{d+\varepsilon} + 1 \right) x + z \right]$$

由 (1) 和 (2) 可知 $u, v \in B(X)$

$$\| u+tv \| =$$

$$\left\| \left[\frac{1}{r+\varepsilon} + \frac{tr}{J(r+\varepsilon)(d+\varepsilon)} \right] x_m - \left[\frac{t}{J(r+\varepsilon)} + \frac{tr}{J(r+\varepsilon)(d+\varepsilon)} \right] x - \left[\frac{1}{r+\varepsilon} - \frac{t}{J(r+\varepsilon)} \right] z \right\| =$$

$$\left\| \left[\frac{1}{r+\varepsilon} + \frac{tr}{J(r+\varepsilon)(d+\varepsilon)} \right] (x_m-x) + \left[\frac{1}{r+\varepsilon} - \frac{t}{J(r+\varepsilon)} \right] x + \frac{2t}{J(r+\varepsilon)} z - \left[\frac{1}{r+\varepsilon} - \frac{t}{J(r+\varepsilon)} \right] z \right\| >$$

$$\left\| \left[\frac{1}{r+\varepsilon} - \frac{t}{J(r+\varepsilon)} \right] x + \frac{2t}{J(r+\varepsilon)} z - \left[\frac{1}{r+\varepsilon} - \frac{t}{J(r+\varepsilon)} \right] z \right\| \left(\frac{r-\varepsilon}{r} \right)$$

$$\| u - tv \| =$$

$$\left\| \left[\frac{1}{r+\varepsilon} - \frac{tr}{J(r+\varepsilon)(d+\varepsilon)}\right]x_m + \left[\frac{t}{J(r+\varepsilon)} + \frac{tr}{J(r+\varepsilon)(d+\varepsilon)}\right]x - \left[\frac{1}{r+\varepsilon} + \frac{t}{J(r+\varepsilon)}\right]z \right\| =$$

$$\left\| \left[\frac{1}{r+\varepsilon} + \frac{tr}{J(r+\varepsilon)(d+\varepsilon)}\right](x_m - x) + \left[\frac{1}{r+\varepsilon} - \frac{t}{J(r+\varepsilon)}\right]x + \frac{2t}{J(r+\varepsilon)}z - \left[\frac{1}{r+\varepsilon} - \frac{t}{J(r+\varepsilon)}\right]z \right\| >$$

$$\left\| \left[\frac{1}{r+\varepsilon} - \frac{t}{J(r+\varepsilon)}\right]x + \frac{2t}{J(r+\varepsilon)}z - \left[\frac{1}{r+\varepsilon} - \frac{t}{J(r+\varepsilon)}\right]z \right\| \left(\frac{r-\varepsilon}{r}\right)$$

由 C 的凸性当 $t \leqslant \sqrt{2}$ 时，有

$$\left(\frac{J-t}{J+t}x + \frac{2t}{J+t}z\right) \in C$$

再由光滑模的定义可知

$$1 + \rho_X(t) \geqslant \frac{1}{2}\left[\frac{1}{r+\varepsilon} + \frac{t}{J(r+\varepsilon)}\right]\left\| \left[\frac{J-t}{J-t}x + \frac{2t}{J+t}z - z + z - x\right]\right\| \left(\frac{r-\varepsilon}{r}\right) \geqslant$$

$$\left[\frac{1}{r+\varepsilon} + \frac{t}{J(r+\varepsilon)}\right]\inf_{y \in C}\| y - z \| \left(\frac{r-\varepsilon}{r}\right)$$

因为上面不等式对于任意的 $\varepsilon > 0$ 和任意的 $z \in A$ 都是成立的，因此，我们可得

$$1 + \rho_X(t) \geqslant \frac{1}{r}\left(1 + \frac{t}{J}\right)r_C(A)$$

即

$$r_C(A) \leqslant \frac{r[1 + \rho_X(t)]}{1 + \frac{t}{J}}$$

推论 6.7　设 C 是 Banach 空间 X 的弱紧凸子集，且满足

$$\rho'_X(0) < \frac{1}{J(X)}$$

集值映射 $T : C \rightarrow KC(C)$ 是非扩张的，那么 T 具有不动点。

证明　我们容易验证，当 $\rho'_X(0) < \frac{1}{J(X)}$ 时，存在 $t > 0$，使得

$$0 \leqslant \frac{[1 + \rho_X(t)]}{1 + \frac{t}{J}} < 1$$

由定理 6.16，可知空间满足 DL 条件，再由定理 6.16 便得到集值非扩张映射 $T : C \rightarrow KC(C)$ 具有不动点。

6.4.2　小结

在本节中我们通过对光滑模和非方常数关系的讨论，得到了下面的结论。

（1）若 C 是 Banach 空间 X 的弱紧凸子集，$\{x_n\}$ 是关于 C 正则的任意有界

序列，那么有

$$r_C[A(C,\{x_n\})] \leqslant \frac{1+\rho_X(t)}{1+\dfrac{t}{J(X)}} r(C,\{x_n\})$$

（2）若 C 是 Banach 空间 X 的弱紧凸子集，当 $\rho'_X(0) < \dfrac{1}{J(X)}$ 时，集值非扩张映射 $T:C \rightarrow KC(C)$ 具有不动点。

6.5　小　　结

在本章中，我们主要在 Banach 空间中引入了几何参数或模，研究了它们的性质及其与一致非方、正规结构、一致正规结构的关系，以及其与不动点之间的联系。

本书首先引入 U_β-凸模 $u_\beta(\varepsilon)$，并定义 U_β-空间，证明了如果存在 $\delta > 0$，使得 $u_\beta(1-\delta) > 0$，则 $R(X) < 2$；$u_\beta(1) > 0$ 则 X 是一致非方的；若存在 $\delta > 0$，使 $u_\beta(1/2-\delta) > 0$，则 X 具有正规结构，从而 X 具有不动点性质。

接着讨论了由 J. Gao 在最近引入的一个二次常数 $E(X)$。另外还得到了刻画空间超自反性的一个新的条件：X 超自反 $\Leftrightarrow E(X) < 8$。从而得到了 Banach 空间有不动点性质的三个充分条件。

然后讨论了 Clarkson 凸性模的推广形式，即广义凸性模 $\delta_x^{(a)}(\varepsilon)$ 的一些几何性质。另外还得到了广义凸性模的一些函数性质如单调性、连续性等。进而又得到了空间有正规结构的充分条件，即若存在 ε，$0 \leqslant \varepsilon \leqslant 1$，使得 $\delta_x^{(a)}(1+\varepsilon) > (1-\alpha)\varepsilon$，则 X 具有正规结构；假如存在 $\varepsilon \in [0,1]$；$\alpha \in [0,1]$ 满足 $\delta_x^{(a)}(1+\varepsilon) > f(\varepsilon)$，那么 X 具有正规结构。这些结果都推广了 J. Gao 的结论。

最后，我们还利用光滑模和非方常数得到了 Banach 空间上的集值非扩张映射存在不动点的一个充分条件。

第7章 分数阶微分方程

7.1 分数阶微分方程

Banach 不动点定理——压缩映象原理：设（X，ρ）是一个完备的距离空间，T 是（X，ρ）到自身的一个压缩映射，则 T 在 X 上存在唯一的不动点。

Schauder 不动点定理：设 $\Omega = S[0，\rho]$；$F：\overline{\Omega} \to E$ 是全连续映象，如 $F(\overline{\Omega}) \subset \overline{\Omega}$ 或 $F(\partial\Omega) \subset \overline{\Omega}$，即 F 在 $\overline{\Omega}$ 都有不动点。

分数阶微分方程在数学的各分支领域、流体力学、分数控制系统与分数控制器、各种电子回路、电分析化学及生物系统的电传导等领域，特别是与分形维数相关的物理与工程各方面应用广泛。

分数阶微积分的主要思想是推广经典的整数阶微积分，从而将微积分的概念延拓到整个实数轴，甚至是整个复平面。但由于延拓的方法多种多样，因而根据不同的需求人们给出了分数阶微积分的不同定义方式。然而这些定义方式仅能针对某些特定条件下的函数给出，而且只能满足人们的某些特定需求，迄今为止，人们仍然没能给出分数阶微积分的一个统一的定义，这对分数阶微积分的研究与应用造成了一定的困难。

为了满足实际需要，下面我们试图从形式上对分数阶微积分给出一种统一的表达式。

分数阶微积分的主要思想是推广经典的累次微积分，所有推广方法的共同目标是以非整数参数 p 取代经典微积分符号中的整数参数 n，即

$$\frac{\mathrm{d}^n}{\mathrm{d}t^n} \Rightarrow \frac{\mathrm{d}^p}{\mathrm{d}t^p}$$

实际上，任意的 n 阶微分都可以看成是一列一阶微分的叠加

$$\frac{\mathrm{d}^n f(t)}{\mathrm{d}t^n} = \frac{\mathrm{d}}{\mathrm{d}t} \cdots \frac{\mathrm{d}}{\mathrm{d}t} f(t) \tag{7.01}$$

由此，我们可以给出一种在很多实际应用中十分重要的分数阶微积分的推广方式。首先，我们假设已有一种合适的推广方式来将一阶微积分推广为 $\alpha(0 \leqslant \alpha \leqslant 1)$ 阶微分，即 $\frac{\mathrm{d}}{\mathrm{d}t} \to D^{\alpha}$ 是可实现的。那么类似可得到式（7.01）的推广式为

$$D^{n\alpha} f(t) = D^{\alpha} \cdots D^{\alpha} f(t) \tag{7.02}$$

这种推广方式最初是由 K. S. Miller 和 B. Ross 提出来的，其中 D^a 采用的是 R-L 分数阶微分定义，他们称之为序列分数阶微分。序列分数阶微分的其他形式可以通过将 D^a 替换为 G-L 分数阶微分、Caputo 分数阶微分或其他任意形式分数阶微分来得到。

进一步，如果我们将式（7.02）中的分数阶微分 D^a 替换为不同阶数的分数阶微分可得到序列分数阶微分更一般的表达式

$$D^a f(t) = D^{a_1} D^{a_2} \cdots D^{a_n} f(t) \tag{7.03}$$

其中，$\alpha = \alpha_1 + \alpha_2 + \cdots + \alpha_n$。

根据问题的需要，D^a 可以是 R-L 分数阶微分、G-L 分数阶微分、Caputo 分数阶微分或其他任意形式分数阶微分，从这一点看来，我们可以说序列分数阶微分从形式上给出了分数阶微积分在时域上的一个统一表达式，R-L 分数阶微分、G-L 分数阶微分、Caputo 分数阶微分都只是序列分数阶微分的一种特殊情况。

7.1.1 R-L(Riemann-Liouville) 分数阶微分

定义 7.1 设 f 在 $(0, +\infty)$ 上逐段连续，且在 $J = [0, +\infty]$ 的任何有限子区间上可积，对 $t > 0$，$\mathrm{Re}(v) > 0$，称

$$D^{-v} f(x) = \frac{1}{\Gamma(v)} \int_0^x (x-t)^{v-1} f(t) \mathrm{d}t \tag{7.04}$$

为函数 $f(x)$ 的 v 阶 R-L 积分，并且记为 $f(x) \in L_0^v(J)$。其中 $\Gamma(v) = \int_0^{+\infty} e^{-t} t^{v-1} \mathrm{d}t$ 为 Gamma 函数。

结合上面的 v 阶 R-L 分数阶积分的定义以及经典微积分中的整数阶微积分可以给出如下的 μ 阶 R-L 分数阶导数的定义。

定义 7.2 设 $f \in C(0, +\infty)$，$\mu > 0$，m 是大于或等于 μ 的最小正整数，记 $v = m - \mu \geq 0$，则称

$$D^\mu f(x) = D^m [D^{-v} f(x)], (\mu > 0, x > 0) \tag{7.05}$$

为函数 $f(x)$ 的 μ 阶 R-L 导数。

应用定义 7.1 可得 μ 阶 R-L 导数如下

$$D^\mu f(x) = D^m [D^{-v} f(x)] = D^m \frac{1}{\Gamma(v)} \int_0^x (x-t)^{v-1} f(t) \mathrm{d}t$$

$$= \frac{1}{\Gamma(m-\mu)} D^m \left(\int_0^x (x-t)^{m-\mu-1} f(t) \mathrm{d}t \right)$$

$$= \frac{1}{\Gamma(m-\mu)} \frac{\mathrm{d}^m \left(\int_0^x x^{m-\mu-1} f(x-t) \mathrm{d}t \right)}{\mathrm{d}x^m}, (m-1 < \mu < m) \tag{7.06}$$

设 $f(x)$、$g(x)$ 是满足定义 7.1 的函数，a 为任一常数，μ 为分数，$\mathrm{Re}(\mu)>0$，则可得到以下两条线性性质。

性质 7.1： $D^\mu[f(x)+g(x)]=D^\mu f(x)+D^\mu g(x)$

性质 7.2： $D^\mu[af(x)]=aD^\mu f(x)$

7.1.2　G - L(Grunwald - Letnikow) 分数阶微分

G - L 分数阶导数也就是分数阶导数级数。我们先来看整数阶导数定义。

一阶导数定义

$$f'(x)=\lim_{h\to 0}\frac{f(x+h)-f(x)}{h} \tag{7.07}$$

二阶导数定义

$$
\begin{aligned}
f''(x)&=\lim_{h\to 0}\frac{f'(x+h)-f'(x)}{h}\\
&=\lim_{h_1\to 0}\frac{\lim_{h_2\to 0}\frac{f(x+h_1+h_2)-f(x+h_1)}{h_2}-\lim_{h_2\to 0}\frac{f(x+h_2)-f(x)}{h_2}}{h_1}
\end{aligned} \tag{7.08}
$$

通过选择相同变量 h，令 $h=h_1=h_2$，则式（7.08）等价于

$$f''(x)=\lim_{h\to 0}\frac{f(x+2h)-2f(x+h)+f(x)}{h} \tag{7.09}$$

那么对于 n 阶导数来说就是以下式（7.10），即

$$
\begin{aligned}
\mathrm{d}^n f(x) &= \lim_{h\to 0}\frac{1}{h^n}\sum_{m=0}^{n}(-1)^m\binom{n}{m}f(x-mh)\\
&= \lim_{h\to 0}\frac{1}{h^n}\sum_{m=0}^{n}(-1)^m\frac{n!}{m!(n-m)!}f(x-mh)
\end{aligned} \tag{7.10}
$$

从式（7.10）整数阶的导数我们可以从形式上得到分数阶导数的级数定义。从形式上式（7.07）中的 n 可以推广到非整数 $\alpha\in R$，组合数 $\dfrac{n!}{m!\,(n-m)!}$ 可以用 Gamma 函数 $\dfrac{\Gamma(\alpha+1)}{m!\,\Gamma(\alpha-m+1)}$ 来描述。而求和的上限（并非整数 n）也变成是 $\dfrac{t-a}{h}$（其中 t 和 a 分别是微分的上极限和下极限）。所以我们得到了用级数定义的分数阶导数［如式（7.11）］，我们又称它为 the Grunwald - Letnikov fractional derivative。

定义 7.3

$$\mathrm{d}^\alpha f(x)=\lim_{h^n}\sum_{m=0}^{\frac{t-a}{h}}(-1)^m\frac{\Gamma(\alpha+1)}{m!\Gamma(\alpha-m+1)}f(x-mh) \tag{7.11}$$

在 $f(x)$ 具有 $m+1$ 阶连续导数，并且 m 至少去 $[\alpha]=m-1$ 的条件下，R - L 定义与 G - L 定义等价。所以由式（7.10）到式（7.11）的推广也是合理的。

7.1.3　Caputo 分数阶微分

定义 7.4　对于正的非整数 α（在阶数 α 为负实数时，Caputo 定义与 R-L 定义等价），$f(x) \in C(0, +\infty)$，$\alpha > 0$，m 是大于或等于 α 的最小正整数（$m = [\alpha] + 1$）。则

$$D^{\alpha} f(x) = \begin{cases} \dfrac{1}{\Gamma(m-\alpha)} \displaystyle\int_0^x \dfrac{f^{(m)}(t)\,\mathrm{d}t}{(x-t)^{\alpha+1-m}}, (0 \leqslant m-1 < \alpha < m) \\ \dfrac{\mathrm{d}^m f(x)}{\mathrm{d}x^m}, (\alpha = m \in N) \end{cases} \tag{7.12}$$

为函数 $f(x)$ 的 α 阶 Caputo 分数阶导数。

7.1.4　三种分数阶微分定义的关系

R-L 定义是 G-L 定义的扩充，其应用范围也就更广泛。与 G-L 定义扩展到 G-L 定义的思维方式相似，Caputo 定义也是对 G-L 定义的另一种改进。对于函数 $f(x)$ 的正的非整数 α 阶导数，先进行 m 阶导数，再进行 $m-\alpha$ 阶级分。

R-L 定义和 Caputo 定义都是对 G-L 定义的改进。在阶数 α 为负实数和正整数时，它们是等价的。

7.2　分数阶发展方程

发展方程，又被称为演化方程或进化方程，是指含有未知函数关于时间变量 t 的导数（偏导数）的微分方程，常微分方程为其特殊情形，多种数学物理方程，如波方程、热传导方程、Schrodinger 方程、流体力学方程组、KdV 方程、反应扩散方程等，以及由这些方程通过适当的方式耦合起来所得的耦合方程组，都属于发展方程的范畴。这些发展方程的各种定解问题形式多种多样，且均有各自的特点，因此，常常要用不同的方法来分别加以研究和求解。但对于一些发展方程，在不少情况下，确都可以用适当的方法，化为 Banach 空间的抽象常微分形式

$$u'(t) + Au(t) = f[t, u(t)], (t \in J) \tag{7.13}$$

其中，A 往往是无界算子，$J \subset R$。

分数阶发展方程是整数阶发展方程中的整数阶导数被任意阶导数所代替的方程。比如，分数阶扩散方程是含有关于时间或空间变量的分数阶发展方程。它们对不规则扩散很有用，比经典的扩散更能描述不规则微粒羽流的散布。时间分数阶扩散方程是由整数阶扩散用阶数 $0 < q < 1$ 的分数阶导数代替一阶的时间导数所得。由于分数阶发展方程可以描述许多物质的性质和过程的记忆和遗传特征，所

以在某些情况下，分数阶发展方程比传统的整数阶发展方程具有更广泛的应用市场，这引起了许多学者的关注。El‐Borai 在文献《Some probability densities and fundamental solutions of frac‐tional evolution equations》中研究了分数阶微分发展方程

$$\begin{cases} D_0^q u(t) + Au(t) = B(t)u(t), (t \in J) \\ u(0) = x_0 \end{cases} \tag{7.14}$$

其中，D_0^q 表示阶数为 $0 < q < 1$ 的 Caputo 分数阶导数，$J = [0, a], a > 0$，$A : D(A) \subset E \to E$ 是 E 中的稠定的闭线性算子族。首次把一些概率密度函数引入 Banach 空间中的分数阶发展方程，并得到了问题（7.14）对应的齐次分数阶发展方程初值问题、线性分数阶发展方程初值问题及问题（7.14）本身的古典解，其表达形式与算子半群和概率密度函数有关。后来 El‐Borai 等对分数阶发展方程解的存在性做了更多的研究，形式涉及非局部、积微分等。在此基础上，周勇及王锦荣等人对阶数为 $0 < q < 1$ 的分数阶发展方程做了许多研究，形式涉及了非局部、中立型、时滞、积微分等，研究了 mild 解的存在性及最优控制。此外，其他学者也对阶数为 $0 < q < 1$ 的分数阶发展方程做了一些研究，其中形式包含了非局部、积微分、脉冲、时滞等。

21 世纪以来，许多学者研究了无穷维空间上形如 $D^q u(t) = Au(t) + f[t, u(t)]$ 的分数阶发展方程，其中 A 是一个线性闭算子，D^q 可以是 Caputo 或者 Riemann‐Liouville 意义下的分数阶微分算子，通常考虑这个方程的初值问题。2002 年，M. M. El‐Borai 利用 Laplace 变换给出方程 $D^q u(t) = Au(t)$ 的 Cauchy 问题的一个解。这里 A 是一个解析半群的无穷小生成元，D^q 表示 Caputo 意义下的分数阶微分算子。

函数 $f(x)$ 的 q 阶分数阶积分的定义为

$$I_{t_0}^q f(t) = \frac{1}{\Gamma(q)} \int_{t_0}^t (t-s)^{q-1} f(s) \mathrm{d}s, (t > t_0, q > 0) \tag{7.15}$$

其中，$t_0 \in R$ 或 $t_0 = -\infty$，$\Gamma(q)$ 是 Gamma 函数。

函数 $f(x)$ 的 q 阶 Caputo 分数阶导数定义为

$$D_{t_0}^q f(t) = \frac{1}{\Gamma(n-q)} \int_{t_0}^t (t-s)^{n-q-1} f^{(n)}(s) \mathrm{d}s, (t > t_0, 0 \leqslant n-1 < q < n) \tag{7.16}$$

如果 $f(x)$ 是一个抽象函数，则上述积分和导数是 Bochner 意义下的。

对于 α，$\beta > 0$ 和适当的函数 $f(x)$，我们有

(1) $I_{t_0}^\alpha I_{t_0}^\beta f(t) = I_{t_0}^{\alpha+\beta} f(t)$

(2) $I_{t_0}^\alpha I_{t_0}^\beta f(t) = I_{t_0}^\beta I_{t_0}^\alpha f(t)$

(3) $I_{t_0}^\alpha [f(t) + g(t)] = I_{t_0}^\alpha f(t) + I_{t_0}^\alpha g(t)$

(4)　$D_{t_0}^\alpha I_{t_0}^\alpha f(t) = f(t)$

(5)　$D_{t_0}^\alpha f(t) = I_{t_0}^{1-\alpha} f'(t), (0<\alpha<1)$

(6)　$D_{t_0}^\alpha D_{t_0}^\beta f(t) \neq D_{t_0}^{\alpha+\beta} f(t)$

(7)　$D_{t_0}^\alpha D_{t_0}^\beta f(t) \neq D_{t_0}^\beta D_{t_0}^\alpha f(t)$

可以看出 Caputo 分数阶导数没有半群性质，也没有复合性质，这与整数阶导数不同。

算子半群相关知识。

定义 7.5　设 E 为 Banach 空间，$B(t)$ 表示 E 中所有线性有界算子构成的 Banach 空间。若 $T(t):[0,+\infty) \to B(E)$ 满足

(1)　$T(0)=I$

(2)　$T(t+s)=T(t)T(s),(\forall t,s\in R^+)$

则称 $T(t),(t\geqslant0)$ 为 E 中的线性算子半群。

定义 7.6　设 $T(t),(t\geqslant0)$ 为 E 中的线性算子半群，则按如下方式定义的线性算子 A

$$D(A)=\left\{ x\in E \,\middle|\, \lim_{h\to0^+}\frac{T(h)x-x}{h} \exists \right\}$$
$$Ax=\lim_{h\to0^+}\frac{T(h)x-x}{h}$$
(7.17)

称为半群 $T(t)(t\geqslant0)$ 的无穷小生成元。

定义 7.7　设 $T(t),(t\geqslant0)$ 为 E 中的线性算子半群，若对 $\forall x\in E$，有

$$\lim_{h\to0^+}T(h)x=x$$
(7.18)

则称 $T(t),(t\geqslant0)$ 为 E 中的强连续半群或 C_0-半群。

定义 7.8　设 $\Delta=\{z\in C\,|\,\varphi_1<\theta(z)<\varphi_2\}$ 为复平面的角形区域，其中 $-\frac{\pi}{2}<\varphi_1<0<\varphi_2<\frac{\pi}{2}$ 为常数。若 $T(z)(z\in\Delta)$ 为 Banach 空间 E 中的线性连续算子，且 $T(z):\Delta\to B(E)$ 满足：

(1)　$T(z)$ 在 Δ 内解析

(2)　$T(z_1+z_2)=T(z_1)T(z_2),(\forall z_1,z_2\in\Delta)$

(3)　$\lim_{z\to0^+}T(z)x=x,(\forall x\in E,Z\in\Delta)$

则称 $T(z)$ 在 Δ 上的解析半群。

若 C_0-半群 $T(t)(t\geqslant0)$ 可扩充为某个 Δ 上的解析半群，则称 $T(t),(t\geqslant0)$ 为解析半群。因此，解析半群是 C_0-半群，又是可微半群，从而使等度连续半群。

在 Banach 空间 E 中，运用算子半群理论，利用上下解的单调迭代方法建立分数阶积微分发展方程的初值问题

$$\begin{cases} D_0^q u(t) + Au(t) = f[t, Gu(t)], (t \in J, t \neq t_k) \\ \Delta u \mid_{t=t_k} = I[u(t_k)], (k=1,2,\cdots,m) \\ u(0) = x_0 \end{cases} \tag{7.19}$$

最小、最大 mild 解的存在性，D_0^q 表示阶数为 $0 < q < 1$ 的 Caputo 分数阶导数，$A: D(A) \subset E \rightarrow E$ 是稠定的闭线性算子，A 生成一致有界的 C_0-半群 $T(t), (t \geq 0)$，$f \in C(J \times E \times E \times E, E)$，$Gu(t) = \int_0^t K(t,s)u(s)\mathrm{d}s$ 是 Volterra 型积分算子，积分核为 $K \in C(D, R^+)$，$D = \{(t,s) \in R^2 : 0 \leq s \leq t\}$。$J = [0,a], a > 0, 0 < t_1 < t_2 < Lt_m < a, I_k \in C(E,E)$ 是为脉冲函数，$k = 1, 2, L, m, x_0 \in E$。

7.3　Adomian 分解法的研究及其在分数阶微分方程中的应用

7.3.1　引言

　　基于整数阶微积分理论的传统控制方法和模型在不同程度上存在一些问题，随着实际工业系统的日益复杂化和人们对控制要求的日益提高，基于整数阶理论的控制技术有时难以获得令人满意的性能。分数阶微积分不仅为系统科学提供了一个新的数学工具，而且为解决实际工业过程中存在的问题提供了一种可行的有效途径。在交叉学科中能用分数阶导数建立模型，分数阶微分方程在科学的不同领域已得到广泛应用，如黏弹性力学、地下水模拟、财经数学、电容器理论、通用电压分流器、生物系统的电传导系数、神经元的分数阶模型、数据拟合等。很多解整数阶微分方程的方法也可以被用来求解分数阶微分方程。孙彦平和张兴芳将 Adomian 分解法应用在反应工程非线性数模求解的应用中；梁祖峰和唐晓燕利用此方法求解分数阻尼梁的解析解；陈鑫、李爱群、程文瀼、王泳运用此方法解决了高耸钢烟囱动力特征研究。在应用此方法时存在共同的一个缺点，即分解和迭代过程较烦琐，计算工作量较大。作者利用 Adomian 分解法解决了分数阶线性微分方程的数值解，并在 Caputo 意义下建立了含有外力和吸附项的对时间的分数阶非线性对流-扩散方程，利用 Adomian 分解方法进行了求解。对求解分数阶非线性微分方程，Adomian 分解方法为其提供了一种能够快速收敛的级数解，所得结果既可写成封闭形式又可写成求和形式，且求和的前几项是非常好的近似。该分解方法凭借 Adomian 多项式在处理各种非线性的问题时也是得心应手。这种方法比较标准的数值方法具有一些优势，不需要进行离散化，不用修正误差，并且不需要大量的计算机内存和运算能力，因此，对于许多非线性模型，

Adomian 方法能够提供非常高精度的解析近似解且收敛非常快，作为一种迭代法其算法非常规则，可以采用符号运算来实现。

7.3.2　Adomian 分解方法分析及其方程解的表示

利用 Adomian 分解方法给出具有常系数的任意阶线性分数阶微分方程的解。首先给出几个引理及命题。

引理 7.1　如果 $f \in C^m$，$m \in N$，$\mu > -1$，$\alpha > 0$，则有

(1)　$D_t^{-\alpha} D_t^{-\beta} f(t) = D_t^{-(\alpha+\beta)} f(t) = D_t^{-\beta} D_t^{-\alpha} f(t)$

(2)　$D_t^{-\alpha} t^\mu = \dfrac{\Gamma(\mu+1)}{\Gamma(\alpha+\mu+1)} t^{\mu+\alpha}$

(3)　${}^c D_t^\alpha t^\mu = \dfrac{\Gamma(\mu+1)}{\Gamma(\mu-\alpha+1)} t^{\mu-\alpha}$

引理 7.2　如果 $f \in C^m$，$m \in N$，$m-1 < \alpha < m$ 则有

(1)　${}^c D_t^\alpha D_t^{-\alpha} f(t) = f(t)$

(2)　${}^c D_t^\alpha D_t^{-\alpha} f(t) = f(t) - \displaystyle\sum_{k=0}^{m-1} \dfrac{f^{(k)}(0)}{k!} t^k, t > 0$

命题 7.1

$$\sum_{k_1=0}^{\infty} \cdots \sum_{k_n=0}^{\infty} a_{k_1,k_2,\cdots,k_{n-1},k_n} = \sum_{m=0}^{\infty} \sum_{\substack{k_1,\cdots,k_{n-1},k_n \geq 0 \\ k_1+\cdots+k_{n-1}+k_n=m}} a_{k_1,k_2,\cdots,k_{n-1},k_n}$$

命题 7.2

$$\sum_{m=0}^{\infty} \cdots \sum_{\substack{k_1,\cdots,k_{n-1},k_n \geq 0 \\ k_1+\cdots+k_{n-1}+k_n=m}} a_{k_1,k_2,\cdots,k_{n-1},k_n} = \sum_{m=0}^{\infty} \sum_{\substack{k_1,\cdots,k_{n-1},k_n \geq 0 \\ k_1+\cdots+k_{n-1}+k_n=m}} a_{k_1,k_2,\cdots,k_{n-1},k_n}$$

现在考虑一类具有常系数的任意阶线性微分方程的初值问题

$$a_n D_t^{\alpha_n} y(t) + a_{n-1} {}^c D_t^{\alpha_{n-1}} y(t) + \cdots + a_1 {}^c D_t^{\alpha_1} y(t) + a_0 {}^c D_t^{\alpha_0} y(t) = f(t) \qquad (7.20)$$

$$y^{(k)}(0) = c_k, k = 0, 1, \cdots, [\alpha_n] \qquad (7.21)$$

特别地，如果 α_n 为整数，则 $k = 0, 1, \cdots, \alpha_{n-1}$。其中，${}^c D_t^{\alpha_n}$ 是 Caputo 意义下的分数阶导数，$0 < \alpha_0 < \alpha_1 < \cdots < \alpha_{n-1} < \alpha_n$，$a_i (i = 0, 1, \cdots, n)$ 是任意常数且 $a_n \neq 0$。

对方程 (7.20) 两边进行 $D_t^{-\alpha_n}$ 运算，根据引理 7.1，引理 7.2 和初始条件方程 (7.21)，得

$$y(t) - \sum_{k=0}^{[\alpha_n]} \frac{c_k}{k!} t^k + \frac{a_{n-1}}{a_n} \left[D_t^{-(\alpha_n-\alpha_{n-1})} y(t) - \sum_{k=0}^{[\alpha_{n-1}]} \frac{c_k t^{k+\alpha_n-\alpha_{n-1}}}{\Gamma(k+1+\alpha_n-\alpha_{n-1})} \right]$$

$$+ \frac{a_1}{a_n} \left[D_t^{-(\alpha_n-\alpha_1)} y(t) - \sum_{k=0}^{[\alpha_1]} \frac{c_k t^{k+\alpha_n-\alpha_1}}{\Gamma(k+1+\alpha_n-\alpha_1)} \right]$$

$$+ \frac{a_0}{a_n} \left[D_t^{-(a_n-a_0)} y(t) - \sum_{k=0}^{[a_0]} \frac{c_k t^{k+a_n-a_0}}{\Gamma(k+1+\alpha_n-\alpha_0)} \right]$$

$$= \frac{1}{a_n} D_t^{-a_n} f(t) \tag{7.22}$$

$$y(t) = \sum_{k=0}^{[a_n]} \frac{c_k}{k!} t^k + \frac{1}{a_n} D_t^{-a_n} f(t) + \sum_{i=0}^{n-1} \frac{a_i}{a_n} \sum_{k=0}^{[a_i]} \frac{c_k t^{k+a_n-a_i}}{\Gamma(k+1+\alpha_n-\alpha_i)}$$

$$- \sum_{i=0}^{n-1} \frac{a_i}{a_n} D_t^{-(a_n-a_i)} y(t) \tag{7.23}$$

根据 Adomian 分解方法，方程（7.20）的解由下面一级给出

$$y(t) = \sum_{j=0}^{\infty} y_j(t) \tag{7.24}$$

其中，$y_j(t)$，$(j \geqslant 0)$ 可以用递归方法来得到。

把式（7.24）带入式（7.23），得

$$\sum_{j=0}^{\infty} y_j(t) = \sum_{k=0}^{[a_n]} \frac{c_k}{k!} t^k + \frac{1}{a_n} D_t^{-a_n} f(t) + \sum_{i=0}^{n-1} \frac{a_i}{a_n} \sum_{k=0}^{[a_i]} \frac{c_k t^{k+a_n-a_i}}{\Gamma(k+1+\alpha_n-\alpha_i)}$$

$$- \sum_{i=0}^{n-1} \frac{a_i}{a_n} D_t^{-(a_n-a_i)} y_j(t) \tag{7.25}$$

根据 Adomian 分解方法，引入下面递归关系

$$y_0(t) = \sum_{k=0}^{[a_n]} \frac{c_k}{k!} t^k + \frac{1}{a_n} D_t^{-a_n} f(t) + \sum_{i=0}^{n-1} \frac{a_i}{a_n} \sum_{k=0}^{[a_i]} \frac{c_k t^{k+a_n-a_i}}{\Gamma(k+1+\alpha_n-\alpha_i)} \tag{7.26}$$

$$y_{j+1}(t) = - \sum_{i=0}^{n-1} \frac{a_i}{a_n} D_t^{-(a_n-a_i)} y_j(t) \quad, j \geqslant 0 \, 。 \tag{7.27}$$

由式（7.26）和式（7.27），得如下分量

$$y_0(t) = \sum_{k=0}^{[a_n]} \frac{c_k}{k!} t^k + \frac{1}{a_n} D_t^{-a_n} f(t) + \sum_{i=0}^{n-1} \frac{a_i}{a_n} \sum_{k=0}^{[a_i]} \frac{c_k t^{k+a_n-a_i}}{\Gamma(k+1+\alpha_n-\alpha_i)}$$

$$y_1(t) = - \sum_{i=0}^{n-1} \frac{a_i}{a_n} D_t^{-(a_n-a_i)} y_0(t)$$

$$y_2(t) = (-1)^2 \left(\sum_{i=0}^{n-1} \frac{a_i}{a_n} D_t^{-(a_n-a_i)} \right)^2 y_0(t) \tag{7.28}$$

$$\vdots$$

$$y_j(t) = (-1)^j \left(\sum_{i=0}^{n-1} \frac{a_i}{a_n} D_t^{-(a_n-a_i)} \right)^j y_0(t)$$

$$\vdots$$

所以方程（7.20）的解可以由下列级数形式给出

$$y(t) = \sum_{j=0}^{\infty} y_j(t)$$

$$= \sum_{j=0}^{\infty} (-1)^j \left(\sum_{i=0}^{n-1} \frac{a_i}{a_n} D_t^{-(a_n-a_i)} \right)^j y_0(t)$$

$$= \sum_{j=0}^{\infty} (-1)^j \left(\sum_{i=0}^{n-1} \frac{a_i}{a_n} D_t^{-(a_n-a_i)} \right)^j \left[\sum_{k=0}^{[a_n]} \frac{c_k}{k!} t^k + \frac{1}{a_n} D_t^{-a_n} f(t) + \sum_{i=0}^{n-1} \frac{a_i}{a_n} \sum_{k=0}^{[a_i]} \frac{c_k t^{k+a_n-a_i}}{\Gamma(k+1+a_n-a_i)} \right]$$

$$= \sum_{j=0}^{\infty} (-1)^j \sum_{\substack{m_0,m_1,\cdots,m_{n-1} \geqslant 0 \\ m_0+m_1+\cdots+m_{n-1}=j}} \frac{j!}{m_0!m_1!\cdots m_{n-1}!} \left(\frac{a_{n-1}}{a_n} \right)^{m_{n-1}} \left(\frac{a_{n-1}}{a_n} \right)^{m_{n-2}} \cdots \left(\frac{a_{n-1}}{a_n} \right)^{m_0}$$

$$\left[\frac{1}{a_n} D^{-(m_{n-1}(a_n-a_{n-1})+\cdots+m_0(a_n-a_0)+a_n)} f(t) \right.$$

$$+ \sum_{k=0}^{\langle a_n \rangle} \frac{c_k t^{k+a_n+m_{n-1}+(a_n-a_{n-1})+\cdots+m_0(a_n-a_{n-1})}}{\Gamma(m_{n-1}(a_n-a_{n-1})+\cdots+m(a_n-a_{n-1})+k+1)} \right]$$

$$+ \sum_{i=0}^{n-1} \frac{a_i}{a_n} \sum_{k=0}^{\langle a_n \rangle} \frac{c_k t^{k+a_n+m_{n-1}+(a_n-a_{n-1})+\cdots+m_0(a_n-a_{n-1})}}{\Gamma[k+a_n-a_i+1+m_{n-1}(a_n-a_{n-1})+\cdots+m_0(a_n-a_0)]}$$

另外，可以通过截断级数来得到所需近似解析解

$$y_N(t) = \sum_{j=0}^{N-1} y_j(t)$$

运用 Adomian 分解方法在大多数情况下初值问题能得到在闭区域内的精确解，实际情况也可以通过截断级数求得所需精度的近似解，而且 Adomian 分解方法一般收敛速度非常快。

7.3.3　Adomian 分解法在对流-扩散方程上的应用

方程建立：

标准的对流-扩散方程

$$\frac{\partial c}{\partial t} + \nu \frac{\partial c}{\partial x} = M^* \frac{\partial^2 c}{\partial x^2}, \quad M^* = \frac{M}{\alpha}$$

其中，c 是浓度，ν 是平均达西流速，M 表征对流效率的系数，α 为湍流系数。

根据 Fick 扩散定律，即流与浓度梯度之间的关系

$$J(x,t) = -M^* \frac{\partial c}{\partial x} + \nu c$$

J 是扩散流，上式代入到下面的连续性方程或质量守恒方程

$$\frac{\partial J}{\partial x} = -\frac{\partial c}{\partial t}$$

即可得到前面标准的对流-扩散方程。

H. Pascall 和 J. StePhenson 对分形介质中非线性扩散方程进行了研究，分形介质中分子扩散的非线性关系的基础是流与浓度梯度的非线性关系及扩散系数对于浓度的依赖关系，以此为基础建立了分形介质非线性扩散的本构方程

$$J = -M(x)c^m \left| \frac{\partial c}{\partial x} \right|^{n-1} \frac{\partial c}{\partial x} \tag{7.29}$$

其中，$M(x) = Mx^{-\theta}$ 为分形介质中的反常扩散系数，M 是常数，m、n 是参数。由于 $c(x, t)$ 是径向距离 x 的单调下降函数，可取 $\left| \frac{\partial c}{\partial x} \right| = -\frac{\partial c}{\partial x}$。

将上述径向对称的本构方程代入到连续性方程或质量守恒方程得到非线性对流-扩散方程

$$\frac{\partial c(x,t)}{\partial t} + \nu \frac{\partial c(x,t)}{\partial x} = -M \frac{\partial}{\partial x} \left[x^{-\theta} c^m(x,t) \left(-\frac{\partial c(x,t)}{\partial x} \right)^n \right] \tag{7.30}$$

当 $m=0$，$n=1$，$\theta=0$ 即为标准的对流-扩散方程。

在上述方程的基础上，我们考虑受外力作用及吸附效应的影响会使浓度对时间的变化率发生变化，此时用对时间的分数阶导数替代整数阶导数将更加合理，以建立含有外力和吸附项的时间分数阶非线性对流-扩散方程

$$^cD_t^a c(x,t) + \nu \frac{\partial c(x,t)}{\partial x} = -M \frac{\partial}{\partial x} \left[x^{-\theta} c^m(x,t) \left(-\frac{\partial c(x,t)}{\partial x} \right)^n \right]$$
$$- \frac{\partial}{\partial x} [F(x,t)c(x,t)] + a(t)c(x,t) \tag{7.31}$$

这里 $^cD_t^a$ 为 CaPuto 意义下的分数阶微分算子，$F(x, t)$ 是外力，$a(t)c(x, t)$ 项是表示吸附过程的效应。当 $m=0$，$n=1$，$F(x, t) = 0$，$\theta=0$，$a(t)=0$ 时即为标准的对流-扩散方程。

在 Riemann-Liouvilie 意义下建立了含有外力和吸附项的分数阶非线性对流-扩散方程，并运用 Laplace 变换和广义有限 Hnakel 变换及其相应的逆变换得到了以 Mittag-Leffier 函数为主要形式的解析解。我们在 Caputo 意义下建立含有外力和吸附项的对时间的分数阶非线性对流-扩散方程（7.31），并运用 Adoman 分解方法求得了该方程在满足初始条件

$$c(x,0) = \varphi(x)$$

下的级数形式解。

对于求解分数阶微分方程，Adomian 分解方法为其提供了一种能够快速收敛的级数解，所得的结果既可以写成封闭形式又可写成求和形式，且求和的前几项非常近似。S. Monmani 给出了具有变系数的分数阶热传导和波动方程的近似解析解，S. Monmani 与 K. Al-khaled 用这种方法给出了分数阶扩散-波动方程的近似解。

现在考虑满足初始条件

$$c(x,0) = \varphi(x)$$

的含有外力和吸附项的时间分数阶非线性对流-扩散方程

$${}^cD_t^\alpha c(x,t) + \nu \frac{\partial c(x,t)}{\partial x} = -M \frac{\partial}{\partial x}\left[x^{-\theta}c^m(x,t)\left(-\frac{\partial c(x,t)}{\partial x}\right)^n\right]$$

$$-\frac{\partial}{\partial x}(F(x,t)c(x,t) + a(t)c(x,t))$$

其中，$0 < \alpha < 1$，$c(x,t)$ 是浓度，ν 是平均达西流速，M 为分型介质中的反常扩散系数，m，n 是参数，${}^cD_t^\alpha$ 是 Caputo 意义下的 α 阶导数。

对上式两边进行 $D_t^{-\alpha}$ 运算，并利用引理 7.1 和引理 7.2

$$c(x,t) = c(x,0) - D_t^{-\alpha}\left(\nu \frac{\partial c(x,t)}{\partial x}\right)$$

$$+ D_t^{-\alpha}\left\{ -M \frac{\partial}{\partial x}\left[x^{-\theta}c^m(x,t)\left(-\frac{\partial c(x,t)}{\partial x}\right)^n\right]\right\}$$

$$- D_t^{-\alpha}\left\{ \frac{\partial}{\partial x}[F(x,t)c(x,t)] + a(t)c(x,t)\right\}$$

由以上式子可得

$$c(x,t) = \varphi(x) - \nu D_t^{-\alpha}c_x(x,t) - M D_t^{-\alpha}\{x^{-\theta}c^m(x,t)[-c_x(x,t)]^n\}$$

$$- D_t^{-\alpha}\left\{ \frac{\partial}{\partial x}[F(x,t)c(x,t)]_x + a(t)c(x,t)\right\}$$

其中，$c_x(x,t)$ 表示 $c(x,t)$ 对 x 的导数。

根据 Adomian 分解方法，$c(x,t)$ 由下列级数形式给出

$$c(x,t) = \sum_{j=0}^{\infty} c_j(x,t)$$

式 (7.29) 中非线性项由下式给出

$$x^{-\theta}c^m(x,t)[-c_x(x,t)]^n = \sum_{j=0}^{\infty} A_j,(c_0,c_1,\cdots,c_j)$$

其中，A_j 是由 c_0，c_1，$\cdots$，c_j 确定的 Adomian 多项式。

把式 (7.30)、式 (7.31) 代入式 (7.29) 得

$$\sum_{j=0}^{\infty} c_j(x,t) = \varphi(x) - \nu D_t^{-\alpha}\left(\sum_{j=0}^{\infty} c_j(x,t)\right)_x - M D_t^{-\alpha}\left(\sum_{j=0}^{\infty} A_j\right)$$

$$- D_t^{-\alpha}\left\{ \left[F(x,t)\sum_{j}^{\infty} c_j(x,t)\right]_x + a(t)\left[\sum_{j=0}^{\infty} c_j(x,t)\right]\right\}$$

$$(7.32)$$

由 Adomian 分解方法，式 (7.32) 迭代可由下列递归关系给出

$$c_0(x,t) = \varphi(x)$$

$$c_1(x,t) = -\nu D_t^{-\alpha}[c_0(x,t)]_x - M D_t^{-\alpha} A_0 - D_t^{-\alpha}\{[F(x,t)c_0(x,t)]_x + a(t)c_0(x,t)\}$$

$$c_2(x,t) = -\nu D_t^{-\alpha}[c_1(x,t)]_x - M D_t^{-\alpha} A_1 - D_t^{-\alpha}\{[F(x,t)c_1(x,t)]_x + a(t)c_1(x,t)\}$$

$$c_{j+1}(x,t) = -\nu D_t^{-\alpha}[c_j(x,t)]_x - M D_t^{-\alpha} A_j - D_t^{-\alpha}\{[F(x,t)c_j(x,t)]_x + a(t)c_j(x,t)\}$$

$$(7.33)$$

在非线性项中 Adomian 多项式可根据 Adomian 所给出的特定算法计算出来，即引入参量 λ，设

$$c_\lambda(x,t) = \sum_{j=0}^{\infty} c_j(x,t)\lambda^k, (j \geqslant 0)$$

此处 $c_\lambda(x, t)$ 表示 $c(x, t)$ 为关于 λ 的参数。对于 Adomian 多项式一般形式为

$$A_j = \frac{1}{j!}\frac{d^j}{d\lambda^j}[x^{-\theta}c_\lambda^m(x,t)(-(c_\lambda(x,t))_x)]_{\lambda=0} \qquad (7.34)$$

这样整个级数的解就可由式（7.33）和式（7.34）获得

$$c(x,t) = \sum_{j=0}^{\infty} c_j(x,t)$$

另外，我们可以通过截断级数得到近似解

$$c_N(x,t) = \sum_{j=0}^{N-1} c_j(x,t)$$

$$c(x,t) = \lim_{N\to\infty} c_N(x,t)$$

当对流-扩散方程中 $\alpha = 1$ 时即为整数阶的含有外力和吸附项的非线性对流-扩散方程，其近似解也可由上述算法求出。

7.3.4　结论

本书研究的 Adomian 分解方法，具有所得到的解为级数形式，不仅具有很好的收敛性而且容易计算的特点。通过与标准的数值解法进行比较，不需要进行离散化，不用修正误差，并且不需要大量的计算机内存和运算能力。本算法能较好地应用于黏弹性力学、神经元的分数阶模型、数据拟合等方面。

7.4　求分数阶微分方程预测-校正法及应用

7.4.1　引言

分数阶微积分是关于任意阶微分和积分的理论，它与整数阶微积分是统一

的，是整数阶微积分的推广。整数阶微积分作为描述经典物理及相关学科理论的解析数学工具已为人们普遍接受，很多问题的数学模型最终都可以归结为整数阶微分方程的定解问题，其无论在理论分析还是数值求解方面都已有较完善的理论。但当人们进入到复杂系统和复杂现象的研究时，利用经典整数阶微积分方程对这些系统的描述将遇到以下问题：需要构造非线性方程，并引入一些人为的经验参数和与实际不符的假设条件；因材料或外界条件的微小改变就需要构造新的模型；这些非线性模型无论是理论求解还是数值求解都非常烦琐。基于以上原因，人们迫切期待着有一种可用的数学工具和可依据的基本原理来对这些复杂系统进行建模。分数阶微积分方程非常适于刻画具有记忆和遗传性质的材料和过程，其对复杂系统的描述具有建模简单、参数物理意义清楚、描述准确等优点，因而成为复杂力学与物理过程数学建模的重要工具之一。

　　在近三个世纪里，对分数阶微积分理论的研究主要在数学的纯理论领域里进行，似乎它只对数学家们有用。然而在近几十年，分数阶微分方程越来越多地被用来描述光学和热学系统、流变学及材料和力学系统、信号处理和系统识别、控制和机器人及其他应用领域中的问题。分数阶微积分理论也受到越来越多的国内外学者的广泛关注，特别是从实际问题抽象出来的分数阶微分方程成为很多数学工作者的研究热点。随着分数阶微分方程在越来越多的科学领域里出现，无论对分数阶微分方程的理论分析还是数值计算的研究都显得尤为迫切。然而由于分数阶微分是拟微分算子，它的保记忆性（非局部性）对现实问题进行了优美刻画的同时，也给我们的分析和计算造成很大困难。

　　在理论研究方面，几乎所有结果全都假定了满足李氏条件，而且证明方法也和经典微积分方程一样，换句话说，这些工作基本上可以说只是经典微积分方程理论的一个延拓。对分数阶微分方程的定性分析很少有系统性的结果，大多只是给出了一些非常特殊的方程的求解，且常用的求解方法都是具有局限性的。

　　在数值求解方面，现有分数阶方程数值算法还很不成熟，主要表现为：①在数值计算中一些挑战性难题仍未得到彻底解决，如长时间历程的计算和大空间域的计算等；②成熟的数值算法比较少，现在研究较多的算法主要集中在有限差分方法与有限单元法；③未出现成熟的数值计算软件，严重滞后于应用的需要。

　　鉴于此，发展新数值算法，特别是在保证计算可靠性和精度的前提下，提高计算效率，解决分数阶微分方程计算量和存储量过大的难点问题，发展相应的计算力学应用软件成为迫切需要关注的课题。

7.4.2　分数阶微分方程

　　衰减或松弛方程

$$\begin{cases} \dfrac{\mathrm{d}^a u(t)}{\mathrm{d}t^a} = Bu(t) , (a \in (0,1]) \\ u(0) = 10 \end{cases}$$

该方程被用来描述机械、半导体、电磁学与光学等领域存在的反常衰减或松弛行为，我们采用定义的分离方法来对方程进行数值求解，根据初值条件可以得到相应的数值结果。当数据点非常接近初始时刻时，误差相对较大，误差随时间的增长而迅速降低，很快便趋于 0。可见预估-校正法在进行数值求解过程中稳定性较好。因为对积分方程数值计算多采用显式多步法，所以预估-校正法的稳定性为条件稳定，且由于分数阶倒数的阶数 a 不同，保持稳定性的步长最大值也不同。

分形导数松弛-振动方程

$$\frac{\mathrm{d}u(t)}{\mathrm{d}t^a} + Bu(t) = f(t)$$

将方程进行有限差分离散，可得

$$\frac{u(t_1) - u(t_2)}{t_1^a - t_2^a} + Bu(t_1) = f(t_1)$$

给定以下参数

$$B = 1 , u(0) = 1 , f(t) = 0$$

得数值结果如图所示：

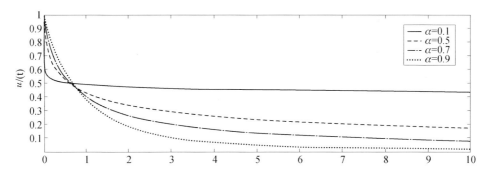

7.4.3 预估-校正法

$$(-1)^{[a]-1} \frac{\mathrm{d}^{|a|} f(t)}{\mathrm{d}t^{|a|}} + Bu(t) = f(t) , (B = w^a)$$

这里，采用结合 Caputo 分数阶倒数的形式提出正定分数倒数定义

$$\frac{\mathrm{d}^{|a|} f(t)}{\mathrm{d}t^{|a|}} = \begin{cases} \dfrac{-1}{aq(a)} \displaystyle\int_0^t \frac{f'(\tau)}{(t-\tau)^a} \mathrm{d}\tau , (0 < a \leqslant 1) \\ \dfrac{1}{a(a-1)q(a)} \displaystyle\int_0^t \frac{f''(\tau)}{(t-\tau)^{a-1}} \mathrm{d}\tau , (1 < a < 2) \end{cases}$$

可以得到 Caputo 分数倒数和正定分数阶导数之间的关系

$$\varphi(p)\frac{\mathrm{d}^a u(t)}{\mathrm{d}t^a}=\frac{\mathrm{d}^{|a|} u(t)}{\mathrm{d}t^a}$$

$$\varphi(a)=\begin{cases}\dfrac{-\Gamma(1-a)}{aq(a)},\ (0<a\leqslant1)\\[3mm]\dfrac{\Gamma(2-a)}{a(a-1)q(a)},\ (1<a<2)\end{cases}$$

其中

$$q(a)=\frac{\pi}{2\Gamma(a+1)\cos\left[(a+1)\dfrac{\pi}{2}\right]}$$

将方程移项得到

$$\frac{\mathrm{d}^{|a|} u(t)}{\mathrm{d}t^{|a|}}=f(t)-Bu(t)$$

利用上式,可以将方程转化为分数阶导数松弛-振动方程

$$\frac{\mathrm{d}^a u(t)}{\mathrm{d}t^a}=\frac{f(t)}{\varphi(a)}-B\frac{u(t)}{\varphi(a)}$$

因此,可以利用求解分数阶倒数松弛-振动方程的预估-校正方程求解该方程。选取如下参数

$$B=1,u(0)=1,u'(0)=0,f(t)=0$$

数值结果如下图所示:

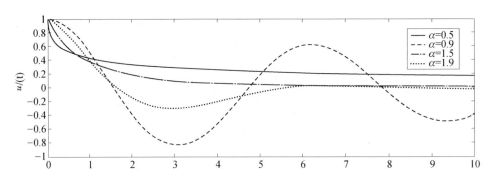

7.4.4　预估-校正法在求解放射性气体扩散中的应用

一座核电站遇自然灾害发生泄漏,浓度为 p_0 的放射性气体以匀速排出,速度为 $m\mathrm{kg/s}$,在无风的情况下,匀速在大气中向四周扩散,速度为 $s\mathrm{m/s}$。

问题一,建立一个描述核电站周边不同距离地区、不同时段放射性物质浓度的预测模型。

问题二,当风速为 $k\mathrm{m/s}$ 时,给出核电站周边放射性物质浓度的变化情况。

问题三，当风速为 km/s 时，计算出上风和下风 L 千米处的放射性物质浓度的预测模型。

问题四，将建立的模型应用于福岛核电站的泄漏，计算出福岛核电站的泄漏对我国东海岸与美国西岸的影响。

下面将建立更具一般性的 ADMS 模型（该模型有 PDF 模式，小风对流尺度模式，Loft 模式）。

（1）PDF 模式：在不稳定条件下，对低浮力核污染物采用 weil 的 PDF 模式计算地面的浓度，即

$$C=\frac{C_y}{\sqrt{2\pi}\sigma_Y}\exp\left\{-\frac{1}{2}\left[\frac{Y-Y_F}{\sigma_y}\right]x^2\right\}$$

式中的 σ_Y 由下式决定

$$\sigma_Y=\begin{cases}(\sigma_z x/u)/[1+0.5x/(uT_{xy})^{1/2}],(F_m<0.1)\\1.6F_m^{1/3}X_m^{2/3}Z_i,(F_m>0.1,u/w_m\geqslant2)\\0.8F_m^{1/3}X_m^{2/3}Z_i\end{cases}$$

式中，C_y 由下式确定

$$\frac{C_yuh}{Q}=\frac{2F_1}{\sqrt{2\pi}\sigma_{x_1}}\exp\left[-\frac{h_1^2}{2\sigma_{x_1}}+\frac{2F_2}{\sqrt{2\pi}\sigma_{x_1}}\right]\exp\left[-\frac{h_2^2}{2\sigma_{x_2}}+\frac{2F_1}{\sqrt{2\pi}\sigma_{x_2}}\right]$$

（2）小风对流尺度模式：在不稳定条件下，对高浮力核泄漏污染物采用 briggs 的小风对流尺度模式，即当 $x<10F/W^3$，有

$$C=0.021Qw^3\times x^{1/3}(F^{4/3}Z_i)\exp\left[-\frac{1}{2}\left(\frac{Y-Y_p}{\sigma_y}\right)^2\right]$$
$$\sigma_y=1.6F^{1/3}X^{2/3}Z_i$$

当 $x\geqslant10F/w^3$

$$C=\left\{Q/(wxh)\exp\left[-\left(\frac{7F}{zw^3}\right)^{3/2}\right]\exp\left[-\frac{1}{2}\left(\frac{Y-Y_p}{\sigma_y}\right)^2\right]\right\}$$
$$\sigma_y=0.6XZ_i$$

（3）Loft 模式：对近中性条件下的高浮力核泄漏物，采用 Weil 的 Loft 模式，即

$$C=\frac{Q}{\sqrt{2\pi}Z_1\sigma^yu}[1-erf(\varphi)]\exp\left[-\frac{1}{2}\left(\frac{Y-Y_p}{\sigma_y}\right)^2\right]$$
$$\sigma_y=\begin{cases}1.6F^{1/3}X^{2/3u-1},(L>0\text{ 或 }L<O_3\text{ 且 }u/w\geqslant2)\\0.8F^{1/3}X^{2/3u-1},(L>0\text{ 且 }u/w<2)\end{cases}$$

（4）由于人体对核辐射有一定的抵抗能力，只有当地表的和辐射物质的浓度超过 50 毫西弗时才会对人体产生明显的影响；为了计算地表的核辐射物得浓度，以下基于一般高斯模型系统中的采用有面源高度的 ADTL 模型来计算由面源产

生的污染物浓度。该模式的应用要根据具体情况，把他们分为多箱排列的面源，并假设源强的空间分布均匀，污染的扩散遵循一定的规律，计算某点的地面浓度为

$$C = \frac{Q}{\sqrt{2\pi}Z_1\sigma^y u}\left[1 - erf(\varphi)\right]\exp\left[-\frac{1}{2}\left(\frac{Y-Y_p}{\sigma_y}\right)^2\right]$$

$$K_A = \left[\frac{2}{\pi}\right]^{y_x}\frac{1}{u}\left\{Q_0\int_0^{L/2}\frac{1}{bx^q}\exp\left[-\frac{h^2}{2b^2x^2q}\mathrm{d}x\right.\right.$$
$$\left.\left.+ \sum_{i=1}^N Q_f\int_{(i-\frac{1}{2})L}^{(i+\frac{1}{2})L}\frac{1}{bx^q}\exp\left[-\frac{h^2}{2b^2x^2q}\mathrm{d}x\right]\right]\right\}$$

计算结果如下表 1：

表 1　　　　　不同模式核辐射物质浓度计算值及实测日均值/(mSv/m³)

监测点	计算值	误差/(%)	实测值	样本数
东北	7.12	8.9	6.54	10
华北	17.31	7.8	16.06	10
东南	9.19	−11.3	10.36	10

7.4.5　结论

本节建立的 ADMS 模型得到了契合实际监测数据的答案。遗憾的是考虑数据处理的复杂性，本节给出的数值解不够多，有待改进。通过对有关分数阶微分方程的理论分析，我们主要介绍了两方面的内容，一是分数阶微分方程解的性质，二是分数阶微分方程的求解方法。由于对分数阶微分方程的研究还不够成熟，因此对其所做出的理论分析还处于探索阶段。已有成果多半是对经典微积分方程理论的简单推广，且只能覆盖部分特殊形式的分数阶微分方程。现有的很多工作都是试图寻找新的理论方法，以打破现有的限制条件，力求构建一套完善的分数阶微分方程理论。

7.5　低反应扩散方程的紧有限差分方法的研究及应用

7.5.1　引言

分数阶微分方程在工程科学领域中的应用越来越广，特别是近年来，在流体力学、黏弹性力学、流变学、分数控制系统与分数控制器、电分析化学、电子回路、生物系统的电传导等领域均有分数阶微分方程的应用。

分数阶导数有三种定义，分别是 Griinwald – letnikov（G – L）定义、Rie-mann – Liouville（R – L）定义和 Caputo 定义。

R – L 定义：

设 $\gamma \in (0,1)$，$a,b \in R$，$a < t < b$，$f(t)$ 在 $[a,b]$ 上连续，定义 R – L 分数微分为下式

$$_aD_t^{1-\gamma}f(t) = \frac{1}{\Gamma(\gamma)}\frac{\mathrm{d}}{\mathrm{d}t}\int_a^t \frac{f(\tau)}{(t-\tau)^{1-\gamma}}\mathrm{d}\tau,$$

其中，$\Gamma(\cdot)$ 是 Gamma 函数。

Caputo 定义如下

$$_aD_t^\gamma f(t) = \frac{1}{\Gamma(1-\gamma)}\int_a^t f(s)(t-s)^{-\gamma}\mathrm{d}s, (0 \leqslant t \leqslant T, 0 < \gamma < 1)$$

在 γ 为负实数和正整数时三种定义可互相转换，G – L 定义一般用于离散化计算；R – L 定义和 Caputo 定义常用于对分数阶微分方程的讨论。

7.5.2 应用举例

例 7.1 牛顿定律推广应用

Westerlund 等建议把牛顿第二定律 $f = ma$ 用 $f = mx^{(a)}$，（$1 < a < 2$），取而代之，其中 $x^{(a)} = D^a x$ 是 x 的 a 阶导数。

例 7.2 生物学传导应用

专家在研究生物点传导实例时，给出传递函数为：$X(\omega) = X_0 \omega^{-\alpha}$，（$0 < \alpha < 1$），其中 ω 是电流频率，X_0 和 α 都是常数，其值视情况而定，与细胞中类相关。如果视上式为 Laplace 变换，即 $S^\alpha G(s) = G_0$，则 L 逆变换是分数微分方程

$$_0D_t^\alpha g(t) = 0, (0 < \alpha < 1)$$

例 7.3 $PI^\lambda D^\mu$ 控制机应用

$PI^\lambda D^\mu$ 控制器，函数 $G(s) = \dfrac{\overline{U}(s)}{E(s)} = k_p + k_I s^{-\lambda} + k_D s^\mu$，（$\lambda,\mu > 0$，$k_p,k_I,k_D$ 为常数），输出方程为

$$k_I D^{-\lambda}e(t) + k_D D^\mu e(t) + k_p e(t) = u(t)$$

对于上式，若 $\lambda = \mu = 1$，便是传统意义上的 PID 控制器（若 $\lambda = 1$，$\mu = 0$，为 PI 控制器；$\lambda = 0$，$\mu = 1$，为 PD 控制器；$\lambda = \mu = 0$ 给出一个增益）。

例 7.4 分数阶控制系统的应用

带有上例 $PI^\lambda D^\mu$ 的控制器的系统方程可写为

$$\sum_{k=0}^n a_k D^{\beta_k}y(t) + k_p y(t) + k_I D^{-\lambda}y(t) + k_D D^\mu y(t)$$
$$= k_p w(t) + k_I D^{-\lambda}w(t) + k_D D^\mu w(t)$$

其传递函数为 $G_{\text{closed}}(s) = \dfrac{k_p s^\lambda + k_I + k_D s^{\mu+\lambda}}{\displaystyle\sum_{k=0}^{m} a_k s^{\beta_k+\lambda} + k_p s^\lambda + k_I + k_D s^{\mu+\lambda}}$

若是开环系统，微分方程写为

$$\sum_{k=0}^{n} a_k D^{\beta_k} y(t) = k_p w(t) + k_I D^{-\lambda} w(t) + k_D D^\mu w(t)$$

7.5.3　低反应扩散方程的紧有限差分方法

一般的反应扩散方程组如下

$$\frac{\partial}{\partial t} a(x,t) = D \frac{\partial^2}{\partial x^2} a(x,t) - \kappa a(x,t) b(x,t)$$

$$\frac{\partial}{\partial t} b(x,t) = D \frac{\partial^2}{\partial x^2} b(x,t) - \kappa a(x,t) b(x,t)$$

其中，D 是扩散常数，当微粒的运动和反应过程都受到低扩散因子的影响，方程组可发展为如下形式

$$\frac{\partial}{\partial t} a(x,t) = {}_0 D_t^{1-\gamma} \left[\kappa_\gamma \frac{\partial^2}{\partial x^2} a(x,t) - \kappa a(x,t) b(x,t) \right] \tag{7.35}$$

$$\frac{\partial}{\partial t} b(x,t) = {}_0 D_t^{1-\gamma} \left[\kappa_\gamma \frac{\partial^2}{\partial^2 x^2} b(x,t) - \kappa a(x,t) b(x,t) \right] \tag{7.36}$$

其中，κ_γ 为扩散系数，${}_0 D_t^{1-\gamma} \nu(x,\ t)$ 是由

$$_0 D_t^{1-\gamma} \nu(x,t) = \frac{1}{\Gamma(\gamma)} \frac{\partial}{\partial t} \int_0^t \frac{\nu(x,\eta)}{(t-\eta)^{1-\gamma}} \mathrm{d}\eta$$

定义的 $1-\gamma$ 阶分数偏导数。Chen、Liu、Burrage 经过去耦运算可将式 (7.35) 和式 (7.36) 化简为如下低反应扩散方程

$$\frac{\partial}{\partial t} u(x,t) = {}_0 D_t^{1-\gamma} \left[\kappa_\gamma \frac{\partial^2}{\partial x^2} u(x,t) - \kappa_\gamma u(x,t) \right] + f(x,t), (0 < t < T, 0 < x < L) \tag{7.37}$$

其中，常数 $0 < \gamma < 1$，$k_\gamma > 0$ 为一般扩散系数，$k > 0$ 是双分子反应比率常数。方程式 (7.37) 的 Dirichlet 边界条件和初始条件为

$$u(0,t) = \phi(t), (0 < t \leqslant T) \tag{7.38}$$

$$u(L,t) = \varphi(t), (0 < t \leqslant T) \tag{7.39}$$

$$u(x,0) = \bar{\omega}(x), (0 < x \leqslant L) \tag{7.40}$$

Chen 等人对于该方程的初边值问题给出了隐式差分格式和显式差分格式，利用 Fourier 方法分别证明了格式的稳定性，并讨论了隐式差分格式的可解性。

为得到上述方程的数值解，我们引入一般网格剖分：

(x_j, t_k)，$x_j = jh$，$(j = 0, 1, \cdots), M$ $Nt_k = k\tau$，$(k = 0, 1, \cdots), N$，M, N 是正整数，

$h=L/M$ 是空间方向步长，$\tau=T/N$ 是时间方向步长。

在（x_j, t_k）点的精确解记为 u_j^k，该点的差分解记为 U_j^k。

由 G-L 公式得

$$_0D_t^{1-y}f(t) = \frac{1}{\tau^{1-y}}\sum_{k=0}^{[1/\tau]}\lambda_l f(t-k\tau) + O(\tau)$$

其中

$$\lambda_l = (-1)^l \binom{1-y}{l}, (l=0,1,\cdots)$$

用紧算子 $\dfrac{\delta_x^2}{h^2\left(1+\frac{1}{12}\delta_x^2\right)}$ 逼近 $\dfrac{\partial^2 u}{\partial x^2}$ 可得到对于问题式（7.37）至式（7.40）的紧差

分格式：

$\mu=\kappa_\gamma\dfrac{\tau^\gamma}{h^2}$, $\upsilon=\kappa\tau^\gamma$，由于 $\lambda_0=1$，则在网络点 $(x_j,t_k),j=1,2,\cdots,M-1,k=0$

$$\begin{cases} \dfrac{U_j^k - U_j^{k-1}}{\tau} = \tau^{\gamma-1}\sum_{l=0}^{k}\lambda_l\left[k_\gamma\dfrac{\partial_x^2}{h^2\left(1+\frac{1}{12}\partial_x^2\right)}U_j^{k-l} - kU_j^{k-l}\right] + f_j^k \\[4mm] U_j^0 = \bar{\omega}(x_j), (j=0,1,2,\cdots,M) \\[2mm] U_j^0 = \phi(t_k), U_M^k = \psi(t_k), (k=1,2,\cdots,N) \end{cases} \tag{7.41}$$

记 $\mu=\kappa_\gamma\dfrac{\tau^\gamma}{h^2}$, $\upsilon=\kappa\tau^\gamma$，由于，则在网络点 $(x_j,t_k),j=1,2,\cdots,M-1,k=0,1,\cdots$,

N 有

$$\left(\frac{1}{12}-\mu+\frac{\upsilon}{12}\right)U_{j-1}^k + \left(\frac{5}{6}+2\mu+\frac{5\upsilon}{6}\right)U_j^k + \left(\frac{1}{12}-\mu+\frac{\upsilon}{12}\right)U_{j+1}^k$$

$$= \left(\frac{1}{12}+\lambda_1\mu-\lambda_1\frac{\upsilon}{12}\right)U_{j-1}^{k-1} + \sum_{l=0}^{k-2}\lambda_{k-l}\left(\mu-\frac{\upsilon}{12}\right)U_{j-1}^l$$

$$+ \tau\left(\frac{1}{12}f_{j-1}^k + \frac{5}{6}f_j^k + \frac{1}{12}f_{j+1}^k\right), (j=1,2,\cdots)$$

$$M-1, k=1,2,\cdots,N$$

记精确解向量为 $u^k = u(t_k) = (u_1^k,\cdots,u_{M-1}^k)^T$，差分解向量 $U^k = U(t_k) = (U_1^k,\cdots,U_{M-1}^k)^T$ 的矩阵形式为

$$\begin{cases} AU^1 = B'_0 U^0 + F^1 \\[2mm] AU^k = \sum_{l=0}^{k-1}B_l U^l + F^k, (k=2,3,\cdots,N) \end{cases} \tag{7.42}$$

其中，$A=$

$$\begin{pmatrix} \frac{5}{6}+2\mu+\frac{5v}{6} & \frac{1}{12}-\mu+\frac{v}{12} & & & \\ \frac{1}{12}-\mu+\frac{v}{12} & \frac{5}{6}+2\mu+\frac{5v}{6} & \frac{1}{12}-\mu+\frac{v}{12} & & \\ & \ddots & \ddots & \ddots & \\ & & \frac{1}{12}-\mu+\frac{v}{12} & \frac{5}{6}+2\mu+\frac{5v}{6} & \frac{1}{12}-\mu+\frac{v}{12} \\ & & & \frac{1}{12}-\mu+\frac{v}{12} & \frac{5}{6}+2\mu+\frac{5v}{6} \end{pmatrix}$$

$$B_0'=\begin{pmatrix} \frac{5}{6}-2\lambda_1\mu-\lambda_1\frac{5v}{6} & \frac{1}{12}+\lambda_1\mu-\lambda_1\frac{v}{12} & & & \\ \frac{1}{12}+\lambda_1\mu-\lambda_1\frac{v}{12} & \frac{5}{6}-2\lambda_1\mu-\lambda_1\frac{5v}{6} & \frac{1}{12}+\lambda_1\mu-\lambda_1\frac{v}{12} & & \\ & \ddots & \ddots & \ddots & \\ & & \frac{1}{12}+\lambda_1\mu-\lambda_1\frac{v}{12} & \frac{5}{6}-2\lambda_1\mu-\lambda_1\frac{5v}{6} & \frac{1}{12}+\lambda_1\mu-\lambda_1\frac{v}{12} \\ & & & \frac{1}{12}+\lambda_1\mu-\lambda_1\frac{v}{12} & \frac{5}{6}-2\lambda_1\mu-\lambda_1\frac{5v}{6} \end{pmatrix}$$

$$B_l=\lambda_{k-1}\begin{pmatrix} -2\mu-\frac{5v}{6} & \mu-\frac{v}{12} & & & \\ \mu-\frac{v}{12} & -2\mu-\frac{5v}{6} & \mu-\frac{v}{12} & & \\ & \ddots & \ddots & \ddots & \\ & & \mu-\frac{v}{12} & -2\mu-\frac{5v}{6} & \mu-\frac{v}{12} \\ & & & \mu-\frac{v}{12} & -2\mu-\frac{5v}{6} \end{pmatrix}$$

$l=0,1,\cdots,k-2$，$B_{k-1}=B_0'$，$k\geqslant 2$，A,B_0'，B_l 都是 $(M-1)\times(M-1)$ 的矩阵，$M-1$ 维列向量可表示为

$$F^1=\begin{pmatrix} \left(\frac{1}{12}+\mu\lambda_1-\lambda_1\frac{v}{12}\right)U_0^0-\left(\frac{1}{12}-\mu+\frac{v}{12}\right)U_0^1+\tau\left(\frac{1}{12}f_0^1+\frac{5}{6}f_1^1+\frac{1}{12}f_2^1\right) \\ \tau\left(\frac{1}{12}f_1^1+\frac{5}{6}f_2^1+\frac{1}{12}f_3^1\right) \\ \vdots \\ \tau\left(\frac{1}{12}f_{M-3}^1+\frac{5}{6}f_{M-2}^1+\frac{1}{12}f_{M-1}^1\right) \\ \left(\frac{1}{12}+\mu\lambda_1-\lambda_1\frac{v}{12}\right)U_M^1-\left(\frac{1}{12}-\mu+\frac{v}{12}\right)U_M^1+\tau\left(\frac{1}{12}f_{M-2}^1+\frac{5}{6}f_{M-1}^1+\frac{1}{12}f_M^1\right) \end{pmatrix}$$

令 $P=\tau\left(\dfrac{1}{12}f_0^k+\dfrac{5}{6}f_1^k+\dfrac{1}{12}f_2^k\right)$，$Q=\tau\left(\dfrac{1}{12}f_{M-2}^k+\dfrac{5}{6}f_{M-1}^k+\dfrac{1}{12}f_M^k\right)$，则

$$F^k=\begin{vmatrix}\left(\mu-\dfrac{\upsilon}{12}\right)\displaystyle\sum_{l=0}^{k-2}\lambda_{k-1}U_0^l+\left(\dfrac{1}{12}+\mu\lambda_1-\lambda_1\dfrac{\upsilon}{12}\right)U_0^{k-1}-\left(\dfrac{1}{12}-\mu+\dfrac{\upsilon}{12}\right)U_0^k+P\\[4pt]\tau\left(\dfrac{1}{12}f_1^k+\dfrac{5}{6}f_2^k+\dfrac{1}{12}f_3^k\right)\\\vdots\\\tau\left(\dfrac{1}{12}f_{M-3}^k+\dfrac{5}{6}f_{M-2}^k+\dfrac{1}{12}f_{M-1}^k\right)\\[4pt]\left(\mu-\dfrac{\upsilon}{12}\right)\displaystyle\sum_{l=0}^{k-2}\lambda_{k-1}U_M^l+\left(\dfrac{1}{12}+\mu\lambda_1-\lambda_1\dfrac{\upsilon}{12}\right)U_M^k-\left(\dfrac{1}{12}-\mu+\dfrac{\upsilon}{12}\right)U_M^k+Q\end{vmatrix}$$

定理 7.1 差分格式（7.42）有唯一解。

证明 易见常数矩阵 A 对任意 $\mu=K_\gamma\dfrac{\tau^{\gamma-1}}{h^2}>0$ 是严格对角占优阵，则 A 是非奇异的，因此紧格式的解存在且唯一。

为了证明格式的稳定性，我们给出以下引理。

引理 7.3 常数 λ_l，$(l=0,1,\cdots)$ 满足

(1) $\lambda_0=1,\lambda_1=\gamma-1,(\lambda_l<0,l=1,2,\cdots)$

(2) $\displaystyle\sum_{l=0}^{\infty}\lambda_l=0$,（对所有 $n\geqslant1,-\displaystyle\sum_{l=1}^{n}\lambda_l<1$）

引理 7.4 假设 d_k，$(1\leqslant k\leqslant N)$ 满足式（7.43），则对 $0<\gamma<1$。有 $|d_k|\leqslant|d_0|,k=1,2,\cdots N$。

证明：用数学归纳法证明，当 $k=1$ 时，有

$$|d_1|\leqslant\left|\frac{4\mu\sin^2\dfrac{\sigma h}{2}+\upsilon(1-\gamma)\left(1-\sin^2\dfrac{\sigma h}{2}\right)}{1-\dfrac{1}{3}\sin^2\dfrac{\sigma h}{2}+4\mu\sin^2\dfrac{\sigma h}{2}+\upsilon\left(1-\dfrac{1}{3}\sin^2\dfrac{\sigma h}{2}\right)}\right||d_0|\leqslant|d_0|$$

假设已证 $|d_n|\leqslant|d_0|,1\leqslant n\leqslant k-1$，则对于 $n=k$，由引理 7.4 可得

$$|d_k|\leqslant\left|\frac{4\mu\sin^2\dfrac{\sigma h}{2}+\upsilon(1-\gamma)+\dfrac{\upsilon}{3}(\gamma-1)\sin^2\dfrac{\sigma h}{2}}{1-\dfrac{1}{3}\sin^2\dfrac{\sigma h}{2}+4\mu\sin^2\dfrac{\sigma h}{2}+\upsilon-\dfrac{\upsilon}{3}\sin^2\dfrac{\sigma h}{2}}\right||d_0|$$

$$+\left|\frac{4\mu(1-\gamma)\sin^2\dfrac{\sigma h}{2}+\upsilon-\dfrac{\upsilon}{3}(\gamma-1)\sin^2\dfrac{\sigma h}{2}}{1-\dfrac{1}{3}\sin^2\dfrac{\sigma h}{2}+4\mu\sin^2\dfrac{\sigma h}{2}+\upsilon-\dfrac{\upsilon}{3}\sin^2\dfrac{\sigma h}{2}}\right|\times$$

$$\left(\sum_{l=0}^{k-1}|\lambda_{k-l}|-|\lambda_1|\right)|d_0|$$

$$\leqslant \left| \frac{4\mu(1-\gamma)\sin^2\frac{\sigma h}{2}+\upsilon 1-\gamma)-\frac{\upsilon}{3}(\gamma-1)\sin^2\frac{\sigma h}{2}}{1-\frac{1}{3}\sin^2\frac{\sigma h}{2}+4\mu\sin^2\frac{\sigma h}{2}+\upsilon-\frac{\upsilon}{3}\sin^2\frac{\sigma h}{2}} \right| |d_0|+$$

$$\left| \frac{4\mu(1-\gamma)\sin^2\frac{\sigma h}{2}+\upsilon-\frac{\upsilon}{3}(\gamma-1)\sin^2\frac{\sigma h}{2}}{1-\frac{1}{3}\sin^2\frac{\sigma h}{2}+4\mu\sin^2\frac{\sigma h}{2}+\upsilon-\frac{\upsilon}{3}\sin^2\frac{\sigma h}{2}} \right| (1-(1-\gamma))|d_0|\leqslant|d_0|$$

定理 7.2　差分格式（7.41）对于 $0<\gamma<1$ 是无条件稳定的。

证明　有引理 7.3 以及 Parseval's 不等式可得

$$||U^k-U'^k||^2_{l^2}=||\rho^k||^2_{l^2}=\sum_{j=1}^{M-1}h|\rho^k_j|^2=h\sum_{j=1}^{M-1}|d_k e^{i\sigma jh}|^2$$

$$=h\sum_{j=1}^{M-1}d|d_k|^2\leqslant h\sum_{j=1}^{M-1}|d_0|^2=h\sum_{j=1}^{M-1}|d_0 e^{i\sigma jh}|^2$$

$$=||\rho^0||^2_{l^2}=||U^0-U'^0||^2_{l^2},k=1,2,\cdots,N$$

式（7.41）的稳定性得证。

差分格式的稳定性可以用 Fourier 方法进行讨论，令 U'^k_j 是近似解，且定义 $\rho^k_j=U^k_j-U'^k_j,1\leqslant j\leqslant M-1,0\leqslant k\leqslant N$，相应的向量为 $\rho^k=(\rho^k_1,\rho^k_2,\cdots\rho^k_{M-1})^T$，然后得

$$\left(\frac{1}{12}-\mu+\frac{\upsilon}{12}\right)\rho^k_{j-1}+\left(\frac{5}{6}+2\mu+\frac{5\upsilon}{6}\right)\rho^k_j+\left(\frac{1}{12}-\mu+\frac{\upsilon}{12}\right)\rho^k_{j+1}$$

$$=\left(\frac{1}{12}+\lambda_1\mu-\lambda_1\frac{\upsilon}{12}\right)\rho^{k-1}_{j-1}+\left(\frac{5}{6}-2\lambda_1\mu-\lambda_1\frac{5\upsilon}{6}\right)\rho^{k-1}_j+\left(\frac{1}{12}+\lambda_1\mu-\lambda_1\frac{\upsilon}{12}\right)\rho^{k-1}_{j+1}$$

$$+\sum_{l=0}^{k-2}\lambda_{k-1}\left(\mu-\frac{\upsilon}{12}\right)\rho'_{j+1}-\sum_{l=0}^{k-2}\lambda_{k-1}\left(2\mu-\frac{5\upsilon}{6}\right)\rho'_j+\sum_{l=0}^{k-2}\lambda_{k-1}\left(\mu-\frac{\upsilon}{12}\right)\rho'_{j-1},$$

其中，$j=1$，2，$\cdots$，$M-1$，$k=1$，2，$\cdots N$。令 $\rho^k_j=d_k e^{i\sigma jh}$，代入得

对于 $k=1$：$\left(1-\frac{1}{3}\sin^2\frac{\sigma h}{2}+4\mu\sin^2\frac{\sigma h}{2}+\upsilon-\frac{\upsilon}{3}\sin^2\frac{\sigma h}{2}\right)d_1$

$$=\left[4\mu(1-\gamma)\sin^2\frac{\sigma h}{2}+\upsilon(1-\gamma)+\frac{\upsilon}{3}(\gamma-1)\sin^2\frac{\sigma h}{2}\right]d_0$$

对于 $2\leqslant k\leqslant N$：$\left(1-\frac{1}{3}\sin^2\frac{\sigma h}{2}+4\mu\sin^2\frac{\sigma h}{2}+\upsilon-\frac{\upsilon}{3}\sin^2\frac{\sigma h}{2}\right)d_k$

$$=\left[4\mu(1-\gamma)\sin^2\frac{\sigma h}{2}+\upsilon(1-\gamma)+\frac{\upsilon}{3}(\gamma-1)\sin^2\frac{\sigma h}{2}\right]d_{k-1}$$

$$+\sum_{l=0}^{k-2}\left[-4\mu(1-\gamma)\sin^2\frac{\sigma h}{2}-\upsilon+\frac{\upsilon}{3}(\gamma-1)\sin^2\frac{\sigma h}{2}\right]\lambda_{k-1}d_l \tag{7.43}$$

7.5.4 结论

本节研究了分数阶导数的定义、在工程科学领域的应用实例及研究现状及讨论了低反应扩散方程，利用紧算子构造了高阶的差分格式，用矩阵方法证明了差分解的存在唯一性，并且用 Fourier 方法分析了格式的稳定性，同时证明了格式的收敛性。数值试验表明了此方法的有效性。本节的研究成果在工程数学等领域具有十分广阔的应用前景。

7.6 广义的空间-时间分数阶对流-扩散方程的研究及在流体力学中的应用

7.6.1 引言

对于大部分工程实际问题来说，分数阶微积分的求解是计算的核心部分，如在电化学过程、色噪声、控制理论、流体力学、混沌、生物工程等领域的诸多应用。这主要归功于分数阶微积分具有描述物质记忆功能和遗传效应的特征，这种特征使得它比整数阶导数的描述更加精确。例如，宋道云等成功地用带分数阶导数的模型描述了黏弹性流体的本构方程。

在使用分数阶导数的模型中，大部分情况下会导致出现一系列的分数阶微分方程。对于这些方程，人们已经找到了几类求解方法，尽管有些方程的解析解可以求出来，但人们注意到，很多分数阶微分方程的解析解是用比较特殊的函数来表示，而要数值化表示这些特殊函数是很困难的，并且有些非线性方程不可能求出其解析解，于是，数值方法在分数阶微分方程求解中显得尤为重要。然而，相对于整数阶微分方程，分数阶微分方程的数值求解方法的发展还相当不成熟，在已有的数值方法中有相当一部分不能应用于非线性分数阶微分方程。正如 Diethelm 等所说，目前已有的方法是针对特定问题或必须满足某些特定要求的算法，目前这些方法中有很多缺乏系统的稳定性和收敛性分析。因此本书作者深入研究了空间-时间分数阶对流扩散方程稳定性与收敛性、近似解析解等。

目前，许多学者致力于空间分数阶微分方程研究。它的基本理论是由 Feller 在 1952 年提出的。Mainardi 等考虑了空间分数阶扩散方程并给出其格林函数的显式表示。1986 年，Schneider 和 Wyss 研究了时间分数阶扩散波动方程，相对应的格林函数通过 H 函数闭形式表示出来，它们的性质也被研究。在 2000 年，Benson 等考虑了空间分数阶反应扩散方程，并给出了解析解。2003 年，刘发旺教授和 V. Vanh 利用变量替换、梅林变换、拉普拉斯变换和根据 H 函数性质，得到时间分数阶对流扩散方程的完全解。数值解方面，2004 年，刘发旺教授等提出了分数阶的新方法，将分数阶偏微分方程转化为常微分系统空间分数阶扩散方程并用来模拟地下水的传送；同一年，林然和刘发旺考虑了最简单的分数阶常微分方程，引进了分数阶的线性多步法。2006 年，陈春华和卢旋珠考虑分数阶扩散方程初边值问题的数值解法时，提出该问题的一个无条件稳定和条件收敛的隐式有限差分格式。2005 年，胡亦郑和刘发旺教授研究了四项的分数阶动力控制系统的微分方程，证明了其解的存在性与唯一性，并用 Mittag - Leffler 函数将解表示出来，利用 Caputo、RiemanneLiouville、Grunwald - Letnicov 分数阶导数定义之间的联系，提出了三种数值解法来模拟其解析解，最后给出了数值例子，从而说明了所提出的三种数值方法可以用于模拟分数阶控制系统的性态。2006 年，王学彬考虑了多项分数阶常微分方程，证明了解的存在性与唯一性，导出了多项分数阶常微分方程的解，提出了三种数值解法来近似多项分数阶常微分方程解。其中一种新的方法就是把多项分数阶常微分方程转化为分数阶微分方程组，利用分数阶预估-校正法给出一些实际应用例子。卢旋珠在研究时间分数阶常系数对流扩散方程的数值解时，提出了一种只需要存储部分历史数据的数值计算方法，并给出了误差估计。

7.6.2　广义的空间-时间分数阶对流扩散方程

从函数导数的极限定义来看

一阶导数：
$$f'(t)=\frac{\mathrm{d}f}{\mathrm{d}t}=\lim_{\Delta t\to 0}\frac{f(t)-f(t-\Delta t)}{\Delta t}$$

二阶导数：
$$f''(t)=\frac{\mathrm{d}^2 f}{\mathrm{d}t^2}=\lim_{\Delta t\to 0}\frac{f'(t)-f'(t-\Delta t)}{\Delta t}$$

$$f''(t)=\lim_{\Delta t\to 0}\frac{f(t)-2f(t-\Delta t)+f(t-2\Delta t)}{(\Delta t)^2}$$

三阶导数：$f'''(t)=\dfrac{\mathrm{d}^3 f}{\mathrm{d}t^3}=\lim\limits_{\Delta t\to 0}\dfrac{f(t)-3f(t-\Delta t)+3f(t-2\Delta t)-f(t-3\Delta t)}{(\Delta t)^3}$

以此推算，函数的 n 阶导数可以表示为

$$f^{(n)}(t)=\frac{\mathrm{d}^n f}{\mathrm{d}t^n}=\lim_{\Delta t\to 0}\frac{1}{(\Delta t)^n}\sum_{r=0}^{n}(-1)^r\binom{n}{r}f(t-\Delta t)$$

如果把上述表达式进一步扩展，假设 n 为非整数，则可以得到 Grunwald-Letnikov 分数阶导数，同时如果 $n<0$，则表示分数阶积分。

广义的空间-时间分数阶对流-扩散方程是将空间-时间分数阶对流-扩散方程的一阶导数也用分数阶导数 $\gamma(0<\gamma\leqslant 1)$ 来代替，所以我们就可以得到以下方程。

$$\frac{\partial^{\alpha}u(x,t)}{\partial t^{\alpha}}=a(x)\frac{\partial^{\beta}u(x,t)}{\partial x^{\beta}}-b(x)\frac{\partial^{\gamma}u(x,t)}{\partial x^{\gamma}}+q(x,t),(0<\alpha\leqslant L,0<x\leqslant T)$$

$$(7.44)$$

$$u(x,0)=f(x),(0<x<L)$$

$$u(0,t)=u(L,t=0),t>0$$

$$a(x)>0,b(x)>0,(0<\alpha,\gamma\leqslant 1,1\leqslant\beta<2)$$

$\dfrac{\partial^{\alpha}u(x,t)}{\partial x^{\alpha}}$ 为 Caputo 型分数阶导数，$\dfrac{\partial^{\beta}u(x,t)}{\partial x^{\beta}}$ 和 $\dfrac{\partial^{\gamma}u(x,t)}{\partial x^{\gamma}}$ Riemann - Liouville 型分数阶导数。

7.6.3 广义的空间-时间分数阶对流-扩散方程的数值解

引理 7.5 如果 $f\in L_1(R)$ 和 $f\in C^{\alpha+1}(R)$，则有 $A_hf(x)\in Af(x)+o(h)$，其中

$$A_hf(x)\in\frac{1}{\Gamma(-\alpha)}\frac{1}{h^{\alpha}}\sum_{k=0}^{\infty}\frac{\Gamma(k-\alpha)}{\Gamma(k+1)}f[x-(k-1)h],Af(x)=\frac{\mathrm{d}^{\alpha}f(x)}{\mathrm{d}x^{\alpha}}，h 为步长，$$

$\dfrac{\mathrm{d}^{\alpha}f(x)}{\mathrm{d}x^{\alpha}}$ 是 Riemann - Liouville 型分数阶导数。

给定等距分割：$t_k=k\tau,k=0,1,2\cdots,n,x_i=ih,i=1,2,\cdots,m$。其中 $\tau=\dfrac{T}{n}$ 和

$h=\dfrac{L}{m}$ 分别表示时间和空间步长。时间分数阶导数可采用如下近似

$$\frac{\partial^{\alpha}u(x_i,t_{k+1})}{\partial t^{\alpha}}=\frac{1}{\Gamma(1-\alpha)}\sum_{j=0}^{k}\frac{u(x_i,t_{j+1})-u(x_i,t_j)}{\tau}\int_{j\tau}^{(j+1)\tau}\frac{\mathrm{d}\xi}{(t_{k+1}-\xi)^{\alpha}}+o(\tau)$$

$$\approx\frac{\tau^{1-\alpha}}{(1-\alpha)\Gamma(1-\alpha)}\sum_{j=0}^{k}\frac{u(x_i,t_{t-j+1})-u(x_i,t_{k-j})}{\tau}[(j+1)^{1-\alpha}-j^{1-\alpha}]$$

对于两个空间分数阶导数我们用 Grunwald 改进型公式替代（由引理 7.3 可知分数阶导数与 Grunwald 改进型公式离散是一致收敛的）

$$\frac{\tau^{1-\alpha}}{(1-\alpha)\Gamma(1-\alpha)}\sum_{j=1}^{k}\frac{u(x_i,t_{k+1-j})-u(x_i,t_{k-j})}{\tau}[(j+1)^{1-\alpha}-j^{1-\alpha}]+o(\tau)=$$

$$\frac{a(x_i)}{h^{\beta}}\sum_{j=0}^{i+1}g_ju[x_i-(j-1)h,t_{k+1}]+\frac{b(x_i)}{h^{\gamma}}\sum_{j=0}^{i+1}v_ju[x_i-(j-1)h,t_{k+1}]$$

$$+o(\tau+h)+q(x_i,t_{k+1})$$

$$(7.45)$$

令 u_i^k 为微分方程式（7.44）的解的近似解，将式（7.45）简化并化成隐式差分格式。当 $k=0$ 时

$$-(r_i-p_i)u_{i+1}^1+(1+v_1p_i-g_1r_i)u_i^1-(r_ig_2-p_iv_2)u_{i-1}^1$$

$$-\sum_{j=3}^{i+1}(r_ig_j-p_iv_j)u_{i-j+1}^1=u_i^0+\tau^\alpha\Gamma(2-\alpha)q_i^1=\omega q_i^1 \qquad (7.46)$$

当 $k>0$ 时

$$-(r_i-p_i)u_{i+1}^{k+1}+(1+v_1p_i-g_1r_i)u_i^{k+1}-(r_ig_2-p_iv_2)u_{i-1}^{k+1}$$

$$-\sum_{j=3}^{i+1}(r_ig_j-p_iv_j)u_{i-j+1}^{k+1}=u_i^k-\sum_{j=1}^k(u_i^{k+1-j}-u_i^{k-j})c_j+\tau^\alpha\Gamma(2-\alpha)q_i^{k+1}$$

$$=(2-2^{1-\alpha})u_i^k+\sum_{j=1}^{k-1}u_i^{k-j}[2(j+1)^{1-\alpha}-(j+2)^{1-\alpha}-j^{1-\alpha}]$$

$$+c_ku_i^0+\tau^\alpha\Gamma(2-\alpha)q_i^{k+1}=\sum_{j=1}^{k-1}d_{j+1}u_i^{k-j}+c_ku_i^0+\omega q_i^{k+1} \qquad (7.47)$$

将式（7.45）和式（7.46）写成矩阵形式

$$\begin{cases}AU^1=U^0+\omega Q^1\\ AU^{k+1}=d_1U^k+d_2U^{k-1}+\cdots d_kU^1+c_kU^0+\omega q^{k+1}\\ U^0=f\end{cases}$$

当 $p_i>r_i$ 且 $1+r_i(1+\beta)>p_i(1+\gamma)$ 时，方程式（7.47）有唯一解。

定理 7.3 由方程式（7.46）和式（7.47）定义的隐式差分格式近似是无条件稳定的。证明假设分别是关于初值的满足方程式（7.46）和式（7.47）的解，假定的计算是精确的，则误差满足当时，当 $k=0$ 时，

$$-(r_i-p_i)\varepsilon_{i+1}^1+(1+v_1p_i-g_1r_i)\varepsilon_i^1-(r_ig_2-p_iv_2)\varepsilon_{i-1}^1$$
$$-\sum_{j=3}^{i+1}(r_ig_j-p_iv_j)\varepsilon_{i-j+1}^1=\varepsilon_i^0$$

当 $k>0$ 时

$$-(r_i-p_i)\varepsilon_{i+1}^{k+1}+(1+v_1p_i-g_1r_i)\varepsilon_i^{k+1}-(r_ig_2-p_iv_2)\varepsilon_{i-1}^1$$
$$-\sum_{j=3}^{i+1}(r_ig_j-p_iv_j)\varepsilon_{i-j+1}^{k+1}=\sum_{j=0}^{k-1}d_{j+1}\varepsilon_i^{k-j}+c_k\varepsilon_i^0 \qquad (7.48)$$

把以上两个式子写成矩阵形式

$$\begin{cases}AE^1=E^0\\ AE^{k+1}=d_1E^k+d_2E^{k-1}+\cdots+d_{k-1}E^2+c_kE^0\end{cases}$$

其中，$E^k=[\varepsilon_1^k,\varepsilon_2^k,\cdots\varepsilon_{m-1}^k]$。

最终用数学归纳法可以证明出 $\|E^k\|_\infty\leqslant M\|E^0\|_\infty$。所以由式（7.46）和式（7.47）定义的隐式差分近似是无条件稳定的。

设 $u(x_i,t_k)$ 是微分方程在网格点 (x_i,t_k) 上的精确解，令 $e_i^k=u(x_i,t_k)-u_i^k$ 及 $e_i^k=(e_1^k,e_2^k\cdots,e_{m-1}^k)$，我们有 $u_i^k=u(x_i,t_k)-e_i^k$ 代入差分格式并利用 $e^0=0$ 和 Taylor 定理和积分中值定理，有

$$\frac{\tau^{-\alpha}}{\Gamma(2-\alpha)}\sum_{j=0}^{k-1}c_j[u(x_i,t_{t_{k+1-j}})-u(x_i,t_{t_{k-j}})]$$

$$= \frac{\tau^{-\alpha}}{\Gamma(2-\alpha)} \sum_{j=0}^{k-1} c_j \left[\frac{\partial u(x_i, t_{t_{k+1}} - j\tau)}{\partial r} + M(\tau) \right]$$

因为

$$\frac{\partial u(x_i, t_{k+1} - j\tau)}{\partial r} - \frac{\partial u(x_i, t_{k+1} - \zeta_j)}{\partial r} = M(\tau)$$

我们得到

$$\frac{\tau^{-\alpha}}{\Gamma(2-\alpha)} \sum c_j \left[u(x_i, t_{k+1-j}) - u(x_i, t_{k-j}) \right] = \frac{\partial^\gamma u(x_i, t_{k+1})}{\partial x^\gamma} + m_3(\tau + h)$$

由数学归纳法证明出结论：$\| e^k \|_\infty \leqslant c_s^{-1} m(\tau^{1+\alpha} + h^\alpha)$，因此，具有收敛性。

考虑变系数空间-时间分数阶对流扩散方程

$$\frac{\partial^\alpha u(x,t)}{\partial t^\alpha} = \alpha(x) \frac{\partial^\beta u(x,t)}{\partial t^\beta} - b(x) \frac{\partial^\gamma u(x,t)}{\partial t^\gamma} + q(x,t), (0 < x \leqslant T)$$

$$a(x) = \Gamma(2.5) x^{1.5}, b(x) = \Gamma(3.5) x^{0.5}, q(x,t) = x^2(1-x) \frac{t^{0.2}}{\Gamma(1.2)} + 2tx^2$$

其中，$0 < \alpha, \gamma \leqslant 1, 1 \leqslant \beta < 2$，

取 $a = 0.8, \beta = 1.5, \gamma = 0.5, L = 1, u(x,0) = f(x) = 0, u(0,t) = u(1,t) = 0$

$$u_{k+1}(x,t) = u_k(x,t) - \int_0^t \left(\frac{\partial^{0.8}}{\partial \xi^{0.8}} u_k(x,\xi) - \Gamma(2.5) x^{1.5} \frac{\partial^{1.5} u_k(x,\xi)}{\partial x^{1.5}} \right.$$
$$\left. + \Gamma(3.5) x^{0.5} \frac{\partial^{1.5} u_k(x,\xi)}{\partial x^{1.5}} \right)$$

则此方程有精确解：$u(x,t) = x^2(1-x)t$

下面我们用变分迭代法计算此方程的近似解析解，由变分迭代法的迭代公式，我们可以得到

$$u_0(x,t) = 0$$

$$u_1(x,t) = x^2(1-x) \frac{t^{1.2}}{\Gamma(2.2)} + x^2 t^2 \tag{7.49}$$

$$u_2(x,t) = 2 \left[x^2(1-x) \frac{t^{1.2}}{\Gamma(2.2)} + x^2 t^2 \right] - x^2(1-x) \frac{t^{1.4}}{\Gamma(2.4)} - \frac{4x^2 t^{2.2}}{\Gamma(3.2)} - \frac{2}{3} x^2 t^3$$

表 7.1　　　　　　　变分迭代法计算结果及精确解的值比较

x	近似解	精确解
0.1000	0.0001	0.0001
0.2000	0.0003	0.0003
0.3000	0.0006	0.0006
0.4000	0.0010	0.0010
0.5000	0.0013	0.0013

续表

x	近似解	精确解
0.6000	0.0015	0.0014
0.7000	0.0015	0.0014
0.8000	0.0014	0.0013
0.9000	0.0010	0.0008
1.0000	0.0002	0.0000

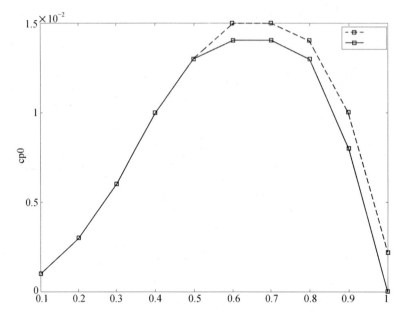

图 7.1　$t=0.01$ 时刻由变分迭代法计算得到的近似解析解与精确解的平面图

由图 7.1 和表 7.1 可以看出由变分迭代法得到的近似解析解与精确解是吻合的，误差很小，说明此方法是有效的。

7.6.4　分数阶微积分的应用

Richardson 在 1926 年指出湍流的速度场是不可微的，这是传统牛顿力学在湍流问题的解决上长期停滞不前的一个重要原因。又如，大量的实验表明，许多黏弹性材料（包括黏弹性固体和流体物质）的应力松弛是非指数型的，具有记忆性，传统的黏弹性微分模型不能精确描述它们的力学行为。以上这些现象涉及物理和力学过程的记忆和遗传，路径依赖性和全局相关性，因此采用分数阶微积分能较好吻合实验结果。因而在这类方面上，分数阶微积分的应用是十分广泛的。

7.6.5 结论

古典差分法是一种比较古老的方法，如何提高差分格式的精度是本课题有待进一步改进和完善的地方。目前还不能够证明变分迭代法的收敛性，只能定性说明。因此该理论还存在不完善或不严格的地方，有待进一步研究和探讨。另外，分数阶微分方程组的求解也是有待研究的课题。

7.7 基于不动点定理的分数阶微分方程的研究

7.7.1 引言

分数阶微分方程是工程研究领域的重要数学工具，对于该方程的求解问题受到了相关学者及工程人员的广泛关注。

2013年，李金晓在《分数阶微分方程解的存在性和唯一性》中，说明了分数阶微分方程在研究领域中的重要性。基于任意阶微分及积分的分数阶微分及积分的分数阶微积分和整数阶微积分同属于一个范畴，作者以格林函数以及 Guo - Kraselkii 不动点定理为理论基础，分析了分数阶微分方程积分的边值问题正解是否存在的问题，说明了至少含有一个正解的条件。应用 Banach 压缩映射的原理，分析了分数阶微分方程反周期解是否存在和是否唯一存在的情况，并给出了分数阶微分方程具有唯一解的判别依据。以 Banach、Schaefer、Krasnoselkill 不动点定理为基础，研究了具有脉冲的半线性分数阶的微分方程的反周期适度解的存在性及唯一性，并给出了该反周期解存在的条件。

2013年，曹晓斌在《广义凹凸算子不动点理论在微分方程中的应用》一文中，以广义凹凸算子的不动点定理分析了多种微分方程解的存在性、唯一性。对于二阶三点边值问题

$$\begin{cases} -u''(t) = f[t,u(t),u(t)+g(t)], (0<t<1) \\ \delta u'(0) - u(\varepsilon) = 0, u(1) = 0 \end{cases} \tag{7.50}$$

将广义的 α-凹凸算子不动点定理为基础，在不求解上、下解的情况下，研究了正解的存在情况。对于两类含有混合单调性的微分方程的边值问题

$$\begin{cases} u^{(4)}(t) = f[t,u(t),u(t)], (0<t<1) \\ u(1) = u(0) = u'(1) = u'(0) = 0 \end{cases} \text{和} \begin{cases} x'''(t) + f[x(t),x(t)] = 0, (0<t<1) \\ x(0) = x'(1) = x'(0) = 0 \end{cases}$$

以混合单调算子的不动点定理为基础，分析了正解的存在情况。

在二阶微分方程的初始值问题上

$$\begin{cases} -x''(t) = f[t,x(t),(Tx),(t)], (0<t<1) \\ x(0) = a, x'(0) = b \end{cases}$$

以广义凹凸端子不动点理论，研究了正解的存在性。

2010 年，曾继成在《基于不动点理论的二阶微分方程解的稳定性》一文中，说明了不动点原理的背景和不动点原理的实际含义，以实际的例子说明了不动点理论在解决方程稳定性上的应用。作者还研究了类似于 $x'' + f(t, x, x')x' + a(t)g[xq(t)] = 0$ 的微分方程，以不动点原理为基础说明了此方程解的稳定程度。早在 2004 年，Liapunov 函数直接法研究方程，将两者进行比较可以发现不动点原理所得到的条件好于 Liapunov 法所得到的条件。在常数项含积分的二阶微分方程稳定性的问题上，以不动点原理为理论基础所得到的条件远远优于 Liapunov 法讨论的结果。

本节将研究利用不动点理论求解分数阶微分方程的问题，在介绍不动点基础知识的前提下，阐述了其应用问题。

7.7.2 不动点理论

不动点理论是非线性分析中的重要理论，在各个领域都有着广泛的用途。不动点理论包括 Leray - Schauder 不动点理论、Brouwer 不动点理论和 Banach 不动点理论等多种理论。在某种程度上，各个理论之间存在着相互的关系。

Kakutani 不动点定理：设 X 是 R_n 中有界的闭凸集（非空），$F: X \rightarrow 2^X$ 是取紧凸值的上半连续映象，那么 F 在 X 中存在不动点。

集值映射的焊接引理：设 X，Y 是拓扑空间，A_1，A_2 是 X 的闭子集，并且 $A_1 \bigcap A_2 \neq \approx$。如果 $f_1: A_1 \rightarrow 2^Y$，$f_2: A_2 \rightarrow 2^Y$，$f_3: A_1 \bigcap A_2 \rightarrow 2^Y$ 上半连续，并且当 $x \in A_1 \bigcap A_2$ 时，$f_1(x) \bigcup f_2(x) \subset f_3(x)$，那么

$$F(x) = \begin{cases} f_1(x), (x \in A_1) \\ f_3(x), (x \in A_1 \bigcap A_2) \\ f_2(x), (x \in A_2) \end{cases} \tag{7.51}$$

$F: A_1 \bigcup A_2 \rightarrow 2^Y$ 上半连续。

Leray - Schauder 不动点定理：设 U 为 R_n 中的有界开集（非空），$x_0 \in U$，$g(U) \rightarrow R_n$ 不间断，$g(U)$ 有界并且满足

$$x \neq \lambda g(x) + (1-\lambda)x_0, (\forall \lambda \in (0,1), \forall x \in \partial U)$$

则存在某点 $y_0 \in U$，可使 $y_0 = g(y_0)$，说明 g 在 U 上具有不动点 y_0。

证明

(1) 定义一个映射 $F: R_n \rightarrow 2^{R_n}$

$$F(x) = \begin{cases} \{g(x)\}, (x \in U) \\ \{g(x)\} \bigcup \{x_0\}, (x \in \partial U) \\ \{x_0\}, (x \in R_n \sim U) \end{cases} \tag{7.52}$$

根据集值映射的焊接原理可得，$F:R_n \to 2^{R_n}$ 半连续。

定义 $F_1:R_n \to 2^{R_n}$ 使得 $F_1(x)=coF(x)$，也就是说 $F_1(x)$ 为 $F(x)$ 的凸包，F_1 上半连续。

设 $A=co(U \bigcup F_1(U))$，那么 A 是紧凸集，并且 $F_1(R_n) \subset A$。从而 $F_1:A \to 2^A$ 是取紧凸值的上半连续映射。根据 Kakutani 不动点理论可得，F_1 在 A 上有不动点 y_0，易得 $y_0 \in U$。

假设 $y_0 \in U$，那么 y_0 是 g 的不动点。

假设 $y_0 \in \partial U$，那么 $y_0 \in co(g(y_0) \bigcup \{x_0\})$，那么存在 $\lambda \in [0,1]$ 使得 $y_0 \in \lambda g(y_0)+(1-\lambda)\{x_0\}$。根据该定理的条件可知，$\lambda=1$ 或 0。

假设 $\lambda=0$，那么 $y_0 = x_0$ 与 $x_0 \in U$ 矛盾。

假设 $\lambda=1$，那么 $y_0 \in g(y_0)$，即 y_0 是 g 的不动点。

Brouwer 不动点定理：设 C 为 R_n 内的有界的闭凸集（非空），$f:C \to C$ 连续，那么 f 在 C 中存在不动点。

Brouwer 不动点定理和 Leray - Schauder 不动点定理等价的证明过程如下。

经参考大量文献可以发现，Brouwer 不动点定理和 Kakutani 不动点理论等价。根据 Leray - Schauder 不动点理论的证明过程可以发现 Kakutani 不动点理论可以推出 Leray - Schauder 不动点理论，说明了 Brouwer 不动点定理可以推出 Leray - Schauder 不动点理论，如图 7.2 所示。

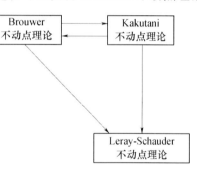

假设 C 是 R_n 中内部的有界闭凸集（非空），$f:C \to C$ 连续，对任意 $x \in \partial C$，对于任意的 $x_0 \in \text{int}C$，因 $f(x) \in C,\lambda \in (0,1),x_0 \in \text{int}C$，存在 $\lambda f(x)+(1-\lambda)x_0 \in \text{int}C$，因此 $x \neq \lambda f(x)+(1-\lambda)x_0$，满足了 Leray - Schauder 不动点理论的条件，所以 f 在 C 中存在不动点。

图 7.2　三种不动点理论关系图

7.7.3　一类非线性微分方程解得存在性与唯一性

针对分数阶的微分方程

$$D_a^q(x(t)-x_0)=f[t,x(t)],(0<q<1) \tag{7.53}$$
$$x(t) \in C[a,b],x(a)=x_0$$

通过学习我们知道，如果函数 f 在 $[a,b] \times [x_0-\alpha,x_0+\alpha]$ 上是连续的，其中的 $\alpha>0$，则微分方程等价于

$$x(t)=x_0+\frac{1}{\Gamma(q)}\int_a^t (t-s)^{q-1}f[s,x(s)]\mathrm{d}s \tag{7.54}$$

在此，我们发现如果 f 在 $[a,b]\times[x_0-\alpha,x_0+\alpha]$ 上是连续的，其中的 $\alpha>0$，当 $0\leqslant\sigma<q<1$ 时，$(t-a)^\sigma f(t,x(t))$ 在 $[a,b]\times[x_0-\alpha,x_0+\alpha]$ 上也连续，则微分方程也等价于

$$x(t)=x_0+\frac{1}{\Gamma(q)}\int_a^t(t-s)^{q-1}f[s,x(s)]\mathrm{d}s \tag{7.55}$$

纵观解得存在性与唯一性的问题，我们会得到以下的结论非常类似于经典的一阶微分方程的结论，但是确推广了上面的定理。

定理 7.4（存在性） 设 $0\leqslant\sigma<q<1$，$f[t,x(t)]$ 在 $(a,b)\times[x_0-\alpha,x_0+\alpha]$ 上是连续的，$(t-a)^\sigma f[t,x(t)]$ 在 $[a,b]\times[x_0-\alpha,x_0+\alpha]$ 上连续的，其中 $\alpha>0$，则分数阶微分方程至少有一个定义在 $[a,c]$ 上的解，其中

$$c=\min\left\{b,\left(\frac{a\Gamma(q-\sigma+1)}{\Gamma(1-\sigma)\parallel f\parallel_{\sigma,\infty}}\right)^{\frac{1}{q-\sigma}}+a\right\}$$

证明 从前面的介绍可知道等价于积分方程

$$x(t)=x_0+\frac{1}{\Gamma(q)}\int_a^t(t-s)^{q-1}f[s,x(s)]\mathrm{d}s$$

设 $U=\{x(t)\in C[a,c],|x(t)-x_0|\leqslant\alpha\}$，定义算子

$$Ax(t)=x_0+\frac{1}{\Gamma(q)}\int_a^t(t-s)^{q-1}f[s,x(s)]\mathrm{d}s \tag{7.56}$$

由于 $x(t)=x_0$ 属于集合 U，所以 U 是 Banach 空间 $C[a,c]$ 中的非空的，闭合的，凸的子集。

现在证明算子 A 是完全连续的。

由于 $(t-a)^\sigma f[t,x(t)]$ 在紧集 $[a,b]\times[x_0-\alpha,x_0+\alpha]$ 上是连续的，从而是一致连续的。因此，对于任意给定的 $\xi>0$，总是存在 $\delta>0$ 使得对任意的 $t\in[a,b]$，当 $|x(t)-y(t)|<\delta$ 时，就有

$$|(t-a)\sigma f[t,x(t)]-(t-a)^\sigma f[t,y(t)]|<\frac{\Gamma(q-\sigma+1)}{\Gamma(1-\sigma)(b-a)^{q-\sigma}}\xi$$

若 $x(t)$，$\tilde{x}(t)\in U$ 使得 $|x(t)-\tilde{x}(t)|<\delta$ 则有

$$|(t-a)\sigma f(t,x(t))-(t-a)^\sigma f[t,y(t)]|<\frac{\Gamma(q-\sigma+1)}{\Gamma(1-\sigma)(b-a)^{q-\sigma}}\xi$$

对于所有的 $t\in[a,b]$

$$|Ax(t)-A\tilde{x}(t)|=\frac{1}{\Gamma(q)}\left|\int_a^t(t-s)^{q-1}\{f[s,x(s)]-f[s,\tilde{x}(s)]\}\mathrm{d}s\right|$$

$$\leqslant\frac{1}{\Gamma(q)}\int_a^t(t-s)^{q-1}(s-a)^{-\sigma}|(s-a)^\sigma f[s,x(s)]$$

$$-(s-a)f[s,\tilde{x}(s)]|\mathrm{d}s$$

$$\leqslant\frac{\Gamma(q-\sigma+1)\xi}{\Gamma(1-\sigma)(b-a)^{q-\sigma}}I_a^q(t-a)^{-\sigma}$$

$$\leqslant \frac{\Gamma(q-\sigma+1)\xi}{\Gamma(1-\sigma)(b-a)^{q-\sigma}} \cdot \frac{\Gamma(1-\sigma)(b-a)^{q-\sigma}}{\Gamma(q-\sigma+1)}$$

$$< \xi$$

所有的算子 A 连续。

接下来我们考虑集合

$$A(U):=\{Ax:x\in U\}$$

任取 $y\in A(U)$，发现对所有的 $t\in[a,b]$，则有

$$|y(t)|=|Ax(t)|$$

$$\leqslant |x_0| + \left| \frac{1}{\Gamma(q)}\int_a^t (t-s)^{q-1}f[s,x(s)]ds \right|$$

$$\leqslant |x_0| + \frac{1}{\Gamma(q)}\int_a^t (t-s)^{q-1}|(s-a)^{-\sigma}f[s,x(s)]|ds$$

$$\leqslant |x_0| + \|f\|_{\sigma,\infty}\frac{1}{\Gamma(q)}\int_a^t (t-s)^{q-1}(s-a)^{-\sigma}ds$$

$$\leqslant |x_0| + \|f\|_{\sigma,\infty}\frac{\Gamma(1-\sigma)(b-a)^{q-\sigma}}{\Gamma(q-\sigma+1)}$$

所以 $A(U)$ 是有边界的。

在此，任取 $a\leqslant t_1 \leqslant t_2 \leqslant b$，则有

$$|Ax(t_1)-Ax(t_2)| = \frac{1}{\Gamma(q)}\left| \int_a^{t_1}(t_1-s)^{q-1}f[s,x(s)]ds \right.$$

$$\left. -\int_a^{t_2}(t_2-s)^{q-1}f[s,x(s)]ds \right|$$

$$\leqslant \frac{1}{\Gamma(q)}\left| \int_a^{t_1}(t_1-s)^{q-1}-\int_a^{t_2}(t_2-s)^{q-1}f[s,x(s)]ds \right.$$

$$\left. +\int_{t_1}^{t_2}(t_2-s)^{q-1}f[s,x(s)]ds \right|$$

$$= \|f\|_{\sigma,\infty}\frac{\Gamma(1-\sigma)}{\Gamma(q-\sigma+1)}[(t_1-a)^{q-\sigma}-(t_2-a)^{q-\sigma}]$$

$$+ \|f\|_{\sigma,\infty}\frac{1}{\Gamma(q)}\int_{t_1}^{t_2}(t_2-s)^{q-1}(s-a)^{-\sigma}ds$$

$$\leqslant \|f\|_{\sigma,\infty}\frac{1}{\Gamma(q)}\int_{t_1}^{t_2}(t_2-s)^{q-1}(s-a)^{-\sigma}ds$$

接下来我们分情况讨论。

情况 1：如果 $t_1=a$，则

$$\|f\|_{\sigma,\infty}\frac{1}{\Gamma(q)}\int_{t_1}^{t_2}(t_2-s)^{q-1}(s-a)^{-\sigma}ds = \|f\|_{\sigma,\infty}\frac{1}{\Gamma(q)}\int_a^{t_2}(t_2-s)^{q-1}(s-a)^{-\sigma}ds$$

$$= \|f\|_{\sigma,\infty}I_a^q(t_2-a)^{-\sigma}$$

$$= \parallel f \parallel_{\sigma,\infty} \frac{\Gamma(1-\sigma)}{\Gamma(q-\sigma+1)} (t_2-a)^{-\sigma}$$

$$< \xi$$

只需要

$$|t_2-t_1| < \delta_1 = \left(\frac{\xi\Gamma(q-\sigma+1)}{\Gamma(1-\sigma) \parallel f \parallel_{\sigma,\infty}} \right)^{\frac{1}{q-\sigma}}$$

情况 2：如果 $t_1 \neq a$，则

$$\parallel f \parallel_{\sigma,\infty} \frac{1}{\Gamma(q)} \int_{t_1}^{t_2} (t_2-s)^{q-1} (s-a)^{-\sigma} ds = \frac{1}{\Gamma(q+1)} \int_{t_1}^{t_2} (s-a)^{-\sigma} d[-(t-s)^q]$$

假设 $a(s) = -(t-s)^q$，我们知道 $a(s)$ 在 $[t_1,\ t_2]$ 上是关于 s 的连续单调函数且 $(s-a)^{-\sigma}$ 在 $[t_1,\ t_2]$ 上是连续的。由于斯蒂阶积分中值定理可得，对于任何一个 $\xi \in [t_1,\ t_2]$

$$\int_{t_1}^{t_2} (s-a)^{-\sigma} da(s) = (\xi-a)^{-\sigma}(t_2-t_1)^q$$

因此

$$\parallel f \parallel_{\sigma,\infty} \frac{1}{\Gamma(q)} \int_{t_1}^{t_2} (t_2-s)^{q-1} (s-a)^{-\sigma} ds = \frac{\parallel f \parallel_{\sigma,\infty}}{\Gamma(q+1)} (\xi-a)^{-\sigma}(t_2-t_1)^q$$

$$\leqslant \frac{\parallel f \parallel_{\sigma,\infty}}{\Gamma(q+1)} (b-a)^{-\sigma}(t_2-t_1)^q$$

$$< \xi$$

只要

$$|t_2-t_1| < \delta_2 = \left(\frac{\xi\Gamma(q+1)}{\parallel f \parallel_{\sigma,\infty}(b-a)^{-\sigma}} \right)^{\frac{1}{q}}$$

若要选择 $\delta = \min\{\delta_1,\ \delta_2\}$，则可以得到 $A(U)$ 是等度连续的，故 $A(U)$ 是相对紧集的，即 A 是一个完全连续的算子。

$$|Ax(t)-x_0| = \left\{ \parallel f \parallel_{\sigma,\infty} \frac{1}{\Gamma(q)} \int_a^t (t-s)^{q-1} f[s,x(s)]^{-\sigma} ds \right\}$$

$$= \left| \parallel f \parallel_{\sigma,\infty} \frac{1}{\Gamma(q)} \int_a^t (t-s)^{q-1}(s-a)^{-\sigma}(s-a)^{\sigma} f[s,x(s)] ds \right|$$

$$\leqslant \parallel f \parallel_{\sigma,\infty} \frac{1}{\Gamma(q)} \left| \int_a^t (t-s)^{q-1}(s-a)^{-\sigma} ds \right|$$

$$\leqslant \parallel f \parallel_{\sigma,\infty} \frac{\Gamma(1-\sigma)}{\Gamma(q-\sigma+1)} (c-a)^{q-\sigma}$$

$$< \alpha$$

因此，如果 $x(t) \in U$，则 $Ax(t) \in U$，也就是 A 将集合 U 映射成 U，根据 Shauder 不动点定理可以得到算子 A 至少有一个不动点，因此再区间 $[a,\ c]$ 上

至少有一个连续解 $x(t)$，其中 $c = \min\left\{ b, \left(\dfrac{a\Gamma(q-\sigma+1)}{\Gamma(1-\sigma)\parallel f \parallel_{\sigma,\infty}} \right)^{\frac{1}{q-\sigma}} + a \right\}$。

推论 7.1 假设 $0 < q < 1$，f 在 $[a,b] \times [x_0 - \alpha, x_0 + \alpha]$ 上是连续的，则分数阶微分方程在 $[0, c]$ 上至少有唯一连续解，其中 $c = \min\left\{ b, \left(\dfrac{a\Gamma(q+1)}{\parallel f \parallel_\infty} \right)^{\frac{1}{q}} \right\}$。

推论 7.2 设 $0 < q < 1$，在 $[0,b] \times [x_0 - \alpha, x_0 + \alpha]$ 连续，若存在正常 L，且 L 与 x，$y \in [x_0 - \alpha, x_0 + \alpha]$，$t \in [0,b]$ 无关，使得

$$|f(t,x(t)) - f(t,y(t))| \leqslant L|x(t) - y(t)| \tag{7.57}$$

则分数阶微分方程在 $[0, c]$ 上有唯一连续解，其中 $c = \min\left\{ b, \left(\dfrac{a\Gamma(q+1)}{\parallel f \parallel_\infty} \right)^{\frac{1}{q}} \right\}$。

推论 7.3 设 $0 \leqslant \delta < q < 1$，$f[t,x(t)]$ 在区间上是连续的，其中 $\alpha > 0$。若存在某一正常数 L 且 L 与 $x, y \in [x_0 - \alpha, x_0 + \alpha\}$，$t \in (0,b]$ 无关，并且有

$$|f(t,x(t)) - f[t,y(t)]| \leqslant L|x(t) - y(t)|$$

成立，而且对任意的 $\varepsilon > 0$，有 $0 < q < q + \varepsilon < 1$，$x(t)$，$y(t)$ 分别为下列初值问题的两个唯一解，即

$$D_0^{q+\varepsilon}(x(t) - x_0) = f[t,x(t)], x(0) = x_0$$

和

$$D_0^q(y(t) - x_0) = f(t,y(t)), y(0) = x_0$$

则在 x 和 y 存在的任意紧区间上有 $\parallel x - y \parallel_\infty = 0(\varepsilon)$。

推论 7.4 假设 f，q 和 δ 如推论 2.13 所定义，x 和 y 分别为如下初值问题 $D_0^q[x(t) - x_0] = f[t,x(t)], x(0) = x_0$ 和 $D_0^q(y(t) - x_0) = f[t,y(t)], y(0) = x_0$ 的唯一解，则有

$$\parallel x - y \parallel_\infty = 0(|x_0 - y_0|) \tag{7.58}$$

推论 7.5 $0 \leqslant \delta < q < 1, f[t,x(t)], \overline{f}[t,x(t)]$ 在 $[0,b] \times [x_0 - \alpha, x_0 + \alpha]$ 上连续且关于第二个变量满足李普希兹条件，其中 $\alpha > 0$，当 x 和 y 分别为以下初值问题

$$D_0^q[x(t) - x_0] = f[t,x(t)], x(0) = x_0$$

且

$$D_0^q[y(t) - x_0] = f[t,y(t)], y(0) = x_0$$

的两个唯一解时，则在 x 和 y 存在的任意以区间上有

$$\parallel x - y \parallel_\infty = 0(\parallel \overline{f} - f \parallel_\infty) \tag{7.59}$$

算例

考虑如下分数阶微分方程

$$D_a^q[x(t) - x_0] = \beta[x(t)] + f(t)$$

其中，$t \in [a,b]$，$x(a)=x_0$，$\beta < 0$。

若选择

$$f(t)=t^{\frac{1}{3}}+\frac{\Gamma\left(\dfrac{4}{3}\right)}{\Gamma\left(\dfrac{4}{3}-q\right)}t^{\frac{1}{3}-q}$$

且

$$q=\frac{1}{2},a=0,x(0)=0,\beta=-1$$

则分数阶微分方程可写成如下形式

$$D_0^{\frac{1}{2}}x(t)=-x(t)+t^{\frac{1}{3}}+\frac{\Gamma\left(\dfrac{4}{3}\right)}{\Gamma\left(\dfrac{5}{6}-q\right)}t^{-\frac{1}{6}} \tag{7.60}$$

根据定理可得方程分数阶微分方程有唯一精确解 $x(t)=t^{\frac{1}{3}}$ 但是函数 $f[t,x(t)]$ 在 $[0,b]$ 并不连续，而 $t^{\frac{1}{6}}f[t,x(t)]$ 在 $[0,b]$ 是连续的。

7.7.4　结论

不动点理论是非线性分析中的重要依据，在各个领域都有着广泛的用途。不动点理论包括 Leray‐Schauder 不动点理论、Brouwer 不动点理论和 Banach 不动点理论等多种理论。

不动点理论可以用于证明二阶微分方程解的稳定性，讨论微分系统解的有界性。本节将不动点理论应用到求解分数阶微分方程的问题中，系统性地阐述了不动点理论，包括多种不动点理论及不动点理论的等价关系。同时，以非线性微分方程为例，说明了利用不动点理论求解微分方程的过程。

7.8　基于不动点理论的分数阶发展方程的研究

7.8.1　引言

分数阶发展方程是分数阶理论中的一种，同分数阶微分方程一样，它是在不动点理论的基础上，通过一步步演变与创新而被发现的。分数阶发展方程中包含了分数阶导数、几种特殊函数等基本概念。

对于分数阶理论，其算子理论、方法、进展等均是我们着重研究的重点。分数阶在现实生活中也有着十分重要的应用，比如力学、材料学。目前，已经有很多学者对其进行了研究。例如，徐明瑜和谭文长通过对中间过程、临界现象进行研究，从而导入分数阶算子理论、方法、进展及其在现代力学中的应用，作者从理论、方法、发展和应用多个角度入手，辩证而全面地分析了分数阶的基本含义。作者指出分数阶不仅是数学的概念，其运算方法对于力学中诸多问题都有很精确的解释。又如，李岩针对分数阶微积分进行了研究，并从黏弹性材料和控制理论的角度，分析了分数阶微积分的应用，作者指出黏弹性材料的某些性质能利用分数阶微积分的理论进行解释，其控制理论也同分数阶微积分方程相似，故将分数阶微积分应用到黏弹性材料和控制理论，十分恰当。

在对分数阶发展方程和分数阶微分方程研究过程中，C 半群一直是必修考虑与研究的一个重要理论，C 半群的性质也十分重要。对此，杜厚维和李为对 C 半群的一些性质进行了研究。本书中作者通过阐述 C 半群的性质，对其进行综合性论述，同时也以 C 半群为基础，进一步分析了分数阶的理论。此外，同杜厚维和李为的观点一样，分数阶理论是在 C 半群的基本性质的基础上建立起来的，且其应用也十分广泛。首先，常福宣和吴吉春就通过《考虑时空相关的分数阶对流-弥散方程及其解》一文，从时空相关的角度，结合分数阶对流-弥散方程及其解的相关理论进行了阐述与分析。其次，张邦楚通过《基于分数阶微积分的飞航式导弹控制系统设计方法研究》一文，着重介绍了分数阶微分方程在航空航天中的应用，即飞航式导弹控制系统，其设计方法与理论与分数阶微积分的相关知识概念密切结合，是设计的理论基础。

本节针对不动点理论下分数阶发展方程的相关理论进行了综合阐述，同时介绍几种特殊函数，引入分数阶导数和分数阶发展方程的概念，以及它在某些数学问题中的应用，肯定了分数阶发展方程的重要作用。

7.8.2 不动点理论

方程是数学学科中重要的理论之一，通常函数、微分学、代数学等都涉及了方程的概念，故解方程成了学习和了解这些学科理论的基础。对于这些方程，通常可以将它们改写为 $f(x)=x$ 的形式，其中 x 是某个适当的空间 x 中的点，f 是从 x 到 x 的一个映射或运动，把每一点 x 移到点 $f(x)$，在 f 这个运动之下被留在原地不动的点，恰好为方程 $f(x)=x$ 的解，所以被称为不动点。不动点理论的常见研究方法主要有拓扑的泛函分析，即为非线性算子。

不动点理论同其他理论一样，存在这很多定理，其中最常见的就是压缩映射原理、布劳威尔不动点定理、莱夫谢茨定理。

压缩映射原理具体内同如下：设 x 是一个

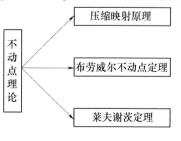

图 7.3 不动点理论

完备的度量空间，映射 $f : X \to X$ 把每两点的距离至少压缩 λ 倍，即 $d[f(x), f(y)] \leqslant \lambda d(x, y)$，其中 λ 是一个小于 1 的常数，那么 f 必有而且只有一个不动点，而且从 X 的任何点 x_0 出发作出序列，这序列一定收敛到那个不动点。

布劳威尔不动点定理：设 x 是欧氏空间中的紧凸集，那么 X 到自身的每个连续映射都至少有一个不动点。在这个定理的基础上，我们可以证明代数基本定理：复系数的代数方程一定有复数解。

对于莱夫谢茨定理，它解释了关于微分流形上椭圆形算子与椭圆形复形的阿蒂亚-辛格指标定理与阿蒂亚-博特不动点定理。

7.8.3 分数阶发展方程

了解分数阶发展方程的概念，首先要了解分数阶导数的定义。实质上，分数阶导数是任意阶的微积分，通过对阶导数和次积分的发展，进而得到分数阶导数，它是鲜为人知并且十分重要的数学分支。

通过对于分数阶的研究，学者们从不同的方向出发，给出了不同的定义，以供后人研究参考。其中主要有 Grumwald - Letnikov、Riemann - Liouville、Caputo 三种定义。现对其进行具体阐述。

图 7.4　不同学者分数阶的定义

Grumwald - Letnikov：

已知任意实数 α，其整数部分为 $[\alpha]$，若函数 $f(t)$ 在区间 $[\alpha, t]$ 上有 $m+1$ 阶连续导数，当 $\alpha > 0$ 时，m 至少取 $[\alpha]$，从而可以定义分数阶 α 阶导数为

$$_{\alpha}^{G}D_t^{\alpha} f(t) \cdot \overset{\Delta}{=} \lim_{\substack{h \to 0 \\ nh = t - \alpha}} h^{-\alpha} \sum_{i=0}^{n} \left| {}_i^{-\alpha} \right| f(t - ih)$$

其中

$$\left| {}_i^{-\alpha} \right| = \frac{(-\alpha)(-\alpha + 1)(-\alpha + 2) \cdots (-\alpha + i - 1)}{i!}$$

从而有

$$_{a}^{G}D_{t}^{\alpha}f(t) = \sum_{k=0}^{m} \frac{f^{(k)}(\alpha)(t-\alpha)^{-\alpha+k}}{\Gamma(-\alpha+k+1)}$$
$$+ \frac{1}{\Gamma(-\alpha+m+1)} \int_{\alpha}^{t} (t-T)^{-\alpha+m} f^{m+1}(\tau) \mathrm{d}\tau$$

Riemann – Liouville：

对于 Riemann – Liouville 定义的分数阶导数,其主要函数式表示为

$$_{a}^{R}D_{t}^{\alpha}f(t) = \begin{cases} \dfrac{\mathrm{d}^{n}f}{\mathrm{d}t^{n}}, \alpha = n \in N \\ \dfrac{\mathrm{d}^{n}}{\mathrm{d}t^{n}} \dfrac{1}{\Gamma(n-\alpha)} \int_{a}^{t} \dfrac{f(\tau)}{(t-\tau)^{\alpha-n-1}} \mathrm{d}\tau, (0 \leqslant n-1 < \alpha < n) \end{cases}$$

通过上述定义,可以进一步定义分数阶积分

$$_{a}^{R}D_{t}^{\alpha}f(t) = \frac{1}{\Gamma(-\alpha)} \int_{a}^{t} (t-\tau)^{\alpha-1} f(\tau) \mathrm{d}\tau$$

Caputo：

如果 α 为非正整数,则有

$$_{a}^{R}D_{t}^{\alpha}f(t) \overset{\Delta}{=} \frac{1}{\Gamma(n-\alpha)} \int_{a}^{t} (t-\tau)^{n-\alpha-1} f^{n}(\tau) \mathrm{d}\tau, (0 \leqslant n-1 < \alpha < n, n \in N)$$

因为

$$\lim_{\alpha \to n} {}_{a}^{C}D_{t}^{\alpha}f(t) = \lim_{\alpha \to n} \left[\frac{f^{n}(\alpha)(t-\alpha)^{n-\alpha}}{\Gamma(n-\alpha)} + \frac{1}{\Gamma(n-\alpha)} \int_{a}^{t} (t-\tau)^{n-\alpha} f^{n+1}(\tau) \mathrm{d}\tau \right]$$
$$= f^{n}(\alpha) + \int_{a}^{t} f^{n+1}(\tau) \mathrm{d}\tau$$
$$= f^{t}(t)$$

其中, $n \in N$。

7.8.4 不动点与分数阶发展方程关系

上述 7.8.2 与 7.8.3 分别介绍了关于不动点理论与分数阶发展方程的基本观点,作为自分数阶微分方程研究以来,新发现的一种分数阶,分数阶发展方程在不动点理论的几个定理与分数阶基本概念的基础上,对分数阶发展方程作进一步阐述。图 7.5 是分数阶发展方程与二者的关系图解。

上述图示显示,分数阶微分方程和分数阶发展方程是在不动点理论的基础上建立起来的。要理解分数阶微

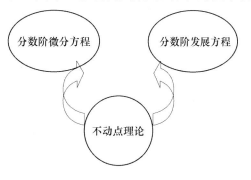

图 7.5 分数阶发展方程与不动点理论关系

分方程和分数阶发展方程，必须以不动点理论为基础深入研究二者的定义和
性质。

7.8.5　几种特殊函数下的分数阶发展方程

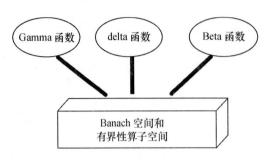

图 7.6　几种特殊函数

在分数阶发展方程中，Gamma 函数，delta 函数，Beta 函数都是其中最常见的几种，这几类函数之间既独立存在，又相互关联，并同时又以 Banach 空间，以及有界性算子空间 $L(X)$ 为基础。

对于 Gamma 函数与 delta 函数，其具体定义如下。

已知 $\alpha > 0$，$m = [\alpha]$，其中 $[\alpha]$ 表示不小于 α 的最小整数，定义函数

$$g_\alpha = \begin{cases} \dfrac{1}{\Gamma(\alpha)} t^{\alpha-1}, & (t > 0) \\ 0, & (t \leqslant 0) \end{cases} \tag{7.61}$$

其中

$$\Gamma(\alpha) = \int_0^x t^{\alpha-1} e^{-t} dt，为 Gamma 函数；g_0(t) = \delta(t) 为 delta 函数。$$

对于 Beta 函数，其定义如下

$$B(\alpha, \beta) = \int_0^t (t-s)^{\alpha-1}(s-\theta)^{\beta-1} ds, (\alpha, \beta > 0) \tag{7.62}$$

对于 Beta 函数与 Gamma 函数，二者的关系可以用一个函数表达式来表示，其具体表示如下

$$B(\alpha, \beta) = \frac{\Gamma(\alpha)\Gamma(\beta)}{\Gamma(\alpha+\beta)} (t-\theta)^{\alpha+\beta-1} \tag{7.63}$$

7.8.6　基于分数阶发展方程的方程解的理论分析

图 7.7　方程解与分数阶发展方程

在分数阶发展方程理论的指导下，齐次方程的解与非齐次方程的解有了新的解释，对此，在这里作进一步分析与论述。

由此可见，齐次方程的解与非齐次方程的解是在分数阶发展方程的基础上建立起来的，这又进一步

肯定了分数阶发展方程的重要性。

在对齐次方程解进行阐述过程中，首先必须明确齐次分数阶微分方程的含义，在此对其进行定义。

对于 $\alpha \in (0, 1]$，有齐次分数阶微分方程

$$\begin{cases} \dfrac{\mathrm{d}^{\alpha}\mu(t)}{\mathrm{d}t^{\alpha}} = A\mu(t), (t \in [0, T]) \\ \mu(0) = \mu_0 \in D(A) \end{cases} \tag{7.64}$$

其中，$\dfrac{\mathrm{d}^{\alpha}\mu(t)}{\mathrm{d}t^{\alpha}}$ 为 Caputo 分数阶导数，$[A, D(A)]$ 是稠定闭线性算子，且 A 产生 $\{W(t)\}_{t \geqslant 0}$。

在此基础上，通过齐次分数阶微分方程的含义，对齐次方程解的唯一性进行定义，从而可以得到以下内容：

分数阶方程的解为函数 μ，如果存在

(1) 当 $\mu(t) \in D(A)$，$t \in [0, T]$ 时，μ 在区间 $J = [0, T]$ 上连续

(2) 当 $t \in [0, T]$，$\alpha \in (0, 1]$ 时，$\dfrac{\mathrm{d}^{\alpha}\mu(t)}{\mathrm{d}t^{\alpha}}$ 连续

(3) μ 满足分数阶微分方程

则通过上述条件，可以有：

$[A, D(A)]$ 是稠定闭线性算子，且 A 产生 $\{W(t)\}_{t \geqslant 0}$，从而分数阶微分方程存在唯一解

$$\mu(t) = C^{-1} \int_0^{\infty} \xi(\theta) W(t^{\alpha}\theta) \mu_0 \, \mathrm{d}\theta \tag{7.65}$$

其中，$0 < \alpha < 1$，$\xi_{\alpha}(\theta)$ 是定义在 $(0, \infty)$ 的 Laplace 变换

$$F_{\alpha}(p) = \int_0^x \mathrm{e}^{-pt} \xi_{\alpha}(t) = \sum_{i=0}^x \frac{(-p)^i}{\Gamma(1+i\alpha)} \tag{7.66}$$

同齐次分数阶微分方程一样，非齐次分数阶微分方程也存在当 $\alpha \in (0, 1]$ 时的基本形式如下

$$\begin{cases} \dfrac{\mathrm{d}^{\alpha}\mu(t)}{\mathrm{d}t^{\alpha}} = A\mu(t) + f(t) \\ \mu(0) = \mu_0 \in D(A) \end{cases} \tag{7.67}$$

其中，$\dfrac{\mathrm{d}^{\alpha}\mu(t)}{\mathrm{d}t^{\alpha}}$ 为 Caputo 分数阶导数，$[A, D(A)]$ 是稠定闭线性算子，且 A 产生 $\{W(t)\}_{t \geqslant 0}$。

在上述基础上，若 f 满足 Holder 条件，即

$$\| f(t_2) - f(t_1) \| \leqslant K |t_2 - t_1|^{\beta}, (\beta \in (0, 1]) \tag{7.68}$$

则非齐次分数阶微分方程存在唯一解

$$\mu(t) = C^{-1} \int_0^\infty \xi_\alpha(\theta) W(t^\alpha \theta) \mu_0 \, \mathrm{d}\theta + F(t) \qquad (7.69)$$

其中

$$F(t) = \alpha C^{-1} \times \int_0^t \int_0^x \theta(t-\eta)^{\alpha-1} \xi_\alpha(\theta) W(t-\eta)^\alpha f(\eta) \, \mathrm{d}\theta \mathrm{d}\eta$$

7.8.7　分数阶发展方程在非局部 Cauchy 问题中的应用

对于分数阶发展方程，其主要形式如下

$$\begin{cases} \dfrac{\partial^q}{\partial t^q} \mu(t,\xi) = b(t,\xi) \dfrac{\partial^2}{\partial \xi^2} u(t,\xi) + \dfrac{t^n}{n} \int_0^t \mathrm{e}^{-(t-s)} u(s,\xi) \, \mathrm{d}s + \dfrac{t^n}{n} \int_0^t \mathrm{e}^{-(t+s)} u(s,\xi) \, \mathrm{d}s, \\ u(t,0) = u(t,1) = 0 \\ u(0,\xi) = -\int_0^\xi \int_0^y b^{-1}(0,x) \sin \left| \dfrac{u}{\lambda} \mathrm{d}x \mathrm{d}y \right| \end{cases}$$

$$(7.70)$$

其中：

(1) $\xi \in I$

(2) $0 < q < 1, I = [0,1]$

(3) $0 \leqslant t \leqslant 1, \lambda > C + M(1), n \in N$

(4) $0 \leqslant t \leqslant 1, \lambda > C + M(1), n \in N$

即存在常数 $C > 0$ 和 $\gamma \in (0, 1)$ 使得

$$\| b(t_1,\xi) - b(t_2,\xi) \| \leqslant C |t_1 - t_2|, (0 \leqslant t_1 \leqslant t_2 \leqslant 1) \qquad (7.71)$$

令 $X = L^2([0,1], R)$，定义 $A(t)$ 如下

$$\begin{cases} D[A(t)] = H^2(0,1) \bigcap H_0^1(0,1) = \{ H^2(0,1), : z(0) = z(1) = 0 \} \\ -A(t)(z) = b(t,\xi) z^n \end{cases} \qquad (7.72)$$

从而可知：$-A(s)$ 生成一个解析半群 $\exp[-tA(s)]$。

7.8.8　结论

本书着重以不动点理论为基础，介绍了分数阶发展方程中分数阶导数的概念及几种特殊函数的基本形式，同时对分数阶发展方程在齐次方程和非齐次方程及非局部 Cauchy 问题中的应用问题进行了研究。

首先，简单介绍了不动点理论及分数阶发展方程中分数阶导数的概念，从而为下一步阐述打下了基础。同时，简要分析了几种分数阶发展方程的基本形式，从流程图的角度论述了不动点与分数阶发展方程关系，指出要理解分数阶微分方程和分数阶发展方程，必须以不动点理论为基础，因为分数阶微分方程和分数阶发展方程是在不动点理论的基础上建立起来的，深入研究二者的定义和性质，必须以此为切入点，使研究更加全面。

其次，对几种特殊函数下的分数阶发展方程进行简要分析，以其基本函数形式和成立条件为出发点，辩证地研究了分数阶发展方程在几种特殊函数建立过程中起到的根基作用。与此同时，构建了基于分数阶发展方程的方程解的理论分析模型，从齐次方程和非齐次方程两个方面入手，以解的唯一性和非唯一性论述了分数阶发展方程的又一重要作用。最后，研究了分数阶发展方程在非局部 Cauchy 问题中的应用，进一步肯定了分数阶发展方程的重要影响。

7.9　小　　结

本章首先介绍关于分数阶微分方程、分数阶发展方程的相关概念、解法研究及其应用。然后介绍与分数阶微分方程、分数阶发展方程相关的不动点理论。同时，简要分析了几种分数阶发展方程的基本形式，从流程图的角度论述了不动点与分数阶发展方程关系，指出要理解分数阶微分方程和分数阶发展方程，必须以不动点理论为基础。在此基础上，本章研究分数阶微分方程中的 Adomian 分解法、预测-校正法，并详细分析低反应扩散方程的紧有限差分方法，甚至更高的广义的空间-时间分数阶对流-扩散方程。

主 要 参 考 文 献

［ 1 ］ Collatz L. Functional analysis for numerical analysis. Academic Press，1966.

［ 2 ］ Acedo G L，Xu H K. Iterative methods for strict pseudo-contractions in Hilbert spaces. Nonlinear Analysis，2007，67：2258—2271.

［ 3 ］ Genel A，Lindenstrauss J. An example concerning fixed points. Israel Math J，1975，22：81—86.

［ 4 ］ Kim T H，Xu H K. Strong convergence of modified mann iterations. Nonlinear Analysis，2005，61：51—60.

［ 5 ］ Marino G，Xu H K. Weak and strong convergence theorems for strict pseudo－contractions in Hilbert spaces. J. Math. Anal. Appl，2007，329：336—346.

［ 6 ］ Nakajo K，Takahashi W. Strong convergence theorems for nonexpansive mappings and nonexpansive semigroups. J. Math. Anal. Appl. 2003，279：372—379.

［ 7 ］ Su Y，Qin X. Monotone CQ iteration processes for nonexpansive semigroups and maximal monotone operators，Nonlinear Analysis，2008，68：3657—3664.

［ 8 ］ Takahashi W，et al. Strong convergence theorems by hybrid methods for families of nonexpansive mappings in Hilbert spaces. J. Math. Anal. Appl，2008，341：276—286.

［ 9 ］ Zhou H. Convergence theorems for-strict pseudo-contractions in 2 – uniformly smooth Banach spaces. Nonlinear Analysis，2008，69：3160—3173.

［10］ Bauschke H H，Borwein J M. On projection algorithms for solving convex feasibility problems. SIAM Review，1996，38：367—426.

［11］ Bauschke H H. The approximation of fixed points of nonexpansive mappings in Hilbert space. J. Math. Anal Appl，1996，202：150—159.

［12］ Shimizu T，Wataru Takahashi. Strong convergence to common fixed points of families of nonexpansive mappings. J. Math. Anal. Appl，1997，211：71—83.

［13］ Mann W R. Mean value methods in iteration. Proc. Amer. Math. Soc，1953，4：506—510.

［14］ Doston W G. On the Mann iterative process. Trans. Amer. Math. Soc，1970，149.

［15］ Krasnoselskii M A. Two observations about the method of successive approximations. Usp. Math. Nauk，1955，101：123—127.

［16］ Reich S. Weak convergence theorems for nonexpansive mappings in Banach spaces. J. Math. Anal. Appl，1979，67：274—276.

［17］ Borwein D，Borwein J M. Fixed point iterations for real functions，J. Math. Anal. Appl，1991，157：112—126.

［18］ Hicks T L，Kublicek J R. On the Mann iteration process in Hilbert space，J. Math. Anal. Appl，1979，59：498—504.

[19] Ishikawa S. Fixed points by a new iteration method. Proc. Am. Math. Soc, 1976, 44: 147—150.

[20] Tan K K, Xu K K. Approximating fixed points of nonexpansive mappings by the Ishikawa iteration process. J. Math. Anal. Appl, 1993, 178 (2): 301—308.

[21] Nakajo K, Takahashi W. Strong convergence theorems for nonexpansive mappings and nonexpansive semigroups. J. Math. Anal. Appl, 2003, 279: 372—379.

[22] Marino G, Xu H K. Weak and strong convergence theorems for strict pseudo-contractions in Hilbert spaces. J. Math. Anal. Appl. in press.

[23] Matsushita S, Takahashi W. A strong convergence theorem for relatively nonexpansive mappings in a Banach space. J. Approximaiton Theory, 2005, 134: 257—266.

[24] Khan S H, Fukhar-ud-din H. Weak and strong convergence of a scheme with errors for two nonexpansive mappings. Nonlinear Analysis, 2005, 61: 1295—1301.

[25] Martinez-Yanes C, Xu H K. Strong convergence of the CQ method for fixed point iteration processes. Nonlinear Analysis, 2006, 64: 2400—2411.

[26] Halpern B. Fixed points of nonexpanding maps. Bull. Am. Math. Soc, 1967, 73: 957—961.

[27] Browder F E. Semicontractive and semiaccretive nonlinear mappings in Banach spaces. Bull. Amer. Math. Soc, 1968, 74: 660—665.

[28] Lions P L. Approximation de points fixes de contractions. C. R. Acad. Sci. S'er A-B Paris, 1977, 284: 1357–1359.

[29] Reich S. Strong convergence theorems for resolvents of accretive operators in Banach spaces. J. Math. Anal. Appl, 1980, 75: 287—292.

[30] Reich S. Approximating fixed points of nonexpansive mappings. Panamer. Math. J, 1994, 4: 486—491.

[31] Shioji N, Takahashi W. Strong convergence of approximated sequences for nonexpansive mappings in Banach spaces. Proc. Am. Math. Soc, 1997, 125: 3641—3645.

[32] Moudafi A. Viscosity approximation methods for fixed points problems. J. Math. Anal. Appl, 2000, 241: 46—55.

[33] Xu H K. Viscosity approximation methods for nonexpansive mappings. J. Math. Anal. Appl, 2004, 298: 279—291.

[34] Takahashi S, Takahashi W. Strong convergence theorem for a generalized eqilibrium problem and a nonexpansive mapping in a Hilbert space. Nonlinear Anal, 2008, 69: 1025—1033.

[35] Chen J, Zhang L, Fan T. Viscosity approximation methods for nonexpansive mappings and monotone mappings. J. Math. Anal. Appl, 2007, 334 (2): 1450—1461.

[36] Jung J S. Convergence of composite iterative methods for finding zeros of accretive operators. Nonlinear Analysis.

[37] Marino G, Xu H K. A general iterative method for nonexpansive mapping in Hilbert spaces. J. Math. Anal. Appl, 2006, 318: 43—52.

[38] Xu H K. Strong convergence of an iterative method for nonexpansive and accretive opera-

tors. J. Math. Anal. Appl, 2006, 314: 631—643.

[39] Takahashi W, Kim G E. Approximating fixed points of nonexpansive mappings in Banach spaces [J]. Math. Japonica, 1998, 48: 1—9.

[40] 曾六川. 逼近 Banach 空间中渐近非扩张映象的不动点 [J]. 数学物理学报, 2003, 23: 31—37.

[41] Zeng L C, A note on approximating fixed points of nonexpansive mapping by the Ishikawa iterative processes, J. Math. Anal. Appl, 1998, 226: 245—250.

[42] Aslam Noor M. New approximation schemes for general variational Inequalities, J. Math. Anal. Appl, 2000, 251: 217—229.

[43] Haubruge S, Nguyen V H, Strodiot J J. Convergence analysis and applications of the Glowinslci-Le Tallec splitting method for finding a zero of the sum of two maximal monotone. operators, J. Optim. Theory Appl, 1998, 97: 45—673.

[44] Glowinski R, Tallec P Le. Augemented lagrangian and operator-splitting methods in nonlinear mechanics. SM, Philadelphia, 1989.

[45] LIU Qi – hou. Iterative sequences for asymptotically quasi－nonexpansive mapping with error members [J]. J. Math. Anal. Appl, 2001, 259: 18—24.

[46] SCHU J. Weak and strong convergence to fixed points of asymptotically nonexpansive mappings [J]. Bull Austral Math Soc, 1991. 43: 153—159.

[47] Xu Belong. Fixed-point Iterations for Asymptotically Nonexpansive Mapping in Banach Space [J]. Journal of Mathematical Analysis and Applications 2002, 267: 444—453.

[48] Zhao Hong Sun. Iterative approximation of fixed points for asymptotically nonexpansive type mapping with error member [J]. ACTC math 2004, 47 (4): 811—818.

[49] Osilike M O. Udomene A. Demiclosed principle and convergence results for strictly pseudo-contractive mappings of Brower-Petryshyn type [J]. J. Math. Anal. Appl, 2001, 256 (2): 431—445.

[50] 贾如鹏. 一致凸 Banach 空间非扩张映象具误差 Ishikawa 迭代 [J]. 数学实践与认识, 2004, 43 (8): 158—161.

[51] 曾六川. 逼近 Banach 空间中渐近非扩张映象的不动点 [J]. 数学物理学报, 2003, 23: 31—37.

[52] 邓磊, 李胜宏. 一致凸 Banach 空间中非扩张映象的 Ishikawa 迭代 [J]. 数学年刊, 2000, 21A (2): 159—164.

[53] Liu Q H, Xue L X. Convergence theorems of iterative sequences for asymptotically nonexpansive mapping in a uniformly convex Banach space [J]. J Math Res and Exp, 2000, 20: 331—36.

[54] 金茂明. 非扩张映象不动点的带误差的 Ishikawa 迭代过程 [J]. 西南师范大学学报 (自然科学版), 2000, 25 (1): 4—6.

[55] Cui, Yuhuan, Qu Jingguo, Zhou Guanchen. Application of linear transformation in numerical calculation [J]. Journal of Chemical and Pharmaceutical Research, 2014, 6 (3): 170—178.

[56] Kim T H, Xu H K. Strong convergence of modified mann iterations for asymptotically

nonexpansive mappings and semigroups. Nonlinear Analysis, 2006, 64: 1140—1152.

[57] Khan S H, Fukhar-ud-din H. Weak and strongcon vergence of a scheme with errors for two nonexpansive mappings. Nonlinear Analysis, 2005, 61: 1295—1301.

[58] Kim T H, Xu H K. Strong convergence of modified Mann iterations. Nonlinear Appl, 2005, 61: 51—60.

[59] Cho Y J, Zhou H Y, Guo G T. Weak and strong convergence theo-rems for three-step iterations with errors for asymptotically nonexpansive mappings. Comp Math Appl, 2004, 47: 707—717.

[60] Chidume C E, Ofoedu E U, Zegeye H. Strong and weak convergence theorems for as-ymptotically none pansive mappings. J. Math. Anal. Appl, 2003, 280: 364—374.

[61] Chidume C E, Bashir Ali. Approximation of common fixed points for finite families of nonself asymptotically nonexpansive mappings in Banach space. J. Math. Anal. Appl, 2007, 326: 960—973.

[62] Falset J G, Kaczor W, Kuczumow T, Reich S. Weak convergence theorems for asymp-totically noneapansive mappings and semigroups. Nonlinear Analysis, 2001, 43: 377—401.

[63] Kamimura S, Takahashi W. Strong convergence of a proximal-type algorithm in a Banach space. SIAM J Optim, 2002, 13: 938—945.

[64] Marino G, Xu H K. Weak and strong convergence theorems for strict pseudo-contractions in Hilbert spaces. J. Math. Anal. Appl in press.

[65] Matsushita S, Takahashi W. A strong convergence theorem for relatively nonexpansive mappings in a Banach space. J Approximaiton Theory, 2005, 134: 257—266.

[66] Moudafi A. Viscosity approximation methods for fixed points problems. J. Math. Anal. Appl, 2000, 241: 46—55.

[67] Nakajo K, Takahashi W. Strong convergence theorems for nonexpansive mappings and nonexpansive semigroups. J. Math. Anal. Appl, 2003, 279: 372—379.

[68] Osilike M O, Udomene A, Igbokwe D I, Akuchu G G. Demiclosedness principle and convergence theorems for k — strictly asymptotically pseudocon — tractive maps, 2007, 326: 1334—1345.

[69] Jingguo Qu, Yuhuan Cui. Zhang Huancheng. An efficient iterative method in numerical calculation. Journal of Chemical and Pharmaceutical Research, 2014, 6 (3): 179—187.

[70] Yuhuan Cui, Jingguo Qu, Guanchen Zhou. Parallel algorithm based on Fast Fourier transforms. Journal of Chemical and Pharmaceutical Research, 2014, 6 (3): 188—195.

[71] Huancheng Zhang, Aimin Yang, Yamian Peng, Jingguo Qu. Convergence theorems for a finite family of strictly asymptotically pseudocontractive mappings in q-uniformly smooth Banach spaces. Applied Mechanics and Materials, 2011, 50 - 51: 432—436.

[72] Verma R U. Projection methods, algorithms, and a mew system of nonlinear variational inequalities, Computers and Mathematics with Applications. 2001, 41: 1025—1031.

[73] Verma R U. Nonlinear implicit variational inequalities involving partially relaxed pseudo-monotone mappings. Computers and Mathematics with Applications, 2003, 46:

1703—1709.

[74] Chang S S, Joseph Lee H W, Chan C K. Generalized system for relaxed cocoercive variational inequalities in Hilbert spaces. Appl Math Lett, 2007, 20: 329—334.

[75] Huang Z, Noor M A. An explicit projection method for a system of nonlinear variational inequalities with different-cocoercive mappings. Appl Math Comput, 2007, 190: 356—361.

[76] Fang Y P, Huang N J. H-Monotone operators and resolvent operator technique for variational inclusions. Appl Math Comput, 2003, 145: 795—803.

[77] Noor M A, Huang Z, Some rsolvent iterative methods for variational inclusions and nonexpansive mappings. Appl math Comput, 2007, 194 (1): 267—275.

[78] Iiduka H, Takahashi W. Weak convergence of a projection algorithm forvariational inequalities in a Banach space. J. Math. Anal. Appl, 2008, 339 (1): 668—679.

[79] Noor M A. Projection-proximal methods for general variational inequalities. J. Math. Anal. Appl, 2006, 318: 53—62.

[80] Noor M A, Huang Z. Three-step for nonexpansive mappings and variational inequalities. Appl Math Comput, 2007, 187: 680—685.

[81] Verma R U. Projection methods and a new system of cocoercive variational inequality problems. Internat J Differential Equat Appl, 2002, 6: 359—367.

[82] Verma R U. General convergence analysis for two-step projection methods and application to variational problems. Appl Math Lett, 2005, 18: 1286—1292.

[83] Shang M, Su Y, Qin X. A general projection method for a variational inequalities in Hilbert spaces. system Journal of Inequality and Applications, 2007, 10: 9.

[84] Su Y, Shang M, ain X. Wiener-Hopf equations technique for general variational inequalities involving relaxed monotone mappings and nonexpansive mappings. Journal of Inequality and Applications, 2007, 1155: 10.

[85] Jingguo Qu, Yuhuan Cui, Chunfeng Liu, Aimin Yang. Adaptive boundary elements and error estimation for elastic problems. Journal of Networks, 2014, 9 (2): 430—436.

[86] Alber Y I, Reich S, Yao J C. Iterative methods for solving fixed-point problems with nonself-mappings in Banach spaces. Abstr Appl Anal, 2003, 4: 193—216.

[87] Hu L G, Liu L W. A new iterative algorithm for common solutions of a finite family of accretive operators. Nonlinear Analysis, 2009, 70: 2344—2351.

[88] Jung J S. Convergence of composite iterative methods for finding zeros of accretive operators. Nonlinear Analysis (2009), 2009. 1 (10): 1016.

[89] Jung J S, Sahu D R. Convergence of approximating paths to solutions of variational inequalities involving non-Lipschitzian mappings. J Korean Math Soc, 2008, 45 (2): 377—392.

[90] Kim T H, Xu H K. Strong convergence of modified mann iterations. Nonlinear Anal, 2005, 61: 51—60.

[91] Lim T C, Xu H K. Fixed point theorems for asymptotically nonexpansive mappings. Nonlinear Analysis, 1994, 22: 1345—1355.

[92] Rockafellar R T. monotone operators and proximal point algorithm. SIAM J Control

Optim, 1976, 14: 877—898.

[93] Rhodes B E. Some theorems on weakly contractive maps. Nonlinear Analysis, 2001, 47: 2683—2693.

[94] Reich S. Strong convergence theorems for resolvents of accretive operators in Banach spaces. J. Math. Anal. Appl, 1980, 75: 287—292.

[95] Xu H K. Strong convergence of an iterative method for nonexpansive and accretive operators. J. Math. Anal. Appl, 2006, 314: 631—643.

[96] Zegeye H, Shahzad N. Strong convergence theorems for a common zero of a finite family of m-accretive mappings. Nonlinear Analysis, 2007, 66: 1161—1169.

[97] Barbu V. Nonlinear semigroups and differential equations in Banach space. Noordhoff, 1976.

[98] Khan S H, Fukhar-ud-din H. Weak and strong convergence of a scheme with errors for two nonexpansive mappings. Nonlinear Analysis, 2005, 61: 1295—1301.

[99] Xu H K. Strong convergence of an iterative method for nonexpansive and accretive operators. J. Math. Anal. Appl, 2006, 314: 631—643.

[100] Browder F E. Convergence of approximates to fixed points of nonexpansive mappings in Banach spaces. Arch Rational Merch Analysis, 1967, 24: 82—90.

[101] RockafellarR T. Monotone operators and the proximal point algorithm. SIAM J Control Optim, 1976, 14: 877—898.

[102] Aoyama K, Kimura Y, Takahashi W, Toyoda M. TApproximation of common fixed points of a countable family of nonexpansive mappings in Banach spaces. Nonlinear Analysis, 2007, 67: 2350—2360.

[103] Chen R, Zhu Z. Viscosity approximation fixed points for nonexpansive and maccretive operators. Fixed Point Theory Appl, 2006, 1—10.

[104] Chen R, Zhu Z. Viscosity approximation method for accretive operator in Banach spaces. Nonlinear Analysis. 2008, 69: 1356—1363.

[105] Liu L S. Iterative processes with errors for nonlinear strongly accretive mappings in Banach spaces. J. Math. Anal. Appl, 1995, 194: 114—125.

[106] Hu L G, Liu L W. A new iterative algorithm for common solutions of a finite family of accretive operators. Nonlinear Analysis, 2009, 70: 2344—2351.

[107] Shiau C, Tan K K, Wong C S. Quasi-nonexpansive multi-valued maps and selections. Fund Math 1975, 87: 109—119.

[108] Mann W R. Mean value methods in iteration. Proc. Amer Math Soc 1953, 4: 506—510.

[109] Ishikawa S. Fixed points by a new iteration method. Proc. Amer Math Soc, 1974, 44: 147—150.

[110] Ishikawa S. Fixed point and iteration of a nonexpansive mapping in a Banach space. Proc Amer Math Soc, 1976, 59: 65—71.

[111] Reich S. Weak convergence theorems for nonexpansive mapings in Banach spaces. J. Math. Anal. Appl, 1979, 67: 274—276.

[112] Senter H F, Dotson W G. Approximating fixed points of nonexpansive mappings. Proc Amer Math Soc, 1974, 44: 375—380.

[113] Tan K K, Xu H K. Approximating fixed points of nonexpansive mappings by the Ishikawa iteration process. J. Math. Anal. Appl, 1993, 178: 301—308.

[114] Sastry K P R, Babu G V R. Convergence of Ishikawa iterates for a multivalued mappings with a fixed point. Czechoslovak Math J, 2005, 55: 817—826.

[115] Panyanak B. Mann and Ishikawa iterative processes for multivalued mappings in Banach spaces. Comput Math Appl, 2007, 54: 872—877.

[116] Suzuki T. Strong convergence of krasnoselskii and manns type sequences for one-parameter nonexpansive semigroups without bochner integrals. J. Math. Anal. Appl, 2005, 305: 227—239.

[117] Cholamjiak W, Suantai S. Approximation of common fixed points of two quasi-nonexpansive multi-valued maps in Banach spaces. Computers and Mathematics with Applications, 2011, 61: 941—949.

[118] Singh S L, Mishra S N. Fixed point theorems for single-valued and multi-valued maps. Nonlinear Analysis, 2011, 74: 2243—2248.

[119] Damjanovi B, Samet B, Vetro C. Common fixed point theorem for multi-valued maps. Acta Mathematica Scientia 2012, 32B (2): 818—824.

[120] Sintunavarat W, Kumam P. Common fixed point theorem for cyclic generalized multi-valued contraction mappings. Appl Math Lett, 2012, 2: 45.

[121] Sintunavarat W, Kumam P. Common fixed point theorem for hybrid generalized multi-valued contraction mappings. Appl Math Lett, 2012, 25: 52—57.

[122] Eric U, Ofoedu, Zegeyeb H. Iterative algorithm for multi-valued pseudocontractive mappings in Banach spaces. J. Math. Anal. Appl, 2010, 372: 68—76.

[123] Khojasteh F, Rakocevi c V. Some new common fixed point results for generalized contractive multi-valued non-self-mappings. Appl Math Lett, 2012, 25: 287—293.

[124] Kiran Q, Kamran TFixed point theorems for generalized contractive multi-valued maps. Computers and Mathematics with Applications, 2010, 59: 3813—3823.

[125] Nadler S B Jr. Multi-valued contraction mappings. Pacific J Math, 1969, 30: 475—488.

[126] Gordji M E, Baghani H, Khodaei H, Ramezani M. A generalization of Nadler's fixed point theorem. J Nonlinear Sci Appl, 2010, 3 (2): 148—151.

[127] Yu Yang, Zhijun Li, Liqiong Shi, Enmin Feng. An Iterative Interpolation Algorithm for Modeling Snow/ice Surface and inner Temperature. IJACT: International Journal of Advancements in Computing Technology, 2012, 4 (12): 195—204.

[128] Guolin Yu. An Improved Differential Evolution Algorithm for Multi-objective Optimization Problems. IJACT: International Journal of Advancements in Computing Technology, 2011, 13 (9): 106—113.

[129] Huancheng Zhang, Yongfu Su, Jinlong Kang. Strong Convergence of Composite Iterative Schemes for Common Zeros of a Finite Family of Accretive Operators. ICICA 2010,

Part Ⅱ，CCIS 106，2010，428—435.

[130] Huancheng Zhang, Suhong Li, Aimin Yang, Ziming Wang. New Ishikawa Iteration for Multi—Valued Mapping in Banach Space. International Journal of Advancements in Computing Technology，2013，5（5）：313—320.

[131] Huancheng Zhang, Xinghua Ma, Linan Shi, Yan Yan, Jingguo Qu. Strong convergence for finding fixed point of multi-valued mapping. Communications in Computer and Information Science，2013，391：638—650.

[132] 王廷辅，任重道，王丽杰. Orlicz 空间 Neumann－Jordan 常数［J］. 系统科学与数学，2000，20（3）：302—306.

[133] JIMéNEZ－MELADO A，LLORENS－FUSTER E，SAEJUNG S. The vonNeumann－Jordan Constant，Weak Orthogonality and Normal Structure in Banach Spaces［J］. Proc Amer Math Soc，2006，134（2）：355—364.

[134] BEAUZAMY B. Introduction to Banach Spaces and Their Geometry［M］. 2nd Ed. North Holland，Amsterdam，New York－Oxford，1985：76—84.

[135] DHOMPONGSA S，DOMINGUEZ BENAVIDES T，KAEWCHAROEN A，KAEWKHAO A，PANYANAK B. The Jordan－von Neumann Constants and Fixed Points for Multivalued Nonexpansive Mappings［J］. J. Math. Anal. Appl，2006，320（2）：916—927.

[136] MAZCUNAN NAVARRO E M. Banach Spaces Properties Sufficient for Normal Structure［J］. J Math Anal Appl，2008，（337）：197—218.

[137] 俞鑫泰. Banach 空间几何理论［M］. 上海：华东师范大学出版社，1986：298—307.

[138] GAO J. Normal Structure and Pythagorean Approach in Banach Space［J］. Period Math Hungar，2005，51（2）：19—30.

[139] DAY M M. Uniformly Convexity in Factor and Conjugate Spaces［J］. Ann Math，1944，（45）：375—385.

[140] DAY M M. Some Characerizations of Inner Product Spaces［J］. Trans Amer Math Soc，1947，（62）：320—337.

[141] HE C，CUI Y A. Some Properties Concerning Mliman's Moduli［J］. J. Math. Anal. Appl，2007，（329）：1260—1272.

[142] GAO J. The W＊－convexity and Normal Structure in Banach Spaces［J］. Appl Math Lett，2004，（17）：1381—1386.

[143] GAO J. On Some Geometric Parameters in Banach Spaces［J］. J. Math. Anal. Appl，2007，334（1）：114—122.

[144] JAMES R C. Uniformly Non－square Spaces［J］. Ann of Math，1964，（80）：542—550.

[145] SAEJUNG S. On James and Von Neumann－Jordan Constants and Sufficient Conditions for the Fixed Point Property［J］. J Math Anal Appl，2006，（323）：1018—1024.

[146] GAO J. A Pythagorean Approach in Banach Spaces［J］. J Inequal Appl，2006，（2006）：1—11.

[147] YANG C，WANG F. On a New Geometric Constant Related to the Jordan－von Neu-

mann Constant [J]. 2006，(324)：555—565.

[148] 温智华. 分数阶微分方程的 Adomian 解法 [D]. 太原理工大学，2008.

[149] 周丹. 分数阶微分方程的若干解法 [D]. 吉林大学，2009.

[150] 李金晓. 分数阶微分方程解的存在性和唯一性 [D]. 燕山大学硕士学位论文，2013.

[151] 曹晓斌. 广义凹凸算子不动点理论在微分方程中的应用 [D]. 太原理工大学硕士学位论文，2013.

[152] 曾继成. 基于不动点理论的二阶微分方程解的稳定性 [D]. 中南大学硕士学位论文，2010.

[153] 王芳. 几类分数阶微分方程解的存在性、唯一性和可控性研究 [D]. 中南大学博士学位论文，2013.

[154] 董华. 不动点理论相关问题的探讨 [D]. 福建师范大学硕士学位论文，2013.

[155] 杨涛. 基于不动点理论的微分系统解的有界性与实用稳定性 [D]. 中南大学硕士学位论文，2009.

[156] 童裕孙. 泛函分析教程 [J]. 复旦大学出版社，2003.

[157] 王克，范猛. 泛函微分方程的相空间理论 [J]. 科学出版社，2009.

[158] 郑权. 强连续线性算子半群 [M]. 华中理工大学出版社，1994.

[159] 徐明瑜，谭文长. 中间过程、临界现象—分数阶算子理论、方法、进展及其在现代力学中的应用 [J]. 中国科学（G 辑：物理学力学天文学）；2006（3）：225—238.

[160] 李岩. 分数阶微积分及其在黏弹性材料和控制理论中的应用 [M]. 山东大学，2008.

[161] 陈崇希，李国敏. 地下水运移理论及模型 [M]. 中国地质大学出版社，1992.26—31.

[162] 杨金忠，蔡树英，黄冠华，叶自桐. 多孔介质中水分及溶质运移的随机理论 [M]. 科学出版社，2000.

[163] 常福宣，吴吉春，薛禹群，戴水汉. 考虑时空相关的分数阶对流—弥散方程及其解 [J]. 水动力学研究与进展，2005，20（3）：233—240.

[164] 邓伟华. 分数阶微分方程的理论分析与数值计算 [D]. 上海大学，2007.

[165] 张邦楚. 基于分数阶微积分的飞航式导弹控制系统设计方法研究 [D]. 南京理工大学，2005.

[166] 董建平. 分数阶微积分及其在分数阶量子力学中的应用 [D]. 山东大学，2009.

[167] 杜厚维，李为. C 半群的一些性质 [J]. 成都大学学报（自然科学版）2011，30（1）：29—30.

[168] Hartley T T, Lorenzo C F, Qammer H K. Chaos in fractional order Chua's system [J]. IEEE Trans on Circuits&System I：Fundamental Theory&Appl, 1995, 42 (8)：485.

[169] Diego A. Murio, Implicit finite difference approximation for time fractional diffusion e-quation. Comput Math Appl, 2008, 56：1138—1145.

[170] Chen C M, Liu F, Burrage K. Finite difference methods and a fourier analysis for the fractional reaction - subdiffusion equation, Appl Math Comput, 2008, 198：754—769.

[171] Yang Zhang. A finite difference method for fractional partial differential equation. Appl Math Comput, 2009, 215：524—529.

[172] Chen Bingsan, Huang Yijian. Application of Fractional Calculus on the Study of Magne-

torheological Fluids' Characterization. Journal of Huaqiao University (Natural Science), 2009, (30) 5: 487—491.

[173] Feller W. On a generalization of Marcel Riesz Potentials and the semigroups generated by them. MeddelandenLunds Universitets Matematiska Seminarium. Lund: Comn. Sem. MAthem. Universite de Lound, 1952: 73—81.

[174] Mainardi F, Luchko Y, Pagnini G. The fundamental solution of the space－time fractional diffusion equation. Fractional Calculus and Applied Analysis, 2001, 4 (2): 153—192.

[175] Schneide W R, Wyss W. Fractional Diffusion and Wave Equations. J Math Phys, 1989, 30: 134—144.

[176] Benson D A, et al. Application of a fractional advection－dispersion equation. Water Resources Res, 2000, 36: 1403—1412.

[177] Liu F, Anh V V, Turner I. Numerical solution of the space fractional Fokker－Planck Equation. Journal of Computational and Applied Mathematics, 2004, (166) 1: 209—219.

[178] Shen shujun, Liu Fawang. A Computationally Effective Numerical Method for the Fractional order Bagley Torvik Equation. Journal of Xiamen University (Natural Science), 2004 (43) 3: 306—311.

[179] Lin Ran, Liu Fawang. High Order Approximations for the Fractional Ordinary Differential Equation with Initial Value Problem. Journal of Xiamen University (Natural Science), 2004 (43) 1: 25—30.

[180] Lu Xuanzhu. Finite difference method for time fractional advection－dispersion equation. Journal of Fuzhou University (Natural Science), 2004 (32) 4: 423—426.

[181] 姜启源, 谢金星. 数学模型 [M]. 3 版. 北京: 高等教育出版社, 2004.

[182] 陈宗则, 熊桄清, 张泽荣. 核电站安全性分析与发展预测. 百度文库.

[183] 孙大明. 新一代大气扩散模型 (ADMS) 应用研究. 百度文库.

[184] 冯有前. 数学实验 [M]. 北京: 国防工业出版社, 2008.

[185] Yu－Huan Cui＊, Jing－Guo Qu, Ya－Juan Hao. The Research On The Solution Of Variational Inequalities. BioTechnology: An Indian Journal, 2014, 10 (7).

[186] Jing－Guo Qu＊, Yu－Huan Cui, Guan－Chen Zhou. Predictor－Corrector Method For Solving Fractional Order Differential Equation And Its Application. BioTechnology: An Indian Journal, 2014, 10 (7).

[187] Jing－Guo Qu＊, Yu－Huan Cui, Guan－Chen Zhou. Research On Adomian Decomposition Method And Its Application In The Fractional Order Differential Equations. BioTechnology: An Indian Journal, 2014, 10 (7).

[188] Huancheng Zhang, Guanchen Zhou, Yingna Zhao, Junpeng Yu. Research and application of compact finite difference method of low reaction－diffusion equation. Journal of Chemical and Pharmaceutical Research, 2014, 6 (3): 27—33.

[189] Huancheng Zhang, Jingguo Qu, Yingna Zhao, Aimin Yang, Qingwei Meng. Research on generalized space－time fractional convection－diffusion equation. Journal of Chemical and Pharmaceutical Research, 2014, 6 (3): 22—26.